T0237612

Einstieg in stochastische Prozesse

Ihr Bonus als Käufer dieses Buches

Als Käufer dieses Buches können Sie kostenlos unsere Flashcard-App „SN Flashcards"
mit Fragen zur Wissensüberprüfung und zum Lernen von Buchinhalten nutzen.
Für die Nutzung folgen Sie bitte den folgenden Anweisungen:

1. Gehen Sie auf **https://flashcards.springernature.com/login**
2. Erstellen Sie ein Benutzerkonto, indem Sie Ihre Mailadresse angeben,
   ein Passwort vergeben und den Coupon-Code einfügen.

Thorsten Imkamp • Sabrina Proß

Einstieg in stochastische Prozesse

Grundlagen und Anwendungen mit vielen Übungen, Lösungen und Videos

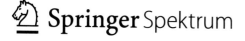 Springer Spektrum

Thorsten Imkamp
Bielefeld, Deutschland

Sabrina Proß
Fachbereich Ingenieurwissenschaften und Mathematik
Fachhochschule Bielefeld
Gütersloh, Deutschland

Ergänzendes Material zu diesem Buch finden Sie auf SpringerLink: http://link.springer.com/

ISBN 978-3-662-66668-5   ISBN 978-3-662-66669-2   (eBook)
https://doi.org/10.1007/978-3-662-66669-2

Die Deutsche Nationalbibliothek verzeichnet diese Publikation in der Deutschen Nationalbibliografie;
detaillierte bibliografische Daten sind im Internet über http://dnb.d-nb.de abrufbar.

Springer Spektrum
Planung/Lektorat: Iris Ruhmann
Springer Spektrum ist ein Imprint der eingetragenen Gesellschaft Springer-Verlag GmbH, DE und ist
ein Teil von Springer Nature.
Die Anschrift der Gesellschaft ist: Heidelberger Platz 3, 14197 Berlin, Germany

Vorwort

Stochastische Prozesse spielen eine wichtige Rolle in vielen Situationen des Lebens, angefangen mit Glücksspielsituationen, Wetterprognosen und Klimamodellen, über Entscheidungsprozesse in der Wirtschaft, Risikokalkulationen bei Versicherungen oder technischen Prozessen, bis hin zur mathematischen Beschreibung des Verhaltens verschiedener physikalischer Systeme oder der Prognose von Börsenkursen. Sie werden in verschiedenen Varianten zur Modellierung verwendet, wenn der Zufall Regie führt.

Dieses Buch soll interessierten Leserinnen und Lesern einen ersten Einblick in dieses faszinierende Gebiet verschaffen, und wendet sich damit an Einsteiger jeder Schattierung, also z. B. an Studierende in den Anfangs- oder mittleren Semestern der natur-, ingenieur- oder wirtschaftswissenschaftlichen Fächer. Das Buch ist auch als Grundlage für Facharbeiten in der gymnasialen Oberstufe geeignet, und kann Lehrern diesbezüglich eine Hilfe bei der Auswahl geeigneter Themen sein. Es kann auch als Informationsquelle für interessierte Schüler dienen, die einen Blick über den Schulstoff hinaus wagen, und interessante Anwendungen der Mathematik kennenlernen wollen.

Dabei sollen Sie als Leser dabei unterstützt werden, verschiedene Typen stochastischer Prozesse verstehen zu lernen. Die dabei besonders im Fokus stehenden Anwendungen stammen zum größten Teil aus der Physik, den Ingenieurwissenschaften oder der Finanzmathematik. Hierzu liefert das Buch zu allen Themen vollständige Herleitungen und Beweise. Die vielen durchgerechneten Beispiele sollen Ihnen dabei helfen, sich die dargestellten Verfahren in permanenter Übung anzueignen.

Das Buch behandelt inhaltlich zunächst sehr ausführlich die Theorie und verschiedene Anwendungen von Markoff-Prozessen. Dabei stehen sowohl zeitdiskrete, als auch zeitstetige Markoff-Ketten im Fokus der Untersuchungen. Dazu gibt es eine gründliche Einführung in Theorie und Anwendung der Poisson-Prozesse, insbesondere Geburts- und Todesprozesse. Einen Schwerpunkt bildet auch die Untersuchung des Wiener-Prozesses als einem der wichtigsten Markoff-Prozesse, und der dadurch modellierten Brown'schen Bewegung. Der weitere Themenbogen umfasst die Theorie der Martingale, die Untersuchung verschiedener Warteschlangensysteme, sowie eine Einführung in die Zuverlässigkeitstheorie technischer Systeme. Einen breiten Raum nehmen auch Monte-Carlo-Simulationen ausgewählter stochastischer bzw. physikalischer Prozesse ein. Interessante Spezialthemen bilden die Petri-Netze und eine erste Einführung in die stochastische Analysis, die sich mit stochastischen Integralen und stochastischen Differentialgleichungen beschäftigt. Dieses Gebiet hat wiederum wichtige Anwendungen in der Finanzmathematik, wie anhand von Beispielen gezeigt wird.

Die benötigten mathematischen Grundlagen, insbesondere aus Analysis und Stochastik, finden Sie als Überblick in einem einführenden Kapitel, das zum Teil auf den Inhalten unserer Bücher *Brückenkurs Mathematik für den Studieneinstieg* (Proß und Imkamp 2018) und *Einstieg in die Stochastik* (Imkamp und Proß 2021) beruht.

Für die nicht immer einfachen Berechnungen und Simulationen stehen heutzutage viele digitale Hilfsmittel zur Verfügung. Mathematische Softwaretools wie Mathematica, Maple oder MATLAB sind nützliche und unverzichtbare Werkzeuge bei extensiven Berechnungen und Simulationen geworden. Da es unmöglich ist, eine Einführung in alle Systeme zu geben, müssen wir eine für unsere Zwecke geeignete Auswahl treffen. Wir haben uns daher auch in diesem Buch für die in Industrie und Hochschule weitverbreiteten Tools Mathematica und MATLAB entschieden. Eine Einführung in die beiden Softwaretools finden Sie in Imkamp und Proß 2021, Kap. 3. Für einige MATLAB-Beispiele und -Simulationen werden die *Symbolic Math Toolbox*, *Statistics and Machine Learning Toolbox*, *Financial Toolbox* und *Econometrics Toolbox* verwendet. In Kap. 5 wird zur Modellierung und Simulation eines Warteschlangensystems zusätzlich *SIMULINK* und *SimEvents* benötigt. Für die Berechnungen und Simulationen in diesem Buch wurde die MATLAB-Version R2022a verwendet und die Mathematica-Version 12.0.

Die Codes sind jeweils im Text farblich unterlegt: blau für MATLAB-Code und grün für Mathematica-Code. Zudem ist elektronisches Zusatzmaterial (Programme und Datensätze) in der Online-Version des entsprechenden Kapitels verfügbar unter SpringerLink. In den meisten Fällen werden die Codes für MATLAB *und* Mathematica angegeben. Bei den etwas umfangreicheren Codes bei Simulationen oder Anwendungen wurde aus Platzgründen manchmal nur mit einem der beiden Tools gearbeitet. So wurde durchgängig in Kap. 7 nur Mathematica, in Kap. 8 nur MATLAB verwendet. Zur Übung können Sie dann die jeweiligen Codes in die andere Sprache übersetzen.

Sie finden am Ende eines jeden Kapitels zahlreiche Übungsaufgaben zur Überprüfung und Festigung Ihrer Kenntnisse, und können die vorgestellten Inhalte sowohl an reinen Rechenaufgaben als auch an anwendungsorientierten Aufgaben üben.

Zu allen Aufgaben enthält das Buch Lösungen. Diejenigen Lösungen, deren zugehörige Aufgaben mit dem Symbol Ⓥ gekennzeichnet sind, werden jeweils in einem Video, das über unseren YouTube-Kanal *Einstieg in die Stochastik* abrufbar ist, vorgestellt. Die Lösungsvideos zu diesem Buch sind in der Playlist Stochastische Prozesse zusammengefasst. Über den QR-Code neben der Aufgabe gelangen Sie direkt zum entsprechenden Video. Die numerischen Ergebnisse dieser Aufgaben finden Sie aber auch im Lösungsanhang des Buches. Es gibt viele Aufgaben, deren vollständig durchgerechnete Lösungen Sie im Anhang dieses Buches finden. Diese sind mit dem Symbol Ⓑ markiert. Zu allen anderen Aufgaben finden Sie das Ergebnis mit einigen Lösungshinweisen ebenfalls im Anhang.

Zur Aneignung und Festigung der Inhalte erhalten Sie zudem mehr als 200 passende Lernfragen, auf die Sie in der Springer-Flashcards-App zugreifen können. Gehen Sie dazu auf https://flashcards. springernature.com/login und erstellen Sie ein Benutzerkonto, indem Sie Ihre Mailadresse angeben und ein Passwort vergeben. Am Ende von Kap. 1 finden Sie einen Link, mit dem Sie auf die FlashCards zugreifen können. Bei den meisten Lernfragen handelt es sich um Verständnisfragen. Manchmal sind kurze Berechnungen notwendig.

Wir bedanken uns bei Frau Iris Ruhmann, Dr. Meike Barth und Frau Bianca Alton vom Springer-Verlag für die angenehme und konstruktive Zusammenarbeit.

Die Verwendung des generischen Maskulinums in diesem Buch dient der besseren Lesbarkeit und soll niemanden ausschließen.

Es bleibt uns noch, Ihnen viel Spaß und Erfolg beim Erlernen eines sehr interessanten Gebiets der Mathematik zu wünschen.

Bielefeld, Duisburg,
im Dezember 2022

Thorsten Imkamp
Sabrina Proß

Inhaltsverzeichnis

1 **Einführung und Grundbegriffe stochastischer Prozesse** 1

2 **Mathematische Grundlagen** 7

    2.1 Allgemeine mathematische Grundbegriffe und Notation 7

        2.1.1 Summen und Reihen 7

        2.1.2 Mengenlehre 9

        2.1.3 Vektoren und Matrizen............................. 12

    2.2 Grundlagen aus der Analysis 20

        2.2.1 Benötigte Elemente der Differentialrechnung 20

        2.2.2 Benötigte Elemente der Integralrechnung 22

    2.3 Grundlagen aus der Stochastik............................. 24

        2.3.1 Grundbegriffe der Wahrscheinlichkeitstheorie 25

        2.3.2 Wahrscheinlichkeitsverteilungen 28

            2.3.2.1 Zufallsvariablen 28

            2.3.2.2 Diskrete Verteilungen 33

            2.3.2.3 Stetige Verteilungen....................... 35

3 **Markoff-Prozesse** 39

    3.1 Zeitdiskrete Markoff-Ketten............................... 40

        3.1.1 Einführende Beispiele 40

        3.1.2 Grundbegriffe 46

3.1.3   Klassifikation von Zuständen 55

3.1.4   Anwendungsbeispiele 70

3.1.5   Verzweigungsprozesse 80

3.1.6   Simulation der zeitdiskreten Markoff-Kette 85

    3.1.6.1   Simulation des Random Walks 90

    3.1.6.2   Simulation des Verzweigungsprozesses 94

3.1.7   Aufgaben 96

3.2   Zeitstetige Markoff-Ketten 102

    3.2.1   Grundbegriffe und Beispiele 102

    3.2.2   Geburts- und Todesprozesse 114

    3.2.3   Homogene Poisson-Prozesse 120

    3.2.4   Zusammengesetzte homogene Poisson-Prozesse 126

    3.2.5   Simulation der zeitstetigen Markoff-Kette 130

    3.2.6   Aufgaben 137

3.3   Markoff-Prozesse: Brown'sche Bewegung und Wiener Prozess 143

    3.3.1   Einführendes Beispiel 143

    3.3.2   Definition und Beispiele 148

    3.3.3   Simulation des Wiener-Prozesses 156

    3.3.4   Aufgaben 160

4   Martingale 163

4.1   Grundbegriffe und Beispiele 163

4.2   Simulation des Martingals 170

4.3   Aufgaben 174

5   Warteschlangensysteme 177

5.1   Grundbegriffe 177

5.2   Die $M|M|1$-Warteschlange 181

5.3   Die $M|M|1|k$-Warteschlange 186

5.4   Die $M|M|s|k$-Warteschlange 191

5.5   Simulation von Warteschlangensystemen 199

5.6   Aufgaben 204

6   Zuverlässigkeitstheorie und technische Systeme 207

6.1   Grundbegriffe und Beispiele 207

6.2   Aufgaben 212

7   Monte-Carlo-Simulationen 215

7.1   Die Zahl π und der Zufallsregen 216

7.2   Random Walk Varianten 218

7.3   Perkolation 221

7.4   Das Ising-Modell 226

7.5   Radioaktiver Zerfall 233

7.6   Aufgaben 236

8   Petri-Netze 239

8.1   Grundlegendes Konzept 239

8.2   Matrizendarstellung von Petri-Netzen 244

8.3   Konfliktlösung 246

8.4   Implementierung in MATLAB 250

8.5   Zeitbehaftete Petri-Netze 252

8.6   Stochastische Petri-Netze 255

8.7   Stochastische Petri-Netze und Markoff-Prozesse 261

8.8   Aufgaben 267

9   Grundlagen der stochastischen Analysis 271

9.1   Einführung in die stochastische Analysis 271

9.1.1   Vom eindimensionalen Random Walk zum Wiener Prozess . 271

9.1.2   Pfadintegrale 278

9.1.3   Aufgaben 282

9.2   Stochastische Integrale 282

9.2.1   Einführende Beispiele 282

9.2.2   Das Elementar-Integral 286

9.2.3   Die Itô-Formel 290

9.2.4   Aufgaben 292

9.3   Stochastische Differentialgleichungen 293

9.3.1   Die Itô-Formel für den Wiener-Prozess 293

9.3.2   Itô-Prozesse 295

9.3.2.1   Geometrischer Wiener-Prozess 295

9.3.2.2   Black-Scholes-Modell für Aktienkurse 299

9.3.2.3   Ornstein-Uhlenbeck-Prozess 304

9.3.3   Aufgaben 306

A   **Lösungen** 309

A.1   Lösungen zu Kapitel 3 309

A.2   Lösungen zu Kapitel 4 336

A.3   Lösungen zu Kapitel 5 338

A.4   Lösungen zu Kapitel 6 342

A.5   Lösungen zu Kapitel 7 342

A.6   Lösungen zu Kapitel 8 345

A.7   Lösungen zu Kapitel 9 351

Literaturverzeichnis 357

Sachverzeichnis 361

Kapitel 1

Einführung und Grundbegriffe stochastischer Prozesse

Stochastische Prozesse sind umgangssprachlich zeitlich aufeinanderfolgende, zufällige Aktionen oder Vorgänge. Aus mathematischer Sicht umfasst der Begriff eine ganze Reihe unterschiedlich zu modellierender Prozesse mit spezifischen Eigenschaften, die in den verschiedensten Fachgebieten Anwendung finden. Die Liste reicht von Börsenkursen, über die Kapitalentwicklung von Unternehmen oder Versicherungen, bis hin zur mathematischen Modellierung des Verhaltens unterschiedlicher Vielteilchensysteme in der Physik. Auch Populationsentwicklungen oder die Ausbreitung von Epidemien, das Wettergeschehen, die Zuverlässigkeit technischer Systeme oder das Verhalten quantenmechanischer Objekte werden mithilfe stochastischer Prozesse modelliert und ihre weitere Entwicklung prognostiziert. In diesem Buch stellen wir, gestützt durch viele Beispiele, in einzelnen Abschnitten sowohl die mathematische Theorie spezifischer stochastischer Prozesse dar, als auch interessante Anwendungen, insbesondere in Naturwissenschaften, Finanzmathematik und Technik.

Dabei ist es zunächst wichtig, eine mathematisch exakte Definition des Begriffs *stochastischer Prozess* zu geben, für die einige Grundbegriffe der Wahrscheinlichkeitstheorie benötigt werden. Diese sind in Kap. 2 zusammengefasst worden, und sind zum größten Teil in unserem Lehrbuch Imkamp und Proß 2021) ausführlich dargestellt.

Für einen ersten Überblick mit einfachen Beispielen betrachten wir einen *stochastischen Prozess* als eine Familie von Zufallsvariablen $X := (X(t))_{t \in T}$ über einem Wahrscheinlichkeitsraum $(\Omega, \mathscr{A}, P)$ mit dem *Parameterraum* T und dem *Zustandsraum* $\mathscr{Z}$. Der Parameter t wird dabei in der Regel als Zeitparameter interpretiert, und somit ist T eine Menge von Zeitpunkten. $\mathscr{Z}$ hingegen repräsentiert die möglichen Ereignisse, die eintreten können.

T. Imkamp, S. Proß, *Einstieg in stochastische Prozesse*, https://doi.org/10.1007/978-3-662-66669-2_1

Definition 1.1. Sei $T \subset \mathbb{R}_+$ eine beliebige Menge. Eine Familie $(X(t))_{t \in T}$ von Zufallsvariablen über dem gleichen Wahrscheinlichkeitsraum $(\Omega, \mathscr{A}, P)$ heißt *stochastischer Prozess*. Die Menge T heißt *Parameterraum*.

Ist der Parameterraum T diskret, d. h., höchstens abzählbar, etwa $T = \mathbb{N}$, so spricht man von einem *zeitdiskreten stochastischen Prozess*, andernfalls von einem *zeitstetigen stochastischen Prozess*, z. B. $T = \mathbb{R}_+ = [0; \infty)$. Ein zeitdiskreter stochastischer Prozess wird mit einem Index, also z. B. $(X_n)_{n \in \mathbb{N}}$ bezeichnet. Im Falle eines mehrdimensionalen Parameterraumes, z. B. $T = \mathbb{Z}^2$, spricht man von einem *Zufallsfeld*. Hierbei ist die Menge T nicht mehr als Menge von Zeitpunkten zu interpretieren. Mithilfe von Zufallsfeldern lassen sich zufällige Phänomene im Raum modellieren, so spielen sie z. B. eine Rolle in der Theorie des Ferromagnetismus, bei der Ausrichtung von Elektronenspins im Feld der Nachbarn. Dieses Phänomen werden wir im Rahmen des sogenannten *Ising-Modells* näher untersuchen.

Man spricht von einem *stochastischen Prozess mit diskretem Zustandsraum*, wenn der Zustandsraum $\mathscr{Z}$ eine endliche oder abzählbar unendliche Menge ist, z. B. $\mathscr{Z} \subseteq \mathbb{Z}$. Ist der Zustandsraum hingegen ein Intervall, z. B. $\mathscr{Z} = [0; 1] \subseteq \mathbb{R}$, dann handelt es sich um einen *stochastischen Prozess mit stetigem Zustandsraum*. Es gibt also sowohl zeitdiskrete als auch zeitstetige stochastische Prozesse mit diskreten oder stetigen Zustandsräumen (siehe Abb. 1.1).

		Zustandsraum $\mathcal{Z}$	
		diskret	stetig
Parameterraum T	diskret	Zeitdiskreter stochastischer Prozess mit diskretem Zustandsraum z. B. $T \subseteq \mathbb{N}_0$, $\mathcal{Z} \subseteq \mathbb{Z}$	Zeitdiskreter stochastischer Prozess mit stetigem Zustandsraum z. B. $T \subseteq \mathbb{N}_0$, $\mathcal{Z} \subseteq \mathbb{R}$
	stetig	Zeitstetiger stochastischer Prozess mit diskretem Zustandsraum z. B. $T \subseteq \mathbb{R}_+$, $\mathcal{Z} \subseteq \mathbb{Z}$	Zeitstetiger stochastischer Prozess mit stetigem Zustandsraum z. B. $T \subseteq \mathbb{R}_+$, $\mathcal{Z} \subseteq \mathbb{R}$

Abb. 1.1: Zeitdiskrete oder -stetige stochastische Prozesse mit diskretem oder stetigem Zustandsraum

Wir werden in diesem Buch viele Beispiele und Typen stochastischer Prozesse in verschiedenen Anwendungsgebieten kennenlernen. Es folgen ein paar einfache Beispiele zur Motivation.

Beispiel 1.1. Angenommen, ein Roulettespieler mit einem Startkapital von $X_0 = 1000\,€$ setzt an einem Abend permanent $10\,€$ auf Rot. Der Kapitalstand nach dem i-ten Spiel stellt eine Zufallsvariable X_i dar. Wenn der Spieler insgesamt 100 Spiele durchführt, dann ist $(X_i)_{i \in T}$ ein endlicher, zeitdiskreter stochastischer Prozess mit dem Parameterraum $T = \{0; 1; 2; ...; 99; 100\}$ und dem diskreten Zustandsraum $\mathscr{Z} = \{0; 10; 20; 30; ...; 1980; 1990; 2000\}$. ◄

Beispiel 1.2. Der Verlauf des Börsenkurses einer Aktie kann als zeitstetiger stochastischer Prozess mit stetigem Zustandsraum modelliert werden. Wenn man beispielsweise nur den Schlusskurs (= letzter festgestellter Kurs des Börsentages) betrachtet, dann kann der Börsenverlauf der Aktie als zeitdiskreter stochastischer Prozess mit stetigem Zustandsraum modelliert werden. Ausführlich beschriebene Beispiele hierzu finden sich in Kap. 3 und Kap. 9.

◀

Beispiel 1.3. Eine so genannte *Roulettepermanenz*, d. h., die Auflistung der Ergebnisse der Kugeleinwürfe an einem Abend, stellt einen zeitdiskreten stochastischen Prozess dar. Eine solche Permanenz kann (über zehn Würfe) z. B. so aussehen:

$$23, 16, 0, 15, 26, 26, 30, 2, 21, 33.$$

Der diskrete Zustandsraum ist hier die Menge $\mathscr{Z} = \{0; 1; 2; ...; 34; 35; 36\}$. ◀

Beispiel 1.4. Ein wichtiges Beispiel für einen zeitdiskreten stochastischen Prozess mit diskretem Zustandsraum stellt die sogenannte *symmetrische Irrfahrt*, auch *Random Walk* genannt, auf einem zweidimensionalen Koordinatengitter dar, welches man sich als Punktmenge $\mathbb{Z}^2$ vorstellen kann. Dabei startet das Teilchen im Nullpunkt $(0|0)$ und springt in jedem Schritt unabhängig vom vorherigen Verhalten jeweils mit der Wahrscheinlichkeit $\frac{1}{4}$ in eine der vier Richtungen links, rechts, oben oder unten. Somit hängt der Zustand (Aufenthaltsort) im nächsten Schritt nur vom aktuellen Zustand ab, unabhängig davon, wie das Teilchen in diesen aktuellen Zustand gelangt ist. Ein solches Verhalten führt uns in Kap. 3 zu einer wichtigen Klasse stochastischer Prozesse, einer sogenannten *Markoff-Kette* (auch *Markow-Kette* oder *Markov-Kette* geschrieben).

Ein Random-Walk lässt sich sehr leicht, z. B. mit MATLAB oder Mathematica, programmieren (siehe Abschn. 3.1.5, 3.2.2 und 5.7.2 in Imkamp und Proß 2021, sowie Abschn. 3.1.6.1 und 7.2 in diesem Buch). Abb. 1.2 zeigt ein mögliches Simulationsergebnis eines solchen Random-Walks mit 1000 Schritten. Beachten Sie dabei, dass das Teilchen Wege mehrfach gehen kann, und dementsprechend einen Gitterpunkt auch mehrfach besuchen kann.

◀

Beispiel 1.5. Eine Supermarktkasse hat von 8 Uhr bis 20 Uhr durchgehend geöffnet. Sei

$X(t) = $ *Länge der Warteschlange, also Personenanzahl an der Kasse zum Zeitpunkt t.*

Dann ist $(X(t))_{t \in T}$ für das Intervall $T = [8\text{ Uhr}; 20\text{ Uhr}]$ ein zeitstetiger stochastischer Prozess mit diskretem Zustandsraum. Dieser Prozess ist interessant für den Kunden, der möglichst kurze Warteschlangen an den Kassen haben möchte. Untersuchungen dieser Prozesse führen zu im Internet abrufbaren Abschätzungen des Kundenverkehrs zu bestimmten Zeiten. ◀

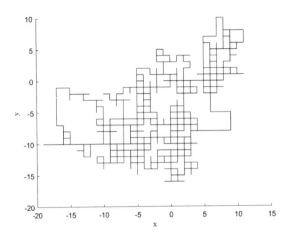

Abb. 1.2: Random Walk mit 1000 Schritten

Beispiel 1.6. Mithilfe eines Geiger-Müller-Zählrohres lässt sich die Impulsrate der Zerfälle eines radioaktiven Präparates messen. Sei

$$X(t) = \text{Anzahl der Impulse während des Zeitintervalls } [0;t].$$

Dann ist $(X(t))_{t \in T}$ z. B. für das Intervall $T = [0\,\text{s}; 180\,\text{s}]$ ein zeitstetiger stochastischer Prozess mit diskretem Zustandsraum. ◄

Beispiel 1.7. Beim Online-Versandhandel kommt es immer wieder zu Stoßzeiten bei Bestellungen bestimmter Artikel. Sei

$$X_z = \text{Anzahl der Anforderungen eines bestimmten Artikels am Tag } z \text{ des Jahres.}$$

Dann ist $(X_z)_{z \in \{1;2;3;...,365\}}$ ein zeitdiskreter stochastischer Prozess mit diskretem Zustandsraum. ◄

Definition 1.2. Für einen gegebenen stochastischen Prozess $X = (X(t))_{t \in T}$ über dem Wahrscheinlichkeitsraum $(\Omega, \mathscr{A}, P)$ und $n \in \mathbb{N}$ heißt die Abbildung

$$X(\omega) : \mathbb{R}_+ \to \mathbb{R}^n, \ t \mapsto X(t, \omega)$$

für gegebenes $\omega \in \Omega$ ein *Pfad* (oder auch eine *Realisierung*) von X.

Beispiel 1.8. Die Permanenz in Bsp. 1.3 ist eine spezielle Realisierung des gegebenen stochastischen Prozesses. ◄

> **Hinweis**
>
> Zur Aneignung und Festigung dieser Grundlagen und der weiteren The-
> men dieses Buches stehen Ihnen Lernfragen zur Verfügung. Verwenden Sie
> den folgenden Link, um Zugang zu Ihrem SN Flashcards Set zu erhalten:
> `https://sn.pub/g6vrue`. Sollte der Link fehlen oder nicht funktio-
> nieren, senden Sie uns bitte eine E-Mail mit dem Betreff „SN Flashcards"
> und dem Buchtitel an customerservice@springernature.com.

Kapitel 2
Mathematische Grundlagen

In diesem Kapitel wollen wir alle für das Verständnis der folgenden Kapitel wichtigen Grundbegriffe, Definitionen und Sätze (ohne Beweise) zusammenstellen. Die meisten der stochastischen und allgemeinen Grundlagen sind knappe Zusammenfassungen aus unserem Buch „Einstieg in die Stochastik" (siehe Imkamp und Proß 2021), einige Grundlagen der Analysis solche aus unserem Buch „Brückenkurs Mathematik für den Studieneinstieg" (siehe Proß und Imkamp 2018). Zur Wiederholung der Grundlagen sei auch auf unseren YouTube-Kanal „Brückenkurs Mathematik" verwiesen.

2.1 Allgemeine mathematische Grundbegriffe und Notation

In diesem Abschnitt fassen wir zunächst die in diesem Buch an verschiedenen Stellen benötigten mathematischen Grundbegriffe und Notationen zusammen.

2.1.1 Summen und Reihen

Wir werden es in diesem Buch häufig mit Summen zu tun haben, in denen eine große Anzahl von Summanden vorkommt. Dabei ist es sehr lästig und umständlich, alle Summanden hinzuschreiben und damit die Summe voll auszuschreiben. Daher gibt es ein Symbol, das *Summenzeichen*. Man schreibt zum Beispiel

$$\sum_{i=1}^{n} i = 1 + 2 + 3 + \ldots + n,$$

T. Imkamp, S. Proß, *Einstieg in stochastische Prozesse*,
https://doi.org/10.1007/978-3-662-66669-2_2

wenn man die ersten n natürlichen Zahlen addieren möchte. Gelesen wird das Ganze: Summe über i für i gleich 1 bis n. Dabei ist i der sogenannte *Laufindex*. Das Symbol $\sum$ stellt den griechischen Großbuchstaben „Sigma" dar. Betrachten wir weitere Beispiele.

Beispiel 2.1.

$$\sum_{k=1}^{n} k^2 = 1^2 + 2^2 + 3^2 + \ldots + n^2.$$

Der Laufindex ist hier k. Man kann auch bei einer anderen Zahl beginnen und bei einer konkreten Zahl aufhören zu summieren:

$$\sum_{k=4}^{8} k^2 = 4^2 + 5^2 + 6^2 + 7^2 + 8^2. \qquad \blacktriangleleft$$

Betrachten wir etwas kompliziertere Beispiele.

Beispiel 2.2.

$$\sum_{i=1}^{5} i(i+1) = 1(1+1) + 2(2+1) + 3(3+1) + 4(4+1) + 5(5+1),$$

$$\sum_{j=0}^{4} \sqrt{j+1} = \sqrt{0+1} + \sqrt{1+1} + \sqrt{2+1} + \sqrt{3+1} + \sqrt{4+1},$$

$$\sum_{i=1}^{3} \frac{1}{i} = \frac{1}{1} + \frac{1}{2} + \frac{1}{3}. \qquad \blacktriangleleft$$

Summenzeichen können auch kombiniert vorkommen:

Beispiel 2.3.

$$\sum_{i=2}^{3} \sum_{j=3}^{4} i^2 j^3 = 2^2 \cdot 3^3 + 3^2 \cdot 3^3 + 2^2 \cdot 4^3 + 3^2 \cdot 4^3 = \sum_{j=3}^{4} \sum_{i=2}^{3} i^2 j^3.$$

Die Summenzeichen sind bei endlichen Summen vertauschbar. $\qquad \blacktriangleleft$

Einige Summen, mit denen wir es in diesem Buch zu tun bekommen, reichen bis ins Unendliche, man spricht von *Reihen*, über die man etwas in den Grundvorlesungen zur Analysis hört.

Eine auch in diesem Buch sehr wichtige Reihe ist die sogenannte *geometrische Reihe*, die allgemein die Form

$$\sum_{k=0}^{\infty} x^k$$

hat mit $x \in \mathbb{R}$.

Allgemein gilt für $x \neq 1$ und $n \in \mathbb{N}$ die Summenformel

$$\sum_{k=0}^{n} x^k = \frac{x^{n+1} - 1}{x - 1}.$$

Im Fall $|x| < 1$ folgt die Konvergenz der geometrischen Reihe mit

$$\sum_{k=0}^{\infty} x^k = \frac{1}{1 - x}.$$

Beispiel 2.4.

$$\sum_{n=0}^{\infty} \left(\frac{1}{2}\right)^n = 1 + \frac{1}{2} + \frac{1}{4} + \frac{1}{8} + \frac{1}{16} + \ldots = \frac{1}{1 - \frac{1}{2}} = 2.$$

Hier werden unendlich viele positive Zahlen addiert. Trotzdem kommt der endliche Wert 2 heraus! ◀

Eine weitere sehr wichtige Reihe in der Mathematik ist die *Exponentialreihe*:

$$e^x = \sum_{n=0}^{\infty} \frac{x^n}{n!} = 1 + x + \frac{x^2}{2} + \frac{x^3}{6} + \frac{x^4}{24} + \frac{x^5}{120} + \ldots$$

Dabei steht das Symbol $n!$ (gelesen n Fakultät) für den Ausdruck $n! = n \cdot (n-1) \cdot (n-2) \cdot \ldots \cdot 3 \cdot 2 \cdot 1$, also für das Produkt der ersten n natürlichen Zahlen, z. B. $4! = 4 \cdot 3 \cdot 2 \cdot 1 = 24$. Dabei ist definitionsgemäß $0! = 1$.

Es gibt auch für Produkte ein Symbol, das sogenannte *Produktzeichen*, welches durch ein großes Pi dargestellt wird. Es ist z. B.

$$\prod_{i=1}^{n} i = 1 \cdot 2 \cdot 3 \cdot \ldots \cdot (n-1) \cdot n = n!$$

2.1.2 Mengenlehre

Die aufzählende Form der Mengendarstellung sieht bei der Menge der natürlichen Zahlen $\mathbb{N}$ folgendermaßen aus:

$$\mathbb{N} = \{1; 2; 3; \ldots\}.$$

Die Standardbezeichnung für die Menge der reellen Zahlen ist $\mathbb{R}$.

Hinweis

Die Elemente einer Menge sollten stets durch ein Semikolon getrennt werden, da die Verwendung von Kommata zu Verwechslungen führen kann.

Definition 2.1. Eine Menge M heißt *Teilmenge* einer Menge N, wenn für alle Elemente von M gilt, dass sie auch Element von N sind. Formal schreibt man dies so:

$$M \subset N \Leftrightarrow \forall x: \ x \in M \Rightarrow x \in N.$$

Definition 2.2. Unter der *Vereinigungsmenge* zweier Mengen M und N versteht man die Menge, die aus allen Elementen besteht, die in M oder in N enthalten sind. Formal:

$$M \cup N = \{x | x \in M \vee x \in N\}$$

(gelesen: M vereinigt N). Die Disjunktion „oder" wird hier formal durch das Symbol $\vee$ dargestellt. Der gerade Strich wird gelesen: „für die gilt". Somit lesen wir die formale Zeile folgendermaßen: „M vereinigt N ist die Menge aller x, für die gilt, x ist Element von M oder x ist Element von N".

Definition 2.3. Unter der *Schnittmenge* zweier Mengen M und N versteht man die Menge, die aus allen Elementen besteht, die in M und in N enthalten sind. Formal:

$$M \cap N = \{x | x \in M \wedge x \in N\}$$

(gelesen: M *geschnitten* N). Die Konjunktion „und" wird hier formal durch das Symbol $\wedge$ dargestellt. Die gesamte Zeile wird analog der obigen Erklärung gelesen.

Die Symbole $\{\}$ und $\varnothing$ werden für die Menge verwendet, die keine Elemente besitzt, die sogenannte *leere Menge*.

Ein weiterer wichtiger Begriff ist der der Differenzmenge.

Definition 2.4. Unter der *Differenzmenge* zweier Mengen M und N versteht man die Menge, die aus allen Elementen von M besteht, die in N nicht enthalten sind. Formal:

$$M \setminus N = \{x \in M | x \notin N\}$$

(gelesen: „M ohne N ist gleich der Menge der Elemente x aus M, für die gilt: x ist kein Element von N").

Beispiel 2.5. Als Beispiel betrachten wir die Menge der ganzen Zahlen und die Menge der ganzen Zahlen ohne die natürlichen Zahlen einschließlich der Null ($\mathbb{N}_0 := \{0; 1; 2; \ldots\}$):

$$\mathbb{Z} = \{0; \pm 1; \pm 2; \pm 3; \ldots\},$$
$$\mathbb{Z} \setminus \mathbb{N}_0 = \{-1; -2; -3; \ldots\}.$$

Die letzte Menge nennt man auch die *Komplementmenge* von $\mathbb{N}_0$ in Bezug auf $\mathbb{Z}$. ◄

Ein letzter wichtiger Begriff ist der der Potenzmenge einer Menge M.

Definition 2.5. Die *Potenzmenge* $\wp(M)$ ist die Menge aller Teilmengen von M.

Beispiel 2.6. Sei $M = \{a; b; c\}$. Diese Menge besitzt die Teilmengen

$$\varnothing; \{a\}; \{b\}; \{c\}; \{a; b\}; \{a; c\}; \{b; c\}; M.$$

Die Potenzmenge von M besteht genau aus diesen Elementen

$$\wp(M) = \{\varnothing; \{a\}; \{b\}; \{c\}; \{a; b\}; \{a; c\}; \{b; c\}; M\}. \quad ◄$$

Wichtige Teilmengen der Menge $\mathbb{R}$ der reellen Zahlen sind sogenannte *Intervalle*.

Definition 2.6. Seien a und b reelle Zahlen mit $a < b$. Die Menge

$$[a;b] := \{x \in \mathbb{R} | a \leq x \leq b\}$$

heißt *abgeschlossenes Intervall* mit den Randpunkten a und b.
Die Menge

$$]a;b[:= \{x \in \mathbb{R} | a < x < b\}$$

heißt *offenes Intervall* mit den Randpunkten a und b.
Schließlich betrachtet man noch *rechts- und linksseitig halboffene* Intervalle:

$$[a;b[:= \{x \in \mathbb{R} | a \leq x < b\},$$
$$]a;b] := \{x \in \mathbb{R} | a < x \leq b\}.$$

Bemerkung 2.1. Anstatt nach außen geöffneten eckigen Klammern, werden für (halb-)offene Intervalle auch nach innen geöffnete runde Klammern verwendet. Es gilt z. B.

$$[a;b) := \{x \in \mathbb{R} | a \leq x < b\},$$

und

$$(a;b) := \{x \in \mathbb{R} | a < x < b\}.$$

Beispiel 2.7. Das abgeschlossene Intervall

$$[2;4] := \{x \in \mathbb{R} | 2 \leq x \leq 4\}$$

ist die Menge aller reellen Zahlen, die zwischen 2 und 4 liegen, wobei 2 und 4 zum Intervall dazugehören. Das offene Intervall

$$]-1;5[:= \{x \in \mathbb{R} | -1 < x < 5\}$$

ist die Menge aller reellen Zahlen, die zwischen -1 und 5 liegen, wobei -1 und 5 zum Intervall nicht dazugehören.   ◄

2.1.3 Vektoren und Matrizen

Unter einem *Vektor* im n-dimensionalen Raum versteht man eine Zusammenfassung von n reellen Zahlen, die in einer bestimmten Reihenfolge angeordnet sind.

Symbolisch stellen wir einen Vektor wie folgt als n-Tupel dar:

$$\vec{x} = \begin{pmatrix} x_1 \\ x_2 \\ \vdots \\ x_n \end{pmatrix}.$$

Der *Betrag* eines Vektors ist gegeben durch

$$|\vec{x}| = \sqrt{x_1^2 + x_2^2 + \ldots x_n^2}.$$

Vektoren mit dem Betrag 1 werden *Einheitsvektoren* genannt. Man erhält sie durch *Normierung* wie folgt:

$$\vec{e}_x = \frac{1}{|\vec{x}|} \cdot \vec{x}.$$

Für n-dimensionale Vektoren können Rechenoperationen folgendermaßen durchgeführt werden:

1. Addition und Subtraktion:

$$\vec{x} \pm \vec{y} = \begin{pmatrix} x_1 \\ x_2 \\ \vdots \\ x_n \end{pmatrix} \pm \begin{pmatrix} y_1 \\ y_2 \\ \vdots \\ y_n \end{pmatrix} = \begin{pmatrix} x_1 \pm y_1 \\ x_2 \pm y_2 \\ \vdots \\ x_n \pm y_n \end{pmatrix}.$$

2. Multiplikation mit einem Skalar (etwa einer reellen Zahl):

$$\lambda \cdot \vec{x} = \lambda \cdot \begin{pmatrix} x_1 \\ x_2 \\ \vdots \\ x_n \end{pmatrix} = \begin{pmatrix} \lambda \cdot x_1 \\ \lambda \cdot x_2 \\ \vdots \\ \lambda \cdot x_n \end{pmatrix}.$$

3. Transponieren:

$$\vec{x} = \begin{pmatrix} x_1 \\ x_2 \\ \vdots \\ x_n \end{pmatrix} \qquad {}^t\vec{x} = \begin{pmatrix} x_1 & x_2 & \ldots & x_n \end{pmatrix}$$

4. Skalarprodukt:

$$^t\vec{x}\cdot\vec{y} = \begin{pmatrix} x_1 & x_2 & \ldots & x_n \end{pmatrix} \cdot \begin{pmatrix} y_1 \\ y_2 \\ \vdots \\ y_n \end{pmatrix} = x_1y_1 + x_2y_2 + \ldots x_ny_n.$$

Der *Nullvektor* wird jeweils mit $\vec{0}$ symbolisiert, es gilt

$$\vec{0} = \begin{pmatrix} 0 \\ 0 \\ \vdots \\ 0 \end{pmatrix}.$$

Beispiel 2.8.

$$\vec{x} = \begin{pmatrix} 1 \\ 2 \\ 7 \end{pmatrix} \quad \vec{y} = \begin{pmatrix} -3 \\ 1 \\ 2 \end{pmatrix}$$

$$\vec{x} + \vec{y} = \begin{pmatrix} -2 \\ 3 \\ 9 \end{pmatrix}$$

$$2\vec{x} = \begin{pmatrix} 2 \\ 4 \\ 17 \end{pmatrix}$$

$$^t\vec{x}\cdot\vec{y} = \begin{pmatrix} 1 & 2 & 7 \end{pmatrix} \cdot \begin{pmatrix} -3 \\ 1 \\ 2 \end{pmatrix}$$

$$= 1\cdot(-3) + 2\cdot 1 + 7\cdot 2 = 13 \qquad \blacktriangleleft$$

Eine detaillierte Einführung in die Vektoralgebra findet man z. B. in Papula 2018, Kap. II.

Unter einer *Matrix* versteht man ein rechteckiges Schema, in dem Zahlen angeordnet werden. Die Matrix

$$A = (a_{ik}) = \begin{pmatrix} a_{11} & a_{12} & \ldots & a_{1k} & \ldots & a_{1n} \\ a_{21} & a_{22} & \ldots & a_{2k} & \ldots & a_{2n} \\ \vdots & \vdots & & \vdots & & \vdots \\ a_{i1} & a_{i2} & \ldots & a_{ik} & \cdots & a_{in} \\ \vdots & \vdots & & \vdots & & \vdots \\ a_{m1} & a_{m2} & \ldots & a_{mk} & \ldots & a_{mn} \end{pmatrix}$$

besteht aus m Zeilen und n Spalten. Man sagt, sie ist vom Typ (m,n). Das Matrixelement a_{ik} befindet sich in der i-ten Zeile und der k-ten Spalte. Im Fall $n = m$ spricht man von einer *quadratischen Matrix*.

Wenn in einer Matrix A Zeilen und Spalten vertauscht werden, dann erhält man die Transponierte dieser Matrix, die wir mit ^tA bezeichnen. Natürlich gilt auch

$$^t(^tA) = A.$$

Beispiel 2.9. Gegeben sei die Matrix A vom Typ $(2,3)$

$$A = \begin{pmatrix} 3 & 2 & 7 \\ 1 & 17 & 21 \end{pmatrix}.$$

Dann ergibt sich die Transponierte der Matrix A durch Vertauschen von Zeilen und Spalten

$$^tA = \begin{pmatrix} 3 & 1 \\ 2 & 17 \\ 7 & 21 \end{pmatrix}.$$

Die Transponierte ^tA ist vom Typ $(3,2)$. ◀

Zwei Matrizen $A = (a_{ik})$ und $B = (b_{ik})$ vom gleichem Typ (m,n) werden addiert bzw. subtrahiert, indem die Matrixelemente an gleicher Position addiert bzw. subtrahiert werden. Es gilt

$$C = A \pm B = (c_{ik}) \quad \text{mit} \quad c_{ik} = a_{ik} \pm b_{ik}.$$

Eine Matrix A wird mit einem Skalar λ multipliziert, indem jedes Matrixelement mit λ multipliziert wird. Es gilt

$$\lambda \cdot A = \lambda \cdot (a_{ik}) = (\lambda \cdot a_{ik}).$$

Sei $A = (a_{ik})$ eine Matrix vom Typ (m,n) und $B = (b_{ik})$ eine Matrix vom Typ (n,p), dann ist das *Matrizenprodukt* $A \cdot B$ definiert als

$$C = A \cdot B = (c_{ik})$$

mit den Matrixelementen

$$c_{ik} = a_{i1}b_{1k} + a_{i2}b_{2k} + a_{i3}b_{3k} + \cdots + a_{in}b_{nk}.$$

Das Matrixelement c_{ik} ergibt sich somit als Skalarprodukt des i-ten Zeilenvektors von A und des k-ten Spaltenvektors von B.

Beispiel 2.10. Gegeben seien die Matrizen

$$A = \begin{pmatrix} 3 & 2 & 7 \\ 1 & 17 & 21 \end{pmatrix} \quad \text{und} \quad B = \begin{pmatrix} 3 & 1 \\ 7 & 3 \\ 1 & 2 \end{pmatrix}.$$

Dann erhalten wir für das Produkt

$$C = A \cdot B = \begin{pmatrix} 3 & 2 & 7 \\ 1 & 17 & 21 \end{pmatrix} \cdot \begin{pmatrix} 3 & 1 \\ 7 & 3 \\ 1 & 2 \end{pmatrix} = \begin{pmatrix} 30 & 23 \\ 143 & 94 \end{pmatrix}. \quad \blacktriangleleft$$

Ein lineares Gleichungssystem der Form

$$a_{11}x_1 + a_{12}x_2 + \cdots + a_{1n}x_n = c_1$$
$$a_{21}x_1 + a_{22}x_2 + \cdots + a_{2n}x_n = c_2$$
$$\vdots$$
$$a_{m1}x_1 + a_{m2}x_2 + \cdots + a_{mn}x_n = c_m$$

können wir auch mithilfe von Matrizen und Vektoren darstellen. Es gilt

$$\begin{pmatrix} a_{11} & a_{12} & \cdots & a_{1n} \\ a_{21} & a_{22} & \cdots & a_{2n} \\ \vdots & \vdots & \vdots & \vdots \\ a_{m1} & a_{m2} & \cdots & a_{mn} \end{pmatrix} \cdot \begin{pmatrix} x_1 \\ x_2 \\ \vdots \\ x_n \end{pmatrix} = \begin{pmatrix} c_1 \\ c_2 \\ \vdots \\ c_m \end{pmatrix}$$

$$A \cdot \vec{x} = \vec{c}.$$

Diese Darstellung heißt auch *Matrix-Vektor-Produkt*.

Beispiel 2.11. Wir betrachten das lineare Gleichungssystem

$$3x_1 + 5x_2 - 3x_3 + x_4 = 10$$
$$-3x_2 + 4x_3 - x_4 = 17.$$

Mithilfe von Matrizen und Vektoren kann es wie folgt dargestellt werden:

$$A \cdot \vec{x} = \vec{c}$$

$$\begin{pmatrix} 3 & 5 & -3 & 1 \\ 0 & -3 & 4 & -1 \end{pmatrix} \cdot \begin{pmatrix} x_1 \\ x_2 \\ x_3 \\ x_4 \end{pmatrix} = \begin{pmatrix} 10 \\ 17 \end{pmatrix}. \qquad \blacktriangleleft$$

In Kap. 3 benötigen wir im Rahmen der Untersuchung sogenannter stochastischer Matrizen noch eine andere Darstellung dieses Produktes. Dazu schreiben wir Vektoren in Zeilenschreibweise

$$^t\vec{x} = \begin{pmatrix} x_1 & x_2 & \dots & x_n \end{pmatrix}$$

und nennen derartige (transponierte) Vektoren *Zeilenvektoren* (entsprechend heißen die bisher betrachteten Vektoren *Spaltenvektoren*). Das obige Matrix-Vektor-Produkt lässt sich dann mit den jeweiligen Transponierten schreiben als

$$^t\vec{x} \cdot {}^t A = {}^t\vec{c}.$$

Beispiel 2.12. Das Produkt in Bsp. 2.11 kann in dieser Schreibweise wie folgt dargestellt werden

$$^t\vec{x} \cdot {}^t A = {}^t\vec{c}$$

$$\begin{pmatrix} x_1 & x_2 & x_3 & x_4 \end{pmatrix} \cdot \begin{pmatrix} 3 & 0 \\ 5 & -3 \\ -3 & 4 \\ 1 & -1 \end{pmatrix} = \begin{pmatrix} 10 & 17 \end{pmatrix}. \qquad \blacktriangleleft$$

Im Fall einer quadratischen Matrix A hat das lineare Gleichungssystem

$$A \cdot \vec{x} = \vec{c}$$

genauso viele Variablen wie Gleichungen. In diesem Fall existiert genau dann eine eindeutige Lösung, wenn die Matrix A *invertierbar* ist, d. h. eine Matrix $B =: A^{-1}$ existiert mit

$$A \cdot B = B \cdot A = E_n,$$

wobei E_n die n-dimensionale Einheitsmatrix

$$E_n = \begin{pmatrix} 1 & 0 & \cdots & 0 & 0 \\ 0 & 1 & 0 & \cdots & 0 \\ \vdots & & \ddots & & \vdots \\ 0 & \cdots & 0 & 1 & 0 \\ 0 & 0 & \cdots & 0 & 1 \end{pmatrix}$$

ist, bei der nur auf der Hauptdiagonalen Einsen stehen und sonst überall Nullen. Eine Matrix A ist genau dann invertierbar, wenn für ihre so genannte *Determinante* gilt

$$\det(A) \neq 0$$

(siehe Papula 2015, Kap. I). Im Fall $n = 2$ berechnet man die Determinante der Matrix

$$A = \begin{pmatrix} a & b \\ c & d \end{pmatrix}$$

so:

$$\det(A) = ad - bc.$$

Ein wichtiger Begriff in der Matrizenrechnung ist der des *Eigenwertes* einer Matrix sowie des zugehörigen *Eigenvektors*.

Definition 2.7. Eine Zahl $\lambda \in \mathbb{C}$ heißt *Eigenwert* einer (n,n)-Matrix A, wenn es einen n-dimensionalen Vektor $\vec{v} \neq \vec{0}$ gibt mit

$$A \cdot \vec{v} = \lambda \cdot \vec{v}.$$

In diesem Fall heißt $\vec{v}$ *Eigenvektor* der Matrix A zum Eigenwert λ.

Ist $\vec{v}$ ein Eigenvektor der Matrix A zum Eigenwert λ, dann ist auch jeder Vektor $c\vec{v}$ mit $c \in \mathbb{C}^*$ ein solcher. Wie berechnet man die Eigenwerte einer Matrix?

Die Gleichung

$$A \cdot \vec{v} = \lambda \cdot \vec{v}$$

lässt sich mithilfe der (n,n)-Einheitsmatrix umstellen zu

$$(A - \lambda \cdot E_n) \cdot \vec{v} = \vec{0}.$$

Diese Gleichung hat genau dann einen nicht-trivialen Lösungsvektor $\vec{v} \neq \vec{0}$ (der somit Eigenvektor von A ist), wenn gilt

$$\det(A - \lambda \cdot E_n) = 0$$

und somit λ ein Eigenwert von A ist (siehe z. B. Papula 2015, Kap. I Abschn. 7). Das Polynom

$$\det(A - \lambda \cdot E_n)$$

heißt *charakteristisches Polynom* der Matrix A. Die Eigenwerte von A sind also die Nullstellen des zugehörigen charakteristischen Polynoms.

Beispiel 2.13. Sei A die $(2,2)$-Matrix

$$A = \begin{pmatrix} 1 & 2 \\ 1 & 0 \end{pmatrix}.$$

Wir berechnen zunächst die Eigenwerte mittels des charakteristischen Polynoms. Es gilt

$$A - \lambda \cdot E_2 = \begin{pmatrix} 1-\lambda & 2 \\ 1 & -\lambda \end{pmatrix},$$

also suchen wir die Lösungen der Gleichung

$$\det(A - \lambda \cdot E_2) = (1-\lambda)(-\lambda) - 2 \cdot 1 = \lambda^2 - \lambda - 2 = 0.$$

Wir erhalten zwei reelle Lösungen dieser quadratischen Gleichung, nämlich

$$\lambda_1 = 2 \wedge \lambda_2 = -1.$$

Die zugehörigen (hier natürlich zweidimensionalen) Eigenvektoren erhalten wir mittels der Lösung der Gleichungssysteme

$$\begin{pmatrix} 1 & 2 \\ 1 & 0 \end{pmatrix} \cdot \begin{pmatrix} x_1 \\ x_2 \end{pmatrix} = 2 \cdot \begin{pmatrix} x_1 \\ x_2 \end{pmatrix}$$

bzw.

$$\begin{pmatrix} 1 & 2 \\ 1 & 0 \end{pmatrix} \cdot \begin{pmatrix} x_1 \\ x_2 \end{pmatrix} = - \begin{pmatrix} x_1 \\ x_2 \end{pmatrix}.$$

Es ergibt sich

$$\begin{pmatrix} x_1 \\ x_2 \end{pmatrix} = c \cdot \begin{pmatrix} 2 \\ 1 \end{pmatrix}$$

bzw.

$$\begin{pmatrix} x_1 \\ x_2 \end{pmatrix} = c \cdot \begin{pmatrix} -1 \\ 1 \end{pmatrix},$$

jeweils mit $c \neq 0$. ◀

2.2 Grundlagen aus der Analysis

2.2.1 Benötigte Elemente der Differentialrechnung

Definition 2.8. Sei $f : I \to \mathbb{R}$ eine Funktion, I offen. Die Funktion heißt in $x_0 \in I$ *differenzierbar*, falls

$$\lim_{h \to 0} \frac{f(x_0 + h) - f(x_0)}{h}$$

existiert. Man schreibt für diesen Grenzwert dann $f'(x_0)$. $f'(x_0)$ heißt auch *Ableitung* von f in x_0. Der Wert gibt die Steigung der Tangente an den Graphen von f im ausgewählten Punkt an und somit die Steigung des Funktionsgraphen in diesem Punkt. Man verwendet für $f'(x_0)$ auch die Bezeichnung $\frac{d}{dx} f(x)|_{x=x_0}$ („Differentialquotient").

Für $x \in I$ kann man f' als Funktion auffassen. Man nennt sie die *Ableitungsfunktion* $f' : I \to \mathbb{R}$. Die Ableitung hiervon heißt zweite Ableitung und wird mit f'' bezeichnet.

Numerische Approximation:

Für $h \approx 0$ lässt sich die erste Ableitung durch den Differenzenquotienten

$$f'(x) \approx \frac{f(x+h) - f(x)}{h}$$

annähern und für die zweite Ableitung gilt

$$f''(x) \approx \frac{f'(x+h) - f'(x)}{h}$$
$$= \frac{\frac{f(x+2h) - f(x+h)}{h} - \frac{f(x+h) - f(x)}{h}}{h}$$
$$= \frac{f(x+2h) - 2f(x+h) + f(x)}{h^2},$$

was sich auch als

$$f''(x) \approx \frac{f(x+h) - 2f(x) + f(x-h)}{h^2}$$

schreiben lässt (ersetzen Sie $x + h$ durch x).

Definition 2.9. Sei $f : I \to \mathbb{R}$ eine Funktion, I offen. Die Funktion heißt in I *stetig differenzierbar*, falls f' in I stetig ist.

Für Ableitungen gelten folgende Regeln.

Satz 2.1. (Ableitungsregeln) Seien g und h im Punkt x differenzierbare Funktionen. Dann ist auch die Funktion f in allen folgenden Fällen im Punkt x differenzierbar, und es gilt:

1. Faktorregel: $f(x) = c \cdot g(x) \Rightarrow f'(x) = c \cdot g'(x)$ mit $c \in \mathbb{R}$

2. Summen- und Differenzregel: $f(x) = g(x) \pm h(x) \Rightarrow f'(x) = g'(x) \pm h'(x)$

3. Produktregel: $f(x) = g(x) \cdot h(x) \Rightarrow f'(x) = g'(x) \cdot h(x) + h'(x) \cdot g(x)$

4. Quotientenregel: $f(x) = \frac{g(x)}{h(x)}$ und $h(x) \neq 0 \Rightarrow f'(x) = \frac{g'(x) \cdot h(x) - h'(x) \cdot g(x)}{h(x)^2}$

5. Kettenregel: $f(x) = h(g(x)) \Rightarrow f'(x) = h'(g(x)) \cdot g'(x)$

6. Allgemeine Potenzregel: $f(x) = x^r \Rightarrow f'(x) = r \cdot x^{r-1}$ mit $r \in \mathbb{R}$

Die Faktorregel ist ein Spezialfall der Produktregel, wenn eine der Funktionen konstant ist.

Funktionen von zwei Variablen, z. B. von Ort und Zeit, also $f(t,x)$, können nach beiden Variablen (partiell) abgeleitet werden, wobei die jeweils andere Variable wie eine Konstante behandelt wird. Das *totale Differential* ist dann

$$df(t,x) = \frac{\partial f}{\partial t}(t,x)dt + \frac{\partial f}{\partial x}(t,x)dx.$$

Eine größere Anzahl von Variablen taucht in diesem Buch nicht auf.

Wir kürzen zur Vereinfachung der Schreibweise die partiellen Ableitungen von Funktionen mit folgenden Standardbezeichnungen ab

Bemerkung 2.2. Sei $f : \mathbb{R}_+ \to \mathbb{R}, (t,x) \mapsto f(t,x)$ eine in beiden Variablen zweimal differenzierbare Funktion. Dann ist definitionsgemäß

$$\frac{\partial f}{\partial t}f(t,x) =: f_t(t,x) \qquad \frac{\partial f}{\partial x}f(t,x) =: f_x(t,x),$$

$$\frac{\partial^2 f}{\partial t^2}f(t,x) =: f_{tt}(t,x) \qquad \frac{\partial^2 f}{\partial x^2}f(t,x) =: f_{xx}(t,x).$$

Beispiel 2.14. Sei $f(t,x) = x^3 - 2t^2$. Dann gilt

$$\frac{\partial f}{\partial t}f(t,x) = f_t(t,x) = -4t \quad \frac{\partial f}{\partial x}f(t,x) = f_x(t,x) = 3x^2$$

$$\frac{\partial^2 f}{\partial t^2}f(t,x) = f_{tt}(t,x) = -4 \quad \frac{\partial^2 f}{\partial x^2}f(t,x) = f_{xx}(t,x) = 6x. \qquad \blacktriangleleft$$

Beispiel 2.15. Sei $f(t,x) = e^{x^2-t}$. Dann gilt

$$\frac{\partial f}{\partial t}f(t,x) = f_t(t,x) = -e^{x^2-t} \quad \frac{\partial f}{\partial x}f(t,x) = f_x(t,x) = 2xe^{x^2-t}$$

$$\frac{\partial^2 f}{\partial t^2}f(t,x) = f_{tt}(t,x) = e^{x^2-t} \quad \frac{\partial^2 f}{\partial x^2}f(t,x) = f_{xx}(t,x) = 4x^2 e^{x^2-t}. \qquad \blacktriangleleft$$

2.2.2 Benötigte Elemente der Integralrechnung

Definition 2.10. Der Grenzwert

$$\lim_{n \to \infty} \sum_{i=1}^{n} f(x_i)\Delta x_i$$

heißt, falls er existiert (also im Falle $\lim_{n \to \infty} s_n = \lim_{n \to \infty} S_n$), das *bestimmte Integral* von a bis b über f und wird durch das Symbol

$$\int_a^b f(x)dx$$

dargestellt.
Die Funktion f heißt in diesem Fall über dem Intervall $[a;b]$ *integrierbar*. a heißt die *untere Integrationsgrenze*, b heißt die *obere Integrationsgrenze*, x heißt *Integrationsvariable*, und die Funktion f heißt *Integrand*.

Dieses im Schulunterricht der gymnasialen Oberstufe verwendete *Riemann-Integral*

$$\int_a^b f(x)dx$$

über eine, i.A. als stetig vorausgesetzte, Integrandenfunktion (kurz: *Integrand*) f findet eine Verallgemeinerung im *Stieltjes-Integral*. Dieses hat die Form

$$\int_a^b f(x)dg(x)$$

(kurz: $\int_a^b f dg$). Die Funktion g heißt *Integrator*. Somit hat speziell das Riemann-Integral den Integrator $g(x) = x$. Stieltjes-Integrale werden in diesem Buch als Grundlage für das Verständnis stochastischer Integrale (siehe Abschn. 9.2) benötigt. Daher betrachten wir ihre Konstruktion etwas genauer.

Sei zunächst $f : \mathbb{R}_+ \to \mathbb{R}$ eine (links-stetige) *Treppenfunktion*, also

$$f(x) := c_0 1_{\{0\}} + \sum_{i=1}^{n} c_i 1_{]x_i;x_{i+1}]},$$

mit $c_i \in \mathbb{R}\ \forall i \in \{0;1;...;n\}$ und $0 < x_1 < ... < x_n < x_{n+1}$. Die Funktion

$$1_A(x) = \begin{cases} 1 & x \in A \\ 0 & x \notin A \end{cases}.$$

stellt dabei die *charakteristische Funktion* (oder auch *Indikatorfunktion*) der Menge A dar. Hiermit definiert man das *Elementarintegral* bezüglich einer Funktion $g : \mathbb{R}_+ \to \mathbb{R}$ als

$$\int_0^\infty f dg = \int_0^\infty \left(c_0 1_{\{0\}} + \sum_{i=1}^{n} c_i 1_{]x_i;x_{i+1}]} \right) dg = \sum_{i=1}^{n} c_i \left(g(x_{i+1}) - g(x_i) \right).$$

Wir können die Integration einschränken auf das Intervall $]a;b]$, indem wir über die Funktion $f 1_{]a;b]}$ integrieren. Es gilt

$$\int_a^b f dg = \int_0^\infty f 1_{]a;b]} dg.$$

Wir werden in diesem Buch häufig mit Prozessen über dem Zeitintervall $[0;t]$ zu tun haben, daher setzen wir zur Vereinfachung $c_0 = 0$ (da für die Integration irrelevant). Wir erhalten somit für das Stieltjes-Integral

$$\int_0^t f(x) dg(x) = \sum_{i=1}^{n} c_i \left(g(\min(x_{i+1};t)) - g(\min(x_i;t)) \right).$$

Um das Integral auf weitere links-stetige Integranden zu verallgemeinern bzw. sinnvoll definieren zu können, schränken wir die Wahl des Integrators ein.

Definition 2.11. Sei $g : \mathbb{R}_+ \to \mathbb{R}$ eine Funktion. Dann heißt der Ausdruck

$$\sup\left\{ \sum_{i=1}^{n} |g(x_{i+1}) - g(x_i)| \,\middle|\, 0 = x_1 < ... < x_{n+1} = t, n \in \mathbb{N} \right\}$$

(totale) Variation von g auf dem Intervall $[0;t]$. Man sagt, g sei auf $[0;t]$ von *beschränkter Variation*, wenn gilt

$$\sup\left\{ \sum_{i=1}^{n} |g(x_{i+1}) - g(x_i)| \,\middle|\, 0 = x_1 < ... < x_{n+1} = t, n \in \mathbb{N} \right\} < \infty.$$

Wenn dies für alle $t > 0$ gilt, sagt man, g sei *lokal von beschränkter Variation*.

Das Symbol sup steht für *Supremum*. Das Supremum einer Menge ist die kleinste obere Schranke dieser Menge. Damit können wir für geeignete links-stetige Integranden das Stieltjes-Integral definieren.

Definition 2.12. Sei $g : \mathbb{R}_+ \to \mathbb{R}$ eine Funktion, die auf $[0;t]$ von beschränkter Variation ist, und $(f_n)_{n \in \mathbb{N}}$ eine Folge von Treppenfunktionen, die gleichmäßig gegen die Funktion f konvergiert. Dann gilt

$$\int_0^t f(x)dg(x) = \lim_{n \to \infty} \int_0^t f_n(x)dg(x).$$

Für weitere Details verweisen wir auf Weizsäcker und Winkler 1990.

2.3 Grundlagen aus der Stochastik

In diesem Abschnitt fassen wir die für dieses Buch relevanten Grundlagen der Stochastik zusammen. Zur Wiederholung dieser Grundlagen sei auf unseren YouTube-Kanal „Einstieg in die Stochastik" verwiesen.

2.3.1 Grundbegriffe der Wahrscheinlichkeitstheorie

Definition 2.13. Unter einer *σ-Algebra* versteht man eine Menge $\mathscr{A}$ von Teilmengen einer Menge Ω (also $\mathscr{A} \subset \mathscr{P}(\Omega)$), sodass Folgendes gilt:

1. $\Omega \in \mathscr{A}$.
2. $A \in \mathscr{A} \Rightarrow \overline{A} \in \mathscr{A}$.
3. Für jede Folge $(A_n)_{n \in \mathbb{N}}$ von Mengen aus $\mathscr{A}$ gilt

$$\bigcup_{n \in \mathbb{N}} A_n \in \mathscr{A}.$$

Elemente einer σ-Algebra nennt man *Ereignisse*. Kolmogorow definiert ein sogenanntes *Wahrscheinlichkeitsmaß* auf einer σ-Algebra mit den folgenden Eigenschaften.

Kolmogorow-Axiome

1. Für jedes Ereignis $E \in \mathscr{A}$ ist die Wahrscheinlichkeit eine reelle Zahl $P(E)$ mit
$$0 \leq P(E) \leq 1.$$
2. Es gilt $P(\Omega) = 1$.
3. Es gilt die σ-Additivität: Für paarweise disjunkte Ereignisse $E_1, E_2, E_3, \ldots$ gilt
$$P\left(\bigcup_k E_k\right) = \sum_{k=1}^{\infty} P(E_k).$$

Daraus folgen die grundsätzlichen Regeln.

Satz 2.2. Für beliebige Ereignisse E und F gilt

1. $P(E) + P(\overline{E}) = 1$.
2. $P(\varnothing) = 0$.
3. $P(E \cup F) = P(E) + P(F) - P(E \cap F)$.
4. $E \subset F \Rightarrow P(E) \leq P(F)$.
5. $P(E) \leq 1$.

Definition 2.14. Unter einem *Wahrscheinlichkeitsraum* versteht man ein Tripel $(\Omega, \mathscr{A}, P)$ bestehend aus einer nicht-leeren Menge Ω, einer σ-Algebra $\mathscr{A}$ und einem Wahrscheinlichkeitsmaß $P : \mathscr{A} \to [0; 1]$, sodass

$$P(\Omega) = 1$$

und für paarweise disjunkte Mengen $A_1, A_2, \ldots$ in $\mathscr{A}$ gilt

$$P\left(\bigcup_k A_k\right) = \sum_{k=1}^{\infty} P(A_k).$$

Das Wahrscheinlichkeitsmaß aus Def. 2.14 heißt auch *Wahrscheinlichkeitsverteilung*.

Definition 2.15. Für eine solche Wahrscheinlichkeitsverteilung P auf der Menge $\mathbb{N}$ mit $P(\{i\}) = p_i$ heißt

$$f(s) = \sum_{i=0}^{\infty} p_i s^i$$

erzeugende Funktion von P (falls die Reihe konvergiert).

Beispiel 2.16. Beim einmaligen Wurf mit einem idealen (fairen) Würfel gilt

$$P(\{i\}) = \frac{1}{6} \quad \forall i \in \{1; 2; \ldots; 6\}.$$

Die erzeugende Funktion dieser Wahrscheinlichkeitsverteilung hat demnach die Form

$$f(s) = \frac{1}{6}\left(s + s^2 + s^3 + s^4 + s^5 + s^6\right). \qquad \blacktriangleleft$$

Definition 2.16. Sei $\Omega = \mathbb{R}^n$ und $\mathscr{O}$ die Menge aller offenen Mengen in $\mathbb{R}^n$. Dann heißt

$$\Sigma(\mathscr{O})$$

die σ-Algebra der *Borel'schen Mengen* oder *Borel'sche σ-Algebra* in $\mathbb{R}^n$.

Beispiel 2.17. Sei $\Omega = [0; 1]$, $\mathscr{O}_1$ die Menge aller offenen Mengen in Ω und $\mathscr{A} = \Sigma(\mathscr{O}_1)$. Wir definieren mittels

$$P(]a;b[) = b - a$$

für $0 \leq a \leq b \leq 1$ ein Wahrscheinlichkeitsmaß. Dadurch wird eine Gleichverteilung auf $\Omega = [0;1]$ definiert, und durch $(\Omega, \Sigma(\mathscr{O}_1), P)$ ist ein Wahrscheinlichkeitsraum gegeben. ◀

Definition 2.17. Sei $(\Omega, \mathscr{A}, P)$ ein Wahrscheinlichkeitsraum und A ein Ereignis mit $P(A) > 0$. Dann heißt die reelle Zahl

$$P_A(B) = \frac{P(A \cap B)}{P(A)}$$

die *bedingte Wahrscheinlichkeit* von B unter der Bedingung A.

Bemerkung 2.3. Auch üblich ist die Bezeichnung $P(B|A)$ anstelle von $P_A(B)$, die wir auch in diesem Buch an einigen Stellen verwenden.

Für die Berechnung der bedingten Wahrscheinlichkeiten gilt die *Formel von Bayes*.

Satz 2.3 (Formel von Bayes). Sei $(\Omega, \mathscr{A}, P)$ ein Wahrscheinlichkeitsraum und $A_1, ..., A_n$ eine finite Partition von Ω. Dann gilt für jedes Ereignis $B \in \mathscr{A}$ mit $P(B) > 0$

$$P_B(A_k) = \frac{P(A_k) \cdot P_{A_k}(B)}{\sum_{k=1}^{n} P(A_k) \cdot P_{A_k}(B)}.$$

Im Nenner steht der Ausdruck $P(B)$, wobei

$$P(B) = \sum_{k=1}^{n} P(A_k) \cdot P_{A_k}(B)$$

gilt. Dies ist der *Satz von der totalen Wahrscheinlichkeit*.

Satz 2.4 (Satz von der totalen Wahrscheinlichkeit). Sei $(\Omega, \mathscr{A}, P)$ ein Wahrscheinlichkeitsraum und $A_1, ..., A_n$ eine finite Partition von Ω. Dann gilt für $B \in \Omega$

$$P(B) = \sum_{k=1}^{n} P(A_k) \cdot P_{A_k}(B).$$

Definition 2.18. Gegeben sei ein Wahrscheinlichkeitsraum $(\Omega, \mathscr{A}, P)$. Dann heißen zwei Ereignisse A und B stochastisch unabhängig, wenn gilt

$$P(A \cap B) = P(A) \cdot P(B),$$

andernfalls heißen sie *stochastisch abhängig*.

2.3.2 Wahrscheinlichkeitsverteilungen

2.3.2.1 Zufallsvariablen

Ein wesentlicher Begriff in der Theorie der stochastischen Prozesse ist der der *Zufallsvariablen*.

Definition 2.19. Sei $(\Omega, \mathscr{A}, P)$ ein Wahrscheinlichkeitsraum und $(\mathbb{R}, \Sigma(\mathscr{O}))$ die Menge der reellen Zahlen, versehen mit der Borel'schen σ-Algebra (Borel'scher Messraum). Eine Abbildung

$$X : (\Omega, \mathscr{A}, P) \to (\mathbb{R}, \Sigma(\mathscr{O})), \omega \mapsto X(\omega),$$

die jedem Elementarereignis $\omega \in \Omega$ eine reelle Zahl $X(\omega)$ zuordnet, heißt (reelle) *Zufallsvariable*, falls für jede Menge $A \in \Sigma(\mathscr{O})$ gilt

$$X^{-1}(A) \in \mathscr{A}.$$

Man sagt dann auch: X ist $\mathscr{A} - \Sigma(\mathscr{O})$-messbar.

Eine reelle Zufallsvariable X ist also eine Abbildung $X : \Omega \to \mathbb{R}$. Wenn X auch den Wert unendlich annehmen kann, spricht man von einer *numerischen Zufallsvariablen* $X : \Omega \to \mathbb{R} \cup \{\infty\}$. Man verwendet gelegentlich die folgenden Symbole:

$$X^+ := \begin{cases} X & X \geq 0 \\ 0 & X < 0 \end{cases}$$

(Positivteil von X), und

$$X^- := \begin{cases} -X & X < 0 \\ 0 & X \geq 0 \end{cases}$$

(Negativteil von X).

Definition 2.20. Sei $(\Omega, \mathscr{A}, P)$ ein Wahrscheinlichkeitsraum und X eine darauf definierte Zufallsvariable. Die Funktion F_X mit

$$F_X(x) := P(X \leq x)$$

heißt *kumulative Wahrscheinlichkeitsverteilungsfunktion*.

Definition 2.21. Zwei Zufallsvariablen X und Y über dem Wahrscheinlichkeitsraum $(\Omega, \mathscr{A}, P)$ heißen *stochastisch unabhängig*, wenn für beliebige Mengen $A, B \subset \mathbb{R}$ gilt:

$$P(X \in A, Y \in B) = P(X \in A) \cdot P(Y \in B),$$

andernfalls *stochastisch abhängig*.

Bemerkung 2.4. Die Def. 2.21 lässt sich auf beliebig viele Zufallsvariablen verallgemeinern. Beachten Sie, dass $P(X \in A)$ eine Abkürzung ist. Es gilt

$$P(X \in A) = P(\{\omega \in \Omega | X(\omega) \in A\}).$$

Für die erzeugende Funktion von Zufallsvariablen gilt der wichtige Satz.

Satz 2.5. Seien $X_1, X_2, ..., X_n$ unabhängige Zufallsvariablen über einem Wahrscheinlichkeitsraum $(\Omega, \mathscr{A}, P)$ und $f_1, f_2, ..., f_n$ die zugehörigen erzeugenden Funktionen, dann hat

$$X := \sum_{i=1}^{n} X_i$$

die erzeugende Funktion $f_1 \cdot f_2 \cdot ... \cdot f_n$.

Zentrale Begriffe für Zufallsvariablen sind Erwartungswert und Varianz.

Definition 2.22. Sei $(\Omega, \mathscr{A}, P)$ ein Wahrscheinlichkeitsraum und X eine auf ihm definierte Zufallsvariable. Nimmt die Zufallsvariable die endlich vielen Werte $x_1, x_2, \ldots, x_n$ an, so ist der *Erwartungswert* von X

$$E(X) := \sum_{i=1}^{n} x_i P(X = x_i).$$

Im Fall, dass X abzählbar unendlich viele Werte annimmt, gilt: Konvergiert die Reihe

$$\sum_{x \in X(\Omega)} x P(X = x)$$

absolut, so ist

$$E(X) := \sum_{x \in X(\Omega)} x P(X = x).$$

Satz 2.6 (Linearität von Erwartungswerten). Seien X und Y zwei Zufallsvariablen über $(\Omega, \mathscr{A}, P)$ und $a, b \in \mathbb{R}$. Dann gilt

$$E(aX + bY) = aE(X) + bE(Y).$$

Definition 2.23. Sei X eine Zufallsvariable über dem Wahrscheinlichkeitsraum $(\Omega, \mathscr{A}, P)$, die höchstens abzählbar viele Werte annehmen kann. Die *Varianz* $V(X)$ ist der Erwartungswert des Quadrats der Abweichung vom Erwartungswert, also mit $\mu := E(X)$ gilt

$$V(X) := E((X - \mu)^2) = \sum_{\omega \in \Omega} (X(\omega) - \mu)^2 P(\{\omega\}) = \sum_{x \in X(\Omega)} (x - \mu)^2 P(X = x).$$

Die Größe $\sigma := \sqrt{V(X)}$ heißt *Standardabweichung* von X.

Satz 2.7 (Steiner'sche Formel). Sei X eine Zufallsvariable über dem Wahrscheinlichkeitsraum $(\Omega, \mathscr{A}, P)$. Dann gilt

$$V(X) = E(X^2) - E(X)^2.$$

Satz 2.8 (Bienaymé'sche Gleichung (Verallgemeinerung)). Seien X und Y unkorrelierte Zufallsvariablen über dem Wahrscheinlichkeitsraum $(\Omega, \mathscr{A}, P)$ mit existierenden Erwartungswerten und Varianzen. Dann gilt die *Bienaymé'sche Gleichung*

$$V(aX + bY) = a^2 V(X) + b^2 V(Y).$$

Ein weiterer wichtiger Begriff, der in diesem Buch benötigt wird, ist der *bedingte Erwartungswert*.

Definition 2.24. Sei X eine Zufallsvariable mit existierendem Erwartungswert über einem diskreten Wahrscheinlichkeitsraum $(\Omega, \mathscr{A}, P)$ und A ein Ereignis mit $P(A) > 0$. Dann ist der bedingte Erwartungswert von X unter der Bedingung A definiert durch

$$E(X|A) := \frac{E(1_A X)}{P(A)}.$$

Beispiel 2.18. Sei X die geworfene Augenzahl beim einmaligen Würfelwurf und A das Ereignis, dass eine ungerade Zahl fällt (Vorinformation). Dann ist $P(A) = \frac{1}{2}$ und

$$E(X|A) = \frac{E(1_A X)}{P(A)} = \frac{1 \cdot \frac{1}{6} + 3 \cdot \frac{1}{6} + 5 \cdot \frac{1}{6}}{\frac{1}{2}} = 3,$$

was der Anschauung entspricht. ◀

Seien X und Y diskrete Zufallsvariablen, die die Werte $x_1, x_2, \dots$ bzw. $y_1, y_2, \dots$ (jeweils endlich oder abzählbar unendlich viele Werte) annehmen können. Dann ist

$$E(Y|X = x_i) = \sum_j y_j P_{\{X = x_i\}}(Y = y_j) = \sum_j y_j \frac{P(\{X = x_i\} \cap \{Y = y_j\})}{P(X = x_i)}.$$

Beispiel 2.19. Die Zufallsvariablen X_1 und X_2 seien die Augenzahlen bei zwei unabhängigen Würfen mit einem Oktaederwürfel und $Y := X_1 + X_2$. Als Zusatzinformation erfahren wir, dass der erste Wurf eine 8 war. Dann gilt

$$P(X_1 = 8) = \frac{1}{8},$$

$$P(\{X_1 = 8\} \cap \{Y = k\}) = \begin{cases} \frac{1}{64} & k \in \{9, 10, \dots, 16\} \\ 0 & \text{sonst} \end{cases}$$

und der bedingte Erwartungswert von Y unter dieser Zusatzbedingung ist

$$E(Y|X_1 = 8) = \sum_{k=1}^{16} k \frac{P(\{X_1 = 8\} \cap \{Y = k\})}{P(X_1 = 8)} = \frac{1}{8} \sum_{k=9}^{16} k = 12.5. \qquad \blacktriangleleft$$

Wir benötigen in diesem Buch noch eine Verallgemeinerung der bedingten Erwartung.

Definition 2.25. Sei X eine numerische Zufallsvariable über einem Wahrscheinlichkeitsraum $(\Omega, \mathscr{A}, P)$ mit $E(|X|) < \infty$. Sei $\mathscr{F} \subset \mathscr{A}$ eine Sub-σ-Algebra von $\mathscr{A}$. Eine numerische Zufallsvariable Z über $(\Omega, \mathscr{A}, P)$ heißt dann *bedingte Erwartung* von X bezüglich $\mathscr{F}$, falls $E(|Z|) < \infty$, Z $\mathscr{F}$-messbar ist und

$$\int_F Z dP = \int_F X dP \; \forall F \in \mathscr{F}.$$

Man schreibt symbolisch $Z = E(X|\mathscr{F})$.

Wichtiger Spezialfall: $\mathscr{F} = \sigma((Y_i)_{i \in I})$. Dabei ist $(Y_i)_{i \in I}$ eine Familie von Zufallsvariablen über $(\Omega, \mathscr{A}, P)$. In diesem Fall schreibt man

$$E(X|\mathscr{F}) = E(X|(Y_i)_{i \in I}).$$

Im Falle einer endlichen Indexmenge $I = \{1; 2; , ...; n\}$ schreibt man

$$E(X|\mathscr{F}) = E(X|Y_1, ..., Y_n).$$

Satz 2.9. Sei $(\Omega, \mathscr{A}, P)$ ein Wahrscheinlichkeitsraum und $\mathscr{F}$ bzw. $\mathscr{G}$ Sub-σ-Algebren von $\mathscr{A}$. Dann gilt (P-fast sicher) für (numerische) Zufallsvariablen X, X_1, X_2 über $(\Omega, \mathscr{A}, P)$

1. Linearitätseigenschaft:

$$E(aX_1 + bX_2|\mathscr{F}) = aE(X_1|\mathscr{F}) + bE(X_2|\mathscr{F}) \; \forall a, b \in \mathbb{R}.$$

2.

$$|E(X|\mathscr{F})| \le E(|X||\mathscr{F}).$$

3.

$$E(X|\mathscr{F}) = E(X),$$

falls X unabhängig von $\mathscr{F}$ ist.

4.

$$E(X|\mathscr{F}) = X,$$

falls X $\mathscr{F}$-messbar ist.

5.
$$E(E(X|\mathscr{F})) = E(X).$$

6. Turmeigenschaft: Falls $\mathscr{F} \subset \mathscr{G}$, dann gilt

$$E(E(X|\mathscr{G})|\mathscr{F}) = E(X|\mathscr{F}).$$

2.3.2.2 Diskrete Verteilungen

Die wichtigsten diskreten Verteilungen von Zufallsvariablen, die in diesem Buch verwendet werden sind die *Binomialverteilung* und die *Poisson-Verteilung*.

Einen n-stufigen Zufallsversuch mit folgenden drei Eigenschaften nennt man eine *n-stufige Bernoulli-Kette*:

1. Alle Teilversuche sind gleichartig.

2. Alle Teilversuche sind voneinander unabhängig.

3. Es sind nur zwei mögliche Ergebnisse von Bedeutung.

Satz 2.10. Sei $X = $ *Anzahl der Erfolge bei einer n-stufigen Bernoulli-Kette* und p die Erfolgswahrscheinlichkeit bei jedem Teilversuch. Dann ist die Wahrscheinlichkeit für genau k Erfolge

$$P(X = k) = \binom{n}{k} \cdot p^k \cdot (1-p)^{n-k}.$$

Definition 2.26. Die Zufallsvariable

$$X = \textit{Anzahl der Erfolge bei einer n-stufigen Bernoulli-Kette}$$

heißt (bei Erfolgswahrscheinlichkeit p) *binomialverteilt* mit den Parametern n und p, kurz: $b(n;p)$-verteilt.

Satz 2.11. Sei $X = $ *Anzahl der Erfolge bei einer n-stufigen Bernoulli-Kette* und p die Erfolgswahrscheinlichkeit bei jedem Teilversuch. Dann ist die Wahrscheinlichkeit für höchstens k Erfolge

$$P(X \le k) = \sum_{i=0}^{k} \binom{n}{i} \cdot p^i \cdot (1-p)^{n-i}.$$

Satz 2.12. Sei X eine binomialverteilte Zufallsvariable über einem diskreten Wahrscheinlichkeitsraum mit den Parametern n und p. Für den Erwartungswert gilt dann

$$E(X) = np.$$

Satz 2.13. Sei X eine binomialverteilte Zufallsvariable über einem diskreten Wahrscheinlichkeitsraum mit den Parametern n und p. Für die Varianz gilt dann

$$V(X) = np(1-p),$$

und die Standardabweichung ist $\sigma = \sqrt{np(1-p)}$.

Satz 2.14 (Poisson'scher Grenzwertsatz). Sei $(p_n)_{n \in \mathbb{N}} \subset]0; 1[$ eine Folge reeller Zahlen. Wenn

$$\lambda := \lim_{n \to \infty} np_n$$

existiert, dann gilt

$$\lim_{n \to \infty} \binom{n}{k} p_n^k (1-p_n)^{n-k} = \frac{\lambda^k}{k!} e^{-\lambda} \quad \forall k \in \mathbb{N}_0.$$

Im Falle von Gleichheit erhalten wir auf diese Weise eine Wahrscheinlichkeitsverteilung, die *Poisson-Verteilung*. Man nennt dann die Zufallsvariable X *Poisson-verteilt* zum Parameter λ.

Satz 2.15. Sei X eine Poisson-verteilte Zufallsvariable zum Parameter λ. Dann gilt

$$E(X) = V(X) = \lambda.$$

2.3.2.3 Stetige Verteilungen

Die wichtigsten stetigen Verteilungen von Zufallsvariablen, die in diesem Buch verwendet werden sind die *Normalverteilung* und die *Exponentialverteilung*.

Definition 2.27. Eine über $\mathbb{R}$ integrierbare Funktion $f : \mathbb{R} \to \mathbb{R}$ heißt *Dichtefunktion* oder *Wahrscheinlichkeitsdichte* einer Zufallsvariablen X, wenn gilt

1. Positivitätseigenschaft:

$$f(x) \geq 0 \quad \forall x \in \mathbb{R}$$

2. Normierungseigenschaft:

$$\int_{-\infty}^{\infty} f(x)dx = 1.$$

Wenn diese Eigenschaften erfüllt sind, dann sagt man auch, X habe eine *stetige Verteilung*, gegeben durch

$$P(a \leq X \leq b) = \int_a^b f(x)dx.$$

Die Funktion ϕ mit $\phi(x) = \frac{1}{\sqrt{2\pi}}e^{-\frac{x^2}{2}}$ (*Gauß'sche Dichtefunktion*) hat diese Eigenschaften. Eine Zufallsvariable X mit dieser Dichtefunktion heißt *standardnormalverteilt* oder $N(0,1)$-verteilt, wobei sich die Zahl 0 auf den Erwartungswert und die Zahl 1 auf die Varianz bezieht.

Allgemeiner definiert man die Normalverteilung mit Erwartungswert μ und Varianz σ^2 wie folgt.

Definition 2.28. Eine stetige Zufallsvariable heißt *normalverteilt* oder $N(\mu, \sigma^2)$-verteilt, wenn sie die Wahrscheinlichkeitsdichte

$$\phi_{\mu,\sigma^2}(x) = \frac{1}{\sigma\sqrt{2\pi}}e^{-\frac{(x-\mu)^2}{2\sigma^2}}$$

hat.

Die Verteilungsfunktion der Normalverteilung ist dann die Integralfunktion Φ_{μ,σ^2} mit

$$\Phi_{\mu,\sigma^2}(x) = \int_{-\infty}^x \phi_{\mu,\sigma^2}(t)dt.$$

Allgemein gilt für stetige Verteilungen der folgende Satz.

Satz 2.16. Sei X eine stetige Zufallsvariable mit der Dichtefunktion f. Dann gilt

$$E(X) = \int_{-\infty}^{\infty} x f(x) dx$$

und

$$V(X) = \int_{-\infty}^{\infty} (x - \mu)^2 f(x) dx.$$

Satz 2.16 liefert für die Normalverteilung:

$$E(X) = \int_{-\infty}^{\infty} x \phi_{\mu,\sigma^2}(x) dx = \mu$$

und

$$V(X) = \int_{-\infty}^{\infty} (x - \mu)^2 \phi_{\mu,\sigma^2}(x) dx = \sigma^2.$$

Die σ-*Regeln* geben die Wahrscheinlichkeiten an, mit der der Wert einer $N(\mu, \sigma^2)$-verteilten Zufallsvariablen in einem Intervall von einer Standardabweichung (zwei, drei Standardabweichungen) um den Erwartungswert liegt (siehe Tab. 2.1).

Tab. 2.1: σ-Regeln

Intervall	Wahrscheinlichkeit
$P(|X - \mu| < \sigma)$	0.6827
$P(|X - \mu| < 2\sigma)$	0.9545
$P(|X - \mu| < 3\sigma)$	0.9973
$P(|X - \mu| < 1.64\sigma)$	0.8990
$P(|X - \mu| < 1.96\sigma)$	0.9500
$P(|X - \mu| < 2.58\sigma)$	0.9901
$P(|X - \mu| < 3.29\sigma)$	0.9990

Im Zusammenhang mit finanzmathematischen Anwendungen ist in diesem Buch auch die *logarithmische Normalverteilung* wichtig.

Definition 2.29. Eine stetige Zufallsvariable X heißt *logarithmisch normalverteilt* zu den Parametern μ und $\sigma > 0$, wenn sie die Dichtefunktion f mit

$$f(x) = \frac{1}{\sigma\sqrt{2\pi}x}e^{-\frac{(\ln x - \mu)^2}{2\sigma^2}} \quad (x > 0)$$

besitzt.

Beachten Sie, dass die Dichte sinnvoll nur für $x > 0$ definiert ist. Def. 2.29 besagt, dass eine Zufallsvariable X mit positiven Werten genau dann logarithmisch normalverteilt mit den Parametern μ und $\sigma > 0$ ist, wenn die Zufallsvariable $Z := \ln X$ $N(\mu, \sigma^2)$-verteilt ist.

Definition 2.30. Eine stetige Zufallsvariable heißt *exponentialverteilt* zum Parameter λ, wenn sie die Wahrscheinlichkeitsdichte

$$f(x) = \begin{cases} \lambda e^{-\lambda x} & x \geq 0 \\ 0 & x < 0 \end{cases}$$

hat.

Satz 2.17. Sei X eine zum Parameter λ exponentialverteilte Zufallsvariable. Dann ergibt sich folgende Verteilungsfunktion

$$F(x) = P(X \leq x) = \begin{cases} 1 - e^{-\lambda x} & x \geq 0 \\ 0 & x < 0. \end{cases}$$

Satz 2.18. Sei X eine zum Parameter λ exponentialverteilte Zufallsvariable. Dann gilt

$$E(X) = \frac{1}{\lambda} \quad \text{und} \quad V(X) = \frac{1}{\lambda^2}.$$

Eine wichtige Eigenschaft der Exponentialverteilung, die wir an späterer Stelle benötigen werden, ist die *Gedächtnislosigkeit*.

Definition 2.31. Sei X eine Zufallsvariable über einem Wahrscheinlichkeitsraum $(\Omega, \Sigma(\mathscr{O}_+), P)$, wobei $\Sigma(\mathscr{O}_+)$ die σ-Algebra der Borel'schen Mengen auf $\mathbb{R}_+$ ist. Die Wahrscheinlichkeitsverteilung von X heißt *gedächtnislos*, wenn für alle $x, t \geq 0$ gilt

$$P(X \geq t + x | X \geq t) = P(X \geq x).$$

Satz 2.19. Die Exponentialverteilung ist gedächtnislos.

Der *zentrale Grenzwertsatz* bedeutet anschaulich, dass die Summe von stochastisch unabhängigen Zufallsvariablen unter den gegebenen Bedingungen annähernd normalverteilt ist.

Satz 2.20 (Zentraler Grenzwertsatz). Sei $(X_i)_{i \in \mathbb{N}}$ eine Folge unabhängiger Zufallsvariablen, die alle die gleiche Verteilung besitzen mit existierenden gleichen Erwartungswerten μ und Varianzen $\sigma^2 > 0$. Dann gilt mit $S_n := \sum_{i=1}^{n} X_i$ und für $x_1, x_2 \in \mathbb{R}$:

$$\lim_{n \to \infty} P\left(x_1 \leq \frac{S_n - n\mu}{\sigma \sqrt{n}} \leq x_2 \right) = \Phi(x_2) - \Phi(x_1).$$

Der Satz bedeutet, dass unter den beschriebenen Bedingungen die Verteilungsfunktion von $Z_n := \frac{S_n - n\mu}{\sigma \sqrt{n}}$ punktweise gegen die Verteilungsfunktion der Standardnormalverteilung konvergiert.

Kapitel 3
Markoff-Prozesse

In diesem Kapitel lernen wir die wichtigen Markoff-Prozesse kennen. Diese lassen sich zum einen anhand des Parameterraums T in zeitdiskrete und zeitstetige Prozesse unterteilen, und zum anderen wird zwischen diskreten und stetigen Zustandsräumen $\mathscr{Z}$ unterschieden (siehe Abb. 3.1).

		Zustandsraum $\mathscr{Z}$	
		diskret	stetig
Parameterraum T	diskret	Zeitdiskrete Markoff-Kette Discrete-Time Markoff Chain (DTMC)	Zeitdiskreter Markoff-Prozess Discrete-Time Markoff Process (DTMP)
	stetig	Zeitstetige Markoff-Kette Continuous-Time Markoff Chain (CTMC)	Zeitstetiger Markoff-Prozess Continuous-Time Markoff Process (CTMP)

Abb. 3.1: Klassifizierung von Markoff-Prozessen nach Parameter- und Zustandsraum

Im Falle eines diskreten Zustandsraums $\mathscr{Z} \subseteq \mathbb{Z} = \{0; \pm 1; \pm 2; \pm 3; \dots\}$ spricht man von einer *Markoff-Kette*. Bei den zeitdiskreten Markoff-Ketten, die wir zunächst betrachten, verläuft die Zeitentwicklung in diskreten Schritten $T = \{0; 1; 2; 3; \dots\}$.

Die zeitstetige Markoff-Kette hingegen verweilt eine gewisse Zeit in einem Zustand, und springt dann in einen anderen Zustand ($T = \mathbb{R}_+ = [0; \infty)$). Die Verweildauer ist dabei eine exponentialverteilte Zufallszahl. Somit ist im Gegensatz zur zeitdiskreten Markoff-Kette nicht festgelegt, wie viele Übergänge nach einer bestimmten Zeit auftreten.

Ergänzende Information Die elektronische Version dieses Kapitels enthält Zusatzmaterial, auf das über folgenden Link zugegriffen werden kann https://doi.org/10.1007/978-3-662-66669-2_3.

T. Imkamp, S. Proß, *Einstieg in stochastische Prozesse*,
https://doi.org/10.1007/978-3-662-66669-2_3

3.1 Zeitdiskrete Markoff-Ketten

3.1.1 Einführende Beispiele

Beispiel 3.1 (Eindimensionaler Random Walk). Wir programmieren mit Excel einen *eindimensionalen Random Walk*, den man sich als ein Spiel vorstellen kann, bei dem der Spieler entweder einen Euro an die Bank bezahlen muss oder von dieser einen Euro erhält. Dazu erzeugen wir jeweils Zufallszahlen aus dem Intervall $[0; 1]$. Ist die Zufallszahl < 0.5, dann geht es einen Schritt nach oben (der Spieler erhält einen Euro), sonst einen Schritt nach unten (der Spieler muss einen Euro bezahlen), dritte Spalte in Abb. 3.2. Der erreichte Zustand (Kontostand des Spielers) wird als ganze Zahl in der vierten Spalte dargestellt.

i	Zufallszahl	Schrittrichtung	Kontostand
0			0
1	0,03642	1	1
2	0,19183	1	2
3	0,67235	-1	1
4	0,15619	1	2
5	0,64706	-1	1
6	0,68267	-1	0
7	0,95705	-1	-1
8	0,09526	1	0
9	0,14829	1	1
10	0,64283	-1	0
11	0,90782	-1	-1
12	0,49218	1	0
13	0,79558	-1	-1
14	0,84573	-1	-2
15	0,27371	1	-1
16	0,42504	1	0
17	0,88194	-1	-1
18	0,50792	-1	-2
19	0,70344	-1	-3
20	0,63951	-1	-4

Abb. 3.2: Excel-Tabelle zum eindimensionalen Random Walk

Aus mathematischer Sicht haben wir es hier mit Zufallsvariablen zu tun: In jedem Schritt i sei

$$Y_i = \textit{Änderung des Kontostandes des Spielers.}$$

Alle Y_i sind Zufallsvariablen, die die Werte -1 oder 1 annehmen können, also $Y_i \in \{-1; 1\} \; \forall i$.

Der Kontostand des Spielers nach n Schritten wird durch Addition der Y_i berechnet und stellt ebenfalls eine Zufallsvariable dar, die wir X_n nennen wollen:

$$X_n := \sum_{i=1}^{n} Y_i.$$

Diese Zufallsvariablen können Werte in $\mathbb{Z}$ annehmen. Wir nennen die Menge der möglichen Werte, die eine Zufallsvariable annehmen kann, ihren *Zustandsraum* $\mathscr{Z}$. Für die eben betrachteten Variablen X_n gilt $\mathscr{Z} = \mathbb{Z}$. Der Random Walk wird in der Excel-Grafik in Abb. 3.3 dargestellt. ◀

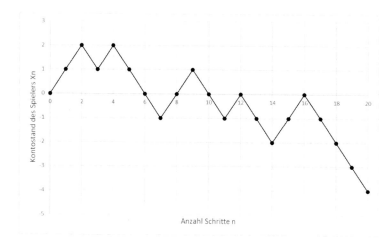

Abb. 3.3: Eindimensionaler Random Walk

In Bsp. 3.1 hatten wir es mit vielen Zufallsvariablen X_n zu tun, die alle über dem gleichen Wahrscheinlichkeitsraum definiert sind und den gleichen Zustandsraum besitzen. Dies führt uns zum Begriff des *diskreten stochastischen Prozesses*.

Definition 3.1. Eine Folge $(X_n)_{n \in \mathbb{N}_0}$ von Zufallsvariablen über dem Wahrscheinlichkeitsraum $(\Omega, \mathscr{A}, P)$ und dem gleichen (diskreten) Zustandsraum $\mathscr{Z}$ heißt *diskreter stochastischer Prozess* oder *stochastische Kette*.

In den meisten Beispielen in diesem Buch ist $\mathscr{Z}$ eine endliche Menge. Man spricht in dem Fall von einer *endlichen Kette*, sonst von einer *unendlichen*, wie in Bsp. 3.1.

Die Wahrscheinlichkeit, dass die Zufallsvariable X_n in Bsp. 3.1 einen bestimmten Wert annimmt, hängt davon ab, welchen Wert die Zufallsvariable X_{n-1} annimmt. Es handelt sich also um bedingte Wahrscheinlichkeiten.

Definition 3.2. Sei $(X_n)_{n \in \mathbb{N}_0}$ ein diskreter stochastischer Prozess. Die bedingte Wahrscheinlichkeit

$$p_{ij}(n-1,n) := P(X_n = j | X_{n-1} = i)$$

für $n \geq 1$ heißt *Übergangswahrscheinlichkeit* von i nach j zum Index n. Ist die Übergangswahrscheinlichkeit unabhängig von n, so schreiben wir einfach p_{ij}.

Man kann sich den Index n auch als einen diskreten Zeitpunkt vorstellen. Wir verwenden in diesem Kapitel die in der Bem. 2.3 eingeführte Bezeichnung für bedingte Wahrscheinlichkeiten.

Beispiel 3.2 (Eindimensionaler Random Walk). Die Übergangswahrscheinlichkeiten in Bsp. 3.1 sind unabhängig von n. Es gilt z. B. für alle $n \in \mathbb{N}$

$$P(X_n = 4 | X_{n-1} = 3) = 0.5,$$

aber

$$P(X_n = 4 | X_{n-1} = 2) = 0. \qquad \blacktriangleleft$$

Beispiel 3.3 (Vier Zustände). Wir betrachten die Abb. 3.4. Hier sind vier Zustände $(1,2,3,4)$ gegeben, die ein in Zustand 1 startendes Teilchen erreichen kann, also ist

$$\mathscr{X} = \{1;2;3;4\}.$$

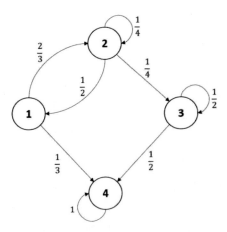

Abb. 3.4: Übergangsdiagramm zu Bsp. 3.3

Die Übergangswahrscheinlichkeiten für einen Sprung von einem Zustand zu einem anderen sind jeweils gegeben. Dort, wo keine Werte angegeben sind, ist die Übergangswahrscheinlichkeit null. Man nennt eine solche Darstellung auch ein *Übergangsdiagramm*.

Man erkennt leicht, dass man in einem Schritt vom Startzustand 1 aus nur die Zustände 2 und 4 erreichen kann, da es nur zu diesen Zuständen positive Übergangswahrscheinlichkeiten gibt.

Interessant ist aber auch das längerfristige Verhalten des Teilchens, z. B. wie groß die Wahrscheinlichkeit ist, nach vier Schritten in Zustand 3 zu sein oder nach sechs Schritten in Zustand 4.

Um solche Fragen beantworten zu können, benötigen wir sogenannte *Übergangsmatrizen* P und einen jeweiligen Zustandsvektor nach n Schritten, dessen Koordinaten die Wahrscheinlichkeiten angeben, dass sich das Teilchen nach diesen n Schritten in den jeweiligen Zuständen befindet. Der Zustandsvektor zu Beginn ist der Startvektor $\vec{v}^{(0)}$. Da sich das Teilchen zu Beginn in Zustand 1 befindet, lautet dieser

$$\vec{v}^{(0)} = \begin{pmatrix} 1 & 0 & 0 & 0 \end{pmatrix}.$$

Wir verwenden hier die Zeilenvektordarstellung.

Das Teilchen befindet sich nach einem Schritt mit der Wahrscheinlichkeit 0 im Ausgangszustand, da es diesen laut Übergangsdiagramm verlassen muss. Ebenso kann es Zustand 3 nicht erreichen. In den Zuständen 2 bzw. 4 befindet es sich mit den Wahrscheinlichkeiten $\frac{2}{3}$ und $\frac{1}{3}$. Der Zustandsvektor nach dem ersten Schritt ist somit

$$\vec{v}^{(1)} = \begin{pmatrix} 0 & \frac{2}{3} & 0 & \frac{1}{3} \end{pmatrix}.$$

Um diesen Vektor aus der Startverteilung $\vec{v}^{(0)}$ zu erhalten, muss aus mathematischer Sicht eine lineare Transformation durchgeführt werden mithilfe der Übergangsmatrix P. In dieser sind als Einträge die Übergangswahrscheinlichkeiten aus dem Übergangsdiagramm eingetragen:

$$P = \begin{pmatrix} 0 & \frac{2}{3} & 0 & \frac{1}{3} \\ \frac{1}{2} & \frac{1}{4} & \frac{1}{4} & 0 \\ 0 & 0 & \frac{1}{2} & \frac{1}{2} \\ 0 & 0 & 0 & 1 \end{pmatrix}.$$

Z. B. gibt das Matrixelement $p_{23} = \frac{1}{4}$ an, dass die Wahrscheinlichkeit, von Zustand 2 in Zustand 3 zu gelangen, $\frac{1}{4}$ beträgt. Dementsprechend ist die Wahrscheinlichkeit, von Zustand 3 in Zustand 4 zu gelangen, gleich dem Matrixelement $p_{34} = \frac{1}{2}$. Die Zeilensummen der Matrix P sind immer gleich 1, und die Matrix enthält nur nichtnegative Einträge. Eine solche Matrix heißt *stochastische Matrix*.

Definition 3.3. Eine quadratische Matrix $P = (p_{ij})_{i,j \in \mathscr{Z}}$ heißt *stochastische Matrix*, wenn gilt

$$p_{ij} \geq 0 \quad \forall i,j \in \mathscr{Z}$$

und

$$\sum_{j \in \mathscr{Z}} p_{ij} = 1 \quad \forall i \in \mathscr{Z}$$

mit einer höchstens abzählbaren Menge $\mathscr{Z}$.

Es gilt:

$$\vec{v}^{(1)} = \vec{v}^{(0)} \cdot P.$$

Aus der Oberstufe wird Ihnen vermutlich noch das Matrix-Vektor-Produkt bekannt sein (siehe Abschn. 2.1.3), bei dem ein Vektor von links mit einer Matrix multipliziert wird. Dies können wir auch hier anwenden, wenn wir anstatt der stochastischen Matrix P ihre Transponierte ^tP verwenden, d. h. Zeilen und Spalten vertauschen. Diese lautet

$$^tP = \begin{pmatrix} 0 & \frac{1}{2} & 0 & 0 \\ \frac{2}{3} & \frac{1}{4} & 0 & 0 \\ 0 & \frac{1}{4} & \frac{1}{2} & 0 \\ \frac{1}{3} & 0 & \frac{1}{2} & 1 \end{pmatrix}.$$

Bei ^tP ist die Spaltensumme 1. Wir nennen sie in diesem Buch eine *spaltenstochastische Matrix*. Wir müssen dann die Vektoren in der Ihnen aus der Schule vielleicht vertrauteren Spaltendarstellung verwenden. Diese werden in diesem Fall auch als transponierte Vektoren bezeichnet und wir können schreiben

$$^t\vec{v}^{(1)} = {}^t P \cdot {}^t \vec{v}^{(0)},$$

wobei

$$^t\vec{v}^{(0)} = \begin{pmatrix} 1 \\ 0 \\ 0 \\ 0 \end{pmatrix} \quad \text{und} \quad {}^t\vec{v}^{(1)} = \begin{pmatrix} 0 \\ \frac{2}{3} \\ 0 \\ \frac{1}{3} \end{pmatrix}.$$

Wir bleiben in diesem Buch bei der Zeilenschreibweise.

Für die Wahrscheinlichkeitsverteilung nach zwei Schritten ergibt sich:

$$\vec{v}^{(2)} = \vec{v}^{(1)} \cdot P.$$

Mit $\vec{v}^{(1)} = \vec{v}^{(0)} \cdot P$ erhalten wir

$$\vec{v}^{(2)} = \vec{v}^{(0)} \cdot P \cdot P = \vec{v}^{(0)} \cdot P^2.$$

Um die Wahrscheinlichkeitsverteilung nach n Schritten zu erhalten, müssen wir dementsprechend den Startvektor $\vec{v}^{(0)}$ n-mal mit der Matrix P multiplizieren oder einfach mit der Matrix P^n. Wir erhalten

$$\vec{v}^{(n)} = \vec{v}^{(0)} \cdot P^n.$$

Berechnen wir z. B. die Wahrscheinlichkeitsverteilung nach fünf Schritten. Die Matrix P^5 berechnen wir mit MATLAB oder Mathematica. Mit der Eingabe

```
P=sym([0 2/3 0 1/3; 1/2 1/4 1/4 0; 0 0 1/2 1/2; 0 0 0 1])
P^5
```

```
P:={{0,2/3,0,1/3},{1/2,1/4,1/4,0},{0,0,1/2,1/2},{0,0,0,1}}
MatrixPower[P,5]//MatrixForm
```

erhalten wir die stochastische Matrix

$$P^5 = \begin{pmatrix} \frac{35}{576} & \frac{409}{3456} & \frac{109}{1152} & \frac{1255}{1728} \\ \frac{409}{4608} & \frac{323}{3072} & \frac{1063}{9216} & \frac{1061}{1536} \\ 0 & 0 & \frac{1}{32} & \frac{31}{32} \\ 0 & 0 & 0 & 1 \end{pmatrix},$$

und wir können den Verteilungsvektor $\vec{v}^{(5)} = \vec{v}^{(0)} \cdot P^5$ nach fünf Schritten berechnen:

```
v0=[1 0 0 0];
v5=v0*P^5
```

```
v0={1,0,0,0};
v5=v0.MatrixPower[P,5]
```

Wir erhalten

$$\vec{v}^{(5)} = \begin{pmatrix} \frac{35}{576} & \frac{409}{3456} & \frac{109}{1152} & \frac{1255}{1728} \end{pmatrix}.$$

Es handelt sich um den oberen Zeilenvektor der Matrix. Die Wahrscheinlichkeit, dass das Teilchen nach fünf Schritten in Zustand 4 ist, beträgt also bereits über 72 %. Anschaulich wird das Teilchen ganz sicher früher oder später in diesem Zustand landen und dort bleiben. Einen solchen Zustand nennt man *absorbierenden Zustand*. Daher wird das System langfristig durch den Zustandsvektor

$$\vec{v}^{(\infty)} = \vec{v}^{(0)} \lim_{n \to \infty} P^n = \begin{pmatrix} 0 & 0 & 0 & 1 \end{pmatrix}$$

beschrieben. Die zugehörige Verteilung nennt man *Grenzverteilung* und wie wir sehen werden ist diese Verteilung auch *stationär*. Es gilt

$$\vec{v}^{(\infty)} P = \vec{v}^{(\infty)}.$$

Der Prozess bleibt also nach Erreichen dieses Zustands dauerhaft dort.

Die Matrixpotenzen P^n konvergieren für $n \to \infty$ gegen eine *Grenzmatrix*, die wir symbolisch P^∞ nennen. Diese lautet hier

$$P^\infty = \lim_{n \to \infty} P^n = \begin{pmatrix} 0\,0\,0\,1 \\ 0\,0\,0\,1 \\ 0\,0\,0\,1 \\ 0\,0\,0\,1 \end{pmatrix},$$

wie man näherungsweise durch Eingabe eines sehr hohen Exponenten (z. B. 1000) oder symbolisch mit MATLAB bzw. Mathematica bestimmen kann, z. B. mit der Eingabe:

```
P^1000
limit(P^n,n,inf)
```

```
MatrixPower[P,1000]//MatrixForm //N
Limit[MatrixPower[P,n],n->Infinity]
```

Beachten Sie, dass die Zeilenvektoren der Grenzmatrix mit der Grenzverteilung übereinstimmen.   ◀

3.1.2 Grundbegriffe

Wir werden jetzt die neuen Begriffe, die uns in den Beispielen des vorangegangenen Abschnitts begegnet sind, mathematisch präzisieren. Bei allen Beispielen ist die Wahrscheinlichkeit dafür, dass im jeweils nächsten Schritt ein bestimmter Zustand erreicht wird, nur vom unmittelbar vorhergehenden Zustand abhängig. Dies ist die charakteristische Eigenschaft einer *Markoff-Kette*.

Definition 3.4. Ein zeitdiskreter stochastischer Prozess $(X_n)_{n \in \mathbb{N}_0}$ heißt *(zeitdiskrete) Markoff-Kette*, wenn für jede Menge $\{x_0; x_1; ...; x_{n+1}\} \subset \mathscr{Z}$ gilt

$$P(X_{n+1} = x_{n+1} | X_k = x_k, \; k \in \{0; 1; ...; n\}) = P(X_{n+1} = x_{n+1} | X_n = x_n).$$

Sind die Übergangswahrscheinlichkeiten

$$p_{ij}(n-1, n) = P(X_n = j | X_{n-1} = i)$$

unabhängig von n, so heißt die Markoff-Kette *homogen*. In diesem Fall schreiben wir einfach wieder p_{ij}.

Beispiel 3.4 (Eindimensionaler Random Walk). Bei unserem Einführungsbeispiel (siehe Bsp. 3.1) ist $(X_n)_{n \in \mathbb{N}_0}$ eine homogene Markoff-Kette mit dem unendlichen Zustandsraum $\mathscr{Z} = \mathbb{Z}$. Das Übergangsdiagramm zu dieser Markoff-Kette ist in Abb. 3.5 dargestellt.

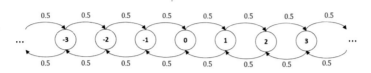

Abb. 3.5: Übergangsdiagramm des eindimensionalen Random Walks

Für die Übergangswahrscheinlichkeiten gilt

$$p_{ij} = P(X_n = j | X_{n-1} = i) = 0.5 \quad \text{falls } |i - j| = 1,$$

sonst

$$p_{ij} = P(X_n = j | X_{n-1} = i) = 0 \quad \forall n \in \mathbb{N}.$$

Die Markoff-Eigenschaft ist erfüllt, da die Wahrscheinlichkeit, im Schritt n den Zustand j zu erreichen, nur vom Zustand i der Markoff-Kette im Schritt $n - 1$ abhängt. ◄

Beispiel 3.5 (Vier Zustände). Bei dem stochastischen Prozess in Bsp. 3.3 handelt es sich um eine homogene Markoff-Kette mit endlichem Zustandsraum. ◄

Beispiel 3.6 (Münzwurf). Eine faire Münze wird immer wieder geworfen. Nach jedem Wurf wird gezählt, wie oft bis zu diesem Wurf das Ereignis *Zahl* eingetreten ist. Die Zufallsvariablen

$X_n = $ *Häufigkeit des Ereignisses Zahl bis zum n-ten Wurf*

bilden eine homogene Markoff-Kette $(X_n)_{n \in \mathbb{N}}$ mit dem unendlichen Zustandsraum $\mathscr{Z} = \mathbb{N}_0$. Für die Übergangswahrscheinlichkeiten gilt ($i \in \mathbb{N}_0$)

$$P(X_n = j | X_{n-1} = i) = \frac{1}{2} \quad \forall n \in \mathbb{N}_{\geq 2},$$

falls $j = i$ oder $j = i + 1$, ansonsten beträgt die Übergangswahrscheinlichkeit null. ◄

Beispiel 3.7 (Folge von Mittelwerten). Sei $(Y_i)_{i \in \mathbb{N}_0}$ eine Folge unabhängiger Zufallsvariablen mit $Y_i \in \{-1; 1\}$ $\forall i \in \mathbb{N}_0$. Es gelte $P(Y_i = -1) = P(Y_i = 1) = 0.5$. Die Zufallsvariable X_n sei das arithmetisches Mittel aus den Zufallsvariablen Y_n und Y_{n-1}, also

$$X_n := \frac{Y_n + Y_{n-1}}{2}.$$

$(X_n)_{n \in \mathbb{N}}$ ist ein stochastischer Prozess mit dem Zustandsraum $\mathscr{Z} = \{-1; 0; 1\}$. Die Wahrscheinlichkeitsverteilungen für die Zufallsvariablen X_0, X_1 und X_2 sind im Baumdiagramm in Abb. 3.6 dargestellt.

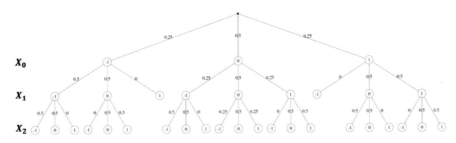

Abb. 3.6: Baumdiagramm zur Folge von Mittelwerten

Hier gilt z. B.

$$P(X_2 = -1 | X_0 = -1, X_1 = -1) = 0.5,$$

aber

$$P(X_2 = -1 | X_0 = 1, X_1 = -1) = 0.$$

Somit kann es sich bei diesem stochastischen Prozess **nicht** um eine Markoff-Kette handeln, da die Markoff-Eigenschaft verletzt wird. Die Wahrscheinlichkeit für den Zustand -1 im Schritt $n = 2$ darf nicht von dem Zustand im Schritt $n = 0$ abhängen.   ◀

Definition 3.5. Die Wahrscheinlichkeitsverteilung $\vec{v}^{(\infty)} = \left(v_1^{(\infty)} \; v_2^{(\infty)} \; \dots \right)$ wird Grenzverteilung genannt, wenn

$$\vec{v}^{(\infty)} := \lim_{n \to \infty} \vec{v}^{(n)}$$

und

$$\sum_{i \in \mathscr{Z}} v_i^{(\infty)} = 1.$$

Definition 3.6. Wenn eine Folge $(P^n)_n$ der Matrixpotenzen konvergiert, dann bezeichnet man

$$P^\infty := \lim_{n\to\infty} P^n$$

als *Grenzmatrix*.

Satz 3.1. Wenn eine Grenzmatrix P^∞ existiert, dann gibt es auch eine *Grenzverteilung*

$$\vec{v}^{(\infty)} = \vec{v}^{(0)} P^\infty.$$

Beweis.

$$\vec{v}^{(\infty)} = \lim_{n\to\infty} \vec{v}^{(n)} = \lim_{n\to\infty} \vec{v}^{(0)} P^n = \vec{v}^{(0)} \lim_{n\to\infty} P^n = \vec{v}^{(0)} P^\infty. \qquad \square$$

Definition 3.7. Ein (Zeilen-)Vektor $\vec{v}^{(F)}$ heißt *Fixvektor* der Matrix P, wenn gilt

$$\vec{v}^{(F)} \cdot P = \vec{v}^{(F)}.$$

Ein solcher Fixvektor ist dann auch Fixvektor von P^2 und allen höheren Matrixpotenzen von P, wie man leicht nachrechnet:

$$\vec{v}^{(F)} \cdot P^2 = (\vec{v}^{(F)} \cdot P) \cdot P = \vec{v}^{(F)} \cdot P = \vec{v}^{(F)}.$$

Fixvektoren können mithilfe eines linearen Gleichungssystems berechnet werden, wie im folgenden Beispiel gezeigt wird, und sind bis auf einen Skalar eindeutig bestimmt. So ist mit $\vec{v}^{(F)}$ auch jeder Vektor $c\vec{v}^{(F)}$ mit $c \in \mathbb{R}$ ein Fixvektor.

Beispiel 3.8 (Vier Zustände). Für Bsp. 3.3 erhalten wir die Fixvektoren durch Lösung des linearen Gleichungssystems

$$\vec{v}^{(F)} \cdot P = \vec{v}^{(F)}$$

$$\vec{v}^{(F)} \cdot (P - E) = \vec{0}$$

$$\begin{pmatrix} v_1^{(F)} & v_2^{(F)} & v_3^{(F)} & v_4^{(F)} \end{pmatrix} \cdot \begin{pmatrix} -1 & \frac{2}{3} & 0 & \frac{1}{3} \\ \frac{1}{2} & -\frac{3}{4} & \frac{1}{4} & 0 \\ 0 & 0 & -\frac{1}{2} & \frac{1}{2} \\ 0 & 0 & 0 & 0 \end{pmatrix} = \begin{pmatrix} 0 & 0 & 0 & 0 \end{pmatrix}$$

wobei E die Einheitsmatrix bezeichnet (siehe Abschn. 2.1.3). Wir können das lineare Gleichungssystem mit MATLAB oder Mathematica lösen

```
Pm=sym([0 2/3 0 1/3; 1/2 1/4 1/4 0; 0 0 1/2 1/2; 0 0 0 1])'-eye(4,4)
vF=null(Pm)
```

```
P={{0,2/3,0,1/3},{1/2,1/4,1/4,0},{0,0,1/2,1/2},{0,0,0,1}}
NullSpace[Transpose[P]-IdentityMatrix[4]]
```

Beachten Sie hierbei, dass MATLAB und Mathematica bei der Lösung des linearen
Gleichungssystems immer von der Spaltenform der Vektoren ausgehen. Wir müssen
die Lösungen für die Transponierten berechnen, und erhalten die unendlich vielen
Lösungen

$$\vec{v}^{(F)} = c \begin{pmatrix} 0 & 0 & 0 & 1 \end{pmatrix} \quad \text{mit} \quad c \in \mathbb{R}.$$

Aus algebraischer Sicht ist ein Fixvektor der Matrix P ein Eigenvektor zum Eigenwert 1 (siehe Abschn. 2.1.3). Insofern kann man mithilfe von MATLAB bzw.
Mathematica anstelle des linearen Gleichungssystems auch die Funktion eig bzw.
Eigenvectors benutzen. Dabei muss man auch hier wieder darauf achten, dass
MATLAB und Mathematica bei der Berechnung von Eigenwerten bzw. Eigenvektoren immer von der Spaltenform ausgehen. Um den korrekten Fixvektor als Eigenvektor zum Eigenwert 1 zu erhalten, müssen wir also auch hier die Eigenvektoren
und -werte der Transponierten von P berechnen:

```
M=P';
[V,D]=eig(M)
```

```
M=Transpose[P]
Transpose[Eigenvectors[M]]//MatrixForm //N
Eigenvalues[M]//MatrixForm //N
```

MATLAB bzw. Mathematica liefert vier Eigenwerte mit den in der richtigen Reihenfolge zugehörigen Eigenvektoren. Zum Eigenwert 1 gehört der oben berechnete
(transponierte) Fixvektor in der Form

$$^t\vec{v}^{(F)} = \begin{pmatrix} 0 \\ 0 \\ 0 \\ 1 \end{pmatrix}$$

und alle Vielfachen.   ◀

Die durch den Fixvektor mit Betrag 1 gegebene Verteilung heißt *stationäre Verteilung*. Das System bleibt nach Erreichen dieses Zustands dort dauerhaft.

Definition 3.8. Eine Verteilung $\vec{v}^{(S)}$ heißt *stationär*, falls gilt

$$\vec{v}^{(S)} \cdot P = \vec{v}^{(S)} \quad \text{und} \quad \sum_{i \in \mathscr{Z}} v_i^{(S)} = 1.$$

Satz 3.2. Wenn eine Grenzverteilung $\vec{v}^{(\infty)}$ existiert, dann ist diese auch stationär. Es gilt

$$\vec{v}^{(\infty)} \cdot P = \vec{v}^{(\infty)} \quad \text{mit} \quad \sum_{i \in \mathscr{Z}} v_i^{(\infty)} = 1.$$

Beweis.

$$\vec{v}^{(\infty)} \cdot P = \vec{v}^{(0)} P^{\infty} \cdot P = \vec{v}^{(0)} \lim_{n \to \infty} P^n \cdot P = \vec{v}^{(0)} \lim_{n \to \infty} (P^n \cdot P)$$
$$= \vec{v}^{(0)} \lim_{n \to \infty} P^{n+1} = \vec{v}^{(0)} P^{\infty} = \vec{v}^{(\infty)} \qquad \square$$

Wie wir in den folgenden Beispielen noch sehen werden, gibt es stochastische Prozesse mit und ohne Grenzverteilungen, die, falls sie existieren, eindeutig sein können oder auch nicht.

Wir wollen an dieser Stelle noch ein wenig in die Theorie schauen, und uns mit den n-Schritt-Übergangswahrscheinlichkeiten bei homogenen Markoff-Ketten beschäftigen. Bisher haben wir die 1-Schritt-Übergangswahrscheinlichkeiten

$$p_{ij} = P(X_n = j | X_{n-1} = i)$$

betrachtet. Die *n-Schritt-Übergangswahrscheinlichkeit* ist definiert als

$$p_{ij}^{(n)} := P(X_{m+n} = j | X_m = i).$$

Einen Einblick in die algebraischen Hintergründe und den Zusammenhang zu Übergangsmatrizen erhalten wir mithilfe des folgenden Satzes.

Satz 3.3 (Chapman-Kolmogorow-Gleichung). Sei $(X_n)_n$ eine homogene Markoff-Kette mit Zustandsraum $\mathscr{Z}$ und den n-Schritt-Übergangswahrscheinlichkeiten $p_{ij}^{(n)}$. Dann gilt die *Chapman-Kolmogorow-Gleichung*

$$p_{ij}^{(m+n)} = \sum_{k \in \mathscr{Z}} p_{ik}^{(m)} p_{kj}^{(n)}.$$

Beweis. Es gilt

$$p_{ij}^{(m+n)} = P(X_{m+n} = j | X_0 = i)$$
$$= \sum_{k \in \mathscr{Z}} P(X_{m+n} = j, X_m = k | X_0 = i) \quad \text{(Satz der totalen Wahrscheinlichkeit)}$$

(Regeln für bedingte Wahrscheinlichkeiten)

$$= \sum_{k \in \mathscr{Z}} P(X_m = k|X_0 = i) \cdot P(X_{m+n} = j|X_0 = i, X_m = k)$$

$$= \sum_{k \in \mathscr{Z}} p_{ik}^{(m)} \cdot P(X_{m+n} = j|X_m = k) \qquad \text{(Markoff-Eigenschaft)}$$

$$= \sum_{k \in \mathscr{Z}} p_{ik}^{(m)} \cdot P(X_n = j|X_0 = k) \qquad \text{(Homogenität)}$$

$$= \sum_{k \in \mathscr{Z}} p_{ik}^{(m)} p_{kj}^{(n)}. \qquad\qquad\qquad\qquad\qquad \square$$

Bemerkung 3.1. Die Gleichung $p_{ij}^{(m+n)} = \sum_{k \in \mathscr{Z}} p_{ik}^{(m)} p_{kj}^{(n)}$ des Satzes 3.3 drückt aus, wie Übergangsmatrizen zu multiplizieren sind. Sei P die Übergangsmatrix einer Markoff-Kette, dann gilt

$$P^{m+n} = P^m P^n,$$

also erhält man die Übergangsmatrix für $m+n$ Schritte durch Multiplikation der Übergangsmatrizen für m bzw. n Schritte.

Beispiel 3.9 (Eindimensionaler Random Walk). Für den eindimensionalen Random Walk (siehe Bsp. 3.1 und 3.4) ergeben sich aus den 1-Schritt-Übergangswahrscheinlichkeiten

$$p_{ij} = \begin{cases} 0.5 & |i-j| = 1 \\ 0 & \text{sonst} \end{cases}$$

mit der Übergangsmatrix

$$P = \begin{pmatrix} \dots & \ddots & & \ddots & & & & \dots \\ \dots & 0.5 & 0 & 0.5 & 0 & 0 & 0 & 0 \dots \\ \dots & 0 & 0.5 & 0 & 0.5 & 0 & 0 & 0 \dots \\ \dots & 0 & 0 & 0.5 & 0 & 0.5 & 0 & 0 \dots \\ \dots & 0 & 0 & 0 & 0.5 & 0 & 0.5 & 0 \dots \\ \dots & & & & \ddots & & \ddots & \dots \end{pmatrix}$$

nach der Chapman-Kolmogorow-Gleichung die 2-Schritt-Übergangswahrscheinlichkeiten

$$P(X_{n+2} = j|X_n = i) = P(X_2 = j|X_0 = i) = p_{ij}^{(2)} = \sum_{k \in \mathscr{Z}} p_{ik} p_{kj}$$

$$= \begin{cases} 0.5^2 & |i-j| = 2 \\ 2 \cdot 0.5^2 & |i-j| = 0 \\ 0 & \text{sonst} \end{cases} = \begin{cases} 0.25 & |i-j| = 2 \\ 0.5 & |i-j| = 0 \\ 0 & \text{sonst.} \end{cases}$$

Für die Drei-Schritt-Übergangswahrscheinlichkeiten erhalten wir nach der Chapman-Kolmogorow-Gleichung

$$P(X_{n+3} = j | X_n = i) = P(X_3 = j | X_0 = i) = p_{ij}^{(3)} = p_{ij}^{(2+1)} = \sum_{k \in \mathcal{Z}} p_{ik}^{(2)} p_{kj}$$

$$= \begin{cases} 0.25 \cdot 0.5 & |i-j| = 3 \\ 0.25 \cdot 0.5 + 0.5^2 & |i-j| = 1 \\ 0 & \text{sonst} \end{cases} = \begin{cases} 0.125 & |i-j| = 3 \\ 0.375 & |i-j| = 1 \\ 0 & \text{sonst.} \end{cases} \quad \blacktriangleleft$$

Beispiel 3.10 (Eindimensionaler Random Walk mit absorbierenden Barrieren). Wir verändern das Gewinnspiel aus Bsp. 3.1 und führen einen maximalen Gewinn und Verlust ein. Das Spiel wird beendet, wenn der Spieler 3 € gewonnen bzw. verloren hat (siehe Abb. 3.7).

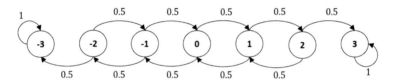

Abb. 3.7: Übergangsdiagramm des eindimensionalen Random Walk mit absorbierenden Barrieren

Es ergibt sich folgende 1-Schritt-Übergangsmatrix

$$P = \begin{pmatrix} 1 & 0 & 0 & 0 & 0 & 0 & 0 \\ 0.5 & 0 & 0.5 & 0 & 0 & 0 & 0 \\ 0 & 0.5 & 0 & 0.5 & 0 & 0 & 0 \\ 0 & 0 & 0.5 & 0 & 0.5 & 0 & 0 \\ 0 & 0 & 0 & 0.5 & 0 & 0.5 & 0 \\ 0 & 0 & 0 & 0 & 0.5 & 0 & 0.5 \\ 0 & 0 & 0 & 0 & 0 & 0 & 1 \end{pmatrix}$$

und damit die 2- und 3-Schritt-Übergangsmatrizen

$$P^2 = \begin{pmatrix} 1 & 0 & 0 & 0 & 0 & 0 & 0 \\ 0.5 & 0.25 & 0 & 0.25 & 0 & 0 & 0 \\ 0.25 & 0 & 0.5 & 0 & 0.25 & 0 & 0 \\ 0 & 0.25 & 0 & 0.5 & 0 & 0.25 & 0 \\ 0 & 0 & 0.25 & 0 & 0.5 & 0 & 0.25 \\ 0 & 0 & 0 & 0.25 & 0 & 0.25 & 0.5 \\ 0 & 0 & 0 & 0 & 0 & 0 & 1 \end{pmatrix}$$

$$P^3 = P^2 \cdot P = \begin{pmatrix} 1 & 0 & 0 & 0 & 0 & 0 & 0 \\ 0.625 & 0 & 0.25 & 0 & 0.125 & 0 & 0 \\ 0.25 & 0.25 & 0 & 0.375 & 0 & 0.125 & 0 \\ 0.125 & 0 & 0.375 & 0 & 0.375 & 0 & 0.125 \\ 0 & 0.125 & 0 & 0.375 & 0 & 0.25 & 0.25 \\ 0 & 0 & 0.125 & 0 & 0.25 & 0 & 0.625 \\ 0 & 0 & 0 & 0 & 0 & 0 & 1 \end{pmatrix}.$$

Ausgehend vom Kontostand $X_0 = 0$, d. h., $\vec{v}^{(0)} = \begin{pmatrix} 0 & 0 & 0 & 1 & 0 & 0 & 0 \end{pmatrix}$ erhalten wir nach drei Spielen folgende Verteilung

$$\vec{v}^{(3)} = \begin{pmatrix} 0.125 & 0 & 0.375 & 0 & 0.375 & 0 & 0.125 \end{pmatrix}.$$

Mit einer Wahrscheinlichkeit von 0.25 ist das Spiel nach drei Schritten bereits beendet, d. h., der Spieler hat den maximalen Gewinn bzw. Verlust von 3 € erreicht. ◀

Beispiel 3.11 (Folge von Mittelwerten). Man kann die Chapman-Kolmogorow-Gleichung nutzen, um zu zeigen, dass ein gegebener stochastischer Prozess keine homogene Markoff-Kette ist. Für die 2-Schritt-Übergangswahrscheinlichkeit in Bsp. 3.7 gilt

$$\begin{aligned} P(X_2 = -1 | X_0 = -1) =& P(X_2 = -1 | X_0 = -1, X_1 = -1) \\ & + P(X_2 = -1 | X_0 = -1, X_1 = 0) \\ & + P(X_2 = -1 | X_0 = -1, X_1 = -1) \\ =& 0.5 \cdot 0.5 + 0.5 \cdot 0 + 0 = 0.25 \end{aligned}$$

(siehe Abb. 3.6). Die Übergangsmatrix im ersten Schritt lautet

$$P = \begin{pmatrix} 0.5 & 0.5 & 0 \\ 0.25 & 0.5 & 0.25 \\ 0 & 0.5 & 0.5 \end{pmatrix}.$$

Nach der Chapman-Kolmogorow-Gleichung würde sich damit

$$p_{11}^{(2)} = \sum_{k \in \mathscr{Z}} p_{1k} p_{k1}$$

$$= p_{11}p_{11} + p_{12}p_{21} + p_{13}p_{31}$$
$$= 0.5 \cdot 0.5 + 0.5 \cdot 0.25 + 0 \cdot 0 = 0.375$$

ergeben. Die Gleichung gilt hier offensichtlich nicht. Damit kann dieser stochastische Prozess **keine** homogene Markoff-Kette sein. ◀

In MATLAB kann die Markoff-Kette aus Bsp. 3.3 wie folgt eingegeben und graphisch dargestellt werden (die beiden Befehle sind in der *Econometrics Toolbox* enthalten):

```
P=[0 2/3 0 1/3; 1/2 1/4 1/4 0; 0 0 1/2 1/2; 0 0 0 1];
mc=dtmc(P);
graphplot(mc,'LabelEdges',true);
```

Mit Mathematica lassen sich Markoff-Ketten analysieren und die entsprechenden Eigenschaften von Zuständen oder Klassen anzeigen. Für Bsp. 3.3 sieht der Code folgendermaßen aus:

```
proc=DiscreteMarkovProcess[1,{{0,2/3,0,1/3},{1/2,1/4,1/4,0},{0,0,1/2,1/2},
    {0,0,0,1}}];
MarkovProcessProperties[proc]
Graph[proc,EdgeLabels->{DirectedEdge[i_, j_]:>
    MarkovProcessProperties[proc,"TransitionMatrix"][[i,j]]}]
```

3.1.3 Klassifikation von Zuständen

Um Markoff-Ketten besser analysieren zu können, führen wir zunächst weitere Definitionen ein.

Definition 3.9. Ein Zustand $j \in \mathscr{Z}$ heißt *erreichbar* von einem Zustand $i \in \mathscr{Z}$, geschrieben als $i \to j$, wenn es möglich ist, in einer endlichen Anzahl Schritten vom Zustand i zu Zustand j zu gelangen, d. h.,

$$i \to j : \Leftrightarrow \exists n \in \mathbb{N} : p_{ij}^{(n)} > 0.$$

Diese Relation ist transitiv, d. h., wenn $i \to j$ und $j \to k$, dann $i \to k$.

Definition 3.10. Zwei Zustände $i, j \in \mathscr{Z}$ *kommunizieren*, geschrieben als $i \leftrightarrow j$, wenn sie wechselseitig voneinander erreichbar sind, d. h.,

$$i \leftrightarrow j : \Leftrightarrow i \to j \wedge j \to i.$$

Kommunikation ist eine Äquivalenzrelation, d. h., es gilt

1. Reflexivität: Jeder Zustand kommuniziert mit sich selbst, $i \leftrightarrow i$.
2. Symmetrie: Wenn $i \leftrightarrow j$, dann $j \leftrightarrow i$.
3. Transitivität: Wenn $i \leftrightarrow j$ und $j \leftrightarrow k$, dann $i \leftrightarrow k$.

Die Zustände einer Markoff-Kette können in kommunizierende Klassen partitioniert werden. Genau die Mitglieder der jeweiligen Klasse kommunizieren, d. h., zwei Zustände gehören zur selben Klasse genau dann, wenn $i \leftrightarrow j$.

Definition 3.11. Eine homogene diskrete Markoff-Kette heißt *irreduzibel*, wenn alle Zustände kommunizieren, d. h., jeder Zustand von jedem anderen Zustand aus erreichbar ist. Es gilt also

$$\forall (i,j) \in \mathscr{Z}^2 : \exists n \in \mathbb{N} : p_{ij}^{(n)} > 0.$$

Eine Markoff-Kette ist genau dann irreduzibel, wenn es nur eine kommunizierende Klasse gibt.

Beispiel 3.12 (Eindimensionaler Random Walk). Diese Markoff-Kette ist irreduzibel, da alle Zustände kommunizieren (siehe Bsp. 3.1 und Abb. 3.5). ◄

Beispiel 3.13 (Vier Zustände). Die Markoff-Kette in Bsp. 3.3 besteht aus drei kommunizierenden Klassen: $K_1 = \{1;2\}$, $K_2 = \{3\}$ und $K_3 = \{4\}$ (siehe Abb. 3.8). Diese Markoff-Kette ist reduzibel, da sie aus mehreren kommunizierenden Klassen besteht.

Der Zustand 4 der Markoff-Kette in Abb. 3.8 wird nach Erreichen nie mehr verlassen. ◄

Definition 3.12. Für alle Zustände $i \in \mathscr{Z}$ heißt die Wahrscheinlichkeit für die erste Rückkehr nach i in genau n Schritten

$$f_i^{(n)} := P(X_n = i | X_{n-1} \neq i, \ldots, X_1 \neq i, X_0 = i)$$

n-Schritt-Rückkehrwahrscheinlichkeit.

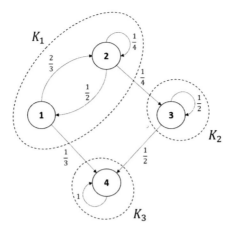

Abb. 3.8: Markoff-Kette aus Bsp. 3.3 mit kommunizierenden Klassen

---

Definition 3.13. Die Wahrscheinlichkeit, nach Verlassen des Zustands i jemals wieder zurückzukehren, heißt *Rückkehrwahrscheinlichkeit*, und ist gegeben durch

$$f_i := \sum_{n=1}^{\infty} f_i^{(n)}.$$

Definition 3.14. Ein Zustand $i \in \mathscr{Z}$ heißt *rekurrent*, wenn $f_i = 1$ und *transient*, wenn $f_i < 1$.

Die Zustände einer Klasse sind entweder alle rekurrent oder alle transient.

Beispiel 3.14 (Vier Zustände). Die Zustände 1, 2 und 3 der Markoff-Kette in Bsp. 3.13 sind transient und Zustand 4 ist rekurrent. Damit sind die Klassen K_1 und K_2 transient und K_3 rekurrent.

Zustand 4 wird, wenn er einmal erreicht wird, nicht mehr verlassen. Solche Zustände mit $p_{ii} = 1$ nennt man *absorbierend*. Hingegen wird Zustand 1 nach Erreichen sofort wieder verlassen. Wir nennen solche Zustände mit $p_{ii} = 0$ *reflektierend*. ◄

Definition 3.15. Ein Zustand $i \in \mathscr{Z}$ heißt *absorbierend*, wenn kein anderer Zustand von i aus erreicht werden kann, d. h., $p_{ii} = 1$. Ein Zustand $i \in \mathscr{Z}$ heißt *reflektierend*, wenn er nach Erreichen sofort wieder verlassen wird, d. h., $p_{ii} = 0$.

Wir wollen jetzt die Wahrscheinlichkeit berechnen, dass ein Prozess in einen absorbierenden Zustand gelangt. Da es in Bsp. 3.3 nur einen absorbierenden Zustand gibt, und dieser von allen Zuständen aus erreichbar ist, wird der Prozess mit der Wahrscheinlichkeit eins diesen auch erreichen, egal in welchem Zustand der Prozess startet. Wir modifizieren daher das Beispiel, so dass es zwei absorbierende Zustände gibt, und berechnen jeweils die Wahrscheinlichkeit, ausgehend von $X_0 = i$ in einen dieser Zustände zu gelangen.

Beispiel 3.15 (Vier Zustände modifiziert). Wir betrachten die Markoff-Kette in Abb. 3.9. Die Zustände 3 und 4 sind absorbierend. Wir wollen die Wahrscheinlichkeit berechnen, ausgehend von Zustand i in einen der beiden absorbierenden Zustände zu gelangen.

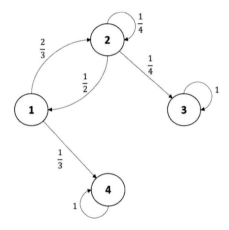

Abb. 3.9: Markoff-Kette mit zwei absorbierenden Zuständen

Wir beginnen mit Zustand 3. Sei

$$a_i = P(X_T = 3 | X_0 = i)$$

die Wahrscheinlichkeit, ausgehend von Zustand i den absorbierenden Zustand 3 zu erreichen, auch *Absorptionswahrscheinlichkeit* genannt. T ist hierbei die Anzahl Schritte, nach der zum ersten Mal $X_n = 3$ gilt.

Wenn der Prozess in Zustand 3 startet, bleibt er auch dort, d. h. $a_3 = 1$. Startet der Prozess hingegen in Zustand 4, dann wird er Zustand 3 nie erreichen, d. h. $a_4 = 0$. Die weiteren Absorptionswahrscheinlichkeiten finden wir mithilfe des Satzes von der totalen Wahrscheinlichkeit mit Rekursion (siehe Satz 2.4). Die Idee ist: Wenn $X_n = i$, dann wird der nächste Zustand $X_{n+1} = k$ mit der Wahrscheinlichkeit p_{ik} angenommen. Es gilt also

$$a_i = \sum_{k=1}^{4} p_{ik} a_k, \quad i = 1, 2, 3, 4.$$

Damit erhalten wir folgendes Gleichungssystem

$$a_1 = \frac{2}{3} a_2 + \frac{1}{3} a_4$$
$$a_2 = \frac{1}{2} a_1 + \frac{1}{4} a_2 + \frac{1}{4} a_3$$
$$a_3 = 1$$
$$a_4 = 0.$$

Mit $a_3 = 1$ und $a_4 = 0$ erhalten wir die Lösungen für a_1 und a_2

$$a_1 = \frac{2}{5} \quad \text{und} \quad a_2 = \frac{3}{5}.$$

Wenn der Prozess in $X_0 = 1$ startet, gelangt er mit einer Wahrscheinlichkeit von $\frac{2}{5}$ in den absorbierenden Zustand 3, und wenn er in $X_0 = 2$ startet, mit einer Wahrscheinlichkeit von $\frac{3}{5}$.

Sei

$$b_i = P(X_T = 4 | X_0 = i)$$

die Wahrscheinlichkeit, ausgehend von Zustand i den absorbierenden Zustand 4 zu erreichen. Da $a_i + b_i = 1$, gilt

$$b_1 = \frac{3}{5} \quad \text{und} \quad b_2 = \frac{2}{5}. \qquad \blacktriangleleft$$

Denkanstoß

In Aufg. 3.7 sollen Sie diese Wahrscheinlichkeiten direkt berechnen. Bearbeiten Sie diese Aufgabe, um sich mit der Thematik vertraut zu machen!

Definition 3.16. Sei $(X_n)_{n \in \mathbb{N}_0}$ eine Markoff-Kette mit endlichem Zustands-raum $\mathcal{Z}$. Alle Zustände sind entweder absorbierend oder transient. Sei $l \in \mathcal{Z}$ ein absorbierender Zustand. Die Wahrscheinlichkeit

$$a_i = P(X_T = l | X_0 = i) \quad \forall i \in \mathcal{Z},$$

heißt *Absorptionswahrscheinlichkeit*. Es gilt $a_l = 1$ und $a_j = 0$ für alle anderen absorbierenden Zustände $j \in \mathcal{Z}$. Die restlichen Absorptionswahrscheinlichkeiten können mithilfe der folgenden linearen Gleichungen ermittelt werden

$$a_i = \sum_{k \in \mathcal{Z}} p_{ik} a_k \quad \forall i \in \mathcal{Z}.$$

Endliche Markoff-Ketten können aus mehreren rekurrenten und transienten Klassen bestehen. Irgendwann wird der Prozess einen Zustand einer rekurrenten Klasse erreichen und diese Klasse nicht mehr verlassen. Wir können die rekurrenten Klassen durch absorbierende Zustände ersetzen und das oben vorgestellte Verfahren durchführen, um die Absorptionswahrscheinlichkeiten für die Klassen zu ermitteln.

Beispiel 3.16. Wir betrachten die Markoff-Kette in Abb. 3.10, die zwei rekurrente Klassen beinhaltet, nämlich $K_1 = \{1;2\}$ und $K_2 = \{5;6;7\}$. Wir wollen die Absorptionswahrscheinlichkeiten berechnen, dass der Prozess aufgehend von $X_0 = 3$ bzw. $X_0 = 4$ in K_1 bzw. K_2 absorbiert wird.

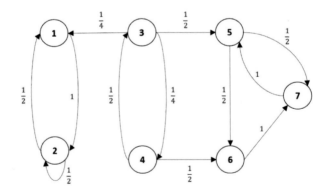

Abb. 3.10: Beispiel zur Berechnung der Absorptionswahrscheinlichkeiten für rekurrente Klassen

Dazu können wir die beiden rekurrenten Klassen durch absorbierende Zustände ersetzen (siehe Abb. 3.11).

Nun können wir mit dem oben vorgestellten Verfahren die Absorptionswahrscheinlichkeiten berechnen. Mit

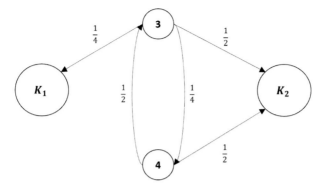

Abb. 3.11: Rekurrente Klassen werden durch absorbierende Zustände ersetzt

$$a_i = P(X_T = K_1 | X_0 = i)$$

ergibt sich

$$a_{K_1} = 1$$
$$a_{K_2} = 0$$
$$a_3 = \frac{1}{4}a_{K_1} + \frac{1}{4}a_4 + \frac{1}{2}a_{K_2}$$
$$a_4 = \frac{1}{2}a_3 + \frac{1}{2}a_{K_2}.$$

Als Lösungen erhalten wir

$$a_3 = \frac{2}{7} \quad \text{und} \quad a_4 = \frac{1}{7}.$$

Daraus ergeben sich die Wahrscheinlichkeiten für die Absorption in Klasse K_2

$$b_3 = \frac{5}{7} \quad \text{und} \quad b_4 = \frac{6}{7}. \qquad \blacktriangleleft$$

Denkanstoß

In Aufg. 3.8 sollen Sie diese Wahrscheinlichkeiten direkt berechnen. Bearbeiten Sie diese Aufgabe, um sich mit der Thematik vertraut zu machen!

Wir wollen jetzt die erwartete Anzahl Schritte berechnen, die benötigt wird, um eine bestimmte Zustandsmenge das erste Mal zu erreichen und wählen dazu wieder ein Beispiel.

Beispiel 3.17 (Vier Zustände modifiziert). Wir betrachten wieder die Markoff-Kette in Abb. 3.9 und definieren t_i als Anzahl der Schritte, die benötigt wird, ausgehend von $X_0 = i$ einen der beiden absorbierenden Zustände zu erreichen. Dazu nutzen wir wieder den Satz von der totalen Wahrscheinlichkeit mit Rekursion (siehe Satz 2.4). Wenn beispielsweise gilt $X_0 = 1$, dann wird im nächsten Schritt entweder der Zustand $X_1 = 2$ oder $X_1 = 4$ erreicht. Somit ergeben sich folgende Gleichungen:

$$t_1 = 1 + \frac{2}{3}t_2 + \frac{1}{3}t_4$$
$$t_2 = 1 + \frac{1}{2}t_1 + \frac{1}{4}t_2 + \frac{1}{4}t_3$$
$$t_3 = 0$$
$$t_4 = 0$$

mit den Lösungen

$$t_1 = \frac{17}{5} \quad \text{und} \quad t_2 = \frac{18}{5}.$$

Es wird erwartet, dass, ausgehend von $X_0 = 1$, $\frac{17}{5}$ Schritte benötigt werden, um in einen der beiden absorbierenden Zustände zu gelangen und $\frac{18}{5}$ Schritte ausgehend von $X_0 = 2$. ◀

Definition 3.17. Sei $(X_n)_{n \in \mathbb{N}_0}$ eine Markoff-Kette mit endlichem Zustandsraum $\mathscr{X}$. Sei $L \subset \mathscr{X}$ eine Menge von Zuständen und T_l die Anzahl Schritte bis der Prozess das erste Mal einen Zustand $l \in L$ annimmt. Die Zeit (=Anzahl Schritte)

$$t_i = E(T_l | X_0 = i) \quad \forall i \in \mathscr{X},$$

heißt *erwartete Ersteintrittszeit*. Es gilt $t_l = 0$ für alle Zustände $l \in L$. Die restlichen erwarteten Ersteintrittszeiten können mithilfe der folgenden linearen Gleichungen ermittelt werden

$$t_i = 1 + \sum_{k \in \mathscr{X}} p_{ik} t_k, \quad \forall i \in \mathscr{X} \setminus L.$$

Beispiel 3.18 (Eindimensionaler Random Walk mit absorbierenden Barrieren). Wir betrachten das in Bsp. 3.10 dargestellte Spiel erneut und wollen die Wahrscheinlichkeit für den Ruin des Spielers und die erwartete Spieldauer ausgehend von $X_0 = 1$ berechnen.

Der Ruin des Spielers bedeutet, dass der Prozess in Zustand -3 absorbiert wird. Wir stellen das folgende lineare Gleichungssystem auf

$$a_{-3} = 1$$
$$a_{-2} = 0.5a_{-3} + 0.5a_{-1}$$
$$a_{-1} = 0.5a_{-2} + 0.5a_0$$
$$a_0 = 0.5a_{-1} + 0.5a_1$$
$$a_1 = 0.5a_0 + 0.5a_2$$
$$a_2 = 0.5a_1 + 0.5a_3$$
$$a_3 = 0.$$

Die Lösung können wir mit MATLAB oder Mathematica berechnen:

```
A=sym([1 0 0 0 0 0 0; 1/2 -1 1/2 0 0 0 0; 0 1/2 -1 1/2 0 0 0; 0 0 1/2 ...
    -1 1/2 0 0; 0 0 0 1/2 -1 1/2 0; 0 0 0 0 1/2 -1 1/2; 0 0 0 0 0 0 1]);
c=[1;0;0;0;0;0;0];
linsolve(A,c)
```

```
A={{1,0,0,0,0,0,0},{1/2,-1,1/2,0,0,0,0},{0,1/2,-1,1/2,0,0,0},
    {0,0,1/2,-1,1/2,0,0},{0,0,0,1/2,-1,1/2,0},{0,0,0,0,1/2,-1,1/2},
    {0,0,0,0,0,0,1}};
c={1,0,0,0,0,0,0};
LinearSolve[A,c]
```

und erhalten $a_1 = \frac{1}{3}$. Wenn der Spieler das Spiel mit einem Euro beginnt, beträgt die Wahrscheinlichkeit für seinen Ruin $\frac{1}{3}$.

Zur Berechnung der erwarteten Spieldauer definieren wir t_i als Anzahl der Schritte ausgehend von $X_0 = i$, bis der Prozess in Zustand -3 (Ruin) oder Zustand 3 (Gewinn) absorbiert wird. Wir erhalten folgendes lineares Gleichungssystem

$$t_{-3} = 0$$
$$t_{-2} = 1 + 0.5t_{-3} + 0.5t_{-1}$$
$$t_{-1} = 1 + 0.5t_{-2} + 0.5t_0$$
$$t_0 = 1 + 0.5t_{-1} + 0.5t_1$$
$$t_1 = 1 + 0.5t_0 + 0.5t_2$$
$$t_2 = 1 + 0.5t_1 + 0.5t_3$$
$$t_3 = 0,$$

das wir wieder mit MATLAB oder Mathematica lösen können:

```
A=sym([1 0 0 0 0 0 0; 1/2 -1 1/2 0 0 0 0; 0 1/2 -1 1/2 0 0 0; 0 0 1/2 -1 ...
    1/2 0 0; 0 0 0 1/2 -1 1/2 0; 0 0 0 0 1/2 -1 1/2; 0 0 0 0 0 0 1]);
c=[0;-1;-1;-1;-1;-1;0];
linsolve(A,c)
```

```
A={{1,0,0,0,0,0,0},{1/2,-1,1/2,0,0,0,0},{0,1/2,-1,1/2,0,0,0},
    {0,0,1/2,-1,1/2,0,0},{0,0,0,1/2,-1,1/2,0},{0,0,0,0,1/2,-1,1/2},
    {0,0,0,0,0,0,1}};
c={0,-1,-1,-1,-1,-1,0};
LinearSolve[A,c]
```

Wir erhalten $t_1 = 8$ als Lösung. Ausgehend vom Startkapital von einem Euro werden acht Schritte bis zum Ende des Spiels erwartet.   ◄

Nun wollen wir die erwartete Anzahl der Schritte berechnen, die benötigt wird, um ausgehend von einem Zustand l wieder zu diesem zurückzukehren. Diese sogenannte *Erstrückkehrzeit* kann nur für irreduzible Markoff-Ketten berechnet werden, da man bei diesen jeden Zustand von jedem anderen aus erreichen, und so auch wieder zum Ausgangszustand zurückkehren kann. Wir betrachten dazu ein Beispiel.

Beispiel 3.19. Wir wählen die Markoff-Kette in Abb. 3.12 und wollen die erwartete Zeit (= Anzahl Schritte) berechnen, die benötigt wird, um ausgehend von Zustand 1 wieder in diesen zurückzukehren.

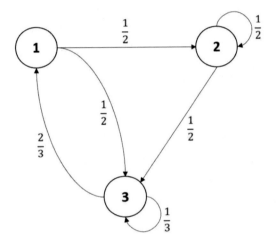

Abb. 3.12: Beispiel zur Berechnung der Erstrückkehrzeit

Mithilfe der Ersteintrittszeiten (siehe Def. 3.17) t_k, die angeben, wann der Prozess ausgehend von Zustand k das erste Mal den Zustand 1 erreicht und dem Satz von der totalen Wahrscheinlichkeit mit Rekursion (siehe Satz 2.4) können wir die Erstrückkehrzeit berechnen. Wir erhalten folgendes lineares Gleichungssystem für die Ersteintrittszeiten

$$t_1 = 0$$
$$t_2 = 1 + \frac{1}{2}t_2 + \frac{1}{2}t_3$$
$$t_3 = 1 + \frac{2}{3}t_1 + \frac{1}{3}t_3$$

mit den Lösungen

$$t_2 = \frac{7}{2} \quad \text{und} \quad t_3 = \frac{3}{2}.$$

Damit ergibt sich eine erwartete Rückkehrzeit von

$$r_1 = 1 + \frac{1}{2}t_2 + \frac{1}{2}t_3 = \frac{7}{2}.$$

Im Mittel werden $\frac{7}{2}$ Schritte benötigt, um von Zustand 1 wieder in diesen zurückzukehren. ◀

Definition 3.18. Sei $(X_n)_{n\in\mathbb{N}_0}$ eine irreduzible Markoff-Kette mit endlichem Zustandsraum $\mathscr{Z}$. Sei $l \in \mathscr{Z}$ ein Zustand und R_l die Anzahl der Schritte, bis der Prozess ausgehend von Zustand l das erste Mal wieder zu diesem zurückkehrt:

$$R_l = \min\{n \geq 1 | X_n = l\}.$$

Die *erwartete Erstrückkehrzeit*

$$r_l = E(R_l | X_0 = l)$$

lässt sich dann berechnen mit

$$r_l = 1 + \sum_{k\in\mathscr{Z}} p_{lk}t_k,$$

wobei t_k die erwartete Ersteintrittszeit ist ausgehend von Zustand k den Zustand l das erste Mal zu erreichen. Es gilt

$$t_l = 0$$
$$t_k = 1 + \sum_{j\in\mathscr{Z}} p_{kj}t_j, \quad \text{für } k \neq l.$$

Eine weitere wichtige Eigenschaft einer Markoff-Kette ist die *Periodizität*. Wie wir noch sehen werden, lassen sich mithilfe dieser und den bereits vorgestellten Eigenschaften weitere Zusammenhänge in Bezug auf die Grenzverteilung ableiten.

Beispiel 3.20. Für die Markoff-Kette in Abb. 3.13 sei $X_0 = 1$. Der Zustand 1 kann immer nur nach $n = 3, 6, 9, \ldots$ Schritten wieder erreicht werden.

Es gilt also

$$p_{11}^{(n)} = \begin{cases} 1, & \text{falls } n \text{ durch 3 teilbar} \\ 0, & \text{sonst.} \end{cases}$$

Der Zustand 1 ist periodisch mit der Periode $d(1) = 3$. Unter einer Periode $d(i)$ eines Zustands i versteht man also den größten gemeinsamen Teiler aller $n \in \mathbb{N}$ mit $p_{ii}^{(n)} > 0$. ◀

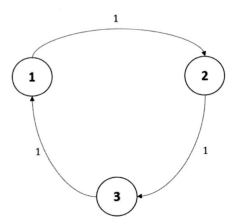

Abb. 3.13: Beispiel zur Periodizität

Definition 3.19. Für einen Zustand $i \in \mathscr{Z}$ heißt

$$d(i) := \mathrm{ggT}(\{n \in \mathbb{N} | p_{ii}^{(n)} > 0\})$$

die *Periode* von i. Falls $p_{ii}^{(n)} = 0 \ \forall n \in \mathbb{N}$, dann ist $d(i) := \infty$. Wenn $d(i) > 1$, dann ist der Zustand *periodisch*, wenn $d(i) = 1$ *aperiodisch*. Sind alle Zustände einer Markoff-Kette aperiodisch, so spricht man von einer *aperiodischen Markoff-Kette*.

Bemerkung 3.2.

1. Wenn für einen Zustand i gilt $p_{ii} > 0$, dann ist der Zustand aperiodisch, da der größte gemeinsame Teiler von einer Menge, die 1 beinhaltet, immer 1 ist.
2. Man kann zeigen, dass die Zustände einer Klasse dieselbe Periode haben, d. h. es gilt

   falls $i \leftrightarrow j$, dann $d(i) = d(j)$.
3. 1. und 2. bedeuten, dass irreduzible Markoff-Ketten (bestehen nur aus einer Klasse) mit $p_{ii} > 0$ für mindestens einen Zustand i immer aperiodisch sind.
4. Angenommen, Zustand i kann von Zustand i aus einmal in l, und einmal in m Schritten erreicht werden und $\mathrm{ggT}(\{l, m\}) = 1$, dann ist der Zustand aperiodisch.

Beispiel 3.21. Wir betrachten die Markoff-Kette in Abb. 3.10, bestehend aus den drei Klassen $K_1 = \{1;2\}$, $K_2 = \{3;4\}$ und $K_3 = \{5;6;7\}$.

- $K_1 = \{1;2\}$ ist aperiodisch, da $p_{22} > 0$.

- $K_2 = \{3;4\}$ ist periodisch mit der Periode 2.

- $K_3 = \{5;6;7\}$ ist aperiodisch, da man z. B. von Zustand 7 nach Zustand 7 in zwei Schritten $(7 - 5 - 7)$ und drei Schritten $(7 - 5 - 6 - 7)$ gelangen kann. Es gilt $\text{ggT}(\{2;3\}) = 1$, so dass Zustand 7 aperiodisch ist und damit alle Zustände der Klasse K_3. ◄

Erfüllen Markoff-Ketten eine oder mehrere der oben aufgeführten Eigenschaften, dann ergeben sich einige wichtige Zusammenhänge in Bezug auf die Grenzverteilung (siehe Def. 3.5). Diese wollen wir zum Abschluss dieses Abschnitts ohne Beweis anhand von Beispielen vorstellen.

Satz 3.4. Sei $(X_n)_{n \in \mathbb{N}_0}$ eine Markoff-Kette mit endlichem Zustandsraum $\mathscr{Z}$. Die Markoff-Kette sei irreduzibel und aperiodisch. Dann

1. ist die stationäre Verteilung $\vec{v}^{(S)}$ (siehe Def. 3.8) eindeutig. Sie kann mithilfe des linearen Gleichungssystems

$$\vec{v}^{(S)} \cdot P = \vec{v}^{(S)} \quad \text{und} \quad \sum_{i \in \mathscr{Z}} v_i^{(S)} = 1$$

ermittelt werden.

2. ist die eindeutige stationäre Verteilung die Grenzverteilung der Markoff-Kette (siehe Def. 3.5), d. h. es gilt

$$\vec{v}^{(\infty)} = \lim_{n \to \infty} \vec{v}^{(n)} = \vec{v}^{(S)}.$$

3. gilt folgender Zusammenhang zwischen der erwarteten Erstrückkehrzeit (siehe Def. 3.18) und der Grenzverteilung:

$$r_i = \frac{1}{v_i^{(\infty)}} \quad \forall i \in \mathscr{Z}.$$

Beispiel 3.22. Wir betrachten die Markoff-Kette in Abb. 3.12. Diese Markoff-Kette ist irreduzibel, da jeder Zustand von jedem aus erreicht werden kann. Zudem ist die aperiodisch, da z. B. $p_{22} > 0$ gilt. Als Übergangsmatrix erhalten wir

$$P = \begin{pmatrix} 0 & \frac{1}{2} & \frac{1}{2} \\ 0 & \frac{1}{2} & \frac{1}{2} \\ \frac{2}{3} & 0 & \frac{1}{3} \end{pmatrix}.$$

Die stationäre Verteilung ist eindeutig, und kann mithilfe des folgenden Gleichungssystems ermittelt werden:

$$\frac{2}{3}v_3^{(S)} = v_1^{(S)}$$

$$\frac{1}{2}v_1^{(S)} + \frac{1}{2}v_2^{(S)} = v_2^{(S)}$$

$$\frac{1}{2}v_1^{(S)} + \frac{1}{2}v_2^{(S)} + \frac{1}{3}v_3^{(S)} = v_3^{(S)}$$

$$v_1^{(S)} + v_2^{(S)} + v_3^{(S)} = 1.$$

Als Lösung ergibt sich

$$v_1^{(S)} = \frac{2}{7}, \; v_2^{(S)} = \frac{2}{7} \text{ und } v_3^{(S)} = \frac{3}{7}.$$

Da die Markoff-Kette mit endlichem Zustandsraum irreduzibel und aperiodisch ist, ist die stationäre Verteilung auch die Grenzverteilung:

$$\vec{v}^{(\infty)} = \left(\frac{2}{7} \; \frac{2}{7} \; \frac{3}{7} \right). \qquad \blacktriangleleft$$

Falls der Zustandsraum einer Markoff-Kette abzählbar unendlich ist, müssen wir zwischen zwei Arten von rekurrenten Zuständen (siehe Def. 3.14) unterscheiden, nämlich *positiv-rekurrent* und *null-rekurrent*, um Aussagen über Existenz und Eindeutigkeit der Grenzverteilung treffen zu können. Rekurrente Zustände werden mit der Wahrscheinlichkeit 1 in der Zukunft wieder erreicht. Wir haben r_i als erwartete Erstrückkehrzeit in den Zustand i definiert (siehe 3.18). Falls $r_i < \infty$, dann nennen wir den Zustand *positiv-rekurrent*, sonst *null-rekurrent*.

Definition 3.20. Ein Zustand $i \in \mathscr{Z}$ heißt *positiv-rekurrent*, falls $r_i < \infty$ und *null-rekurrent*, falls $r_i = \infty$.

Satz 3.5. Sei $(X_n)_{n \in \mathbb{N}_0}$ eine Markoff-Kette mit abzählbar unendlichem Zustandsraum $\mathscr{Z} = \{0; 1; 2; 3; \dots\}$. Die Markoff-Kette sei irreduzibel und aperiodisch. Dann können folgende zwei Fälle auftreten:

1. Die Markoff-Kette ist transient oder null-rekurrent und

$$\lim_{n \to \infty} p_{ij}^{(n)} = 0 \quad \forall i, j \in \mathscr{Z}.$$

Es existiert keine Grenzverteilung.

> 2. Die Markoff-Kette ist positiv-rekurrent. In diesem Fall existiert eine eindeutige Grenzverteilung als Lösung des Gleichungssystems
>
> $$v_i^{(\infty)} = \sum_{k=0}^{\infty} v_k^{(\infty)} p_{ki} \quad \forall i \in \mathscr{Z},$$
>
> $$\sum_{i=0}^{\infty} v_i^{(\infty)} = 1.$$
>
> Zudem gilt
>
> $$r_i = \frac{1}{v_i^{(\infty)}} \quad \forall i \in \mathscr{Z}.$$

Beispiel 3.23 (Eindimensionaler Random Walk mit reflektierender Barriere). Wir betrachten die Markoff-Kette in Abb. 3.14 mit dem unendlichen Zustandsraum $\mathscr{Z} = \{0; 1; 2; \dots\}$ und $0 < p < \frac{1}{2}$.

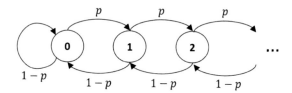

Abb. 3.14: Markoff-Kette mit unendlichem Zustandsraum

Die Markoff-Kette ist irreduzibel, da alle Zustände miteinander kommunizieren. Zudem ist sie aperiodisch, da $p_{00} > 0$. Wir stellen die Gleichung für den Zustand 0 auf:

$$v_0^{(\infty)} = (1-p)v_0^{(\infty)} + (1-p)v_1^{(\infty)} \quad \Leftrightarrow \quad v_1^{(\infty)} = \frac{p}{1-p}v_0^{(\infty)}.$$

Für Zustand 1 ergibt sich

$$v_1^{(\infty)} = p v_0^{(\infty)} + (1-p)v_2^{(\infty)} = (1-p)v_1^{(\infty)} + (1-p)v_2^{(\infty)}$$

$$\Leftrightarrow \quad v_2^{(\infty)} = \frac{p}{1-p}v_1^{(\infty)} = \left(\frac{p}{1-p}\right)^2 v_0^{(\infty)}.$$

Allgemein gilt

$$v_i^{(\infty)} = \left(\frac{p}{1-p}\right)^i v_0^{(\infty)} \quad \forall i \in \{1; 2; 3; \dots\}.$$

Zusätzlich muss gelten

$$\sum_{i=0}^{\infty} v_i^{(\infty)} = 1$$

$$\sum_{i=0}^{\infty} \left(\frac{p}{1-p} \right)^i v_0^{(\infty)} = 1.$$

Hierbei handelt es sich um eine geometrische Reihe (siehe Abschn. 2.1.1). Da $0 < p < \frac{1}{2}$, ist $\frac{p}{1-p} < 1$, und wir erhalten

$$\frac{1}{1 - \frac{p}{1-p}} v_0^{(\infty)} = 1$$

$$v_0^{(\infty)} = 1 - \frac{p}{1-p}.$$

Für die weiteren Zustände ergibt sich die Grenzverteilung

$$v_i^{(\infty)} = \left(\frac{p}{1-p} \right)^i \left(1 - \frac{p}{1-p} \right) \quad \forall i \in \{1; 2; 3; \dots\}.$$

Wir haben also eine eindeutige Grenzverteilung ermittelt. Daraus können wir schließen, dass alle Zustände positiv-rekurrent sind.   ◀

Denkanstoß

Bearbeiten Sie Aufg. 3.12. Hier sollen Sie herausfinden, ob diese Markoff-Kette für $\frac{1}{2} \le p < 1$ eine Grenzverteilung besitzt.

3.1.4 Anwendungsbeispiele

Wir betrachten abschließend noch zwei Anwendungsbeispiele, um uns mit der Thematik weiter vertraut zu machen.

Beispiel 3.24 (Probab-Consulting-Agentur). Die Probab-Consulting-Agentur berät einen Automobilhersteller hinsichtlich des zu erwartenden Kundenverhaltens in Bezug auf angebotene Modelle und Antriebe. Es handelt sich um ein Standard-Verbrenner-Modell 1, ein etwas gehobenes Verbrenner-Modell 2 und ein Modell mit einem Elektroantrieb. Die Probab-Consultants erheben Daten über das Wechselverhalten der Kunden, die der Automarke seit langem treu sind. In Abb. 3.15 sind die Wechselwahrscheinlichkeiten in einem Übergangsdiagramm dargestellt.

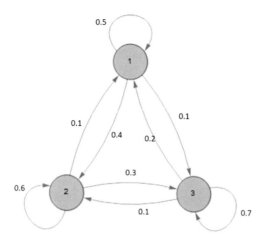

Abb. 3.15: Übergangsdiagramm zu Bsp. 3.24

Welche Verteilung der Kunden ergibt sich auf Dauer auf die drei Modelle? Wie groß ist der langfristige Anteil der Elektrofahrzeuge?

Gefragt ist hier nach der stationären Verteilung. Einerseits kann man diese mithilfe der Übergangsmatrix berechnen: Eine hinreichend große Potenz der Übergangsmatrix P liefert in den Zeilen den gesuchten Fixvektor, da bereits P nur positive Elemente besitzt. Es ist

$$P = \begin{pmatrix} 0.5\ 0.4\ 0.1 \\ 0.1\ 0.6\ 0.3 \\ 0.2\ 0.1\ 0.7 \end{pmatrix}.$$

Mit MATLAB oder Mathematica berechnen wir P^{200} als gute Näherung für P^{∞}

```
P=[0.5 0.4 0.1; 0.1 0.6 0.3; 0.2 0.1 0.7];
P^200
```

```
P={{0.5,0.4,0.1},{0.1,0.6,0.3},{0.2,0.1,0.7}};
MatrixPower[P,200]//MatrixForm
```

und erhalten

$$P^{200} = \begin{pmatrix} 0.236842\ 0.342105\ 0.421053 \\ 0.236842\ 0.342105\ 0.421053 \\ 0.236842\ 0.342105\ 0.421053 \end{pmatrix}.$$

Der Fixvektor lautet also

$$\vec{v}^{(F)} = \begin{pmatrix} 0.236842\ 0.342105\ 0.421053 \end{pmatrix}.$$

Somit kaufen (unabhängig von der Anfangsverteilung) auf Dauer 42.1 % der Kunden ein Elektroauto. Machen Sie sich klar, dass die Anfangsverteilung tatsächlich keine Rolle spielt!

Alternativ lässt sich der Fixvektor $\vec{v}^{(F)} = \begin{pmatrix} x & y & z \end{pmatrix}$ über die Vektorgleichung

$$\vec{v}^{(F)} \cdot P = \vec{v}^{(F)}$$

berechnen, die wir in ein lineares Gleichungssystem umwandeln können. Es lautet:

$$0.5x + 0.1y + 0.2z = x$$
$$0.4x + 0.6y + 0.1z = y$$
$$0.1x + 0.3y + 0.7z = z.$$

Es besitzt die unendlich vielen Lösungen

$$\begin{pmatrix} 9c & 13c & 16c \end{pmatrix} \quad c \in \mathbb{R}.$$

c muss so gewählt werden, dass die Summe der drei Werte eins ergibt, da es sich um eine Wahrscheinlichkeitsverteilung handelt. Es ergibt sich somit $c \approx 0.026316$, und damit gilt

$$\vec{v}^{(F)} = \begin{pmatrix} 0.236842 & 0.342105 & 0.421053 \end{pmatrix}$$

wie oben. Die MATLAB- oder Mathematica-Eingabe

```
syms x y z
sol=solve([0.5*x+0.1*y+0.2*z==x,0.4*x+0.6*y+0.1*z==y,...
0.1*x+0.3*y+0.7*z==z,x+y+z==1],[x,y,z]);
eval(sol.x)
eval(sol.y)
eval(sol.z)
```

```
Solve[{0.5*x+0.1*y+0.2*z==x,0.4*x+0.6*y+0.1*z==y,0.1*x+0.3*y+0.7*z==z},
x+y+z==1,{x,y,z}]
```

bestätigt unser Ergebnis.

Der Fixvektor kann auch, wie bereits oben erwähnt, mithilfe der Eigenwerte und Eigenvektoren der Matrix P bestimmt werden:

```
M=P';
[V,D]=eig(M)
vF=1/sum(V(:,1))*V(:,1)
```

```
M=Transpose[P];
EV=Transpose[Eigenvectors[M]]
Eigenvalues[M]//MatrixForm//N
vF=EV[[All,1]]/Total[EV[[All,1]]]
```

Hierbei muss der Eigenvektor zum Eigenwert 1 noch angepasst werden. Alle Vektorkomponenten müssen größer gleich null sein, und die Summe der Vektorkomponenten muss eins ergeben. ◄

Beispiel 3.25 (Ehrenfest-Modell). Das Ehrenfest'sche Urnenmodell dient in der statistischen Mechanik der Verdeutlichung des Entropiebegriffs (siehe Imkamp und Proß 2021 Abschn. 5.7.1). Wir wollen dieses Modell hier einmal in etwas abgewandelter Form aufgreifen.

Mithilfe von Markoff-Ketten lässt sich der Begriff der *Irreversibilität* veranschaulichen. Die Gesetze der klassischen Mechanik sind zeitumkehrinvariant, d. h., sie bleiben gültig, wenn man in ihren Gleichungen die Zeit t durch $-t$ ersetzt. Filmt man die Bewegung eines Teilchens, und lässt den Film rückwärts ablaufen, so ergibt sich ebenfalls eine physikalisch sinnvolle Bewegung.

Bei Vielteilchensystemen hingegen sieht die Sache anders aus: Füllt man Milch in eine heiße Tasse Kaffee, so beobachtet man, dass sich die Milch auf Dauer gleichmäßig verteilt. Aber noch nie hat jemand beobachtet, dass sich die Milch anschließend wieder sammelt und sich vollständig z. B. in der linken Tassenhälfte befindet. Während die Bewegung der Milch- und der Kaffeemoleküle zufällig ist, und in alle Richtungen erfolgen kann, stellt sich trotzdem langfristig ein Gleichgewichtszustand (mit maximaler Entropie) ein. Offensichtlich gibt es hier eine bevorzugte Richtung, die man auch durch den Begriff *thermodynamischer Zeitpfeil* beschreibt. In diesem Sinne gibt es in der Natur irreversible Prozesse bei Vielteilchensystemen, andererseits ist es nicht unmöglich, dass sich zu einem bestimmten Zeitpunkt in vielleicht 10^{120} Jahren (wenn auch nur theoretisch) die Milch vollständig im linken Behälter befindet. Was geht hier vor?

Zur Analyse der Situation betrachten wir das Ehrenfest-Modell als Markoff-Kette und nehmen zur Vereinfachung $N = 8$ Gasmoleküle an, die sich zum Zeitpunkt $t = 0$ im linken Bereich eines Behälters aufhalten (siehe Abb. 3.16).

Abb. 3.16: Anfangsverteilung von $N = 8$ Gasmolekülen in Bsp. 3.25

Wir nehmen feste, kurze Zeitintervalle der Länge Δt an, in denen jeweils genau ein Molekül die Seite wechselt, also entweder wandert eines von links nach rechts oder eines von rechts nach links. Dabei gehen wir davon aus, dass jeweils hintereinander ausgeführte Sprünge voneinander unabhängig sind. Sei

$X_n = Anzahl\ der\ Moleküle\ im\ linken\ Bereich\ zum\ Zeitpunkt\ n\Delta t,$

also nach n Sprüngen, dann ist $(X_n)_n$ eine Markoff-Kette. Die Anfangsverteilung zur Zeit $t = 0$ ist $(8|0)$, wobei die erste Zahl die Anzahl der Moleküle im linken Bereich und die zweite Zahl die Anzahl der Moleküle im rechten Bereich angibt. Nach einem Sprung, also zur Zeit Δt, liegt mit Sicherheit die Verteilung $(7|1)$ vor. Einen Ausschnitt des Übergangsdiagramms zeigt Abb. 3.17.

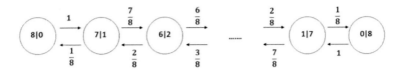

Abb. 3.17: Übergangsdiagramm zu Bsp. 3.25

Dabei sind die Zustände $(8|0)$ und $(0|8)$ reflektierend. Die Übergangsmatrix, nennen wir sie M, ist demnach

$$M = \begin{pmatrix} 0 & 1 & 0 & 0 & 0 & 0 & 0 & 0 & 0 \\ \frac{1}{8} & 0 & \frac{7}{8} & 0 & 0 & 0 & 0 & 0 & 0 \\ 0 & \frac{2}{8} & 0 & \frac{6}{8} & 0 & 0 & 0 & 0 & 0 \\ 0 & 0 & \frac{3}{8} & 0 & \frac{5}{8} & 0 & 0 & 0 & 0 \\ 0 & 0 & 0 & \frac{4}{8} & 0 & \frac{4}{8} & 0 & 0 & 0 \\ 0 & 0 & 0 & 0 & \frac{5}{8} & 0 & \frac{3}{8} & 0 & 0 \\ 0 & 0 & 0 & 0 & 0 & \frac{6}{8} & 0 & \frac{2}{8} & 0 \\ 0 & 0 & 0 & 0 & 0 & 0 & \frac{7}{8} & 0 & \frac{1}{8} \\ 0 & 0 & 0 & 0 & 0 & 0 & 0 & 1 & 0 \end{pmatrix}.$$

Wir lassen MATLAB bzw. Mathematica hohe Potenzen von M ausrechnen:

```
M=[0 1 0 0 0 0 0 0; 1/8 0 7/8 0 0 0 0 0 0; 0 2/8 0 6/8 0 0 0 0 0;...
   0 0 3/8 0 5/8 0 0 0 0;0 0 0 4/8 0 4/8 0 0 0; 0 0 0 0 5/8 0 3/8 0 0;...
   0 0 0 0 0 6/8 0 2/8 0;0 0 0 0 0 0 7/8 0 1/8; 0 0 0 0 0 0 0 1 0];
M^1000
M^1001
```

```
M={{0,1,0,0,0,0,0,0,0},{1/8,0,7/8,0,0,0,0,0,0},
   {0,2/8,0,6/8,0,0,0,0,0},{0,0,3/8,0,5/8,0,0,0,0},
   {0,0,0,4/8,0,4/8,0,0,0},{0,0,0,0,5/8,0,3/8,0,0},
   {0,0,0,0,0,6/8,0,2/8,0},{0,0,0,0,0,0,7/8,0,1/8},
   {0,0,0,0,0,0,0,1,0}};
N[MatrixPower[M,1000]]//MatrixForm
N[MatrixPower[M,1001]]//MatrixForm
```

In der ausgegebenen Matrix tauchen alternierend zwei verschiedene Zeilenvektoren auf, jeweils zeilenversetzt, je nach Wahl eines geraden oder ungeraden Exponenten, nämlich:

$$(\; 0 \quad 0.0625 \quad 0 \quad 0.4375 \quad 0 \quad 0.4375 \quad 0 \quad 0.0625 \quad 0 \;)$$

und

$$(\; 0.0078 \quad 0 \quad 0.2188 \quad 0 \quad 0.5469 \quad 0 \quad 0.2188 \quad 0 \quad 0.0078 \;).$$

Das liegt daran, dass nach einer ungeraden Anzahl von Zeitschritten nur einer der vier Zustände $(7|1)$, $(5|3)$, $(3|5)$, $(1|7)$ und nach einer geraden Anzahl von Zeitschritten nur einer der fünf Zustände $(8|0)$, $(6|2)$, $(4|4)$, $(2|6)$, $(0|8)$ erreicht werden kann. Ein zu einem bestimmten Zeitpunkt erreichter Zustand kann erst nach einer geraden Anzahl von Schritten wieder erreicht werden. Die höchsten Wahrscheinlichkeiten liegen, wenn sie erreichbar sind, für die Zustände $(4|4)$ mit 54.69 % und $(5|3)$, $(3|5)$ mit jeweils 43.75 % vor.

Wie sieht die stationäre Verteilung aus?

Aus dem Übergangsdiagramm bzw. der Übergangsmatrix lässt sich Folgendes ablesen:

$$P(X_n = 0) = P(X_n = 1) \cdot \frac{1}{8},$$

$$P(X_n = 8) = P(X_n = 7) \cdot \frac{1}{8},$$

und für $k = 1, 2, .., 7$ gilt

$$P(X_n = k) = P(X_n = k-1) \cdot \frac{8-k+1}{8} + P(X_n = k+1) \cdot \frac{k+1}{8},$$

da sich nur dann k Moleküle im linken Bereich aufhalten können, wenn sich vor dem Sprung entweder $k-1$ oder $k+1$ Moleküle dort aufgehalten haben. Aus diesen Gleichungen ergibt sich rekursiv (rechnen Sie dies nach!)

$$P(X_n = k) = \binom{8}{k} P(X_n = 0).$$

Daraus folgt wegen $\sum_{k=0}^{8} P(X_n = k) = 1$

$$1 = \sum_{k=0}^{8} \binom{8}{k} P(X_n = 0) = P(X_n = 0) \sum_{k=0}^{8} \binom{8}{k} = P(X_n = 0) \cdot 2^8$$

und somit

$$P(X_n = 0) = \frac{1}{2^8}.$$

Damit ergibt sich als stationäre Verteilung die Binomialverteilung zu den Parametern 8 und $\frac{1}{2}$. Für ein hinreichend großes $t = n\Delta t$ gilt also

$$P(X_n = k) = \binom{8}{k} \cdot \frac{1}{2^k} \cdot \frac{1}{2^{8-k}} = \binom{8}{k} \cdot \frac{1}{2^8}.$$

MATLAB bzw. Mathematica rechnet uns die Werte aus:

```
for k=0:8 P(k+1)=nchoosek(8,k).*1/(2^8); end; P
```

```
N[Table[Binomial[8,k]*(1/2^8),{k,0,8}]]
```

und liefert den Output:

$$0.00390625, 0.03125, 0.109375, 0.21875,$$
$$0.273438, 0.21875, 0.109375, 0.03125, 0.00390625.$$

Die dadurch gegebenen Wahrscheinlichkeiten sind genau halb so groß wie die Werte in der Matrix, weil ja jeder Zustand nur in jedem zweiten Schritt erreicht werden kann.

Überträgt man diese Zahlen gedanklich auf die Teilchen in der Kaffeetasse, dann sind wir in einer Größenordnung von $N = 10^{24}$. Es gibt eine positive Wahrscheinlichkeit, dass sich alle Milchmoleküle links, und alle Kaffeemoleküle rechts befinden. Diese ist jedoch nach dem Durchmischen so verschwindend gering, dass ein Zigfaches des Alters des Universums nicht ausreichen wird, damit dieser Zustand auch nur einmal angenommen wird!

Dies ist die Erklärung für das Phänomen der Irreversibilität: Mit überwältigender Wahrscheinlichkeit findet man einen Zustand maximaler Entropie vor, bei dem sich jeweils etwa die Hälfte Kaffee und die Hälfte Milch in jeweils beiden Tassenhälften befindet.   ◄

Beispiel 3.26 (SIS-Modell). Wir wollen den Verlauf einer ansteckenden Krankheit mithilfe einer Markoff-Kette modellieren. Es handelt sich dabei um eine Krankheit, bei der man sich nach der Genesung direkt wieder anstecken kann, d. h., es wird keine Immunität gebildet.

Bei diesem sogenannten *SIS-Modell* werden zwei Gruppen unterschieden: Infizierbare (Suszeptible (S)) und Infizierte (I) (siehe Abb. 3.18). Die Gesamtzahl der Individuen (N) bleibt immer konstant, d. h., $N = S + I$.

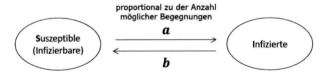

Abb. 3.18: SIS-Modell: Infizierte gehen nach der Genesung in die Gruppe der Infizierbaren über und können sich direkt wieder mit der Krankheit infizieren

Deterministisch, also ohne Betrachtung des Zufalls, wird die Ausbreitung der Infektion meistens mithilfe von Differentialgleichungen (DGLs) abgebildet (siehe auch

Imkamp und Proß 2019, Aufg. 7.4):

$$\dot{S}(t) = -a\frac{S(t)}{N}I(t) + bI(t)$$

$$\dot{I}(t) = a\frac{S(t)}{N}I(t) - bI(t).$$

Hier ist a die Anzahl der Kontakte eines Infizierten pro Zeiteinheit (ZE), und $\frac{S(t)}{N}$ entspricht dem Anteil der Infizierbaren in der Gesamtpopulation. Somit ergibt $a\frac{S(t)}{N}$ die Anzahl infektiöser Kontakte pro Infiziertem und ZE und $a\frac{S(t)}{N}I(t)$ ist die Gesamtzahl neuer Infektionen pro ZE. Der Parameter b entspricht dem Anteil Infizierter, die pro ZE genesen.

Den Gleichgewichtpunkt erhalten wir, indem wir die rechte Seite der DGL gleich null setzen, d. h., es finden keine Änderungen statt. Neuinfektionen und Genesungen befinden sich im Gleichgewicht:

$$-a\frac{S}{N}\bar{I} + b\bar{I} = \bar{I}\left(-a\frac{S}{N} + b\right) = \bar{I}\left(-a\frac{N-I}{N} + b\right) = 0$$

$$\bar{I}_1 = 0 \quad \wedge \quad \bar{I}_2 = N\left(1 - \frac{b}{a}\right).$$

Die *Reproduktionsrate*

$$R = \frac{a}{b}$$

gibt die durchschnittliche Anzahl Infektionen an, die ein Infizierter während seiner Infektionszeit verursacht.

Gilt $R > 1$, dann infiziert ein Infizierter während seiner Infektionszeit mehr als einen weiteren mit der Krankheit. In dem Fall ist $\frac{a}{b} > 1$ und damit $\bar{I} = N\left(1 - \frac{b}{a}\right) > 0$. Langfristig wird sich die Zahl der Infizierten auf diesen Wert einpendeln, d. h.,

$$\lim_{t\to\infty} I(t) = \bar{I}_2 = N\left(1 - \frac{b}{a}\right).$$

Im Fall $R < 1$ wird von einem Infizierten weniger als ein weiterer mit der Krankheit infiziert. Die Krankheit stirbt aus, d. h.,

$$\lim_{t\to\infty} I(t) = \bar{I}_1 = 0.$$

Nun wollen wir diesen Sachverhalt stochastisch mithilfe einer zeitdiskreten Markoff-Kette darstellen. Hierbei bezeichne I_n die Anzahl der Infizierten im n-ten Schritt. Dann ist $(I_n)_{n\in\mathbb{N}_0}$ eine homogene Markoff-Kette mit dem endlichen Zustandsraum $\mathscr{Z} = \{0; 1; 2; \ldots; N\}$. Für die Übergangswahrscheinlichkeiten erhalten wir

$$p_{i,i+1} = P(I_n = i+1 | I_{n-1} = i) = a\frac{N-i}{N}i =: \lambda_i$$

$$p_{i,i-1} = P(I_n = i-1 | I_{n-1} = i) = bi =: \mu_i$$

$$p_{i,i} = P(I_n = i | I_{n-1} = i) = 1 - \lambda_i - \mu_i$$

für $i = 1,2,\ldots,N-1$. Zudem gilt

$$p_{0,0} = 1, \qquad p_{N,N-1} = \mu_N, \qquad p_{N,N} = 1 - \mu_N.$$

Es ergibt sich die Übergangsmatrix

$$P = \begin{pmatrix} 1 & 0 & 0 & \cdots & & & 0 \\ \mu_1 & 1-\lambda_1-\mu_1 & \lambda_1 & 0 & \cdots & & 0 \\ 0 & \mu_2 & 1-\lambda_2-\mu_2 & \lambda_2 & 0 & \cdots & 0 \\ \vdots & & & & & & \vdots \\ 0 & \cdots & & & \mu_{N-1} & 1-\lambda_{N-1}-\mu_{N-1} & \lambda_{N-1} \\ 0 & \cdots & & & 0 & \mu_N & 1-\mu_N \end{pmatrix}.$$

Die Parameter a und b müssen dabei so gewählt werden, dass $\lambda_i + \mu_i \leq 1$ für $i = 1,2,\ldots,N-1$ und $\mu_N \leq 1$ erfüllt ist, da es sich sonst nicht um eine stochastische Matrix handelt (siehe Def. 3.3). Das Übergangsdiagramm ist in Abb. 3.19 dargestellt.

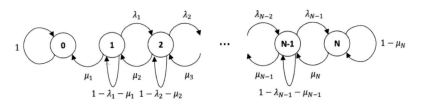

Abb. 3.19: Übergangsdiagramm zum SIS-Modell

Die Markoff-Kette kann in zwei Klassen eingeteilt werden: $K_1 = \{0\}$ und $K_2 = \{1;2;\ldots;N\}$, wobei der Zustand 0 absorbierend ist und die restlichen Zustände transient. Da der Zustand 0 (=Infektion stirbt aus) der einzige absorbierende Zustand ist, muss nach den Ausführungen in Abschn. 3.1.3

$$v^{(\infty)} = \lim_{n\to\infty} v^{(0)} P^n = \begin{pmatrix} 1 & 0 & 0 & 0 & \ldots \end{pmatrix}$$

gelten. Doch die Zeit (=Anzahl der Schritte), bis die Infektion ausstirbt, kann sehr groß werden. Wir können diese mithilfe von Def. 3.17 (erwartete Ersteintrittszeiten) berechnen. Es gilt

$$t_0 = 0$$

$$t_1 = 1 + \mu_1 t_0 + (1 - \lambda_1 - \mu_1) t_1 + \lambda_1 t_2$$

$$\vdots$$

$$t_{N-1} = 1 + \mu_{N-1} t_{N-2} + (1 - \lambda_{N-1} - \mu_{N-1}) t_{N-1} + \lambda_{N-1} t_N$$
$$t_N = 1 + \mu_N t_{N-1} + (1 - \mu_N) t_N.$$

Für $a = 0.01$ Kontakte pro ZE, $b = 0.005$ Genesungsanteil pro ZE und $N = 100$ (Gesamtpopulation) ergeben sich mit $R = 2$ beispielsweise die in Abb. 3.20 in Abhängigkeit von $I(0) = I_0$ dargestellten Schrittanzahlen bis zum Aussterben der Krankheit. (Das lineare Gleichungssystem kann mit MATLAB oder Mathematica gelöst werden.) Man erkennt, dass es sehr lange dauern kann bis die Krankheit endet. Wir bewegen uns in der Größenordnung von 10^{10} Schritten, also zehn Milliarden!

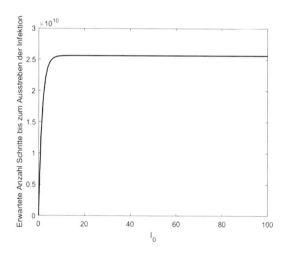

Abb. 3.20: Erwartete Anzahl Schritte bis zum Aussterben der Infektion in Abhängigkeit von $I(0) = I_0$

Abb. 3.21 stellt ein Simulationsergebnis mit den oben genannten Parametern und $I_0 = 1$, zusammen mit der deterministischen Lösung, die man durch Lösung des Differentialgleichungssystems erhält, dar. Man erkennt, dass der Beispielpfad um die deterministische Lösung variiert.

Auf die Simulation zeitdiskreter Markoff-Ketten gehen wir in Abschn. 3.1.6 ein. Der Simulationscode für dieses Beispiel wird in Bsp. 3.28 angegeben.   ◄

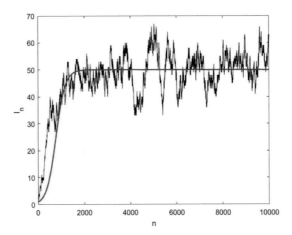

Abb. 3.21: Schwarz: Eine Realisierung des SIS-Modells mit $a = 0.01$, $b = 0.005$, $N = 100$ und $I_0 = 1$; Rot: Lösung des deterministischen Modells

3.1.5 Verzweigungsprozesse

Eine spezielle Klasse von Markoff-Ketten, die wir in diesem Abschnitt untersuchen wollen, stellen so genannte *Verzweigungsprozesse* dar, die insbesondere in den Naturwissenschaften eine wichtige Rolle spielen. So entstehen bei der Kernspaltung von $^{235}_{92}\text{U}$ durch thermische Neutronen pro Spaltprozess zwei bis drei Folgeneutronen, die wiederum abgebremst oder gestreut werden können, oder auch von den $^{238}_{92}\text{U}$-Kernen der Umgebungsmatrix eingefangen werden. Somit stehen nicht alle beim Spaltprozess freigewordenen Neutronen für die weitere Kettenreaktion zur Verfügung. Damit die Kettenreaktion nicht zum Erliegen kommt, muss der effektive Vermehrungsfaktor der Neutronen $k_{\text{eff}} \geq 1$ sein.

In der Populationsökologie spielt die Anzahl der (überlebenden) Nachkommen pro Individuum einer Tierpopulation eine Rolle hinsichtlich der Frage des Aussterbens dieser Population, was unter Umständen Auswirkungen auf das Überleben ganzer Arten, und somit auf die Entwicklung des Ökosystems, haben kann.

Historisch entstand die Beschäftigung mit Verzweigungsprozessen im Zusammenhang mit Beobachtungen hinsichtlich des Aussterbens vieler bürgerlicher (und aristokratischer) Familiennamen in der ersten Hälfte des 19. Jahrhunderts. Hierbei spielte insbesondere die Anzahl der männlichen Nachfahren, wie zu der Zeit üblich, eine große Rolle. Der zugehörige stochastische Prozess heißt *Galton-Watson-Prozess*, benannt nach dem britischen Naturforscher Francis Galton (1822-1911) und dem britischen Mathematiker Henry William Watson (1827-1903).

Um damit zusammenhängende Fragen untersuchen zu können, muss man zunächst die Theorie der Verzweigungsprozesse verstehen. Wir wollen den Begriff daher zunächst mathematisch fassen, und uns mit der Frage des Aussterbens des Prozesses befassen (Bestimmung der *Extinktionswahrscheinlichkeit*).

Definition 3.21. Sei $(Z_n)_{n\in\mathbb{N}}$ eine Folge unabhängiger Zufallsvariablen mit dem Zustandsraum $\mathscr{Z} = \mathbb{N}_0$ und der gemeinsamen Wahrscheinlichkeitsverteilung $p_k = P(Z = k)$. Eine Markoff-Kette $(X_n)_{n\in\mathbb{N}_0}$ mit dem gleichen Zustandsraum heißt *Verzweigungsprozess*, wenn die Übergangswahrscheinlichkeiten für $x \in \mathbb{N}$ und $y \in \mathbb{N}_0$ gegeben sind durch

$$p(x,y) := P(X_n = y | X_{n-1} = x) = P\left(\sum_{i=1}^{x} Z_i = y\right).$$

Ferner sei $p(0,0) = 1$.

Die Definition bedeutet insbesondere, dass der Prozess beendet ist, wenn einmal der Zustand null erreicht ist. In der Definition gibt die Zahl x die Populationsgröße in der $(n-1)$-ten Generation an. Dabei machen wir folgende Modellannahmen: Jedes dieser x Individuen hat eine individuelle und von den anderen Individuen unabhängige Anzahl an Nachkommen in der n-ten Generation (das i-te Individuum habe Z_i Nachkommen), sodass die Summe $Z_1 + ... + Z_x$ die Populationsgröße in der n-ten Generation darstellt. Dabei gehen wir also davon aus, dass jedes Individuum nur eine Generation existiert. Für unsere weiteren Überlegungen benötigen wir den folgenden Satz.

Satz 3.6 (Satz von Watson). Sei f mit $f(s) = \sum_{i=0}^{\infty} p_i s^i$ die erzeugende Funktion von Z_1. Sei $f_0(s) = s$ und für $n \geq 1$ gelte $f_n(s) = f(f_{n-1}(s))$. Dann ist f_n die erzeugende Funktion von X_n.

Beweis. Wir betrachten die erzeugende Funktion von X_n, die wir mit $g_n(s)$ bezeichnen. Offensichtlich gilt $g_0(s) = s$ und $g_1(s) = f(s)$. Es gilt weiterhin wegen

$$P(X_{n+1} = x) = \sum_{y\geq 0} P(X_{n+1} = x | X_n = y) P(X_n = y)$$

(Satz von der totalen Wahrscheinlichkeit, siehe Satz 2.3):

$$g_{n+1}(s) = \sum_{x\geq 0} P(X_{n+1} = x) s^x$$

$$= \sum_{x \geq 0} \sum_{y \geq 0} P(X_{n+1} = x | X_n = y) P(X_n = y) s^x$$

$$= \sum_{x \geq 0} \sum_{y \geq 0} P\left(\sum_{i=1}^{y} Z_i = x\right) P(X_n = y) s^x$$

$$= \sum_{y \geq 0} P(X_n = y) \sum_{x \geq 0} P\left(\sum_{i=1}^{y} Z_i = x\right) s^x$$

$$= \sum_{y \geq 0} P(X_n = y) f(s)^y$$

$$= g_n\left(f(s)\right)$$

$$= g_n\left(g(s)\right).$$

Dabei wurde im vorletzten Schritt der Satz 2.5 verwendet. Somit gilt also

$$g_{n+1}(s) = g_n\left(g(s)\right),$$

sodass mit $g_0(s) = s$ und $g_1(s) = f(s)$ induktiv folgt

$$g_n \equiv f_n \; \forall n \geq 1. \qquad \qquad \square$$

Die erzeugende Funktion ist konvergent für $|s| \leq 1$ (Für $|s| < 1$ ist die geometrische Reihe eine konvergente Majorante und für $|s| = 1$ folgt die Konvergenz aus $\sum_{i=0}^{\infty} p_i = 1$).

Mit welcher Wahrscheinlichkeit stirbt ein solcher Verzweigungsprozess aus? Diese sogenannte Extinktionswahrscheinlichkeit q lässt sich berechnen mithilfe des folgenden Satzes.

Satz 3.7 (Satz von Watson-Steffensen). Falls $E(X_1) \leq 1$, dann gilt $q = 1$. Falls $E(X_1) > 1$, dann ist q die (eindeutig bestimmte) Lösung der Gleichung $s = f(s)$ im Intervall $[0; 1)$.

Beweis. Wir zeigen zunächst, dass die Extinktionswahrscheinlichkeit ein Fixpunkt der erzeugenden Funktion f ist. Für den Prozess $(X_n)_n$ aus Def. 3.21 gilt

$$q = P(\cup_n \{X_n = 0\}) = \lim_{n \to \infty} P(\{X_n = 0\}) = \lim_{n \to \infty} f_n(0).$$

Ist der Prozess einmal ausgestorben, so ändert sich daran nichts mehr. Es gilt

$$f(q) = f\left(\lim_{n \to \infty} f_n(0)\right)$$

$$= \lim_{n \to \infty} f\left(f_n(0)\right) \text{ (Stetigkeit der erzeugenden Funktion)}$$

$$= \lim_{n \to \infty} f_{n+1}(0)$$

$$= q.$$

Dabei haben wir die Tatsache verwendet, dass $\lim_{n \to \infty} f_{n+1}(0) = \lim_{n \to \infty} f_n(0) = q$ gilt. Somit ist q ein Fixpunkt von f. Trivialerweise gilt für erzeugende Funktionen f immer $f(1) = 1$, sodass 1 immer Fixpunkt ist. Es ist nämlich

$$f(1) = \sum_{i=0}^{\infty} p_i 1^i = \sum_{i=0}^{\infty} p_i = 1,$$

da die Gesamtwahrscheinlichkeit gleich eins ist. Sei jetzt $z \geq 0$ ein beliebiger Fixpunkt von f, also $f(z) = z$. Dann folgt

$$z = f(z) \geq f(0) = f_1(0),$$

und somit

$$z = f(z) = f(f(z)) \geq f(f(0)) = f_2(0).$$

Durch weitere Iteration erhalten wir induktiv

$$z \geq f_n(0) \ \forall n \in \mathbb{N},$$

also auch

$$z \geq \lim_{n \to \infty} f_n(0) = q.$$

Somit ist q die kleinste nichtnegative Lösung der Gleichung $f(z) = z$. Wir setzen ab jetzt voraus, dass $p_1 < 1$ gilt. Wäre nämlich $p_1 = 1$, so gäbe es pro Individuum immer genau einen Nachkommen, sodass der Prozess niemals aussterben könnte. Wir zeigen jetzt, dass aus $E(X_1) \leq 1$ folgt $q = 1$, sodass der Prozess in diesem Fall mit Wahrscheinlichkeit eins ausstirbt, und im Falle $E(X_1) > 1$ gilt $q < 1$, sodass q im Intervall $[0; 1)$ liegt. Wir müssen dann nur noch die Eindeutigkeit der Lösung in diesem Intervall zeigen. Sei zunächst $p_0 + p_1 = 1$, d. h. jedes Individuum hat genau null oder einen Nachfahren. Dann gilt

$$q = \lim_{n \to \infty} P(X_n = 0) = 1 - p_1^n = 1,$$

da $p_1 < 1$ (Wahrscheinlichkeit für das Nicht-Aussterben ist p_1^n). Sei nun

$$E(X_1) = f'(1) = \sum_{i=1}^{\infty} i p_i > 1,$$

dann existiert ein p_i mit $i \geq 2$ und $p_i > 0$, denn nur dann sind auch mehr Nachkommen möglich. Daraus folgt $p_0 + p_1 < 1$, und die Funktion f' mit

$$f'(x) = \sum_{i=1}^{\infty} i p_i x^{i-1}$$

ist streng monoton wachsend auf $[0;1]$. Somit folgt die Konvexität von f auf diesem Intervall und daraus die Tatsache, dass es neben $x = 1$ nur noch maximal einen weiteren Fixpunkt von f geben kann. Machen Sie sich die folgenden Überlegungen an den Beispielen der Abb. 3.22 klar.

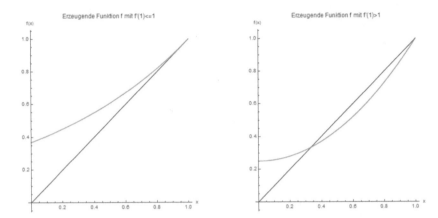

Abb. 3.22: Erzeugende Funktion f mit $f(1) = 1$ und $f'(1) \leq 1$ (links) bzw. $f'(1) > 1$ (rechts)

Im Fall $E(X_1) = f'(1) \leq 1$ gilt also $q = 1$, denn es kann nur den einen Fixpunkt geben aufgrund der Konvexität von f und der Steigung $f'(1) \leq 1$. Im Fall $E(X_1) = f'(1) > 1$ gilt $q < 1$, denn aufgrund der Konvexität von f und der Steigung $f'(1) > 1$ muss der zweite Fixpunkt im Intervall $[0;1)$ liegen.   □

Beispiel 3.27. Sei die Wahrscheinlichkeitsverteilung eines Verzweigungsprozesses gegeben durch

$$p_0 = \frac{1}{8}, \ p_1 = \frac{3}{8}, \ p_2 = \frac{5}{16}, \ p_3 = \frac{3}{16}.$$

Dann gilt

$$E(X_1) = 0 \cdot \frac{1}{8} + 1 \cdot \frac{3}{8} + 2 \cdot \frac{5}{16} + 3 \cdot \frac{3}{16} = \frac{25}{16} > 1,$$

somit ergibt sich die Extinktionswahrscheinlichkeit aus der Gleichung $s = f(s)$, die in diesem Fall

$$s = \frac{1}{8} + \frac{3}{8}s + \frac{5}{16}s^2 + \frac{3}{16}s^3,$$

lautet, umgeformt

$$3s^3 + 5s^2 - 10s + 2 = 0.$$

Da 1 eine Lösung dieser Gleichung ist, lassen sich die anderen beiden mittels Polynomdivision und anschließender Verwendung der Lösungsformel für quadratische Gleichungen ermitteln. Wir verwenden MATLAB oder Mathematica:

```
syms s
solve(3*s^3+5*s^2-10*s+2==0,s)
```

```
Solve[3s^3+5s^2-10 s+2==0,s]
```

Die weiteren Lösungen lauten $\frac{1}{3}(-4 \pm \sqrt{22})$. Numerisch ist $\frac{1}{3}(-4 + \sqrt{22}) \approx 0.2301$, und dies ist die gesuchte Extinktionswahrscheinlichkeit.   ◄

3.1.6 Simulation der zeitdiskreten Markoff-Kette

Die *Econometrics Toolbox* von MATLAB ermöglicht die Modellierung, Simulation und Analyse von zeitdiskreten Markoff-Ketten. Wir wollen einige Befehle anhand von Bsp. 3.3 vorstellen. Die entsprechenden Befehle für Mathematica werden jeweils im Anschluss angegeben.

Mit dem Befehl `dtmc` wird eine Markoff-Kette basierend auf einer gegebenen Übergangsmatrix erstellt:

```
P=[0 2/3 0 1/3; 1/2 1/4 1/4 0; 0 0 1/2 1/2; 0 0 0 1];
mc=dtmc(P);
```

Das Übergangsdiagramm kann wie folgt erzeugt werden:

```
graphplot(mc,'LabelEdges',true,'ColorNodes',true);
```

Durch die Option `'LabelEdges',true` werden die Übergangswahrscheinlichkeiten an den Kanten abgetragen, und `'ColorNodes',true` bewirkt, dass die Zustände basierend auf ihrer zugehörigen kommunizierenden Klasse farblich markiert werden (siehe Abb. 3.23).

Der Befehl `redistribute(mc,n,'X0',v0)` liefert die Wahrscheinlichkeitsverteilungen nach 0 bis n Schritten ausgehend von der Anfangsverteilung $\vec{v}_0$. Die Eingabe

```
V=redistribute(mc,10,'X0',[1 0 0 0])
```

liefert die Verteilungen für die ersten zehn Schritte ausgehend von $\vec{v}_0 = \begin{pmatrix} 1 & 0 & 0 & 0 \end{pmatrix}$.

Mit der folgenden Eingabe können die Verteilungen graphisch dargestellt werden (siehe Abb. 3.24):

```
distplot(mc,V)
```

Der Befehl

```
distplot(mc,V,'Type','histogram','FrameRate',0.5);
```

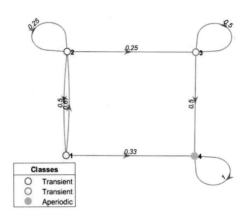

Abb. 3.23: Übergangsdiagramm erstellt mit MATLAB

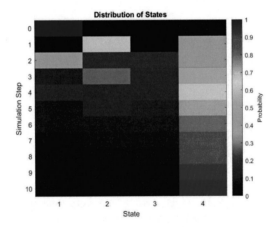

Abb. 3.24: Darstellung der Verteilungen für die ersten zehn Schritte der Markoff-Kette in Bsp. 3.3

liefert eine Animation, bei der die einzelnen Verteilungen als Histogramme dargestellt werden. Jedes Histogramm wird eine halbe Sekunde gezeigt.

Mit

```
vS=asymptotics(mc)
```

erhält man die stationäre Verteilung der Markoff-Kette.

Der Befehl `isreducible` prüft, ob die Markoff-Kette reduzibel ist, und mit dem Befehl `classify` erfolgt die Partitionierung in kommunizierende Klassen:

```
isreducible(mc)
classify(mc)
```

Mit dem Befehl `hitprob` können die Absorptionswahrscheinlichkeiten berechnet werden, und der Befehlt `hittime` liefert die erwartete Ersteintrittszeit. Wir demonstrieren das an dem modifizierten Bsp. 3.15. Die Wahrscheinlichkeit für die Absorption in Zustand 3 erhalten wir durch die Eingabe:

```
P=[0 2/3 0 1/3; 1/2 1/4 1/4 0; 0 0 1 0; 0 0 0 1];
mc=dtmc(P);
hitprob(mc,3)
```

Die Eingabe

```
hittime(mc,[3,4])
```

liefert die erwartete Anzahl Schritte, bis der Prozess in einem der beiden absorbierenden Zustände endet.

Eine Simulation der ersten 10 Schritte der Markoff-Kette in Bsp. 3.3 mit $\vec{v}_0 = \begin{pmatrix} 1 & 0 & 0 & 0 \end{pmatrix}$ kann wie folgt durchgeführt und dargestellt werden (siehe Abb. 3.25):

```
P=[0 2/3 0 1/3; 1/2 1/4 1/4 0; 0 0 1/2 1/2; 0 0 0 1];
mc=dtmc(P);
X=simulate(mc,10,'X0',[1 0 0 0]);
plot(0:10,X,'-o','Color','k','MarkerFaceColor','k')
```

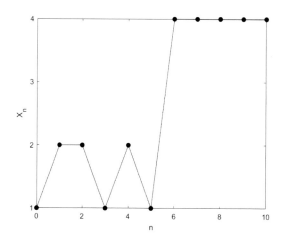

Abb. 3.25: Ein Simulationsergebnis der Markoff-Kette in Bsp. 3.3

Es können auch mehrere Simulationen durchgeführt und die Ergebnisse darstellt werden. Mit dem Befehl

```
X100=simulate(mc,10,'X0',[100 0 0 0]);
simplot(mc,X100);
```

werden 100 Simulationen der Markoff-Kette durchgeführt. Alle starten im Zustand
1. Mit der Option X0 kann festgelegt werden wie viele Simulationen in den einzelnen Zuständen starten. Die Summe von X0 liefert die Gesamtanzahl der Simulationen. Der Befehl simplot stellt die Ergebnisse dieser 100 Simulationen mithilfe
einer Heatmap graphisch dar (siehe Abb. 3.26).

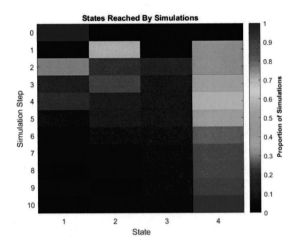

Abb. 3.26: Graphische Darstellung der Ergebnisse von 100 Simulationen mithilfe
           einer Heatmap

Die entsprechenden Codes für Mathematica sind im Folgenden zusammengefasst.
Die Zustände werden nach kommunizierenden Klassen automatisch farblich markiert. Der Befehl MarkovProcessProperties liefert tabelliert und zusam-
menfassend die wesentlichen Eigenschaften der Markoff-Kette, wie Klassen oder
Perioden.

```
v0:={1,0,0,0};
P:={{0,2/3,0,1/3},{1/2,1/4,1/4,0},{0,0,1/2,1/2},{0,0,0,1}};
mc1=DiscreteMarkovProcess[1,P]; (*1=Anfangszustand*)
Graph[mc1,EdgeLabels->{DirectedEdge[i_,j_]:>
    MarkovProcessProperties[mc1,"TransitionMatrix"][[i,j]]}]
MarkovProcessProperties[mc1]
Table[v0.MatrixPower[P,n],{n,0,10}] (*die ersten zehn
    Wahrscheinlichkeitsverteilungen ausgehend von v0*)
v0.Limit[MatrixPower[P,n],n->Infinity] (*stationaere Verteilung*)
ArrayPlot[Table[v0.MatrixPower[P,n],{n,0,10}],ColorFunction->"Rainbow"]
(*Darstellung der Verteilungen fuer die ersten zehn Schritte*)
simu=RandomFunction[mc1,{0,10}]
ListPlot[simu](*Simulation zehn Schritte*)
f[n_]:=f[n]=RandomFunction[mc1,{0,10}]
Table[ListPlot[f[n]],{n,1,100}](*100 Simulationen*)
```

Für die modifizierte Markoff-Kette in Bsp. 3.15 berechnen sich Absorptionswahrscheinlichkeiten und Erstrückkehrzeiten mit Mathematica so:

```
P:={{0,2/3,0,1/3},{1/2,1/4,1/4,0},{0,0,0,1},{0,0,0,1}};
mc2=DiscreteMarkovProcess[1,P]; (*1=Anfangszustand*)
PDF[mc2[Infinity],3](*Absorptionswahrscheinlichkeit in Zustand 3*)
PDF[mc2[Infinity],4](*Absorptionswahrscheinlichkeit in Zustand 4*)
Mean[FirstPassageTimeDistribution[mc2,{3,4}]]
(*erwartete Anzahl Schritte bis zur Absorption*)
```

Beispiel 3.28 (SIS-Modell). Die Markoff-Kette in Bsp. 3.26 kann wie folgt simuliert werden.

```
%Eingaben:
a=0.01; b=0.005; N=100; T=10000; I0=1;
%Simulation:
P=zeros(N+1,N+1);
v0=zeros(1,N+1);
v0(I0+1)=1;
P(1,1)=1;
P(N+1,N)=b*N;
P(N+1,N+1)=1-b*N;
for i=2:N
    lambdai=a*(N-i)/N*i;
    mui=b*(i-1);
    P(i,i-1)=mui;
    P(i,i)=1-lambdai-mui;
    P(i,i+1)=lambdai;
end
mc=dtmc(P);
X=simulate(mc,T,'X0',v0);
%Darstellung der Simulationsergebnisse:
plot(0:T,X,'k')
xlabel('n')
ylabel('I_n')
```

```
a=0.01;
b=0.005;
N0=100;
T=10000;
I0=2;
lambda[k_]:=a*(N0-k)/N0*k;
mu[k_]:=b*k;
m=SparseArray[{{1,1}->1,{N0+1,N0+1}->1-mu[N0],{N0+1,N0}->mu[N0],{i_,i_}/;
    1<i<N0+1->1-lambda[i-1]-mu[i-1],{i_,j_}/;
    i-j==1&&1<i<N0+1->mu[i-1],{i_,j_}/;
    i-j==-1&&1<i<N0+1->lambda[i-1]},{N0+1,N0+1}]
simu=RandomFunction[DiscreteMarkovProcess[I0,m],{0,T}]-1
    (*matrixbedingte Korrektur des Startwertes*)
ListLinePlot[simu,AxesLabel->{"n","I_n"}]
```

Ein Simulationsergebnis ist in Abb. 3.21 dargestellt. ◄

Auch ohne Verwendung der entsprechenden Befehle kann eine Markoff-Kette mit endlichem (nicht zu großem) Zustandsraum in MATLAB bzw. Mathematica implementiert werden, hier wieder dargestellt an Bsp. 3.3:

```
%Eingaben:
P=[0 2/3 0 1/3; 1/2 1/4 1/4 0; 0 0 1/2 1/2; 0 0 0 1];
```

```
v0=[1 0 0 0];
n=10;
%Simulation:
X=zeros(n,1);
X(1)=find(rand<=cumsum(v0),1,'first');
for i=1:n
    X(i+1)=find(rand<=cumsum(P(X(i),:)),1,'first');
end
%Darstellung der Simulationsergebnisse:
plot(0:n,X,'-o','Color','k','MarkerFaceColor','k')
yticks(1:4); xlabel('n'); ylabel('X_n');
```

In Mathematica kann man dafür die Which-Funktion verwenden. Hier wird in jedem Zustand eine Zufallszahl gezogen, sodass die in der Matrix gegebenen Übergangswahrscheinlichkeiten gelten.

```
v0={1,0,0,0};
P:={{0,2/3,0,1/3},{1/2,1/4,1/4,0},{0,0,1/2,1/2},{0,0,0,1}};
n=10;
(*Verwendung der Matrix-Eintraege:*)
X[0]:=1;  (*Startwert 1*)
X[n_]:=X[n]=
Which[X[n-1]==1,RandomChoice[{2/3,1/3}->{2,4}],
X[n-1]==2,RandomChoice[{1/2,1/4,1/4}->{1,2,3}],
X[n-1]==3,RandomChoice[{1/2,1/2}->{3,4}],X[n-1]==4,4]
ListPlot[Table[X[i],{i,0,n}],Ticks->{Automatic,{1,2,3,4}},
AxesLabel->{"i","X_i"}]
```

Denkanstoß

Experimentieren Sie mit verschiedenen Varianten von Quellcodes herum, programmieren Sie selbstständig mit MATLAB oder Mathematica verschiedene Markoff-Ketten auf unterschiedliche Arten!

3.1.6.1 Simulation des Random Walks

Markoff-Ketten mit unendlichem Zustandsraum können auf eine andere Weise simuliert werden. Wir betrachten die Vorgehensweise am Beispiels des Random Walks.

Beispiel 3.29 (Eindimensionaler Random Walk). Hier ist zunächst eine Möglichkeit, einen eindimensionalen Random Walk mit unendlichem Zustandsraum mit MATLAB zu simulieren (siehe Bsp. 3.1):

```
%Eingaben:
n=20;
%Simulation:
X=zeros(n+1,1);
Y=2*(rand(n,1)<=0.5)-1;
for i=1:n
    X(i+1)=X(i)+Y(i);
```

```
end
%Darstellung der Simulationsergebnisse:
plot(0:n,X,'-o','Color','k','MarkerFaceColor','k')
xlabel('n'); ylabel('X_n');
```

Eine weitere Möglichkeit mit Mathematica sieht so aus:

```
X[0]=0;
X[i_]:=X[i]=X[i-1]+(-1)^RandomInteger[{1,2}];
RW=Table[X[i],{i,0,20}]
ListPlot[RW,AxesLabel->{"i","X_i"},ColorFunction->"Blue"]
```

Alternativ kann man auch die vorinstallierte Funktion `RandomWalkProcess` verwenden:

```
n=20;
RW=RandomFunction[RandomWalkProcess[0.5],{0,n}]
ListPlot[RW,AxesLabel->{"i","X_i"},ColorFunction->"Blue"]
```

◀

Beispiel 3.30 (Zweidimensionaler Random Walk). Wir betrachten die Irrfahrt eines Teilchens auf einem zweidimensionalen Koordinatengitter, bestehend aus Punkten mit ganzzahligen Koordinaten, also auf der Punktmenge $\mathbb{Z}^2$ (Gitterweite 1). Die Irrfahrt beginnt im Punkt $(0|0)$. Das Teilchen bewegt sich in jedem Schritt unabhängig von allen vorhergehenden Schritten und mit gleicher Wahrscheinlichkeit $\frac{1}{4}$ nach links, rechts, oben oder unten. Die ersten 18 Schritte könnten z. B. aussehen wie in Abb. 3.27.

Wir wollen $n = 10\,000$ Schritte durchführen. Der Algorithmus sieht folgendermaßen aus:

1. Starte in $(0|0)$, Schritt $k = 0$.

2. Ziehe eine (Pseudo-)Zufallszahl aus der Menge $\{1; 2; 3; 4\}$.

3. Wenn 1, springe einen Schritt nach rechts, sonst wenn 2, springe einen Schritt nach links, sonst wenn 3, springe einen Schritt nach unten, sonst springe einen Schritt nach oben. Der erreichte Punkt ist der Startpunkt für den nächsten Schritt.

4. Gehe von Schritt k zu Schritt $k + 1$. Wenn $k = n$, stoppe den Prozess, sonst gehe zu 2.

In MATLAB bzw. Mathematica lässt sich dieser Algorithmus sehr leicht programmieren:

```
clf
n=10000;
p=[0 0];
for k=1:n
    Z=randi(4);
    if Z==1
```

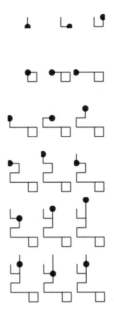

Abb. 3.27: 2D-Random Walk: Ein in (0|0) startendes Teilchen bewegt sich mit je-
weils Wahrscheinlichkeit 0.25 nach links, rechts, oben oder unten. Der
blaue Punkt gibt die aktuelle Position an.

```
        pneu=p+[1 0];
    elseif Z==2
        pneu=p+[-1 0];
    elseif Z==3
        pneu=p+[0 -1];
    else
        pneu=p+[0 1];
    end
    hold on
    plot([p(1) pneu(1)],[p(2) pneu(2)], "Color","black");
    drawnow;
    p=pneu;
end
hold off
```

```
r:=Switch[Random[Integer,{1,4}],1,{1,0},2,{-1,0},3,{0,-1},4,{0,1}]
randwalk[n_]:=NestList[#1+r&,{0,0},n]
Show[Graphics[Line[randwalk[10000]]],Axes->True,AspectRatio->Automatic]
```

Ein mögliches Ergebnis zeigt Abb. 3.28. Jeder neue Start des Programms liefert
einen neuen Random Walk. Das durchgeführte Verfahren liefert einen *symmetrischen Random Walk*, weil die Wahrscheinlichkeiten für die vier möglichen Richtungen gleich sind.

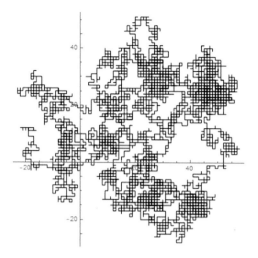

Abb. 3.28: Random Walk mit 10 000 Schritten

Arbeitsanweisung

Führen Sie das Programm mehrfach in MATLAB oder Mathematica aus und betrachten Sie die unterschiedlichen Simulationsergebnisse! Variieren Sie auch die Schrittanzahl n! Bearbeiten Sie anschließend Aufg.

Wir stellen uns vor, dass die Gitterweite verkleinert wird, betrachten also einen Random Walk auf der Punktmenge $(h\mathbb{Z})^2$ mit $h < 1$. Lässt man h gegen 0 streben, so wird die Struktur des Gitters nicht mehr wahrgenommen, und der Random Walk geht in eine kontinuierliche Bewegung über. Diese Bewegung ist ein gutes mathematisches Modell für die von dem schottischen Botaniker Robert Brown (1773–1858) im Jahre 1827 entdeckte irreguläre Wärmebewegung kleiner Pflanzenpollen in Wasser. Man spricht daher auch von einer *Brown'schen Bewegung* (siehe dazu die Überlegungen in Abschn. 3.3). Der in Abb. 3.28 dargestellte Random Walk liefert im Grenzübergang $h \to 0$ die sogenannte Spur eines Brown'schen Pfades.

Weitere Experimente lieferten Hinweise darauf, dass die Brown'sche Bewegung eine Folge der irregulären (und in diesem Sinne zufälligen) Bewegung der Wassermoleküle ist. Eine passende physikalische Theorie dazu stammt von Albert Einstein (1879–1955) aus dem Jahre 1905, der von der molekularen Theorie der Wärme ausging (siehe Einstein 1905).

Wir werden die Wichtigkeit der in diesem Beispiel vorgestellten Random Walks und die Sonderrolle des Grenzprozesses der Brown'schen Bewegung noch einmal im Rahmen der stochastischen Analysis herausstellen (siehe Kap. 9). ◄

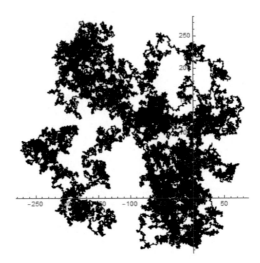

Abb. 3.29: Spur einer Brown'schen Bewegung in der Ebene ("Wasseroberfläche")

Die Simulationen weiterer Varianten des Random Walks werden in Abschn. 7.2 vorgestellt.

3.1.6.2 Simulation des Verzweigungsprozesses

In Abschn. 3.1.5 haben Sie spezielle Markoff-Ketten zur Modellierung von Populationsentwicklungen kennengelernt. Diese sogenannten *Verzweigungsprozesse* zeichnen sich durch folgende Eigenschaften aus:

- Jedes Individuum existiert nur in einen Zeitschritt.

- Jedes Individuum hat eine individuelle und von den anderen Individuen unabhängige Anzahl an Nachkommen in der n-ten Generation (das i-te Individuum habe Z_i Nachkommen), sodass die Summe $Z_1 + \ldots + Z_x$ die Populationsgröße in der n-ten Generation darstellt.

- Die Zufallsvariablen Z_i sind unabhängig und identisch verteilt und können nur Werte in $\mathbb{N}_0$ annehmen.

- Die Population startet mit einem Individuum.

Diese Eigenschaften wurden im folgenden Simulationscode in MATLAB bzw. Mathematica umgesetzt. Wir zeigen die Simulation anhand von Bsp. 3.27, bei dem ein Individuum null bis drei Nachkommen haben kann. Mit der Wahrscheinlichkeit $p_0 = \frac{1}{8}$ hat das Individuum keine Nachkommen, mit $p_1 = \frac{3}{8}$ einen, mit $p_2 = \frac{5}{16}$ zwei und mit $p_3 = \frac{3}{16}$ drei.

```
%Eingaben:
p=[1/8 3/8 5/16 3/16];
n=10;
%Simulation:
X=zeros(n+1);
X(1)=1;
for i=2:n+1
    for k=1:X(i-1)
        X(i)=X(i)+find(rand<=cumsum(p),1,'first')-1;
    end
end
%Darstellung der Simulationsergebnisse:
plot(0:n,X(:,1),'-o','Color','k','MarkerFaceColor','k')
xlabel('n'); ylabel('X_n');
```

```
n=10;
p={1/8,3/8,5/16,3/16};
s={0,1,2,3};
X[1]=1;
X[i_]:=X[i]=If[X[i-1]>0,Total[RandomChoice[p->s,X[i-1]]],0]
DiscretePlot[X[i],{i,0,n}]
```

Abb. 3.30 zeigt zwei mögliche Realisierungen des Verzweigungsprozesses in Bsp. 3.27.

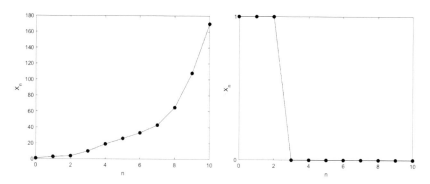

Abb. 3.30: Zwei mögliche Realisierungen des Verzweigungsprozesses in Bsp. 3.27 mit den Wahrscheinlichkeiten $p_0 = \frac{1}{8}$ für keine Nachkommen, $p_1 = \frac{3}{8}$ für einen, $p_2 = \frac{5}{16}$ für zwei und $p_3 = \frac{3}{16}$ für drei

---

Info-Box

Hier finden Sie MATLAB-Funktionen, um das Simulationsergebnis eines Verzweigungsprozesses als Baumdiagramm darzustellen (siehe Abb. 3.31).

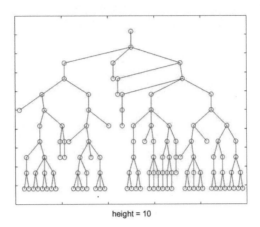

height = 10

Abb. 3.31: Eine mögliche Realisierungen des Verzweigungsprozesses in Bsp. 3.27 dargestellt als Baum-Diagramm

3.1.7 Aufgaben

Aufgabe 3.1. Ⓑ Erstellen Sie die zu dem Übergangsdiagramm in Abb. 3.32 gehörige stochastische Übergangsmatrix. Der Startvektor der Markoff-Kette sei

$$\vec{v}^{(0)} = \begin{pmatrix} 1 & 0 & 0 & 0 \end{pmatrix}.$$

Berechnen Sie jeweils die Verteilung nach drei, fünf und zehn Schritten sowie die stationäre Verteilung (Fixvektor).

Aufgabe 3.2. Ⓑ Gegeben sei eine Markoff-Kette mit drei Zuständen $\mathscr{Z} = \{1; 2; 3\}$ und der folgenden Übergangsmatrix

$$P = \begin{pmatrix} 0 & \frac{1}{3} & \frac{2}{3} \\ 0 & \frac{1}{4} & \frac{3}{4} \\ \frac{1}{2} & 0 & \frac{1}{2} \end{pmatrix}.$$

Es gilt $P(X_1 = 2) = P(X_1 = 3) = \frac{1}{4}$.

a) Zeichnen Sie das Übergangsdiagramm für diese Markoff-Kette.

b) Bestimmen Sie $P(X_1 = 1, X_2 = 3, X_3 = 2)$.

c) Bestimmen Sie $P(X_1 = 1, X_3 = 3)$.

d) Berechnen Sie $\vec{v}^{(1)}, \vec{v}^{(2)}$ und $\vec{v}^{(10)}$.

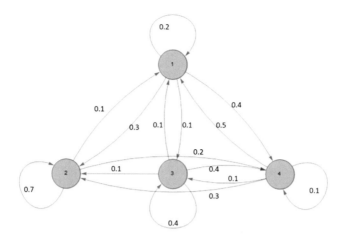

Abb. 3.32: Übergangsdiagramm zu Aufg. 3.1

e) Bestimmen Sie die stationäre Verteilung.

Aufgabe 3.3 (Stadtfahrräder). Ⓑ Im Bielefelder Westen gibt es vier Abstell-
stationen für sogenannte Stadtfahrräder: an der Universität, am Siegfriedplatz, am
Nordpark und an der Schüco-Arena. Die Stadtfahrräder können an diesen Stationen tagsüber ausgeliehen und wieder abgegeben werden. Dabei lässt sich beobachten, dass von den morgens an der Universität stehenden Rädern 50 % abends auch
wieder dort stehen, 30 % am Siegfriedplatz und jeweils 10 % am Nordpark und an
der Schüco-Arena. Von den morgens am Siegfriedplatz stehenden Rädern stehen
40 % abends an der Universität und jeweils 20 % an den anderen Stellplätzen. Von
den morgens am Nordpark stehenden Rädern stehen 20 % abends auch wieder dort,
30 % am Siegfriedplatz und jeweils 25 % an der Universität und an der Schüco-
Arena. Von den morgens an der Schüco-Arena stehenden Rädern stehen abends je
40 % an der Universität und am Siegfriedplatz, die restlichen am Nordpark.

a) Erstellen Sie eine Übergangsmatrix.

b) Zu Beginn am Tag null sollen jeweils 25 % der Stadtfahrräder an den vier
Stationen stehen. Wie verteilen sie sich nach drei Tagen bzw. einer Woche,
wenn das betreibende Unternehmen nicht eingreift?

c) Erläutern Sie, inwieweit die hier gemachten Annahmen zur Verteilung realistisch oder unrealistisch sind.

Aufgabe 3.4 (Probab-Consulting-Agentur). Zeigen Sie als Beispiel für die Gültigkeit der Chapman-Kolmogorow-Gleichung, dass für die stochastische Matrix P

in Bsp. 3.24 gilt

$$P^4 = P^2 \cdot P^2 = P \cdot P^3$$

und berechnen Sie so auf verschiedene Weisen die Verteilung nach vier Fahrzeug-
wechseln aller Kunden.

Aufgabe 3.5 (Ausbreitung einer Krankheit). Ⓑ In einem Ort mit 20 000 Einwoh-
nern bricht eine ansteckende Viruserkrankung aus. Innerhalb einer Woche infizieren
sich 25 % der gesunden Einwohner mit der Krankheit, 65 % sind von der Krankheit
wieder genesen und 5 % sterben an ihr. Die von der Krankheit wieder genesenen
Personen haben aufgrund erhöhter Abwehrkräfte nur noch eine 10 % Wahrscheinlichkeit, wieder an ihr zu erkranken.

Bearbeiten Sie die folgenden Aufgaben mithilfe von MATLAB oder Mathematica.

a) Bestimmen Sie die Übergangsmatrix P und erstellen Sie ein Übergangsdiagramm.

b) Berechnen Sie die Übergangsmatrix für einen Zeitraum von acht Wochen und
   ermitteln Sie damit, wie viel Prozent der anfangs gesunden Einwohner nach acht
   Wochen

   i) immer noch gesund sind,

   ii) krank sind,

   iii) verstorben sind.

c) Bestimmen Sie die Verteilung in dem Ort nach fünf Wochen, wenn zu Beginn
   alle Einwohner gesund sind.

d) Welche langfristige Entwicklung ist für den Ort zu erwarten?

e) Die medizinische Behandlung der Viruserkrankung hat sich verbessert, sodass
   niemand mehr an der Krankheit stirbt. Zudem sind innerhalb einer Woche 10 %
   mehr Personen wieder genesen.

   i) Bestimmen Sie die Übergangsmatrix Q für diesen neuen Sachverhalt und
      erstellen Sie ein Übergangsdiagramm.

   ii) Berechnen und interpretieren Sie die Eigenwerte und Eigenvektoren der Ma-
       trix Q.

   iii) Untersuchen Sie die langfristige Entwicklung der Krankheit, wenn diese un-
        ter den neuen Voraussetzungen in dem Ort mit 20 000 Einwohnern ausbricht.

Aufgabe 3.6. (V) Gegeben sei die Markoff-Kette in Abb. 3.33.

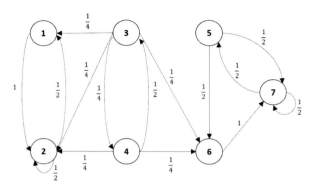

Abb. 3.33: Markoff-Kette zu Aufg. 3.6

a) Partitionieren Sie die Markoff-Kette in kommunizierende Klassen.

b) Entscheiden Sie jeweils, ob die Klassen rekurrent oder transient sind.

c) Berechnen Sie jeweils die Wahrscheinlichkeit, dass der Prozess ausgehend von $X_0 = 3$ in einer der absorbierenden Klassen endet.

d) Berechnen Sie die erwartete Zeit (=Anzahl Schritte), ausgehend von $X_0 = 3$, bis der Prozess in einer der absorbierenden Klassen endet.

Aufgabe 3.7. Berechnen Sie die Wahrscheinlichkeiten, dass die Markoff-Kette in Bsp. 3.15 ausgehend von $X_0 = i$, $i = 1, 2, 3, 4$ in Zustand 4 absorbiert wird, auf dem direkten Weg.

Aufgabe 3.8. Berechnen Sie die Wahrscheinlichkeiten, dass die Markoff-Kette in Bsp. 3.16, ausgehend von $X_0 = i (i = 1, 2, 3, 4)$, in Klasse K_2 absorbiert wird, auf dem direkten Weg.

Aufgabe 3.9. Bestimmen Sie für das in Bsp. 3.10 und 3.18 vorgestellte Spiel die Wahrscheinlichkeit, dass der Spieler ausgehend von $X_0 = 2$ das Spiel gewinnt. Berechnen Sie zudem die erwartete Spieldauer für diesen Ausgangszustand.

Aufgabe 3.10. Bestimmen Sie für die Markoff-Kette in Bsp. 3.19 (siehe Abb. 3.12) die erwartete Zeit (= Anzahl Schritte), die benötigt wird, um ausgehend von Zustand 2 wieder in diesen zurückzukehren.

Aufgabe 3.11. ⒷGegeben sei die Markoff-Kette in Abb. 3.34.

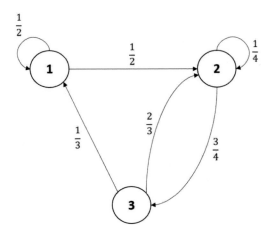

Abb. 3.34: Markoff-Kette in Aufg. 3.11

a) Ist die Markoff-Kette irreduzibel?

b) Ist die Markoff-Kette aperiodisch?

c) Bestimmen Sie die stationäre Verteilung der Markoff-Kette.

d) Bestimmen Sie die Grenzverteilung der Markoff-Kette.

Aufgabe 3.12. Ⓑ Besitzt die unendliche Markoff-Kette in Abb. 3.14 für $\frac{1}{2} \leq p < 1$ eine Grenzverteilung?

Aufgabe 3.13. Ⓑ Gegeben ist die Markoff-Kette in Abb. 3.35. Sei $0 < p < q$. Existiert eine Grenzverteilung?

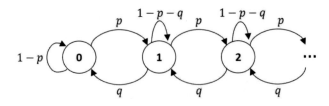

Abb. 3.35: Übergangsdiagramm zur Markoff-Kette in Aufg. 3.12

Aufgabe 3.14. Ⓥ Erzeugen Sie mit MATLAB oder Mathematica die Markoff-Kette in Abb. 3.34 und das dazugehörige Übergangsdiagramm. Führen Sie anschließend folgende Berechnungen mit MATLAB bzw. Mathematica aus:

a) Berechnen Sie die Verteilungen für die ersten zehn Schritte und stellen Sie diese graphisch dar.

b) Berechnen Sie die stationäre Verteilung.

c) Bestimmen Sie, ob die Kette reduzibel ist und bestimmen Sie ggf. die kommunizierenden Klassen.

d) Führen Sie eine Simulation der Kette durch und stellen Sie die Ergebnisse grafisch dar.

e) Führen Sie 100 Simulationen der Kette durch und stellen Sie die Ergebnisse grafisch dar.

Aufgabe 3.15. Ⓑ Berechnen Sie die Extinktionswahrscheinlichkeit eines Verzweigungsprozesses mit der Wahrscheinlichkeitsverteilung

$$p_0 = \frac{1}{6}, \ p_1 = \frac{1}{2}, \ p_2 = \frac{1}{6}, \ p_3 = p_4 = \frac{1}{12}.$$

Aufgabe 3.16. Ⓥ Auf einer fernen Insel lebt ein gesundes und gesegnetes Volk, für das Kindersterblichkeit ein Fremdwort ist. Es gilt aber eine strenge Regel, nach der jeder Mann exakt drei Kinder haben muss. Wie groß ist die Aussterbewahrscheinlichkeit der männlichen Linie, wenn Jungen- und Mädchengeburten gleichwahrscheinlich sind?

Aufgabe 3.17. Ⓑ In dem in Bsp. 3.30 vorgestellten Programm zur Simulation eines Random Walks sind alle vier möglichen Schritte (nach oben, unten, rechts und links) gleich wahrscheinlich, d. h., jeder dieser vier Schritte wird mit der Wahrscheinlichkeit $\frac{1}{4}$ ausgewählt. Ändern Sie das Programm, sodass Schritte nach oben und nach rechts mit einer Wahrscheinlichkeit von jeweils $\frac{1}{3}$ ausgeführt werden und Schritte nach unten und links mit einer Wahrscheinlichkeit von jeweils $\frac{1}{6}$. Führen Sie eine Simulation mit $n = 10\,000$ Schritten durch. Vergleichen Sie das Ergebnis mit dem aus Abb. 3.28. Was fällt Ihnen auf?

3.2 Zeitstetige Markoff-Ketten

3.2.1 Grundbegriffe und Beispiele

Eine zeitstetige Markoff-Kette ist ein Markoff-Prozess mit stetiger Zeit, $T = \mathbb{R}_+$, und diskretem Zustandsraum, $\mathscr{Z} \subseteq \mathbb{Z}$ (siehe Abb. 3.1). Die zeitdiskreten Markoff-Ketten, die in Abschn. 3.1 dargestellt wurden, haben zwar auch einen diskreten Zustandsraum, aber die Zeitentwicklung verlief dabei immer in diskreten Schritten. Eine zeitstetige Markoff-Kette verweilt hingegen eine gewisse Zeit in einem Zustand und springt dann in einen anderen Zustand. Die Verweildauer ist dabei eine stetig verteilte Zufallszahl.

Beispiel 3.31 (Zwei Zustände). Betrachten wir eine Markoff-Kette mit zwei Zuständen $\mathscr{Z} = \{1; 2\}$ (siehe Abb. 3.36).

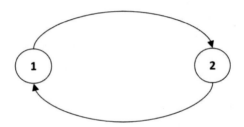

Abb. 3.36: Markoff-Kette mit zwei Zuständen

Sei $X(0) = 1$, dann verweilt der Prozess $X(t)$ eine zufällige Dauer D_1 in Zustand 1, und springt dann zum Zeitpunkt T_1 in den neuen Zustand 2. Auch im Zustand 2 verweilt der Prozess eine gewisse Dauer D_2 und springt dann zum Zeitpunkt T_2 wieder in den Zustand 1. Die Verweildauern $D_1, D_2, D_3, \ldots$ sind stetig verteilte Zufallszahlen. Es wird nachfolgend klar, dass hier nur die Exponentialverteilung verwendet werden kann. Eine mögliche Realisierung dieser zeitstetigen Markoff-Kette ist in Abb. 3.37 dargestellt.   ◀

Die *Markoff-Eigenschaft* (siehe Def. 3.4) kann im zeitstetigen Fall genauso gedeutet werden:

Die zukünftige Entwicklung einer zeitstetigen Markoff-Kette hängt nur vom gegenwärtigen Zustand ab, und nicht von den Zuständen in der Vergangenheit.

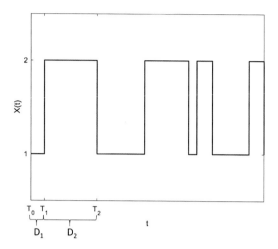

Abb. 3.37: Realisierung der zeitkontinuierlichen Markoff-Kette in Abb. 3.36

Definition 3.22. Ein zeitstetiger stochastischer Prozess $(X(t))_{t\geq 0}$ heißt *zeitstetige Markoff-Kette*, wenn für jede Menge $\{x_0;x_1;...;x_{n+1}\} \subset \mathscr{Z}$ gilt

$$P(X(t_{n+1}) = x_{n+1}|X(t_k) = x_k, \ k \in \{0;1;...;n\})$$
$$= P(X(t_{n+1}) = x_{n+1}|X(t_n) = x_n).$$

Die bedingten Wahrscheinlichkeiten

$$p_{ij}(s,t) = P(X(s+t) = x_j|X(s) = x_i) \quad (x_i,x_j \in \mathscr{Z})$$

für einen Übergang von Zustand x_i in den Zustand x_j nach t Zeiteinheiten, heißen *Übergangswahrscheinlichkeiten*. Hängen diese nur von der Dauer t des Übergangs ab, dann ist die zeitstetige Markoff-Kette *homogen* (vgl. Def. 3.4) und wir schreiben

$$p_{ij}(t) := P(X(t) = x_j|X(0) = x_i).$$

Wir werden im Folgenden nur homogene zeitstetige Markoff-Ketten betrachten. Die Übergangswahrscheinlichkeiten können in der *Übergangsmatrix* zusammengefasst werden

$$P(t) = (p_{ij}(t))_{x_i,x_j \in \mathscr{Z}},$$

wobei die Eigenschaften einer stochastischen Matrix in Def. 3.3 gelten.

Angenommen, eine Markoff-Kette befindet sich zum Zeitpunkt t_i im Zustand x_i, d. h., $X(t_i) = x_i$. Die Verweildauer D_i im Zustand x_i darf aufgrund der Markoff-

Eigenschaft nur vom gegenwärtigen Zustand abhängen, und nicht von der in diesem Zustand schon verbrachten Zeit. Mit anderen Worten: Die Wahrscheinlichkeit, dass die Verweildauer δ Zeiteinheiten überschreitet, ist immer gleich groß, unabhängig davon, wie viele Zeiteinheiten δ_a der Prozess vorher schon in Zustand x_i verbracht hat (siehe Abb. 3.38). Es muss also gelten:

$$P(D_i \geq \delta_a + \delta | D_i \geq \delta_a) = \frac{P(D_i \geq \delta_a + \delta)}{P(D_i \geq \delta_a)} = P(D_i \geq \delta), \quad \forall \delta \geq \delta_a.$$

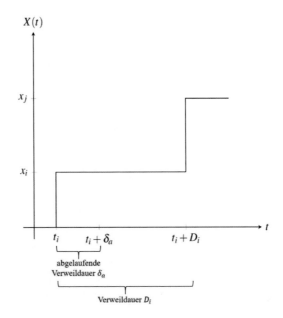

Abb. 3.38: Verweildauer im Zustand x_i

Die Verweildauer D_i ist gedächtnislos, d. h., sie „merkt" sich nicht, wie lange der Prozess schon im Zustand x_i verweilt. Die einzige stetige Verteilung mit dieser Eigenschaft ist die Exponentialverteilung (siehe Abschn. 2.3.2.3 und Imkamp und Proß 2021, Abschn. 6.3.3). Folglich ist die Verweildauer D_i im Zustand x_i eine exponentialverteilte Zufallsvariable $D_i = \text{EXP}(\lambda_i)$ mit der Wahrscheinlichkeitsdichte

$$f(t) = \begin{cases} \lambda_i e^{-\lambda_i t}, & t \geq 0 \\ 0, & t < 0 \end{cases},$$

der Verteilungsfunktion

$$F(t) = \begin{cases} 1 - e^{-\lambda_i t}, & t \geq 0 \\ 0, & t < 0 \end{cases},$$

und dem Erwartungswert

$$E(D_i) = \frac{1}{\lambda_i}.$$

Hierbei ist $\lambda_i > 0$ der charakteristische Parameter der Exponentialverteilung, und der Erwartungswert $\frac{1}{\lambda_i}$ ist die durchschnittliche Verweildauer im Zustand x_i.

Der Vektor $\vec{v}(t)$ gibt die *Zustandsverteilung* zum Zeitpunkt t an mit

$$v_i(t) = P(X(t) = x_i)$$

als Wahrscheinlichkeit für Zustand x_i zur Zeit t. Der Vektor $\vec{v}(0)$ stellt die *Anfangsverteilung* dar. Mithilfe der Anfangsverteilung und der Übergangsmatrix kann die Verteilung zum Zeitpunkt t berechnet werden:

$$\vec{v}(t) = \vec{v}(0) \cdot P(t).$$

Nun stellt sich die Frage, wie $P(t)$ berechnet wird. Im diskreten Fall wurde die Übergangsmatrix P entsprechend potenziert (siehe Bsp. 3.3). Jetzt müssen wir für die Elemente der Matrix $P(t)$ Funktionen in Abhängigkeit von t ermitteln. Wir geben dazu zunächst ein Beispiel.

Beispiel 3.32 (Zwei Zustände). Wir betrachten wieder die Markoff-Kette aus Bsp. 3.31 mit dem Zustandsraum $\mathscr{X} = \{1; 2\}$, und wählen $\lambda_1 = \lambda_2 = \lambda = 1$. Somit ergibt sich eine durchschnittliche Verweildauer für beide Zustände von $\frac{1}{\lambda} = 1$, also eine Zeiteinheit.

Wir wollen die Übergangsmatrix $P(t)$ für diesen Prozess ermitteln und beginnen mit den Matrixelement $p_{11}(t) = P(X(t) = 1 | X(0) = 1)$, also der Wahrscheinlichkeit, dass sich der Prozess nach t Zeiteinheiten im Zustand 1 befindet, wenn er sich zum Zeitpunkt 0 auch in diesem Zustand befunden hat. Das kann nur der Fall sein, wenn es im Zeitintervall $[0; t]$ eine gerade Anzahl von Zustandswechseln gab, z. B. $1 \to 2 \to 1 \to 2 \to 1$, also vier Zustandswechsel. Die Zufallsvariable

$$Y = \textit{Anzahl der Zustandswechsel im Zeitintervall } [0; t]$$

ist Poisson-verteilt mit dem Parameter $\lambda t = t$, da $\lambda = 1$. Somit gilt

$$
\begin{aligned}
p_{11}(t) &= P(X(t) = 1 | X(0) = 1) \\
&= P(Y \text{ ist gerade}) \\
&= \sum_{k=0}^{\infty} e^{-\lambda t} \frac{(\lambda t)^{2k}}{(2k)!} = e^{-t} \sum_{k=0}^{\infty} \frac{t^{2k}}{(2k)!} \\
&= e^{-t} \left[\frac{e^t + e^{-t}}{2} \right] = \frac{1 + e^{-2t}}{2}.
\end{aligned}
$$

Hierbei wurde die Potenzreihe von $\cosh(t) := \frac{e^t + e^{-t}}{2}$ verwendet. Es gilt

$$\cosh(t) = \sum_{k=0}^{\infty} \frac{t^{2k}}{(2k)!}.$$

Wegen $p_{11}(t) + p_{12}(t) = 1$ ergibt sich

$$p_{12}(t) = P(X(t) = 2 | X(0) = 1) = 1 - \frac{1 + e^{-2t}}{2} = \frac{1 - e^{-2t}}{2}.$$

Aus Symmetriegründen gilt

$$p_{22}(t) = P(X(t) = 2 | X(0) = 2) = \frac{1 + e^{-2t}}{2}$$

$$p_{21}(t) = P(X(t) = 1 | X(0) = 2) = \frac{1 - e^{-2t}}{2}.$$

Die Übergangsmatrix für die Markoff-Kette lautet demnach

$$P(t) = \begin{pmatrix} \frac{1 + e^{-2t}}{2} & \frac{1 - e^{-2t}}{2} \\ \frac{1 - e^{-2t}}{2} & \frac{1 + e^{-2t}}{2} \end{pmatrix}.$$

Wenn der Prozess sich zu Beginn in Zustand 1 befindet, also $\vec{v}(0) = \begin{pmatrix} 1 & 0 \end{pmatrix}$ gilt, erhalten wir für $t = 2$ folgende Verteilung

$$\vec{v}(2) = \vec{v}(0) \cdot P(2) \approx \begin{pmatrix} 0.5092 & 0.4908 \end{pmatrix},$$

und für $t = 10$ ergibt sich

$$\vec{v}(10) = \vec{v}(0) \cdot P(10) \approx \begin{pmatrix} 0.5000 & 0.5000 \end{pmatrix}.$$

Diese Werte kann man mit MATLAB bzw. Mathematica berechnen

```
syms t
v0=[1 0];
P(t)=[(1+exp(-2*t))/2 (1-exp(-2*t))/2; (1-exp(-2*t))/2 (1+exp(-2*t))/2];
v=eval(v0*P(2))
v=eval(v0*P(10))
```

```
P[t_]:={{(1+E^(-2t))/2,(1-E^(-2t))/2},{(1-E^(-2t))/2, (1+E^(-2t))/2}}
v0:={1,0}
v0.P[2]//N (*numerische Werte*)
v0.P[10]//N (*numerische Werte*)
```

Betrachten wir den Grenzfall für $t \to \infty$. Wir erhalten die *Grenzmatrix* (vgl. Def. 3.6)

$$P^{\infty} = \lim_{t \to \infty} P(t) = \begin{pmatrix} \frac{1}{2} & \frac{1}{2} \\ \frac{1}{2} & \frac{1}{2} \end{pmatrix}.$$

Das bedeutet: Egal, in welchem Zustand sich unsere Markoff-Kette zum Zeitpunkt 0 befindet, beträgt die Wahrscheinlichkeit, auf lange in Sicht Zustand 1 bzw. 2 zu landen, jeweils $\frac{1}{2}$:

$$\lim_{t\to\infty} p_{i1}(t) = \lim_{t\to\infty} P(X(t) = 1 \mid X(0) = i) = \frac{1}{2}$$

$$\lim_{t\to\infty} p_{i2}(t) = \lim_{t\to\infty} P(X(t) = 2 \mid X(0) = i) = \frac{1}{2}, \quad i \in \{1; 2\}.$$

Als *Grenzverteilung* (vgl. Def. 3.1) ergibt sich somit

$$\vec{v}^{(\infty)} = \lim_{t\to\infty} \vec{v}(t) = \lim_{t\to\infty} \vec{v}(0)P(t) = \vec{v}(0) \lim_{t\to\infty} P(t)$$

$$= \begin{pmatrix} a & 1-a \end{pmatrix} \begin{pmatrix} \frac{1}{2} & \frac{1}{2} \\ \frac{1}{2} & \frac{1}{2} \end{pmatrix} = \begin{pmatrix} \frac{1}{2} & \frac{1}{2} \end{pmatrix}$$

unabhängig von der Anfangsverteilung. Die Grenzverteilung ist auch *stationär* (vgl. Def. 3.8). ◀

Dieses einfache Beispiel hat deutlich gemacht, dass es in der Regel schwierig werden kann, die Matrix $P(t)$ zu ermitteln. Wie gehen wir allgemein vor?

Für die folgenden Betrachtungen wird die Gültigkeit von

$$p_{ii}(0) = \lim_{t\to 0^+} p_{ii}(t) = 1 \quad \forall i \in \mathscr{Z}$$

vorausgesetzt. Daraus folgt aufgrund von Def. 3.3

$$p_{ij}(0) = \lim_{t\to 0^+} p_{ij}(t) = 0 \quad \forall i, j \in \mathscr{Z}, \ i \neq j.$$

Auch die *Chapman-Kolmogorow-Gleichung* kann man analog zu Satz 3.3 formulieren.

Satz 3.8. Chapman-Kolmogorow-Gleichung. Sei $(X(t))_{t \geq 0}$ eine homogene zeitstetige Markoff-Kette mit Zustandsraum $\mathscr{Z}$ und den Übergangswahrscheinlichkeiten $p_{ij}(t)$. Dann gilt die *Chapman-Kolmogorow-Gleichung*

$$p_{ij}(t + \tau) = \sum_{k \in \mathscr{Z}} p_{ik}(t) p_{kj}(\tau).$$

Bemerkung 3.3. Die Chapman-Kolmogorow-Gleichung kann auch in Matrizenschreibweise formuliert werden. Es gilt

$$P(t + \tau) = P(t) \cdot P(\tau).$$

Beweis. Es gilt

$$p_{ij}(t+\tau) = P(X(t+\tau)=j|X(0)=i)$$

$$\text{(Satz von der totalen Wahrscheinlichkeit)}$$

$$= \sum_{k\in\mathscr{Z}} P(X(t+\tau)=j, X(t)=k|X(0)=i)$$

$$\text{(Regeln für bedingte Wahrscheinlichkeiten)}$$

$$= \sum_{k\in\mathscr{Z}} P(X(t)=k|X(0)=i)\cdot P(X(t+\tau)=j|X(0)=i, X(t)=k)$$

$$= \sum_{k\in\mathscr{Z}} p_{ik}(t)\cdot P(X(t+\tau)=j|X(t)=k) \qquad \text{(Markoff-Eigenschaft)}$$

$$= \sum_{k\in\mathscr{Z}} p_{ik}(t)\cdot P(X(\tau)=j|X(0)=k) \qquad \text{(Homogenität)}$$

$$= \sum_{k\in\mathscr{Z}} p_{ik}(t)p_{kj}(\tau). \qquad\qquad\qquad\qquad \square$$

Beispiel 3.33 (Zwei Zustände). Für die homogene zeitstetige Markoff-Kette in Bsp. 3.32 mit der Übergangsmatrix

$$P(t) = \begin{pmatrix} \frac{1+e^{-2t}}{2} & \frac{1-e^{-2t}}{2} \\ \frac{1-e^{-2t}}{2} & \frac{1+e^{-2t}}{2} \end{pmatrix}$$

erhalten wir mit der Chapman-Kolmogorow-Gleichung

$$P(t+\tau) = P(t)\cdot P(\tau)$$

$$= \begin{pmatrix} \frac{1+e^{-2t}}{2} & \frac{1-e^{-2t}}{2} \\ \frac{1-e^{-2t}}{2} & \frac{1+e^{-2t}}{2} \end{pmatrix} \cdot \begin{pmatrix} \frac{1+e^{-2\tau}}{2} & \frac{1-e^{-2\tau}}{2} \\ \frac{1-e^{-2\tau}}{2} & \frac{1+e^{-2\tau}}{2} \end{pmatrix}$$

$$= \begin{pmatrix} \frac{1+e^{-2(t+\tau)}}{2} & \frac{1-e^{-2(t+\tau)}}{2} \\ \frac{1-e^{-2(t-\tau)}}{2} & \frac{1+e^{-2(t-\tau)}}{2} \end{pmatrix}. \qquad\blacktriangleleft$$

Beispiel 3.34. Auch im zeitstetigen Fall kann man mithilfe der Chapman-Kolmogorow-Gleichung zeigen, dass ein stochastischer Prozess mit gegebener Übergangsmatrix *keine* Markoff-Kette ist (vgl. Bsp. 3.11).

Gegeben sei ein stochastischer Prozess $(X(t))_{t\geq 0}$ mit $\mathscr{Z} = \{0;1\}$ und der Übergangsmatrix

$$P(t) = \begin{pmatrix} \frac{1}{t+1} & \frac{t}{t+1} \\ \frac{t}{t+1} & \frac{1}{t+1} \end{pmatrix}.$$

Kann es sich hierbei um eine homogene Markoff-Kette handeln? Falls ja, dann muss die Chapman-Kolmogorow-Gleichung gelten. Es gilt

$$P(t+\tau) = \begin{pmatrix} \frac{1}{t+\tau+1} & \frac{t+\tau}{t+\tau+1} \\ \frac{t+\tau}{t+\tau+1} & \frac{1}{t+\tau+1} \end{pmatrix},$$

aber

$$P(t) \cdot P(\tau) = \begin{pmatrix} \frac{1}{t+1} & \frac{t}{t+1} \\ \frac{t}{t+1} & \frac{1}{t+1} \end{pmatrix} \cdot \begin{pmatrix} \frac{1}{\tau+1} & \frac{\tau}{\tau+1} \\ \frac{\tau}{\tau+1} & \frac{1}{\tau+1} \end{pmatrix}$$

$$= \begin{pmatrix} \frac{t\tau+1}{(t+1)(\tau+1)} & \frac{t+\tau}{(t+1)(\tau+1)} \\ \frac{t+\tau}{(t+1)(\tau+1)} & \frac{t\tau+1}{(t+1)(\tau+1)} \end{pmatrix}.$$

Somit gilt die Chapman-Kolmogorow-Gleichung nicht. Der betrachtete stochastische Prozess kann **keine** Markoff-Kette sein.   ◄

Des Weiteren führen wir *Übergangsraten* (Übergangswahrscheinlichkeiten pro Zeit) ein. Für die *unbedingte Übergangsrate*, von einem Zustand i in irgendeinen anderen Zustand überzugehen, gilt

$$q_{ii} = \lim_{h \to 0} \frac{1 - p_{ii}(h)}{h}$$

und für die *bedingte Übergangsrate*, von einem Zustand i in einen anderen Zustand j überzugehen, ergibt sich

$$q_{ij} = \lim_{h \to 0} \frac{p_{ij}(h)}{h}, \qquad i \neq j.$$

Zudem gilt

$$\sum_{j \in \mathscr{Z}, i \neq j} q_{ij} = q_{ii}.$$

Für die Ableitungen der Übergangswahrscheinlichkeiten zum Zeitpunkt $t = 0$ ergibt sich damit

$$\dot{p}_{ii}(0) = \frac{dp_{ii}(t)}{dt}\bigg|_{t=0} = \lim_{h \to 0} \frac{p_{ii}(h) - p_{ii}(0)}{h} = \lim_{h \to 0} \frac{p_{ii}(h) - 1}{h}$$

$$= -\lim_{h \to 0} \frac{1 - p_{ii}(h)}{h} = -q_{ii}$$

$$\dot{p}_{ij}(0) = \frac{dp_{ij}(t)}{dt}\bigg|_{t=0} = \lim_{h \to 0} \frac{p_{ij}(h) - p_{ij}(0)}{h} = \lim_{h \to 0} \frac{p_{ij}(h) - 0}{h}$$

$$= \lim_{h \to 0} \frac{p_{ij}(h)}{h} = q_{ij}.$$

Hierbei wurde die Differenzierbarkeit der Übergangswahrscheinlichkeiten vorausgesetzt. Einen Beweis finden Sie z. B. in Beichelt 1997, Abschn. 6.2.

Ausgehend von der Chapman-Kolmogorow-Gleichung

$$p_{ij}(t+h) = \sum_{k \in \mathscr{Z}} p_{ik}(t)p_{kj}(h)$$

leiten wir ein Differentialgleichungssystem her, dessen Lösung unsere gesuchte Übergangsmatrix $P(t)$ ist. Es gilt

$$\frac{p_{ij}(t+h) - p_{ij}(t)}{h} = \sum_{k \in \mathscr{Z}} \frac{p_{ik}(t)p_{kj}(h)}{h} - \frac{p_{ij}(t)}{h}$$

$$= \sum_{k \in \mathscr{Z}, k \neq j} \frac{p_{ik}(t)p_{kj}(h)}{h} - \frac{p_{ij}(t) - p_{ij}(t)p_{jj}(h)}{h}$$

$$= \sum_{k \in \mathscr{Z}, k \neq j} p_{ik}(t)\frac{p_{kj}(h)}{h} - p_{ij}(t)\frac{1 - p_{jj}(h)}{h}.$$

Für den Grenzwert $h \to 0$ erhalten wir

$$\lim_{h \to 0} \frac{p_{ij}(t+h) - p_{ij}(t)}{h} = \sum_{k \in \mathscr{Z}, k \neq j} p_{ik}(t) \lim_{h \to 0} \frac{p_{kj}(h)}{h} - p_{ij}(t) \lim_{h \to 0} \frac{1 - p_{jj}(h)}{h}$$

$$\dot{p}_{ij}(t) = \sum_{k \in \mathscr{Z}, k \neq j} p_{ik}(t)q_{kj} - p_{ij}(t)q_{jj}.$$

Um die Übergangswahrscheinlichkeiten zur Zeit t zu erhalten, muss also ein System von gewöhnlichen Differentialgleichungen gelöst werden (siehe z. B. Imkamp und Proß 2019, Kap. 4 und Heuser 2009, Kap. VII)! Zur Erinnerung: Im diskreten Fall mussten wir die Matrix P „nur" potenzieren.

Wir können das Differentialgleichungssystem auch mithilfe von Matrizen darstellen

$$\dot{P}(t) = P(t) \cdot B$$

mit

$$b_{ij} = \begin{cases} -q_{ii}, & i = j \\ q_{ij}, & i \neq j \end{cases}.$$

Wir nennen die Matrix B *Ratenmatrix*. Für die Zustandsverteilung

$$\vec{v}(t) = \vec{v}(0) \cdot P(t)$$

ergibt sich damit

$$\dot{\vec{v}}(t) = \vec{v}(0) \cdot \dot{P}(t) = \underbrace{\vec{v}(0) \cdot P(t)}_{=\vec{v}(t)} \cdot B = \vec{v}(t) \cdot B.$$

Die Zustandsverteilung kann somit nur unter Kenntnis der Übergangsraten mithilfe eines Differentialgleichungssystems bestimmt werden. Die Übergangswahrscheinlichkeiten brauchen also nicht ermittelt zu werden.

Die *Grenzverteilung* (vgl. Def. 3.5) beschreibt das Langzeitverhalten unseres betrachteten Systems. Es gilt

$$\vec{v}^{(\infty)} = \lim_{t \to \infty} \vec{v}(t) = \vec{v}(0) \lim_{t \to \infty} P(t),$$

falls die Grenzmatrix existiert. Die Grenzverteilung kann wie folgt aus den Übergangsraten berechnet werden

$$\lim_{t \to \infty} \dot{\vec{v}}(t) = \underbrace{\lim_{t \to \infty} \vec{v}(t)}_{=\vec{v}^{(\infty)}} \cdot B = \vec{v}^{(\infty)} \cdot B = \vec{0}.$$

Somit erhalten wir die Grenzverteilung durch Lösung des folgenden linearen Gleichungssystems

$$\vec{v}^{(\infty)} \cdot B = \vec{0}.$$

Dieses Gleichungssystem hat unendlich viele Lösungen. Durch Berücksichtigung der Nebenbedingung

$$\sum_{i=1}^{s} v_i^{(\infty)} = 1$$

erhalten wir unsere gesuchte Lösung. Hierbei gibt s die Anzahl der verschiedenen Zustände der zeitstetigen Markoff-Kette an.

Beispiel 3.35 (Zwei Zustände). Wir betrachten wieder die Markoff-Kette in Abb. 3.36 mit dem Zustandsraum $\mathscr{Z} = \{1; 2\}$ und $\lambda_1 = \lambda_2 = \lambda = 1$. Man erhält das sogenannte *Übergangsratendiagramm*, wenn man an den Kanten die Übergangsraten $q_{ij} > 0$ abträgt (siehe Abb. 3.39).

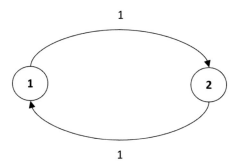

Abb. 3.39: Übergangsratendiagramm

Es ergibt sich die Ratenmatrix

$$B = \begin{pmatrix} -\lambda & \lambda \\ \lambda & -\lambda \end{pmatrix} = \begin{pmatrix} -1 & 1 \\ 1 & -1 \end{pmatrix}.$$

Durch Lösung des linearen Gleichungssystems

$$\vec{v}^{(\infty)} \cdot B = \vec{0}$$

mit der Nebenbedingung

$$v_1^{(\infty)} + v_2^{(\infty)} = 1$$

erhalten wir

$$\vec{v}^{(\infty)} = \begin{pmatrix} \frac{1}{2} & \frac{1}{2} \end{pmatrix}$$

als stationäre Verteilung. Wir können das lineare Gleichungssystem auch mit MAT-LAB oder Mathematica lösen:

```
B=[-1 sym(1); 1 -1]';
Bs=[B; 1 1];
c=[0; 0; 1];
vinf=linsolve(Bs,c)
```

```
v={x,y}
B={{-1,1},{1,-1}};
Solve[{v.B1=={0,0},x+y==1},{x,y}]
```

Beachten Sie, dass in MATLAB der Befehl linsolve(A,c) das Gleichungssystem $Ax = c$ löst. Die Ratenmatrix muss hier also erst transponiert und anschließend um die Nebenbedingung ergänzt werden.

Den Prozess können wir in MATLAB wie folgt simulieren. Ein mögliches Simulationsergebnis für 50 ZE und die Anfangsverteilung $\vec{v}^{(0)} = \begin{pmatrix} 1 & 0 \end{pmatrix}$ ist in Abb. 3.40 dargestellt.

```
T=50; x0=1; lambda=1; x(1)=1; t(1)=0; n=2;
t(n)=t(n-1)+exprnd(lambda);
while t(end)<=T
    x(n)=2-mod(n,2);
    t(n+1)=t(n)+exprnd(lambda);
    n=n+1;
end
stairs(t(1:end-1),x,'LineWidth',1,'Color','k')
```

Eine entsprechende Mathematica-Simulation über $n = 50$ Schritte kann z. B. so aussehen:

```
lambda=1;
x[0]=1;
x[n_]:=2-Mod[n,2]
t[1]=0;
t[n_]:=t[n]=t[n-1]+RandomVariate[ExponentialDistribution[lambda],1]
n=1;
While[n<=50,Print[{t[n],x[n]}];n++](*Datenliste*)
listt=Flatten[Table[t[n],{n,1,50}]];
```

```
listx=Flatten[Table[x[n],{n,1,50}]];
listtx=Table[{listt[[k]],listx[[k]]},{k,1,Length[listt]}];
                              (*Liste der Datenpaare*)
ListStepPlot[listtx,AxesLabel->{"t","X(t)"}]
```

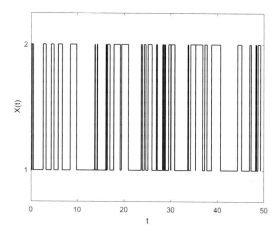

Abb. 3.40: Ein mögliches Simulationsergebnis der Markoff-Kette in Bsp. 3.35

Mit dem Befehl `exprnd` in MATLAB bzw. `ExponentialDistribution` in Mathematica wird eine exponentialverteilte Zufallsvariable erzeugt.   ◄

Beispiel 3.36. Wir betrachten die zeitstetige Markoff-Kette $X(t)$ mit dem in Abb. 3.41 dargestellten Übergangsratendiagramm und wollen die Grenzverteilung bestimmen.

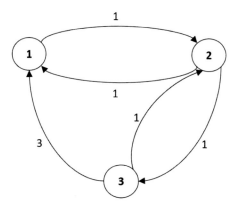

Abb. 3.41: Übergangsratendiagramm zur Markoff-Kette in Bsp. 3.36

Wir stellen zunächst die Ratenmatrix auf:

$$B = \begin{pmatrix} -1 & 1 & 0 \\ 1 & -2 & 1 \\ 3 & 1 & -4 \end{pmatrix}$$

und bestimmen durch Lösung des linearen Gleichungssystems

$$\vec{v}^{(\infty)} \cdot B = \vec{0}$$

mit der Nebenbedingung

$$v_1^{(\infty)} + v_2^{(\infty)} + v_3^{(\infty)} = 1$$

die Grenzverteilung. Wir erhalten

$$\vec{v}^{(\infty)} = \left(\tfrac{7}{12} \quad \tfrac{1}{3} \quad \tfrac{1}{12} \right).$$

Wir können das lineare Gleichungssystem auch mit MATLAB oder Mathematica lösen (siehe Bsp. 3.35).

Wenn ein Übergang stattfindet, dann verhält sich die zeitstetige Markoff-Kette wie eine zeitdiskrete Markoff-Ketten mit der Übergangsmatrix

$$R = \begin{pmatrix} 0 & 1 & 0 \\ \tfrac{1}{2} & 0 & \tfrac{1}{2} \\ \tfrac{3}{4} & \tfrac{1}{4} & 0 \end{pmatrix}.$$

Es gilt

$$r_{ij} = \begin{cases} 0, & i = j \\ \tfrac{q_{ij}}{q_{ii}}, & i \neq j \end{cases}.$$

Die Zeit, die die Markoff-Kette in einem Zustand bleibt, nennen wir *Verweildauer*. Die Verweildauern sind jeweils exponentialverteilte Zufallsvariablen. Hier gilt:

$$D_1 = \text{EXP}(1), \; D_2 = \text{EXP}(2), \; D_3 = \text{EXP}(4),$$

d. h. $D_i = \text{EXP}(q_{ii})$.   ◄

3.2.2 Geburts- und Todesprozesse

Wichtige Spezialfälle zeitstetiger Markoff-Ketten sind die *Geburts- und Todesprozesse*, die insbesondere bei der Modellierung von Populationen eine wichtige Rolle spielen. Hierbei sind nur Übergänge zu den direkten Nachbarzuständen möglich. Es gilt

$$q_{i,i+1} = \lambda_i \geq 0$$
$$q_{i,i-1} = \mu_i \geq 0$$
$$q_{i,j} = 0 \qquad \forall i,j : |i-j| > 1.$$

Man bezeichnet λ_i als *Geburtsrate* und μ_i als *Todesrate*.

Der Zustandsraum kann dabei endlich, ($\mathscr{Z} = \{0; 1; 2; \ldots; n\}$) oder auch (abzählbar) unendlich ($\mathscr{Z} = \mathbb{N}_0$) sein. Wir wollen uns an dieser Stelle auf endliche Zustandsräume beschränken und verweisen für die Betrachtung von unendlichen Zustandsräumen auf Kiencke 2006, Abschn. 4.3.8 und Beichelt 1997, Abschn. 6.6.

Das Übergangsratendiagramm für $\mathscr{Z} = \{0; 1; 2; \ldots; n\}$ ist in Abb. 3.42 dargestellt.

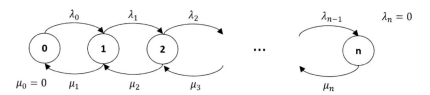

Abb. 3.42: Übergangsratendiagramm eines Geburts- und Todesprozesses mit endlichem Zustandsraum

Als Ratenmatrix ergibt sich

$$B = \begin{pmatrix} -\lambda_0 & \lambda_0 & 0 & \ldots & & & 0 \\ \mu_1 & -(\lambda_1+\mu_1) & \lambda_1 & 0 & \ldots & & 0 \\ 0 & \mu_2 & -(\lambda_2+\mu_2) & \lambda_2 & 0 & \ldots & 0 \\ \vdots & & & & & & \vdots \\ 0 & \ldots & & & \mu_{n-1} & -(\lambda_{n-1}+\mu_{n-1}) & \lambda_{n-1} \\ 0 & \ldots & & & 0 & \mu_n & -\mu_n \end{pmatrix}.$$

Durch Lösen des linearen Gleichungssystems

$$\vec{v}^{(\infty)} \cdot B = \vec{0}$$

kann die stationäre Verteilung ermittelt werden. Hierbei ergibt sich aus der ersten Gleichung

$$-\lambda_0 v_0^{(\infty)} + \mu_1 v_1^{(\infty)} = 0 \quad \Leftrightarrow \quad \lambda_0 v_0^{(\infty)} = \mu_1 v_1^{(\infty)},$$

aus der zweiten

$$\lambda_0 v_0^{(\infty)} - (\lambda_1+\mu_1) v_1^{(\infty)} + \mu_2 v_2^{(\infty)} = 0$$

$$\Leftrightarrow \lambda_1 v_1^{(\infty)} = \underbrace{\lambda_0 v_0^{(\infty)}}_{\mu_1 v_1^{(\infty)}} - \mu_1 v_1^{(\infty)} + \mu_2 v_2^{(\infty)} = \mu_2 v_2^{(\infty)},$$

usw. Allgemein gilt folgender Zusammenhang zwischen zwei benachbarten Zuständen:

$$\lambda_i v_i^{(\infty)} = \mu_{i+1} v_{i+1}^{(\infty)}.$$

Damit können wir die stationären Zustände in Abhängigkeit von $v_0^{(\infty)}$ angeben:

$$v_1^{(\infty)} = \frac{\lambda_0}{\mu_1} v_0^{(\infty)}$$

$$v_2^{(\infty)} = \frac{\lambda_1}{\mu_2} v_1^{(\infty)} = \frac{\lambda_1}{\mu_2} \frac{\lambda_0}{\mu_1} v_0^{(\infty)}$$

$$\vdots$$

$$v_i^{(\infty)} = \frac{\lambda_{i-1} \lambda_{i-2} \ldots \lambda_0}{\mu_i \mu_{i-1} \ldots \mu_1} v_0^{(\infty)}$$

$$\vdots$$

$$v_n^{(\infty)} = \frac{\lambda_{n-1} \lambda_{n-2} \ldots \lambda_0}{\mu_n \mu_{n-1} \ldots \mu_1} v_0^{(\infty)}.$$

Die Normierungsbedingung $\sum_{i=0}^{n} v_i^{(\infty)} = 1$ liefert

$$\sum_{i=0}^{n} v_i^{(\infty)} = v_0^{(\infty)} + \sum_{i=1}^{n} \frac{\lambda_{i-1} \lambda_{i-2} \ldots \lambda_0}{\mu_i \mu_{i-1} \ldots \mu_1} v_0^{(\infty)} = 1$$

$$v_0^{(\infty)} = \frac{1}{1 + \sum_{i=1}^{n} \frac{\lambda_{i-1} \lambda_{i-2} \ldots \lambda_0}{\mu_i \mu_{i-1} \ldots \mu_1}}.$$

An dieser Stelle wird ersichtlich, dass die stationäre Verteilung für unendliche Zustandsräume, d. h., $n = \infty$ nur existiert, wenn die Reihe $\sum_{i=1}^{n} \frac{\lambda_{i-1} \lambda_{i-2} \ldots \lambda_0}{\mu_i \mu_{i-1} \ldots \mu_1}$ konvergiert (siehe Kiencke 2006, Abschn. 4.3.8). Für endliche Zustandsräume existiert die stationäre Verteilung dagegen immer.

Beispiel 3.37 (Maschinen-Reparatur-Problem). Beim Maschinen-Reparatur-Problem wird von folgendem Sachverhalt ausgegangen: Für n Maschinen stehen $k < n$ Mechaniker zur Verfügung, die die Maschinen bei einem Ausfall reparieren. Falls ein Mechaniker frei ist, wird die Maschine sofort repariert. Sind hingegen alle Mechaniker beschäftigt, muss die Reparatur zurückgestellt werden, bis einer der Mechaniker wieder frei wird (siehe Abb. 3.43).

Die Zeit, die die Maschine ohne Störung arbeitet (Arbeitszeit A_i, $i \in \{1; 2; \ldots n\}$), sei exponentialverteilt mit dem Parameter λ. Die Reparaturzeit R_i, $i \in \{1; 2; \ldots k\}$,

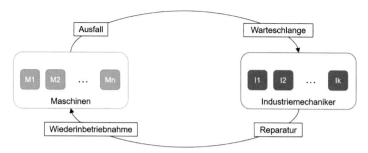

Abb. 3.43: Maschinen-Reparatur-Problem

die der Mechaniker benötigt, um die Maschine wiederherzustellen, sei exponential-verteilt mit dem Parameter μ. Alle Arbeits- und Reparaturzeiten seien unabhängig voneinander.

$X(t)$ sei die Anzahl, der zum Zeitpunkt t ausgefallenen Maschinen. Dann ist $(X(t))_{t \geq 0}$ ein Geburts- und Todesprozess mit $\mathscr{Z} = \{0; 1; \ldots; n\}$.

Zum Zeitpunkt t_0 sind alle Maschinen intakt, d. h., $X(0) = 0$. In diesem Zustand bleibt der Prozess solange, bis die erste Maschine ausfällt, d. h., zum Zeitpunkt $T_1 = \min(A_1, A_2, \ldots A_n)$ geht der Prozess in den Zustand 1 über. Unter Berücksichtigung der Unabhängigkeit der exponentialverteilten Arbeitszeiten gilt

$$P(T_1 > t) = P(A_1 > t \cap A_2 > t \cap \cdots \cap A_n > t) = P(A_1 > t)P(A_2 > t)\ldots P(A_n > t)$$
$$= e^{-\lambda t} e^{-\lambda t} \ldots e^{-\lambda t} = e^{-n\lambda t}.$$

Damit gilt $T_1 \sim \text{EXP}(n\lambda)$ und $q_{01} = n\lambda$. Im Zustand 1 bleibt der Prozess entweder so lange, bis die ausgefallene Maschine repariert wurde, oder eine weitere Maschine ausfällt. Es gilt $T_2 = \min\{A_1, A_2, \ldots A_{n-1}; R_1\}$ und damit $T_2 \sim \text{EXP}((n-1)\lambda + \mu)$ und $q_{12} = (n-1)\lambda$, $q_{10} = \mu$. Allgemein gilt (siehe Abb. 3.44):

$$q_{i,i+1} = (n-i)\lambda$$
$$q_{i,i-1} = \min(i; k)\mu.$$

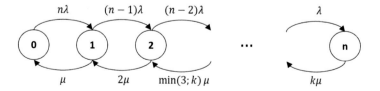

Abb. 3.44: Übergangsratendiagramm des Maschinen-Reparatur-Problems

Wir wählen für die weiteren Betrachtungen $n = 5$ Maschinen, $k = 2$ Mechaniker, $\lambda = 3$ und $\mu = 10$. Das zugehörige Übergangsratendiagramm ist in Abb. 3.45 dargestellt.

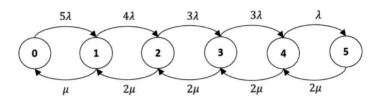

Abb. 3.45: Übergangsratendiagramm des Maschinen-Reparatur-Problems mit $n = 5$ Maschinen und $k = 2$ Mechanikern

Wir erhalten mit $\frac{\lambda}{\mu} = 0.3$

$$v_1^{(\infty)} = \frac{\lambda_0}{\mu_1} v_0^{(\infty)} = \frac{5\lambda}{\mu} v_0^{(\infty)} = 1.5 v_0^{(\infty)}$$

$$v_2^{(\infty)} = \frac{\lambda_1}{\mu_2} \frac{\lambda_0}{\mu_1} v_0^{(\infty)} = \frac{4\lambda}{2\mu} \frac{5\lambda}{\mu} v_0^{(\infty)} = 0.9 v_0^{(\infty)}$$

$$v_3^{(\infty)} = \frac{\lambda_2}{\mu_3} \frac{\lambda_1}{\mu_2} \frac{\lambda_0}{\mu_1} v_0^{(\infty)} = \frac{3\lambda}{2\mu} \frac{4\lambda}{2\mu} \frac{5\lambda}{\mu} v_0^{(\infty)} = 0.4050 v_0^{(\infty)}$$

$$v_4^{(\infty)} = \frac{\lambda_3}{\mu_4} \frac{\lambda_2}{\mu_3} \frac{\lambda_1}{\mu_2} \frac{\lambda_0}{\mu_1} v_0^{(\infty)} = \frac{2\lambda}{2\mu} \frac{3\lambda}{2\mu} \frac{4\lambda}{2\mu} \frac{5\lambda}{\mu} v_0^{(\infty)} = 0.1215 v_0^{(\infty)}$$

$$v_5^{(\infty)} = \frac{\lambda_4}{\mu_5} \frac{\lambda_3}{\mu_4} \frac{\lambda_2}{\mu_3} \frac{\lambda_1}{\mu_2} \frac{\lambda_0}{\mu_1} v_0^{(\infty)} = \frac{\lambda}{2\mu} \frac{2\lambda}{2\mu} \frac{3\lambda}{2\mu} \frac{4\lambda}{2\mu} \frac{5\lambda}{\mu} v_0^{(\infty)} = 0.0182 v_0^{(\infty)}.$$

Die Normierungsbedingung $\sum_{i=0}^{5} v_i^{(\infty)} = 1$ liefert

$$v_0^{(\infty)} = \frac{1}{1 + 1.5 + 0.9 + 0.4050 + 0.1215 + 0.0182} = 0.2535,$$

und damit die Grenzerteilung

$$\vec{v}^{(\infty)} = \begin{pmatrix} 0.2535 & 0.3803 & 0.2282 & 0.1027 & 0.0308 & 0.0046 \end{pmatrix}. \quad \blacktriangleleft$$

Hinweis

Das Reparaturproblem wird in Kap. 5, Bsp. 5.7 noch einmal im Rahmen der Warteschlangentheorie unter anderen Gesichtspunkten betrachtet.

Beispiel 3.38 (SIS-Modell). In Bsp. 3.26 haben wir eine zeitdiskrete Markoff-Kette zur Modellierung der Ausbreitung einer Krankheit vorgestellt (*SIS-Modell*). Wir sind davon ausgegangen, dass Infizierte sich nach der Genesung direkt wieder mit der Krankheit infizieren können. Die Gesamtpopulation wurde in zwei Gruppen eingeteilt: Infizierbare (Suszeptible (S)) und Infizierte (I) (siehe Abb. 3.18).

Wir wollen diesen Sachverhalt mit einer zeitstetigen Markoff-Kette darstellen. Hierbei gibt $I(t)$ die Anzahl Infizierter zum Zeitpunkt t an und $(I(t))_{t\geq0}$ ist eine zeitstetige Markoff-Kette mit dem Zustandsraum $\mathscr{Z} = \{0;1;2;\ldots;N\}$. Es handelt sich dabei um einen Geburts- und Todesprozess mit den Geburtsraten (Infektionsraten)

$$\lambda_i = a\frac{N-i}{N}i, \quad i = 1,2;\ldots N-1$$

und Todesraten (Genesungsraten)

$$\mu_i = bi, \quad i = 1,2;\ldots N.$$

Als Ratenmatrix ergibt sich damit

$$B = \begin{pmatrix} 0 & 0 & 0 & \ldots & & & 0 \\ \mu_1 & -(\lambda_1+\mu_1) & \lambda_1 & 0 & \ldots & & 0 \\ 0 & \mu_2 & -(\lambda_2+\mu_2) & \lambda_2 & 0 & \ldots & 0 \\ \vdots & & & & & & \vdots \\ 0 & \ldots & & & \mu_{N-1} & -(\lambda_{N-1}+\mu_{N-1}) & \lambda_{N-1} \\ 0 & \ldots & & & & \mu_N & -\mu_N \end{pmatrix}$$

und das Übergangsratendiagramm ist in Abb. 3.46 dargestellt.

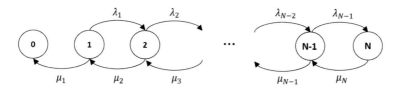

Abb. 3.46: Übergangsratendiagramm des SIS-Modells

Wenn ein Übergang stattfindet, dann verhält sich die zeitstetige Markoff-Kette wie eine zeitdiskrete Markoff-Kette mit dem in Abb. 3.47 dargestellten Übergangsdiagramm.

Eine Realisierung mit den Parametern $a = 0.01$, $b = 0.005$, $N = 100$ und $I(0) = I_0 = 1$ ist zusammen mit der deterministischen Lösung in Abb. 3.48 dargestellt. Auf die Simulation zeitstetiger Markoff-Ketten gehen wir in Abschn. 3.2.5 ein. Der Simulationscode für dieses Beispiel wird in Bsp. 3.44 angegeben. ◄

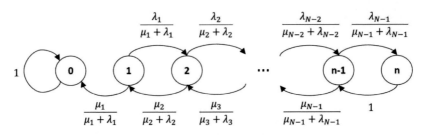

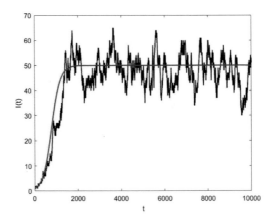

Abb. 3.47: Übergangsdiagramm der zugehörigen zeitdiskreten Markoff-Kette (SIS-Modell)

Abb. 3.48: Realisierung der zeitstetigen Markoff-Kette (SIS-Modell) mit $a = 0.01$, $b = 0.005$, $N = 100$ und $I(0) = I_0 = 1$

3.2.3 Homogene Poisson-Prozesse

Weitere wichtige Beispiele zeitstetiger Markoff-Ketten sind homogene Poisson-Prozesse, die eine Rolle bei der Modellierung unregelmäßig oder selten eintretender Ereignisse spielen, wie Erdbeben oder andere Naturkatastrophen, Stör- oder Unfälle in technischen Anlagen oder Flugzeugabstürze.

Sei X eine Poisson-verteilte Zufallsvariable. Dann beträgt die Wahrscheinlichkeit, dass X den Wert k annimmt, d.h., für das Eintreten von k Ereignissen

$$P(X = k) = \frac{\lambda^k}{k!} e^{-\lambda}$$

mit dem reellen Parameter $\lambda > 0$ (siehe Abschn. 2.3.2.2 und Imkamp und Proß 2021, Abschn. 6.2.3).

Derartige zufällige seltene Ereignisse, die wir in diesem Abschnitt zur besonderen Unterscheidung *Events* nennen wollen, werden zunächst einmal gezählt. Man modelliert dies mithilfe eines *Zählprozesses*.

Definition 3.23. Ein stochastischer Prozess $(X(t))_{t \geq 0}$ über einem Wahrscheinlichkeitsraum $(\Omega, \mathscr{A}, P)$ und mit Zustandsraum $\mathscr{Z} = \mathbb{N}_0$ heißt *Zählprozess*, wenn für jedes $t \in T$ die Zufallsvariable $X(t)$ die (Gesamt-)Anzahl der Events angibt, die im Zeitintervall $[0; t]$ eingetreten sind.

Eine mögliche Realisierung eines Zählprozesses ist in Abb. 3.49 dargestellt.

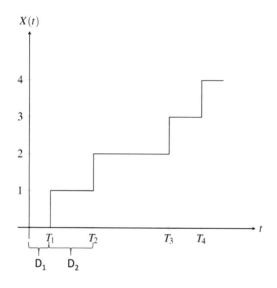

Abb. 3.49: Mögliche Realisierung eines Zählprozesses

Wichtig sind in diesem Zusammenhang Prozesse mit *unabhängigen Zuwächsen*.

Definition 3.24. Ein stochastischer Prozess $(X(t))_{t \in T}$ über einem Wahrscheinlichkeitsraum $(\Omega, \mathscr{A}, P)$ heißt *Prozess mit unabhängigen Zuwächsen*, wenn für alle $n \geq 1$ und für beliebige Zeitpunkte $t_0 < t_1 < ... < t_n$ die Zufallsvariablen

$$X(t_k) - X(t_{k-1}), \quad k = 1, 2, ..., n$$

stochastisch unabhängig sind.

Bei einem Zählprozess gibt $X(t_k) - X(t_{k-1})$ die Anzahl Events im Intervall $(t_{k-1}; t_k]$ an. Ein Zählprozess hat somit unabhängige Zuwächse, wenn die Anzahl Events in zwei disjunkten Intervallen unabhängig ist. Es gilt z. B.

$$P(5 \text{ Events in } (1;2] \wedge 9 \text{ Events in } (6;15]) =$$
$$P(5 \text{ Events in } (1;2]) \cdot P(9 \text{ Events in } (6;15]).$$

Satz 3.9. Ein stochastischer Prozess $(X(t))_{t \in T}$ mit $X(t_0) = 0$ als Startwert und unabhängigen Zuwächsen ist eine zeitstetige Markoff-Kette.

Beweis. Für $n \in \mathbb{N}$ seien $t_1 < t_2 < \ldots < t_n$ Zeitpunkte nach dem Start mit $t_k \in T \; \forall k \in \{1; 2; \ldots; n\}$. Dann gilt wegen $X(t_0) = 0$

$$X(t_n) = \sum_{k=1}^{n} (X(t_k) - X(t_{k-1})).$$

Nach Voraussetzung ist $X(t_n)$ eine Summe von unabhängigen Zufallsvariablen. Somit hängt die bedingte Wahrscheinlichkeitsverteilung von $X(t_n)$ nur davon ab, welchen Wert $X(t_{n-1})$ annimmt. Dies ist aber die Markoff-Eigenschaft. $\square$

Homogene Poisson-Prozesse stellen eine besondere Klasse von Zählprozessen dar.

Definition 3.25. Ein Zählprozess $(X(t))_{t \geq 0}$ über einem Wahrscheinlichkeitsraum $(\Omega, \mathscr{A}, P)$ heißt *homogener Poisson-Prozess*, wenn folgende Bedingungen erfüllt sind.

1. $X(0) = 0$
2. $(X(t))_{t \geq 0}$ hat unabhängige Zuwächse.
3. Die Anzahl der Events in einem Intervall der Länge t ist Poisson-verteilt zum Parameter λt, d. h.,

$$P(X(t+s) - X(s) = N) = \frac{(\lambda t)^N}{N!} e^{-\lambda t} \quad \forall N \in \mathbb{N}_0, \; s, t \geq 0.$$

Die Eigenschaften 1. und 2. aus Def. 3.25 implizieren nach Satz 3.9, dass jeder Poisson-Prozess eine zeitstetige Markoff-Kette mit dem in Abb. 3.50 dargestellten Übergangsratendiagramm ist.

Die Zufallsvariable $X(t)$ eines homogenen Poisson-Prozesses beschreibt die Anzahl an Events, die bis zu einem Zeitpunkt t eingetreten sind, d. h., die Anzahl Events im Intervall $[0; t]$. Die Häufigkeit, mit der ein Event im Intervall $(s; s+t]$ eintritt, ist Poisson-verteilt mit dem Parameter λt, wobei λ die erwartete Anzahl Events pro

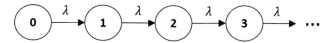

Abb. 3.50: Übergangsratendiagramm eines Poisson Prozesses

Zeiteinheit ist. Somit ergibt sich $E(X(t)) = \lambda t$ als Erwartungswert für die Anzahl Events in einem Intervall der Länge t.

Der Prozess ist homogen, da die Häufigkeiten nur von der Länge t des Intervalls abhängen und nicht von der Lage. Hängen die Häufigkeiten auch von der Lage des Intervalls ab, handelt es sich um einen *inhomogenen Poisson-Prozess*. Wir behandeln in diesem Buch ausschließlich homogene Poisson-Prozesse und verweisen für den inhomogenen Fall z. B. auf Waldmann und Helm 2016, Abschn. 9.2. oder Beichelt 1997, Abschn. 3.2.

> **Hinweis**
>
> Ein homogener Poisson-Prozess ist ein Sonderfall eines Geburts- und Todesprozess mit
> $$\lambda_i = \lambda \quad \text{und} \quad \mu_i = 0.$$

Beispiel 3.39. Im Jahre 1910 untersuchten Ernest Rutherford (1871–1937, neuseeländischer Physiker) und Hans Geiger (1882–1945, deutscher Physiker) den radioaktiven Zerfall eines Polonium-Präparats (siehe Rutherford, Geiger und Bateman 1910). Dabei entsteht ionisierende Strahlung aus α-Teilchen („α-Strahlung"), die sich beim Experiment in Form von Lichtblitzen auf einem Zinksulfid-Schirm bemerkbar machte. (siehe auch Abschn. 6.5.2 in Imkamp und Proß 2021). Die Familie $(X(t))_{t \geq 0}$ der Zufallsvariablen

$$X(t) = \text{Anzahl der Impulse im Zeitintervall } [0; t]$$

stellt einen Poisson-Prozess dar. Rutherford und Geiger beobachteten beispielsweise in 2608 Zeitintervallen von jeweils 7.5 Sekunden Länge die Anzahl k der Impulse (=Events) pro Zeitintervall.   ◄

Beispiel 3.40 (Verkehrsanalyse). Eine gefährliche Straßenkreuzung soll durch einen Kreisverkehr ersetzt werden. Um eine wichtige Finanzierungsquelle zu sichern, ist dazu eine genaue Analyse der Verkehrssituation notwendig. Die zu diesem Zweck über ein Jahr durchgeführte Untersuchung ergibt, dass es hier durchschnittlich sechs Unfälle (=Events) pro Woche gibt – von leichten Karambolagen bis hin zu Personenschäden.

a) Wie groß ist die Wahrscheinlichkeit, dass es in zwei Wochen höchstens zehn Unfälle gibt?

b) Wie groß ist die Wahrscheinlichkeit, dass es in einer Woche keinen Unfall gibt?

c) Wie groß ist die Wahrscheinlichkeit, dass es in drei aufeinander folgenden Wochen in jeder einzelnen Woche mindestens acht Unfälle gibt?

d) Wie groß ist die Wahrscheinlichkeit, dass ein beliebig ausgewählter Tag unfallfrei bleibt?

Lösung: Wir modellieren die Situation durch einen Poisson-Prozess mit der Einheit Woche. So bedeutet $t = 1$ eine Woche, $t = 2$ zwei Wochen etc. Der Parameter ist $\lambda = 6$ und es gilt

$$X(t) = \text{Anzahl der Unfälle in der Zeit } t.$$

Wir starten mit $X(0) = 0$. Dann erhalten wir

a)
$$P(X(2) \leq 10) = \sum_{k=0}^{10} \frac{(6 \cdot 2)^k}{k!} e^{-6 \cdot 2} \approx 0.347.$$

b)
$$P(X(1) = 0) = \frac{6^0}{0!} e^{-6} = e^{-6} \approx 0.00248.$$

c)
$$(P(X(1) \geq 8))^3 = (1 - P(X(1) \leq 7))^3 = \left(1 - \sum_{k=0}^{7} \frac{6^k}{k!} e^{-6} \right)^3 \approx 0.0168.$$

d)
$$P\left(X\left(\frac{1}{7} \right) = 0 \right) = \frac{\left(\frac{6}{7} \right)^0}{0!} e^{-\frac{6}{7}} = e^{-\frac{6}{7}} \approx 0.424. \qquad \blacktriangleleft$$

Ein Poisson-Prozess lässt sich auch über die Verteilung der Zeitdauern $D_i = T_i - T_{i-1}$ zwischen zwei Events charakterisieren (siehe Abb. 3.49). Es gilt der folgende Satz.

Satz 3.10. Sei $(X(t))_{t \geq 0}$ ein homogener Poisson-Prozess. Die Zeitdauern zwischen zwei Events $D_i = T_i - T_{i-1}$ (auch *Zwischeneintrittszeiten* genannt) sind unabhängig und identisch verteilt mit

$$P(D_i \leq t) = 1 - e^{-\lambda t}, \, t \leq 0,$$

d. h., die Zwischeneintrittszeiten sind exponentialverteilt.

Beweis. Es gilt

$$P(D_1 > t) = P(X(t) = 0) = \frac{(\lambda t)^0}{0!} e^{-\lambda t} = e^{-\lambda t} \quad \forall t \geq 0.$$

Somit ist D_1 exponentialverteilt mit dem Parameter λ (siehe Satz. 2.17). Zudem gilt

$$
\begin{aligned}
P(D_2 \leq t | D_1 = s) &= P(T_2 - T_1 \leq t | T_1 = s) \\
&= P(X(s+t) - X(s) \geq 1) \quad \text{mindestens ein Event in } (x, s+t] \\
&= 1 - P(X(s+t) - X(s) = 0) \\
&= 1 - \frac{(\lambda t)^0}{0!} e^{-\lambda t} = 1 - e^{-\lambda t} \quad \forall s, t \geq 0.
\end{aligned}
$$

Somit ist D_2 exponentialverteilt und unabhängig von D_1. Analog geht man bei den weiteren Zwischeneintrittszeiten $D_3, D_4, \ldots$ vor. $\qquad\square$

Diese Eigenschaft nutzen wir bei der Simulation der Poisson-Prozesse aus (siehe Abschn. 3.2.5).

Auch die Umkehrung des Satzes gilt (siehe z. B. Norris 1998): Jeder Zählprozess mit unabhängigen, exponentialverteilten Zwischeneintrittszeiten ist ein homogener Poisson-Prozess. Beide Charakterisierungen sind somit äquivalent.

Beispiel 3.41 (Verkehrsanalyse). Für den in Bsp. 3.40 geschilderten Sachverhalt wollen wir die Wahrscheinlichkeit berechnen, dass zwischen zwei Unfällen mindestens eine Woche liegt. Es gilt

$$P(D \geq 1) = 1 - P(D < 1) = 1 - \left(1 - e^{-6 \cdot 1}\right) = 0.0025.$$

Die Wahrscheinlichkeit, dass zwischen zwei Unfällen mindestens eine Woche vergeht, beträgt 0.25 %.

Für die Wahrscheinlichkeit, dass zwischen zwei Unfällen höchstens 2 Tage liegen, erhalten wir:

$$P\left(D \leq \frac{2}{7}\right) = 1 - e^{-6 \cdot \frac{2}{7}} = 0.8199.$$

Als erwartete Dauer zwischen zwei Unfällen ergibt sich

$$E(D) = \frac{1}{\lambda} = \frac{1}{6},$$

d. h., $\frac{1}{6}$ Woche bzw. 28 Stunden. $\qquad\blacktriangleleft$

3.2.4 Zusammengesetzte homogene Poisson-Prozesse

Eine Verallgemeinerung von Poisson-Prozessen spielt eine wichtige Rolle bei der Abschätzung von Gesamtschäden oder Folgeschäden, z. B. bei Naturkatastrophen oder Unfällen. Wenn ein Schaden eintritt, dann ist damit eine bestimmte Schadenshöhe Z_n verbunden. In Abb. 3.51 (links) ist eine mögliche Realisierung eines homogenen Poisson-Prozesses $X(t)$ dargestellt, z. B. die Anzahl der eingetretenen Schadensfälle (Events) bis zur Zeit t. Abb. 3.51 (Mitte) gibt die zugehörige Bewertung Z_n des jeweiligen Events an, hier also die Schadenshöhe. Der zusammengesetzte Poisson-Prozess wird in Abb. 3.51 (rechts) dargestellt, z. B. der Gesamtschaden im Intervall $[0;t]$.

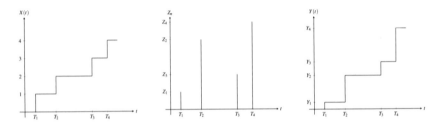

Abb. 3.51: Zusammengesetzter Poisson-Prozess: eine mögliche Realisierung des Poisson-Prozesses (links), der Bewertungen (Mitte) und des zusammengesetzten Poisson-Prozesses (rechts)

Hierbei sind T_1, T_2, T_3, T_4 die Zeitpunkte, zu denen das Event eintritt, z. B. ein Schadensfall, und Z_1, Z_2, Z_3, Z_4 sind die zugehörigen Bewertungen. Damit ergibt sich für die Gesamtbewertung bis zum Zeitpunkt T_4 der Wert $Y_4 := Z_1 + Z_2 + Z_3 + Z_4$.

> **Definition 3.26.** Sei $(X(t))_{t \geq 0}$ ein homogener Poisson-Prozess und $(Z_n)_{n \in \mathbb{N}}$ eine Folge von unabhängigen identisch verteilten Zufallsvariablen. Sind die beiden Prozesse voneinander unabhängig, dann heißt der Prozess $(Y(t))_{t \geq 0}$ mit
>
> $$Y(t) := \sum_{n=1}^{X(t)} Z_n$$
>
> *zusammengesetzter Poisson-Prozess* oder auch *Compound-Poisson-Prozess*.

Beispiel 3.42. Das weltweite oder lokale Auftreten von Erdbeben kann als Poisson-Prozess modelliert werden. Die Schäden der einzelnen Erdbeben können durch Zufallsvariablen $Z_1, Z_2, \ldots$ beschrieben werden, wobei man von der Unabhängigkeit der Schadenshöhen verschiedener Erdbeben ausgehen kann. Dann gibt

$$Y(t) := \sum_{n=1}^{X(t)} Z_n$$

die Gesamthöhe der Schäden aller Erdbeben im Zeitraum $[0; t]$ an. ◄

Bemerkung 3.4. Für den Erwartungswert von Y_t in Def. 3.26 gilt die *Formel von Wald*

$$E(Y(t)) = E(X(t))E(Z_n) = \lambda t E(Z_1),$$

und für die Varianz die *Blackwell-Girshick-Gleichung*

$$V(Y(t)) = \lambda t \left(E(Z_1)^2 + \text{Var}(Z_1) \right) = \lambda t E(Z_1^2).$$

Beachten Sie, dass die Zufallsvariablen Z_n alle den gleichen Erwartungswert und die gleiche Varianz haben.

Der Beweis der Formel für den Erwartungswert erfolgt mithilfe der so genannten Wald'schen Identität (siehe Gänssler und Stute 2013). Für den Beweis der Blackwell-Girshick-Gleichung sei auf Klenke 2020 verwiesen.

Als Wahrscheinlichkeit für die Gesamtbewertung y zum Zeitpunkt t ergibt sich

$$P(Y(t) = y) = \sum_{k=0}^{\infty} P(X(t) = k)P(Y(t) = y | X(t) = k)$$

$$= \sum_{k=1}^{\infty} \frac{(\lambda t)^k}{k!} e^{-\lambda t} P\left(\sum_{n=1}^{k} Z_n = y \right)$$

und die Verteilungsfunktion ist gegeben durch

$$P(Y(t) \leq y) = \sum_{k=0}^{\infty} P(X(t) = k)P(Y(t) \leq y | X(t) = k)$$

$$= \sum_{k=1}^{\infty} \frac{(\lambda t)^k}{k!} e^{-\lambda t} P\left(\sum_{n=1}^{k} Z_n \leq y \right)$$

Eine geschlossene Formel für die Verteilungsfunktion existiert nur in wenigen Spezialfällen. Meistens greift man bei der Berechnung auf numerische Verfahren zurück (siehe z. B. Kaas u. a. 2008, Kap. 3 und Cottin und Döhler 2013, Abschn. 2.6.3).

Wir betrachten ein innermathematisches Beispiel für einen zusammengesetzten Poisson-Prozess, um uns zunächst mit der Vorgehensweise vertraut zu machen. Ein Anwendungsbeispiel finden Sie in Aufg. 3.27.

Beispiel 3.43. Gegeben sei ein zusammengesetzter Poisson-Prozess $(Y(t))_{t \geq 0}$. Wir wählen $\lambda = 1$ und für die Bewertungen folgende diskrete Wahrscheinlichkeitsverteilung:

z	1	2	3	4
$P(Z_n = z)$	0.4	0.3	0.2	0.1

Wir wollen zunächst die Wahrscheinlichkeiten für eine Gesamtbewertung von $Y(t) = y$, $y \in \{0; 1; 2; 3; 4\}$ nach t Zeiteinheiten berechnen und beginnen mit $P(Y(t) = 0)$. Es gilt

$$P(Y(t) = 0) = P(X(t) = 0) = \frac{(\lambda t)^0}{0!} e^{-\lambda t} = e^{-t}.$$

Eine Gesamtbewertung von 0 kann in unserem Beispiel nur erzielt werden, wenn kein Event in $[0; t]$ eintritt. Die Wahrscheinlichkeit nimmt exponentiell mit der Zeit ab.

Für die Gesamtbewertung 1 erhalten wir

$$
\begin{aligned}
P(Y(t) = 1) &= P(X(t) = 1) \cdot P(Y(t) = 1 | X(t) = 1) \\
&= P(X(t) = 1) \cdot P(Z_1 = 1) \\
&= \frac{(\lambda t)^1}{1!} e^{-\lambda t} \cdot 0.4 \\
&= 0.4 t e^{-t}.
\end{aligned}
$$

Eine Gesamtbewertung von 1 können wir nur erhalten, wenn ein Event mit der Bewertung 1 in $[0; t]$ eintritt.

Für die Gesamtbewertung 2 ergibt sich die Wahrscheinlichkeit

$$
\begin{aligned}
P(Y(t) = 2) &= P(X(t) = 1) \cdot P(Y(t) = 2 | X(t) = 1) \\
&\quad + P(X(t) = 2) \cdot P(Y(t) = 2 | X(t) = 2) \\
&= P(X(t) = 1) \cdot P(Z_1 = 2) + P(X(t) = 2) P(Z_1 = 1) P(Z_2 = 1) \\
&= \frac{(\lambda t)^1}{1!} e^{-\lambda t} \cdot 0.3 + \frac{(\lambda t)^2}{2!} e^{-\lambda t} \cdot 0.4^2 \\
&= e^{-t} (0.3 t + 0.08 t^2).
\end{aligned}
$$

Eine Gesamtbewertung von 2 erhalten wir einerseits, wenn ein Event mit der Bewertung 2 in $[0; t]$ eintritt, oder andererseits, wenn zwei Events jeweils mit der Bewertung 1 in $[0; t]$ eintreten.

Analog ergeben sich die Wahrscheinlichkeiten für die Gesamtbewertungen 3 und 4:

$$
\begin{aligned}
P(Y(t) = 3) ={}& P(X(t) = 1) \cdot P(Y(t) = 3 | X(t) = 1) \\
&+ P(X(t) = 2) \cdot P(Y(t) = 3 | X(t) = 2) \\
&+ P(X(t) = 3) \cdot P(Y(t) = 3 | X(t) = 3) \\
={}& P(X(t) = 1) \cdot P(Z_1 = 3) \\
&+ P(X(t) = 2) \cdot (P(Z_1 = 1)P(Z_2 = 2) + P(Z_1 = 2)P(Z_2 = 1)) \\
&+ P(X(t) = 3) \cdot P(Z_1 = 1)P(Z_2 = 1)P(Z_3 = 1) \\
={}& \frac{(\lambda t)^1}{1!} e^{-\lambda t} \cdot 0.2 + \frac{(\lambda t)^2}{2!} e^{-\lambda t} \cdot 2 \cdot 0.4 \cdot 0.3 + \frac{(\lambda t)^3}{3!} e^{-\lambda t} \cdot 0.4^3 \\
={}& e^{-t}(0.2t + 0.12t^2 + 0.011t^3)
\end{aligned}
$$

$$
\begin{aligned}
P(Y(t) = 4) ={}& P(X(t) = 1) \cdot P(Y(t) = 4 | X(t) = 1) \\
&+ P(X(t) = 2) \cdot P(Y(t) = 4 | X(t) = 2) \\
&+ P(X(t) = 3) \cdot P(Y(t) = 4 | X(t) = 3) \\
&+ P(X(t) = 4) \cdot P(Y(t) = 4 | X(t) = 4) \\
={}& P(X(t) = 1) \cdot P(Z_1 = 4) \\
&+ P(X(t) = 2) \cdot (P(Z_1 = 2)P(Z_2 = 2) + P(Z_1 = 1)P(Z_2 = 3) \\
&\quad + P(Z_1 = 3)P(Z_2 = 1)) \\
&+ P(X(t) = 3) \cdot (P(Z_1 = 1)P(Z_2 = 1)P(Z_3 = 2) \\
&\quad + P(Z_1 = 1)P(Z_2 = 2)P(Z_3 = 1) + P(Z_1 = 2)P(Z_2 = 1)P(Z_3 = 1)) \\
&+ P(X(t) = 4) \cdot (P(Z_1 = 1)P(Z_2 = 1)P(Z_3 = 1)P(Z_4 = 1)) \\
={}& \frac{(\lambda t)^1}{1!} e^{-\lambda t} \cdot 0.1 + \frac{(\lambda t)^2}{2!} e^{-\lambda t} \cdot (0.3^2 + 2 \cdot 0.4 \cdot 0.2) \\
&+ \frac{(\lambda t)^3}{3!} e^{-\lambda t} \cdot 3 \cdot 0.4^2 \cdot 0.3 + \frac{(\lambda t)^4}{4!} e^{-\lambda t} \cdot 0.4^4 \\
={}& e^{-t}\left(0.1t + 0.125t^2 + 0.024t^3 + 0.0011t^4\right)
\end{aligned}
$$

Die Wahrscheinlichkeiten für die jeweiligen Gesamtbewertungen in Abhängigkeit von der Zeit t sind in Abb. 3.52 dargestellt.

Nun wollen wir den Erwartungswert und die Varianz des zusammengesetzten Poisson-Prozesses berechnen. Mit

$$
\mathrm{E}(Z_n) = \mathrm{E}(Z_1) = 1 \cdot 0.4 + 2 \cdot 0.3 + 3 \cdot 0.2 + 4 \cdot 0.1 = 2
$$

ergibt sich für den Erwartungswert

$$
\mathrm{E}(Y(t)) = \mathrm{E}(X(t))\mathrm{E}(Z_n) = \lambda t \mathrm{E}(Z_1) = 2t
$$

und mit

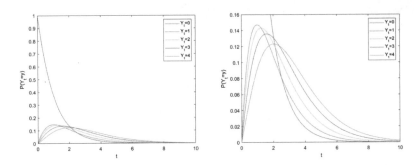

Abb. 3.52: Wahrscheinlichkeiten für die Gesamtbewertung der Höhe 1, 2, 3 und 4
in Abhängigkeit der Zeit t

$$V(Z_n) = V(Z_1) = (1-2)^2 \cdot 0.4 + (2-2)^2 \cdot 0.3 + (3-2)^2 \cdot 0.2 + (4-2)^2 \cdot 0.1$$
$$= 1$$

berechnet sich die Varianz zu

$$V(Y(t)) = \lambda t E(Z_1)^2 + \lambda t V(Z_1) = 4t + t = 5t.$$

Beispielsweise ergeben sich für die Zeitpunkte $t = 1$ bzw. $t = 5$ folgende Werte:

$$P(Y(1) = 0) = 0.3679, \ P(Y(1) = 1) = 0.1472, \ P(Y(1) = 2) = 0.1398,$$
$$P(Y(1) = 3) = 0.1218, \ P(Y(1) = 4) = 0.0920$$
$$E(Y(1)) = 2, \ V(Y(1)) = 5$$
$$P(Y(5) = 0) = 0.0067, \ P(Y(5) = 1) = 0.0135, \ P(Y(5) = 2) = 0.0236,$$
$$P(Y(5) = 3) = 0.0362, \ P(Y(5) = 4) = 0.0493$$
$$E(Y(5)) = 10, \ V(Y(5)) = 25. \qquad \blacktriangleleft$$

3.2.5 Simulation der zeitstetigen Markoff-Kette

In Bsp. 3.35 haben wir bereits gezeigt, wie eine Simulation für zeitstetige Markoff-Ketten mit MATLAB bzw. Mathematica durchgeführt werden kann. Das Beispiel hatte allerdings nur zwei Zustände. Wir wollen dies verallgemeinern auf endliche zeitstetige Markoff-Ketten, die über die Ratenmatrix B und Anfangsverteilung $\vec{v}^{(0)}$ charakterisiert werden. Wir demonstrieren das Vorgehen an der Markoff-Kette in Bsp. 3.36 mit dem Übergangsratendiagramm in Abb. 3.41.

Zunächst wird auf Basis der gegebenen Anfangsverteilung zufällig ein Anfangszustand $X(0)$ gewählt. Gehen wir von $X(0) = 3$ aus. Anschließend wird für jeden möglichen Zustandsübergang, d. h. $3 - 1$ und $3 - 2$, eine exponentialverteilte Zufallszahl erzeugt mit der jeweiligen Übergangsrate ($q_{31} = 3$, $q_{32} = 1$) als Parameter. Das Minimum dieser Zufallszahlen d_1 wird ausgewählt und der zugehörige Zustand i wird angenommen. Es gilt $t = d_1$ und $X(t) = i$. Danach wird für jeden möglichen Übergang, ausgehend von Zustand i, eine exponentialverteilte Zufallszahl erzeugt, das Minimum d_2 ausgewählt und zur Zeit t hinzuaddiert ($t = t + d_2$). Dieses Verfahren wird fortgesetzt bis die Simulationszeit T erreicht wurde.

```
%Eingaben
B=[-1 1 0;1 -2 1;3 1 -4];
v0=[1/3 1/3 1/3];
T=20;
%Anfangszustand ermitteln
X(1)=find(rand<=cumsum(v0),1,'first');
t(1)=0;
n=1;
B(B<0)=0;
%Zustandsuebergaenge ermitteln
while t(end)<=T
    te=exprnd(1./B(X(n),:));
    [d,i]=min(te);
    t(n+1)=t(n)+d;
    X(n+1)=i;
    n=n+1;
end
%Darstellung der Simulationsergebnisse
stairs(t,X,'LineWidth',1,'Color','k')
xlabel('t')
ylabel('X(t)')
yticks(1:size(B,1))
xlim([0 t(end)])
```

> **Hinweis**
>
> Beachten Sie, dass bei der MATLAB-Funktion `exprnd` der Erwartungswert übergeben wird, und nicht der Parameter der Exponentialverteilung. Für alle Zustandsübergänge, die nicht möglich sind, wird der Erwartungswert `Inf` übergeben und somit ergibt sich auch eine unendliche Zeitdauer bis zu diesem Übergang, der somit nicht eintreten kann.

In Mathematica lässt sich das Ganze z. B. als Modul darstellen:

```
B={{-1,1,0},{1,-2,1},{3,1,-4}};
v0={1/3,1/3,1/3};
ZSMK[B_,Initial_,T_]:=Module[{t,te,d,re,Zustand},
    Zustand=Initial; t=0; re={};
    While[t<=T,
    te=Table[If[B[[Zustand,i]]>0,
    RandomVariate[ExponentialDistribution[B[[Zustand,i]]]],Infinity],
        {i,1,Length[B]}];
    d=Min[te];
    t=t+d;
    Zustand=Position[te,d][[1,1]];
    re=Append[re,{t,Zustand}];];re]
```

```
s=If[RandomReal[]<1/3,1,If[1/3<=RandomReal[]<2/3,2,3]]; (*Anfangsbedingung*)
ListStepPlot[ZSMK[B,s,20],Axes->True,PlotRange->{1,3},
    AxesLabel->{"t","X(t)"}] (*Darstellung des Simulationsergebnisses*)
```

Alternativ kann man natürlich auch die in Mathematica vorinstallierte Funktion `ContinuousMarkovProcess` verwenden:

```
MK=ContinuousMarkovProcess[{1/3,1/3,1/3},{{-1,1,0},{1,-2,1},{3,1,-4}}];
ListStepPlot[RandomFunction[MK,{0,10}],PlotRange->{1,3},
    Ticks->{Automatic,{1,2,3}},AxesLabel->{"t","X(t)"}]
```

Abb. 3.53 stellt ein mögliches Simulationsergebnis der Markoff-Kette in Bsp. 3.36 dar.

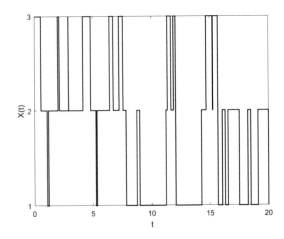

Abb. 3.53: Ein mögliches Simulationsergebnis der Markoff-Kette in Bsp. 3.36

Geburts- und Todesprozesse

Wir geben beispielhaft den Simulationscode für einen Geburts- und Todesprozess mit $\mathscr{X} = \mathbb{N}_0$ und konstanten Geburts- λ und Todesraten μ an, und gehen dabei ähnlich vor, wie zuvor erläutert.

```
%Eingaben
lambda=2;
mu=1;
T=20;
%Simulation
X(1)=0; t(1)=0; n=1;
while t(end)<=T
    if X(n)>0
        te=exprnd([1/mu 1/lambda]);
        [d,i]=min(te);
        t(n+1)=t(n)+d;
        X(n+1)=X(n)+2*i-3;
    else
```

```
        t(n+1)=t(n)+exprnd(1/lambda);
        X(n+1)=1;
    end
    n=n+1;
end
%Darstellung der Simulationsergebnisse
stairs(t,X,'LineWidth',1,'Color','k')
xlabel('t')
ylabel('X(t)')
yticks(0:5:max(X))
xlim([0 t(end)])
```

```
lambda=2; mu=1; T=20; (*Eingaben*)
GTP[lambda_,mu_,T_]:=Module[{t,te,d,re,Zustand},
    Zustand=0;t=0;re={{0,0}};B={{mu,lambda}};
    While[t<=T,If[Zustand>0,
        te=Table[RandomVariate[ExponentialDistribution[B[[1,i]]]],{i,1,2}];
        d=Min[te];
        t=t+d;
        Zustand=Zustand+2*Position[te,d][[1,1]]-3;, (*ELSE-Teil (Zustand=0)*)
        t=t+RandomVariate[ExponentialDistribution[lambda]];
        Zustand=1;]
    AppendTo[re,{t,Zustand}];];re]
ListStepPlot[GTP[lambda,mu,T],Axes->True,AxesLabel->{"t","X(t)"}]
(*Darstellung des Simulationsergebnisses*)
```

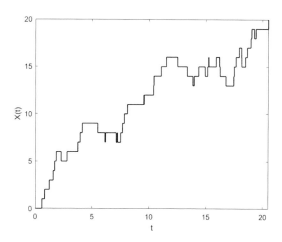

Abb. 3.54: Ein mögliches Simulationsergebnis eines Geburts- und Todesprozesses mit $\lambda = 2$ und $\mu = 1$

Denkanstoß

In Aufg. 3.29 sollen Sie eine Simulation für einen Geburts- und Todesprozess mit endlichem Zustandsraum durchführen.

Beispiel 3.44 (SIS-Modell). Die zeitstetige Markoff-Kette in Bsp. 3.38 kann wie folgt simuliert werden:

```
%Eingaben
a=0.01; b=0.005; N=100; T=10000; I0=1;
%Simulation:
X(1)=I0; t(1)=0; n=1;
while t(end)<=T
    if (X(n)>0 & X(n)<N)
        lambda=a/N*X(n)*(N-X(n));
        mu=b*X(n);
        te=exprnd([1/mu 1/lambda]);
        [d,i]=min(te);
        t(n+1)=t(n)+d;
        X(n+1)=X(n)+2*i-3;
        n=n+1;
    elseif X(n)==N
        mu=b*X(n);
        t(n+1)=t(n)+exprnd(1/mu);
        X(n+1)=N-1;
    else
        break
    end
end
%Darstellung der Simulationsergebnisse
stairs(t,X,'LineWidth',1,'Color','k')
xlabel('t')
ylabel('I(t)')
```

```
a=0.01; b=0.005; NI=100; T=10000; I0=1; (*Eingaben*)
SIS[a_,b_,NI_,T_,I0_]:=Module[{lambda ,mu,t,te,d,re,Zustand},
    Zustand=I0;t=0;re={{0,I0}};
    While[t<=T&&Zustand>0, If[Zustand>0&&Zustand<NI,
        lambda=a/NI*Zustand*(NI-Zustand);
        mu=b*Zustand;
        B={{mu,lambda}};
        te=Table[RandomVariate[ExponentialDistribution[B[[1,i]]]],{i,1,2}];
        d=Min[te];
        t=t+d;
        Zustand=Zustand+2*Position[te,d][[1,1]]-3;,(*ELSE-Teil (Zustand=NI*)
        mu=b*Zustand;
        t=t+RandomVariate[ExponentialDistribution[mu]];
        Zustand=NI-1;]
    AppendTo[re,{t,Zustand}];];re]
ListStepPlot[SIS[a,b,NI,T,I0],Axes->True,AxesLabel->{"t","I(t)"}]
(*Darstellung des Simulationsergebnisses*)
```

Eine mögliche Realisierung ist in Abb. 3.48 dargestellt.   ◄

Poisson-Prozesse

Für die Simulation von Poisson-Prozessen machen wir uns die Eigenschaft zunutze, dass die Zwischeneintrittszeiten unabhängige und identisch $EXP(\lambda)$-verteilte Zufallsvariablen sind (siehe Abschn. 3.2.3).

```
%Eingaben
lambda=1;
T=20;
%Simulation
i=1;
t(i)=0;
```

```
while t(end)<T
    t(i+1)=t(i)+exprnd(1/lambda);
    i=i+1;
end
%Darstellung der Simulationsergebnisse
stairs(t,0:size(t,2)-1,'LineWidth',1,'Color','k')
xlabel('t')
ylabel('X(t)')
xlim([0 t(end)])
```

Eine Möglichkeit mit Mathematica sieht so aus:

```
lambda=1;
T=20;
t[0]=0;
t[i_]:=t[i]=t[i-1]+RandomVariate[ExponentialDistribution[lambda]];
PP=Table[{t[i],i},{i,0,T}];
ListStepPlot[PP,AxesLabel->{"t","X(t)"}]
```

Alternativ kann auch die vorinstallierte Funktion `PoissonProcess` verwendet werden:

```
lambda=1;
T=20;
PP=RandomFunction[PoissonProcess[lambda],{0,T}]
ListStepPlot[PP,AxesLabel->{"t","X(t)"}]
```

Eine mögliche Realisierung ist in Abb. 3.55 dargestellt.

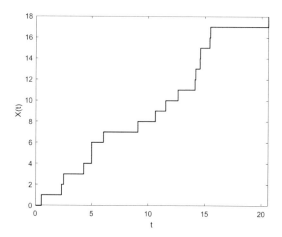

Abb. 3.55: Ein mögliches Simulationsergebnis eines Poisson-Prozesses mit $\lambda = 1$

Zusammengesetzte Poisson-Prozesse

Beim zusammengesetzten Poisson-Prozess wird zusätzlich zum Zeitpunkt des Events auch die Bewertung des Events simuliert. Dazu wird eine Zufallszahl gemäß der vorgegebenen Verteilung erzeugt. Wir demonstrieren das Vorgehen an Bsp. 3.43.

```
%Eingaben
lambda=1;
T=20;
z=1:4;
p=[0.4 0.3 0.2 0.1];
%Simulation
i=1;
t(i)=0; Y(i)=0; Z(i)=0;
while t(end)<T
    t(i+1)=t(i)+exprnd(1/lambda);
    Z(i+1)=z(find(rand<=cumsum(p),1,'first'));
    Y(i+1)=Y(i)+Z(i+1);
    i=i+1;
end
%Darstellung der Simulationsergebnisse
subplot(2,2,1);
stairs(t,0:size(t,2)-1,'LineWidth',1,'Color','k')
xlabel('t'); ylabel('X(t)'); xlim([0 t(end)]); title('Eventanzahl')
subplot(2,2,2);
bar(t,Z,'k')
xlabel('t'); ylabel('Z(t)'); xlim([0 t(end)]); title('Eventbewertung')
subplot(2,2,[3,4]);
stairs(t,Y,'LineWidth',1,'Color','k')
xlabel('t'); ylabel('Y(t)'); xlim([0 t(end)]); title('Gesamtbewertung')
```

```
lambda=1;
T=20;
p={0.4,0.3,0.2,0.1};
s={1,2,3,4};
t[0]=0;
t[i_]:=t[i]=t[i-1]+RandomVariate[ExponentialDistribution[lambda]];
Z[0]=0;
Z[i_]:=Z[i]=RandomChoice[p->s]
Y[0]=0;
Y[i_]:=Y[i]=Y[i-1]+Z[i];
EvBew:=Table[{t[i],Z[i]},{i,1,T}];
GesBew:=Table[{t[i],Y[i]},{i,0,T}]
ListStepPlot[Table[{t[i],i},{i,0,T}],AxesLabel->{"t","X(t)"},
PlotLabel->Eventanzahl]
ListPlot[EvBew,AxesLabel->{"t","Z(t)"},Filling->Axis,
PlotLabel->Eventbewertung]
ListStepPlot[GesBew, AxesLabel->{"t","Y(t)"},
PlotLabel->Gesamtbewertung]
```

Auch für den zusammengesetzten Poisson-Prozess gibt es eine vorinstallierte Funktion mit dem Namen CompoundPoissonProcess. Ein Beispiel ($\lambda = 1$):

```
CPP:=CompoundPoissonProcess[1,ExponentialDistribution[1]];
data=RandomFunction[CPP,{20}]
ListStepPlot[data,AxesLabel->{"t","X(t)"}]
```

Abb. 3.56 stellt eine mögliche Realisierung des zusammengesetzten Poisson-Prozesses aus Bsp. 3.43 dar.

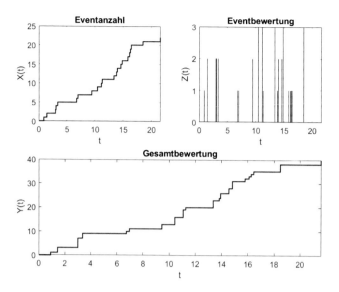

Abb. 3.56: Eine mögliche Realisierung des zusammengesetzten Poisson-Prozesses aus Bsp. 3.43

3.2.6 Aufgaben

Aufgabe 3.18 (Zeitstetige Markoff-Kette). Ⓑ Gegeben sei eine zeitstetige Markoff-Kette $X(t)$ mit dem Übergangsratendiagramm in Abb. 3.57.

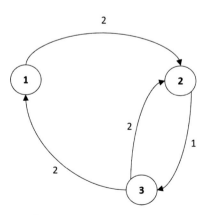

Abb. 3.57: Übergangsratendiagramm zu Aufg. 3.18

a) Bestimmen Sie die Ratenmatrix B.

b) Bestimmen Sie die stationäre Verteilung.

Aufgabe 3.19. (Zeitstetige Markoff-Kette). Ⓥ Gegeben ist eine zeitstetige Markoff-Kette, dessen Übergänge mit dem Übergangsdiagramm in Abb. 3.58 beschrieben werden können. Zudem gilt für die Verweildauern: $D_1 = \text{EXP}(3)$, $D_2 = \text{EXP}(1)$, $D_3 = \text{EXP}(4)$, $D_3 = \text{EXP}(3)$.

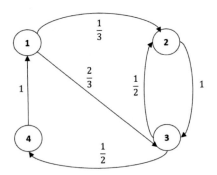

Abb. 3.58: Übergangsdiagramm zu Aufg. 3.19

a) Bestimmen Sie die Ratenmatrix B.

b) Erstellen Sie das zugehörige Übergangsratendiagramm.

c) Bestimmen Sie die stationäre Verteilung.

Aufgabe 3.20 (Stochastischer Prozess). Ⓑ Gegeben sei ein stochastischer Prozess $(X(t))_{t \geq 0}$ mit dem Zustandsraum $\mathscr{X} = \{0; 1\}$ und der Übergangsmatrix

$$P(t) = \begin{pmatrix} e^{-t} & 1 - e^{-t} \\ 1 - e^{-t} & e^{-t} \end{pmatrix}.$$

Zeigen Sie, dass es sich hierbei nicht um eine zeitstetige homogene Markoff-Kette handeln kann.

Aufgabe 3.21 (Geburts- und Todesprozess). Ⓑ Das Service-Center eines Elektronikhändlers erreichen Kunden mit der Ankunftsrate λ. Das Service-Center hat nur einen Schalter, d. h. es kann nur ein Kunde gleichzeitig mit der Rate μ (=Bedienrate) bedient werden. Ankunfts- A und Bedienzeiten B sind unabhängig und identisch verteilte Zufallsvariablen. Es gilt

$$A \sim \text{EXP}(\lambda) \quad \text{und} \quad B \sim \text{EXP}(\mu).$$

Abb. 3.59: Service-Center

Dieser Prozess soll mit einer zeitstetigen Markoff-Kette modelliert werden. Hierbei ist $X(t)$ die Anzahl der Kunden im Service-Center (=Warteschlange+Schalter) und damit ist der Zustandsraum $\mathscr{X} = \{0; 1; 2; 3; \dots\}$. Wenn sich zum Zeitpunkt t im Service-Center i Kunden befinden, kann nur ein neuer Kunde hinzukommen (Zustand $i + 1$) oder ein Kunde nach der Bedienung das Service-Center verlassen (Zustand $i - 1$).

a) Angenommen es befindet sich kein Kunde im Service-Center. T_1 sei der Zeitpunkt, an dem ein Kunde im Service-Center eintrifft. Zeigen Sie, dass $T_1 \sim \text{EXP}(\lambda)$.

b) Angenommen es befinden sich derzeit i Kunden im Service-Center. D_i sei die Verweildauer in diesem Zustand. Zeigen Sie, dass $D_i \sim \text{EXP}(\lambda + \mu)$.

c) Angenommen es befinden derzeit sich i Kunden im Service-Center. Bestimmen Sie die Wahrscheinlichkeit, dass sich beim nächsten Zustandswechsel $i + 1$ Kunden im Service-Center befinden.

d) Zeichnen Sie das Übergangsdiagramm der zugehörigen zeitdiskreten Markoff-Kette.

e) Bestimmen Sie die Parameter der Verweildauern D_i im Zustand i.

f) Bestimmen Sie die Ratenmatrix.

g) Zeichnen Sie das Übergangsratendiagramm.

h) Bestimmen Sie die stationäre Verteilung, falls $0 < \lambda < \mu$.

i) Wählen Sie $\lambda = 20$ (Kunden pro Stunde, die am Service-Center ankommen) und $\mu = 24$ (Kunden pro Stunde, die das Service-Center nach der Bedienung verlassen).

   i) Berechnen Sie die Wahrscheinlichkeit, das sich im stationären Zustand höchstens 10 Kunden im Service-Center befinden.

   ii) Berechnen Sie die erwartete Anzahl Kunden, die sich im stationären Zustand im Service-Center aufhalten. (*Hinweis*: Es gilt $\sum_{i=0}^{\infty} i q^i = \frac{q}{(1-q)^2}$ für $|q| < 1$.

Über den Grenzwert der geometrischen Reihe (siehe Abschn. 2.1.1) kann durch gliedweise Differentiation auf den Grenzwert dieser Reihe geschlossen werden (siehe auch Beweis zu Satz 5.2).)

iii) Auf welchen Wert müsste die Bedienrate μ erhöht werden, damit sich zu 95 % höchstens 8 Kunden im Service-Center befinden?

> **Hinweis**
>
> In Abschn. 5.2 werden derartige Warteschlangensysteme weitergehend analysiert.

Aufgabe 3.22 (Geburts- und Todesprozess). Bestimmen Sie die stationäre Verteilung des Maschinen-Reparatur-Problems (siehe Bsp. 3.37) für $n = 7$ Maschinen und $k = 3$ Mechaniker. Wählen Sie $\lambda = 2$ und $\mu = 10$.

Aufgabe 3.23 (Stochastischer Prozess). Ⓑ Führen Sie das folgende MATLAB- bzw. Mathematica-Programm aus und interpretieren Sie die Realisierung des Programms als stochastischen Prozess. Wie würden Sie diesen Prozess beschreiben? Um welche Art eines stochastischen Prozesses handelt es sich?

```
pts=rand(20,3);
scatter3(pts(:,1),pts(:,2),pts(:,3),'MarkerFaceColor','b')
view([2 3 2])
```

```
pts=Table[Point[Table[RandomReal[],{3}]],{20}];
p1=Graphics3D[{RGBColor[0,0,1],PointSize[0.02],pts}];
Show[p1,ViewPoint->{2,3,2}]
```

Aufgabe 3.24. (Poisson-Prozess). Ⓥ An einer Umgehungsstraße soll eine neue Radar-Anlage installiert werden. Da die Anschaffung der modernen Anlage sehr teuer ist, wird zunächst stichprobenweise über einen längeren Zeitraum an zufällig ausgewählten Tagen mithilfe einer mobilen Anlage untersucht, wie hoch die zu erwartenden Einnahmen sind. Diese Untersuchung ergibt, dass täglich durchschnittlich 80 Fahrzeuge zu schnell unterwegs sind.

a) Wie groß ist die Wahrscheinlichkeit, dass an einem Tag mehr als 90 Fahrzeuge geblitzt werden?

b) Wie groß ist die Wahrscheinlichkeit, dass innerhalb einer Woche jeden Tag weniger als 70 Fahrzeuge geblitzt werden?

c) An wie vielen Tagen im Jahr kann man mehr als 100 geblitzte Fahrzeuge erwarten?

Aufgabe 3.25 (Poisson-Prozess). Ein Supermarkt möchte die Auslastung seiner Kassen analysieren. Untersuchungen haben ergeben, dass durchschnittlich 7 Kunden pro Minute den Kassenbereich erreichen. Insgesamt sind 12 Kassen gleichzeitig geöffnet und ein Bezahlvorgang dauert durchschnittlich 90 Sekunden.

a) Wie groß ist die Wahrscheinlichkeit, dass innerhalb von 30 Sekunden höchstens 2 Kunden im Kassenbereich ankommen?

b) Wie groß ist die Wahrscheinlichkeit, dass innerhalb von 10 Sekunden kein Kunde im Kassenbereich ankommt?

c) Wie groß ist die Wahrscheinlichkeit, dass innerhalb von 20 Sekunden mehr als 1 Kunde im Kassenbereich ankommt?

d) Bestimmen Sie die erwartete Dauer zwischen dem Eintreffen von zwei Kunden im Kassenbereich.

e) Wie groß ist die Wahrscheinlichkeit, dass zwischen dem Eintreffen von zwei Kunden im Kassenbereich mehr als 10 Sekunden liegen?

f) Wie groß darf die erwartete Anzahl Kunden pro Minute höchstens sein, damit die Kassen nicht ausgelastet sind?

g) Bestimmen Sie die erwartete Ankunftsdauer von zwei Kunden im Kassenbereich, wenn im Mittel alle Kassen ausgelastet sind.

Aufgabe 3.26 (Compound-Poisson-Prozesse). Denken Sie sich einige Anwendungsbeispiele für Compound-Poisson-Prozesse aus. Formulieren Sie Ihre zugehörigen Überlegungen mathematisch exakt. Tipp: Denken Sie an Lebensversicherungen, Umweltkatastrophen wie ausgelaufenes Erdöl, Räuber-Beute-Systeme in der Ökologie, Kosten für Systemausfälle, etc.

Aufgabe 3.27 (Compound-Poisson-Prozess). Ⓑ Die Anzahl der Schadensfälle pro Tag einer Versicherung kann mithilfe eines homogenen Poisson-Prozesses mit $\lambda = 5$ modelliert werden. Es werden also pro Tag 5 Schadensfälle erwartet. Vereinfachend wird angenommen, dass die gemeldeten Schadensfälle in drei Kategorien eingeteilt werden: Klein-, Mittel- und Großschäden. Für kleine Schäden muss die Versicherung 1000 € zahlen, für mittlere 10 000 € und für große 100 000 €. Bei den gemeldeten Schäden handelt es sich zu 90 % um einen kleinen Schaden, zu 9 % um einen mittleren und zu 1 % um einen großen Schaden.

a) Wie kann die Versicherung Ihre Ausgaben modellieren?

b) Bestimmen Sie die Wahrscheinlichkeit, dass die Versicherung an einem Tag mehr als 12 000 € ausgeben muss.

c) Bestimmen Sie Erwartungswert, Varianz und Standardabweichung der Ausgaben für eine Woche.

d) Die Versicherung hat für das kommende Jahr (=365 Tage) Rücklagen in Höhe von 5.3 Mio. Euro gebildet. Reichen diese erwartungsgemäß aus?

e) Wie hoch müssen die Rücklagen der Versicherung für ein Jahr (=365 Tage) mindestens sein, dass sie mit einer Wahrscheinlichkeit von 95 % ausreichen, d. h. es gilt

$$P(Y(365) \leq y) = 0.95?$$

Nähern Sie diesen Wert über die Normalverteilung an.

f) In welchem σ-Intervall um den Erwartungswert liegen die Ausgaben der Versicherung für ein Jahr zu 95 %, d. h. es gilt

$$P(\mu - k\sigma \leq Y(365) \leq \mu + k\sigma) = 0.95,$$

wobei $\mu = E(Y(365))$ und $\sigma = \sqrt{V(Y(365))}$? Nähern Sie diesen Wert über die Normalverteilung an (siehe dazu Abschn. 2.3.2.3 und Imkamp und Proß 2021, Abschn. 6.3.2).

Bemerkung zu d) und e): Der zentrale Grenzwertsatz (siehe Satz. 2.20 und Imkamp und Proß 2021, Abschn. 6.4.1) kann hier zwar nicht direkt angewendet werden, da die Anzahl der Events nicht deterministisch ist, trotzdem kann man zeigen, dass unter gewissen Voraussetzungen dieser Ansatz als Näherung für große Zeitintervalle $[0;t]$ verwendet werden kann (siehe z. B. Kaas u. a. 2008, Kap. 3 und Cottin und Döhler 2013, Abschn. 2.6.3).

Aufgabe 3.28. (Simulation einer zeitstetigen Markoff-Kette). Ⓥ
Führen Sie mit MATLAB oder Mathematica eine Simulation für die zeitstetige Markoff-Kette in Aufg. 3.19 durch (siehe Abb. 3.58). Wählen Sie $\vec{v}^{(0)} = \begin{pmatrix} 1 & 0 & 0 & 0 \end{pmatrix}$ und $T = 30$.

Aufgabe 3.29 (Simulation eines Geburts- und Todesprozesse). Ⓑ Entwickeln Sie mit MATLAB oder Mathematica ein Programm, mit dem Geburts- und Todesprozesse mit endlichem Zustandsraum ($\mathscr{Z} = \{0;1;2;\dots;N\}$) und konstanten Geburts- λ und Todesraten μ simuliert werden können.

Aufgabe 3.30 (Simulation eines zusammengesetzten Poisson-Prozesses). Ⓑ Gegeben sei der in Aufg. 3.27 beschriebene Anwendungsfall einer Versicherung.

a) Simulieren Sie die Ausgaben der Versicherung mithilfe von MATLAB oder Mathematica.

b) Erweitern Sie Ihr in a) entwickeltes Programm, so dass N Simulationen ausgeführt werden können und diese in einer Grafik dargestellt werden.

c) Führen Sie mit Ihrem in b) entwickelten Programm 1000 Simulationen durch. Berechnen Sie mit Ihren Simulationsergebnissen näherungsweise, wie hoch die Rücklagen der Versicherung für ein Jahr (= 365 Tage) mindestens sein müssen, damit sie mit einer Wahrscheinlichkeit von 95 % ausreichen, d. h., es gilt

$$P(Y(365) \leq y) = 0.95.$$

Vergleichen Sie Ihre Ergebnisse mit denen aus Aufg. 3.27 e).

3.3 Markoff-Prozesse: Brown'sche Bewegung und Wiener Prozess

Wir verallgemeinern die Def. 3.4 (Markoff-Kette) und Def. 3.22 (zeitstetige Markoff-Kette), sodass der Parameterraum $T \subseteq \mathbb{R}_+$ (zeitstetig oder -diskret) und auch der Zustandsraum $\mathbb{Z} \subseteq \mathbb{R}$ sein kann.

Definition 3.27. Sei $T \subset \mathbb{R}_+$ und $(X(t))_{t \in T}$ ein stochastischer Prozess über einem Wahrscheinlichkeitsraum $(\Omega, \mathscr{A}, P)$. Dann heißt dieser Prozess ein *Markoff-Prozess*, wenn für jede Borel'sche Menge $B \in \mathscr{A}$ gilt

$$P(X(t) \in B | X(r), \ r \leq s) = P(X(t) \in B | X(s))$$

für $s, t \in T$ mit $s < t$.

Def. 3.27 besagt wieder die Markoff-Eigenschaft, dass das stochastische Verhalten des Prozesses $(X(t))_{t \in T}$ – genauer: die bedingte Wahrscheinlichkeitsverteilung von $X(t)$ – nur vom Wert des Prozesses zum Zeitpunkt s abhängt, wenn der Prozess bis zum Zeitpunkt s einschließlich bereits abgelaufen ist.

3.3.1 Einführendes Beispiel

Als Beispiel für einen zeitstetigen Prozess mit stetigem Zustandsraum wollen wir aus dem eindimensionalen symmetrischen Random Walk , den wir in Abschn. 3.1.1 kennengelernt haben (siehe Bsp. 3.1), die so genannte *Brown'sche Bewegung* (auch *Wiener-Prozess* genannt) herleiten.

Beispiel 3.45 (Brown'sche Bewegung). Die Brown'sche Bewegung wurde von dem schottischen Botaniker Robert Brown (1773–1858) im Jahre 1827 entdeckt, und stellt die irreguläre Wärmebewegung kleiner Pflanzenpollen in Wasser dar.

In Bsp. 3.1 haben wir uns den Random Walk als Spiel vorgestellt, bei dem der Spieler entweder einen Euro an die Bank bezahlen muss oder einen Euro von der Bank erhält. Wir können uns hierbei aber auch ein bei 0 startendes Teilchen vorstellen, das sich auf einer Achse in jedem Zeitschritt um eine Längeneinheit mit jeweils gleicher Wahrscheinlichkeit nach oben oder unten bewegt. Somit befindet es sich nach dem ersten Sprung jeweils mit der Wahrscheinlichkeit $\frac{1}{2}$ bei 1 oder -1. Wir können mit MATLAB bzw. Mathematica einen solchen Random Walk, z. B. mit $n = 20$ Zeitschritten, simulieren (siehe auch Abschn. 3.1.6):

```
n=20;
x=zeros(n+1,1);
y=2*(rand(n,1)<=0.5)-1;
for i=1:n
    x(i+1)=x(i)+y(i);
end
scatter(0:n,x,'filled')
xlabel('t')
ylabel('x')
```

In Mathematica gibt es für den Random Walk bereits eine vordefinierte Funktion:

```
RanWalk=RandomFunction[RandomWalkProcess[0.5],{0,20}]
ListPlot[RanWalk,AxesLabel->{"t","x"}]
```

Eine mögliche Realisierung ist in Abb. 3.60 dargestellt.

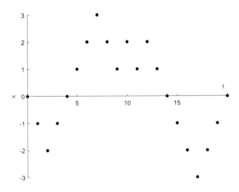

Abb. 3.60: Eine mögliche Realisierung eines eindimensionalen Random Walks mit $n = 20$ Zeitschritten

Nun verändern wir dieses Modell, so dass das Teilchen seine Position nach jeweils Δt Zeiteinheiten (ZE) jeweils mit der Wahrscheinlichkeit $\frac{1}{2}$ um $\sqrt{\Delta t}$ oder $-\sqrt{\Delta t}$ verändert (siehe Abb. 3.61).

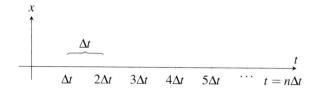

Abb. 3.61: Unterteilung der Zeitachse in Intervalle der Länge Δt

D. h., für die Zufallsvariable Y_i

$$Y_i = \text{Änderung der Position des Teilchens in } \Delta t \text{ ZE}$$

gilt $P\left(Y_i = \sqrt{\Delta t}\right) = \frac{1}{2}$ und $P\left(Y_i = -\sqrt{\Delta t}\right) = \frac{1}{2}$ mit

$$E(Y_i) = \frac{1}{2}\sqrt{\Delta t} - \frac{1}{2}\sqrt{\Delta t} = 0$$
$$V(Y_i) = \frac{1}{2}\left(\sqrt{\Delta t} - 0\right)^2 + \frac{1}{2}\left(-\sqrt{\Delta t} - 0\right)^2 = \Delta t.$$

Die Position des Teilchens nach n Schritten ergibt sich durch

$$X(t) = X(n\Delta t) = \sum_{i=1}^{n} Y_i$$

und stellt ebenfalls eine Zufallsvariable dar. Es gilt

$$E(X(t)) = \sum_{i=1}^{n} E(Y_i) = 0$$
$$V(X(t)) = \sum_{i=1}^{n} V(Y_i) = n \cdot V(Y_i) = n\Delta t = t.$$

In Abb. 3.62 ist jeweils eine mögliche Realisierung eines eindimensionalen Random Walks mit verschiedenen Werten für Δt dargestellt.

Nach dem zentralen Grenzwertsatz (siehe Satz 2.20 und Imkamp und Proß 2021, Abschn. 6.4.1) gilt für $n \to \infty$, d. h. $\Delta t \to 0$, dass $X(t)$ normalverteilt ist mit $\mu = 0$ und $\sigma = t$:

$$X(t) \sim N(0, t).$$

Da die einzelnen Positionsänderungen Y_i des Teilchens unabhängig voneinander sind, können wir daraus schließen, dass auch die Zuwächse ($t_k > t_{k-1}$)

$$Y_k = X(t_k) - X(t_{k-1}) \quad \forall k \in \{1; 2; 3; \ldots; n\}$$

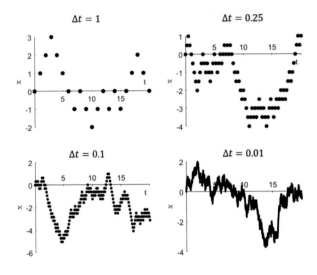

Abb. 3.62: Jeweils eine mögliche Realisierung eines eindimensionalen Random Walks mit verschiedenen Werten für Δt

unabhängig sind (siehe Def. 3.24). Demnach handelt es sich nach dem folgenden Satz (Verallgemeinerung von Satz 3.9) um einen Markoff-Prozess.

Satz 3.11. Ein stochastischer Prozess $(X(t))_{t \in T}$ mit $X(t_0) = 0$ als Startwert und unabhängigen Zuwächsen ist ein Markoff-Prozess.

(siehe Beweis von Satz 3.9.)

Definition 3.28. Ein stochastischer Prozess $(X(t))_{t \in T}$ über einem Wahrscheinlichkeitsraum $(\Omega, \mathscr{A}, P)$ heißt *Prozess mit stationären Zuwächsen*, wenn für alle Zeitpunkte $t_2 > t_1 > 0$ und $r > 0$ die Verteilung der Zufallsvariablen

$$X(t_2) - X(t_1)$$

mit der Verteilung der Zufallsvariablen

$$X(t_{2+r}) - X(t_{1+r})$$

übereinstimmt.

Bei einem Prozess mit stationären Zuwächsen hängt die Verteilung der Zuwächse nur von der Länge des Intervalls $(t_1; t_2]$ und nicht von der exakten Position auf der Zeitachse. Wir wollen zeigen, dass es sich bei dem betrachteten stochastischen Prozess um einen mit stationären Zuwächsen handelt.

Für $0 \le t_1 < t_2$ gilt mit $t_1 = n_1 \Delta t$ und $t_2 = n_2 \Delta t$

$$X(t_1) = X(n_1 \Delta t) = \sum_{i=1}^{n_1} Y_i$$

$$X(t_2) = X(n_2 \Delta t) = \sum_{i=1}^{n_2} Y_i$$

$$X(t_2) - X(t_1) = \sum_{i=1}^{n_2} Y_i - \sum_{i=1}^{n_1} Y_i = \sum_{i=n_1+1}^{n_2} Y_i$$

und damit

$$E(X(t_2) - X(t_1)) = \sum_{i=n_1+1}^{n_2} E(Y_i) = 0$$

$$V(X(t_2) - X(t_1)) = \sum_{i=n_1+1}^{n_2} V(Y_i) = (n_2 - n_1) V(Y_i)$$

$$= (n_2 - n_1) \Delta t = n_2 \Delta t - n_1 \Delta t = t_2 - t_1.$$

Die Verteilung der Zuwächse hängt nur von der Länge des Intervalls $[t_1; t_2]$ ab. Für den Grenzübergang ($\Delta t \to 0$) gilt nach dem zentralen Grenzwertsatz (siehe Satz 2.20)

$$X(t_2) - X(t_1) \sim N(0, t_2 - t_1) \quad \forall t_2 > t_1 \ge 0.$$

Es handelt sich damit um einen Prozess mit stationären Zuwächsen.

Kommen wir nochmal auf unsere Teilchenbewegung zurück. Die Zufallsvariable $X(t)$ ist die x-Koordinate des Teilchens zum Zeitpunkt t in einem Koordinatensystem (siehe Abb. 3.60). Die Abbildung $t \to X(t)$, die der Zeit t die x-Koordinate $X(t)$ zuordnet, heißt *Brown'scher Pfad*. Dieser beschreibt eine stetige Bewegung.

Die Zufallsvariable $X(t_2) - X(t_1)$ mit $t_2 > t_1$ gibt die Änderung der x-Koordinate des Brown'schen Teilchens während des Zeitintervalls $[t_1; t_2]$ an. Wegen der Zufälligkeit der Bewegung der Wassermoleküle sind alle Zufallsvariablen $X(t_2) - X(t_1)$ für beliebige Zeitintervalle $[t_1; t_2]$ unabhängig. Wir haben also einen Prozess mit unabhängigen Zuwächsen, der bei null beginnt. Nach Satz 3.11 handelt es sich somit um einen Markoff-Prozess.

Da sich das Brown'sche Teilchen mit gleicher Wahrscheinlichkeit bei jedem Stoß in jede Richtung bewegen kann, nimmt die x-Koordinate bei jedem Stoß mit gleicher Wahrscheinlichkeit zu oder ab. Daher gilt

$$E(X(t_2) - X(t_1)) = 0. \quad \blacktriangleleft$$

3.3.2 Definition und Beispiele

Die folgende Definition der Brown'schen Bewegung, die Norbert Wiener (1894–1964, amerikanischer Mathematiker) zu Ehren auch als *Wiener-Prozess* bezeichnet wird, berücksichtigt diese Überlegungen und Erkenntnisse.

Definition 3.29. Ein stochastischer Prozess $(B(t))_{t \in \mathbb{R}_+}$ über einem Wahrscheinlichkeitsraum $(\Omega, \mathscr{A}, P)$ mit stetigen Pfaden und $B(0) = 0$ heißt *Standard-Wiener-Prozess* oder *Standard-Brown'sche Bewegung*, wenn gilt

1. Für beliebige Zeitpunkte $t_0 < t_1 < ... < t_n$ sind die Zuwächse

$$B(t_k) - B(t_{k-1})$$

   für alle $k \in \{1, 2, ..., n\}$ stochastisch unabhängig.
2. Die Zuwächse

$$B(t) - B(s)$$

   sind $N(0, t-s)$-verteilt für $0 \leq s < t$.

Bemerkung 3.5.

1. Die zweite Eigenschaft in Def. 3.29 besagt, dass die Verteilung der Zuwächse sich nicht ändert, wenn zu den Zeitschritten t und s jeweils der gleiche Zeitschritt r addiert wird. Wie wir bereits gezeigt haben, ist der Wiener-Prozess ein Prozess mit unabhängigen und stationären Zuwächsen. Derartige Prozesse heißen *Lévy-Prozesse*, benannt nach dem franz. Mathematiker Paul Lévy (1886–1971).
2. In der Literatur ist es häufig üblich, die Bedingung $B(0) = 0$ nur mit Wahrscheinlichkeit 1, d. h., *P-fast sicher* anzugeben. Manchmal wird nur die Stetigkeit *fast* aller Pfade gefordert (siehe z. B. Gänssler und Stute 2013 oder Weizsäcker und Winkler 1990).
3. Aus der Bedingung $B(0) = 0$ und der zweiten Eigenschaft ergibt sich direkt

$$B(t) \sim N(0, t).$$

4. Die Brown'sche Bewegung und der Wiener-Prozess spielen noch eine wichtige Rolle in Kap. 9.

Beispiel 3.46. Wir betrachten einen Standard-Wiener-Prozess $B(t)$ und bestimmen die Wahrscheinlichkeit $P(1 < B(2) < 3)$. Hierbei ist $B(2)$ eine normalverteilte Zufallsvariable mit $\mu = 0$ und $\sigma^2 = t = 2$, d. h.

$$B(2) \sim N(0,2).$$

Damit erhalten wir die gesuchte Wahrscheinlichkeit

$$P(1 < B(2) < 3) = P\left(\frac{1}{\sqrt{2}} < \frac{B(2)}{\sqrt{2}} < \frac{3}{\sqrt{2}}\right)$$

$$= \Phi\left(\frac{3}{\sqrt{2}}\right) - \Phi\left(\frac{1}{\sqrt{2}}\right)$$

$$= 0.9831 - 0.7602 = 0.2229.$$

Die Wahrscheinlichkeit, dass der Prozess zum Zeitpunkt $t = 2$ einen Wert zwischen 1 und 3 annimmt, beträgt 22.29 %. ◀

Beispiel 3.47. Wir betrachten einen Standard-Wiener-Prozess $B(t)$ und bestimmen den Wert $b_{0.95}$, der mit einer Wahrscheinlichkeit von 95 % nach $t = 3$ Zeiteinheiten nicht überschritten wird. Gesucht ist das 95 %-Quantil der $N(0,3)$-Verteilung. Es gilt

$$P(B(3) \leq b_{0.95}) = 0.95$$

$$P\left(\frac{B(3)}{\sqrt{3}} \leq \frac{b_{0.95}}{\sqrt{3}}\right) = 0.95$$

$$\frac{b_{0.95}}{\sqrt{3}} = 1.6449$$

$$b_{0.95} = 1.6449 \cdot \sqrt{3} = 2.8491$$

Zum Zeitpunkt $t = 3$ wird der Wert $b_{0.95} = 2.8491$ mit einer Wahrscheinlichkeit von 95 % nicht überschritten. ◀

Beispiel 3.48. Wir betrachten einen Standard-Wiener-Prozess $B(t)$ und bestimmen ein symmetrisches Intervall um den Erwartungswert, in dem sich der Wert des Prozesses nach $t = 5$ Zeiteinheiten mit einer Wahrscheinlichkeit von 95 % befindet.

Dies führt uns auf die σ-Intervalle (siehe Tab. 2.1 und Imkamp und Proß 2021, Abschn. 6.3). Beispielsweise gilt für eine $N(\mu, \sigma^2)$-verteilte Zufallsvariable, dass sie mit einer Wahrscheinlichkeit von 95.45 % in einem Intervall von zwei Standardabweichungen um den Erwartungswert liegt.

Wir berechnen das 1.96σ-Intervall für die $N(0,5)$-verteilte Zufallsvariable $B(5)$:

$$(-1.96\sqrt{t}; 1.96\sqrt{t}) = (-1.96 \cdot \sqrt{5}; 1.96 \cdot \sqrt{5}) = (-4.3827; 4.3827).$$

Nach 5 Zeiteinheiten wird der Prozess mit einer Wahrscheinlichkeit von 95 % einen Wert zwischen -4.3827 und 4.3827 annehmen. ◀

Wenn der normierte Prozess

$$B(t) = \frac{W(t) - \mu t}{\sigma}$$

ein Standard-Wiener-Prozess ist mit $\mu \in \mathbb{R}$ und $\sigma > 0$, dann heißt $W(t)$ Wiener-Prozess mit *Drift* μ und *Volatilität* σ. $W(t)$ ergibt sich wegen

$$W(t) = \mu t + \sigma B(t)$$

aus dem Standard-Wiener-Prozess. Damit können auch stochastische Prozesse abgebildet werden, die tendenziell eher steigen ($\mu > 0$) oder fallen ($\mu < 0$).

Definition 3.30. Ist $(B(t))_{t \in \mathbb{R}_+}$ ein Standard-Wiener-Prozess, so nennt man den stochastischen Prozess

$$W(t) = \mu t + \sigma B(t)$$

verallgemeinerten Wiener-Prozess mit Drift μ und Volatilität σ.

Für den verallgemeinerten Wiener-Prozess mit Drift μ und Volatilität σ gilt

$$E(W(t)) = E(\mu t + \sigma B(t)) = \mu t$$
$$V(W(t)) = V(\mu t + \sigma B(t)) = \sigma^2 V(B(t)) = \sigma^2 t.$$

Damit ist $W(t)$ normalverteilt mit den Parametern μt und $\sigma^2 t$, d. h.

$$W(t) \sim N(\mu t, \sigma^2 t).$$

Beispiel 3.49. Wir betrachten den verallgemeinerten Wiener-Prozess $W(t)$ mit $\mu = 0.04$ und $\sigma = 0.2$ und bestimmen die Wahrscheinlichkeit, dass der Prozess zum Zeitpunkt $t = 20$ einen Wert größer als 1 annimmt:

$$P(W(20) > 1) = P\left(\frac{W(20) - \mu \cdot 20}{\sigma \cdot \sqrt{20}} > \frac{1 - \mu \cdot 20}{\sigma \cdot \sqrt{20}} \right)$$
$$= 1 - \Phi\left(\frac{1 - 0.04 \cdot 20}{0.2 \cdot \sqrt{20}} \right) = 1 - \Phi(0.2236) = 0.4115.$$

Mit einer Wahrscheinlichkeit von 41.15 % wird der Prozess zum Zeitpunkt $t = 20$ einen Wert größer 1 annehmen.

Für Erwartungswert und Varianz ergeben sich

$$E(W(20)) = \mu \cdot 20 = 0.8$$
$$V(W(20)) = \sigma^2 t = \sigma^2 \cdot 20 = 0.8.$$

Nach 20 Zeiteinheiten wird ein Wert von 0.8 erwartet bei einer Standardabweichung von 0.8944. ◀

Beispiel 3.50 (Wertpapierrendite). Den finanziellen Erfolg eines Wertpapiers (Gewinn oder Verlust) zum Zeitpunkt t kann man mit

$$S(t) - S(0)$$

ermitteln, wobei $S(t)$ den Kurs des Wertpapiers zum Zeitpunkt t angibt und entsprechend $S(0)$ den Kurs zum Zeitpunkt 0.

Teilt man diese Differenz durch den Anfangswert $S(0)$, dann spricht man vom *relativen Erfolg* des Wertpapiers

$$\frac{S(t) - S(0)}{S(0)}.$$

Den relativen Erfolg bezeichnet man auch als *Rendite* des Wertpapiers. Der Ausdruck

$$W(t) = \ln\left(1 + \frac{S(t) - S(0)}{S(0)}\right) = \ln\left(\frac{S(t)}{S(0)}\right)$$

wird *stetige Rendite* genannt.

Wir wollen die stetige Rendite des Wertpapiers mithilfe eines Wiener-Prozesses (siehe Def. 3.30) darstellen. Wir wählen dazu $\mu = 0$ als erwartete stetige Rendite pro Tag und $\sigma^2 = 0.01^2$ als Varianz der täglichen stetigen Rendite. Es gilt somit

$$W(t) = \mu t + \sigma B(t) = 0.01 B(t),$$

wobei $B(t)$ ein Standard-Wiener-Prozess (siehe Def. 3.29) ist.

Es soll die stetige Rendite bestimmt werden, die ausgehend vom Zeitpunkt $t_0 = 0$ nach 4 Tagen mit einer Wahrscheinlichkeit von maximal 5 % unterschritten wird. Das bedeutet, wir suchen das 0.05-Quantil der Normalverteilung mit $\mu = 0$ und $\sigma^2 = 0.01^2 \cdot 4$:

$$W(4) \sim N(0, 0.01^2 \cdot 4)$$
$$P(W(4) < w_{0.05}) = 0.05$$
$$P\left(\frac{W(4) - 0}{\sqrt{4} \cdot 0.01} < \frac{w_{0.05} - 0}{\sqrt{4} \cdot 0.01}\right) = 0.05$$
$$\frac{w_{0.05}}{2 \cdot 0.01} = -1.65$$
$$w_{0.05} = -1.65 \cdot 2 \cdot 0.01 = -0.033.$$

Mit einer Wahrscheinlichkeit von 95 % unterschreitet das Wertpapier eine stetige Rendite -0.033 nach 4 Tagen nicht. Somit gilt

$$\ln\left(1 + \frac{S(t) - S(0)}{S(0)}\right) = -0.033$$

$$\frac{S(t) - S(0)}{S(0)} = e^{-0.033} - 1 = -0.032.$$

Das Wertpapier weist nach 4 Tagen mit höchstens 5 % Wahrscheinlichkeit eine geringere Rendite als $-3.2\,\%$ auf.   ◀

Wenn wir im vorherigen Beispiel nicht die (stetige) Rendite des Wertpapiers abbilden wollen, sondern die Kursentwicklung, dann führt uns das auf den sogenannten *geometrischen Wiener-Prozess.*

Aus der stetigen Rendite ergibt sich nach Umstellung

$$W(t) = \ln\left(\frac{S(t)}{S(0)}\right)$$

$$e^{W(t)} = \frac{S(t)}{S(0)}$$

$$S(t) = S(0)e^{W(t)}.$$

Der Aktienkurs lässt sich aus dem verallgemeinerten Wiener-Prozess $W(t)$ mithilfe der Transformation

$$S(t) = S(0)e^{W(t)}$$

bestimmen.

Definition 3.31. Ist $(W(t))_{t\in\mathbb{R}_+}$ ein verallgemeinerter Wiener-Prozess mit *Drift* μ und *Volatilität* σ, so nennt man den stochastischen Prozess

$$S(t) = S(0)e^{W(t)} = S(0)e^{\mu t + \sigma B(t)}$$

einen *geometrischen Wiener-Prozess.*

Da $W(t) \sim N(\mu t, \sigma^2 t)$, ist $\frac{S(t)}{S(0)}$ logarithmisch normalverteilt (kurz: lognormalverteilt) mit den Parametern μt und $\sigma^2 t$ (siehe Abschn.2.3.2.3, und für einen detaillierteren Überblick Imkamp und Proß 2021, Abschn. 6.4.5), d. h.,

$$\frac{S(t)}{S(0)} \sim LN(\mu t, \sigma^2 t).$$

Man beachte, dass μt und $\sigma^2 t$ Erwartungswert und Varianz der Zufallsvariablen $W(t)$ sind. Für den Erwartungswert und die Varianz der lognormalverteilten Zufallsvariablen $\frac{S(t)}{S(0)}$ gilt

$$E\left(\frac{S(t)}{S(0)}\right) = e^{\mu t + \frac{\sigma^2}{2}t}$$

$$V\left(\frac{S(t)}{S(0)}\right) = e^{2\mu t + \sigma^2 t}\left(e^{\sigma^2 t} - 1\right)$$

und damit gilt für $S(t)$

$$E(S(t)) = S(0)e^{\mu t + \frac{\sigma^2}{2}t}$$
$$V(S(t)) = S(0)^2 e^{2\mu t + \sigma^2 t}\left(e^{\sigma^2 t} - 1\right)$$

(Transformation von Erwartungswert und Varianz, siehe Abschn. 2.3.2.1 und z. B. Imkamp und Proß 2021, Abschn. 6.1 und Fahrmeir u. a. 2016, Abschn. 6.2).

Beweis. Wir zeigen zuerst die Formel für den Erwartungswert. Es gilt

$$S(t) = S(0)e^{W(t)} = S(0)e^{\mu t + \sigma B(t)} = S(0)e^{\mu t}e^{\sigma B(t)}.$$

Wir betrachten zunächst $e^{\sigma B(t)}$. Für den Erwartungswert einer Zufallsvariablen $Y(t) = g(B(t)) = e^{\sigma B(t)}$ gilt

$$E(Y(t)) = E(g(B(t))) = \int_{-\infty}^{\infty} g(x)f(x)dx = \int_{-\infty}^{\infty} e^{\sigma x}f(x)dx,$$

wobei $f(x)$ die Dichte der Zufallsvariablen $B(t)$ ist. Nach Def. 3.29 besitzt $B(t)$ eine $N(0,t)$-Verteilung. Somit gilt wegen $\sigma^2 = t$:

$$\begin{aligned}
E\left(e^{\sigma B(t)}\right) &= \frac{1}{\sqrt{2\pi t}}\int_{-\infty}^{\infty} e^{\sigma x}e^{-\frac{x^2}{2t}}dx \\
&= \frac{1}{\sqrt{2\pi t}}\int_{-\infty}^{\infty} e^{-\frac{1}{2t}x^2 + \sigma x}dx \\
&= e^{\frac{\sigma^2}{2}t}\frac{1}{\sqrt{2\pi t}}\int_{-\infty}^{\infty} e^{-\frac{1}{2t}(x^2 - 2\sigma tx + \sigma^2 t^2)}dx \\
&= e^{\frac{\sigma^2}{2}t}\frac{1}{\sqrt{2\pi t}}\int_{-\infty}^{\infty} e^{-\frac{1}{2t}(x - \sigma t)^2}dx.
\end{aligned}$$

Das letzte Integral geht mit der Substitution $z := x - \sigma t$ über in

$$e^{\frac{\sigma^2}{2}t}\frac{1}{\sqrt{2\pi t}}\int_{-\infty}^{\infty} e^{-\frac{1}{2t}z^2}dz.$$

Der Integrand $\frac{1}{\sqrt{2\pi t}}e^{-\frac{1}{2t}z^2}$ ist jedoch die Dichtefunktion der $N(0,t)$-Verteilung. Somit gilt

$$\frac{1}{\sqrt{2\pi t}}\int_{-\infty}^{\infty} e^{-\frac{1}{2t}z^2}dz = 1,$$

und es folgt

$$E(e^{\sigma B(t)}) = e^{\frac{\sigma^2}{2}t}.$$

Also gilt

$$
\begin{aligned}
E(S(t)) &= E\left(S(0)e^{\mu t}e^{\sigma B(t)}\right)\\
&= S(0)e^{\mu t}E(e^{\sigma B(t)})\\
&= S(0)e^{\mu t}e^{\frac{\sigma^2}{2}t}\\
&= S(0)e^{\mu t+\frac{\sigma^2}{2}t}.
\end{aligned}
$$

Für die Varianz der Zufallsvariablen $Y(t) = g(B(t)) = e^{\sigma B(t)}$ gilt nach der Steiner'schen Formel (siehe Abschn. 2.3.2.1 und Imkamp und Proß 2021, Abschn. 6.1)

$$
V(Y(t)) = E(Y(t)^2) - E(Y(t))^2.
$$

Für $E(Y(t)^2) = E\left(e^{2\sigma B(t)}\right)$ erhalten wir analog zur Rechnung oben

$$
E\left(e^{2\sigma X(t)}\right) = e^{2\sigma^2 t}
$$

und damit

$$
\begin{aligned}
V\left(e^{\sigma B(t)}\right) &= E\left(e^{2\sigma B(t)}\right) - E\left(e^{\sigma B(t)}\right)^2\\
&= e^{2\sigma^2 t} - e^{\sigma^2 t} = e^{\sigma^2 t}\left(e^{\sigma^2 t} - 1\right).
\end{aligned}
$$

Somit gilt

$$
\begin{aligned}
V(B(t)) &= V\left(S(0)e^{\mu t}e^{\sigma B(t)}\right)\\
&= S(0)^2 e^{2\mu t}V(e^{\sigma B(t)})\\
&= S(0)^2 e^{2\mu t}e^{\sigma^2 t}\left(e^{\sigma^2 t} - 1\right)\\
&= S(0)^2 e^{2\mu t+\sigma^2 t}\left(e^{\sigma^2 t} - 1\right). \qquad \square
\end{aligned}
$$

Wir können, bezogen auf die Zeitentwicklung,

$$
r := \mu + \frac{1}{2}\sigma^2
$$

als Drift der Kursentwicklung interpretieren, d. h., als erwarteten Wachstumsfaktor des Kurses pro Zeiteinheit. Aus dem Drift μ der stetigen Rendite kann der Drift r der Kurse ermittelt werden. Aus diesem Grund wird der geometrische Wiener-Prozess häufig mit dem Drift der Kurse r angegeben:

$$
S(t) = S(0)e^{W(t)} = S(0)e^{\mu t+\sigma B(t)} = S(0)e^{(r-\frac{1}{2}\sigma^2)t+\sigma B(t)}.
$$

Für Erwartungswert und Varianz erhalten wir dann

$$E(S(t)) = S(0)e^{rt}$$
$$V(S(t)) = S(0)^2 e^{2rt} \left(e^{\sigma^2 t} - 1 \right).$$

Beispiel 3.51 (Aktienkurs). Anstelle der (stetigen) Rendite (siehe Bsp. 3.50) wollen wir in diesem Beispiel den Kursverlauf einer Aktie modellieren. Da für die stetige Rendite angenommen wurde

$$W(t) \sim N(\mu t, \sigma^2 t),$$

gilt für den Kursverlauf

$$\frac{S(t)}{S(0)} \sim LN(\mu t, \sigma^2 t).$$

Wir gehen von einem Aktienkurs von 150 € zum Zeitpunkt $t_0 = 0$ aus. Zudem schätzen wir die erwartete stetige Rendite der Aktie pro Jahr auf

$$\mu = 0.048$$

mit einer Varianz von

$$\sigma^2 = 0.0016.$$

Wir wollen den Aktienkurs ermitteln, der innerhalb eines Jahres mit einer Wahrscheinlichkeit von 99 % nicht unterschritten wird. Gesucht ist also das 1 %-Quantil der zugehörigen Lognormalverteilung mit den Parametern μt und $\sigma^2 t$. Beachten Sie, dass hierbei μ dem Erwartungswert, und σ^2 der Varianz der *stetigen* jährlichen Rendite entspricht.

Es gilt

$$\frac{S(1)}{S(0)} \sim LN(0.048, 0.0016).$$

Wir berechnen zunächst das 1 %-Quantil der $N(0.0480, 0.0016)$-Verteilung. Es gilt

$$P(W(1) \leq w_{0.01}) = 0.01$$
$$P\left(\frac{W(1) - \mu}{\sigma} \leq \frac{w_{0.01} - \mu}{\sigma} \right) = 0.01$$
$$\frac{w_{0.01} - \mu}{\sigma} = -2.3264$$
$$w_{0.01} = \mu - 2.3264\sigma$$
$$= 0.048 - 2.3264 \cdot \sqrt{0.0016}$$
$$= -0.0451,$$

und damit ergibt sich das gesuchte Quantil

$$s_{0.01} = e^{w_{0.01}} = e^{-0.0451} = 0.9559.$$

Für den zugehörigen Kurs in € ergibt sich

$$S_{0.01} = S(0)e^{w_{0.01}} = 150 \cdot 0.9559 = 143.39.$$

Der Kurs 143.39 € wird nach einem Jahr mit einer Wahrscheinlichkeit von 99 % nicht unterschritten.

Wir wollen zusätzlich ein symmetrisches Intervall um den erwarteten Kurswert angeben, in dem sich der Kurswert nach einem Jahr mit einer vorgegebenen Wahrscheinlichkeit befindet. Auch hierbei helfen uns die σ-Intervalle weiter (siehe Tab. 2.1 und Imkamp und Proß 2021, Abschn. 6.3).

Für die stetige Rendite nach einem Jahr ergibt sich das 2σ-Intervall

$$(\mu - 2\sigma; \mu + 2\sigma) = (0.048 - 2 \cdot \sqrt{0.0016}; 0.048 + 2 \cdot \sqrt{0.0016})$$
$$= (-0.0320; 0.1280)$$

und damit für den Aktienkurs (in €)

$$\left(150e^{-0.0320}; 150e^{0.1280}\right) = (145.28; 170.48).$$

Mit einer Wahrscheinlichkeit von 95.45 % liegt der Aktienkurs nach einem Jahr in dem Intervall $(145.28 €; 170.48 €)$.

Erwartungswert und Varianz des Aktienkurses nach einem Jahr ergeben sich zu

$$E(S(1)) = S(0)e^{\mu \cdot 1 + \frac{\sigma^2}{2} \cdot 1} = 150e^{0.048 + \frac{0.0016}{2}} = 157.50$$
$$V(S(1)) = S(0)^2 e^{2\mu \cdot 1 + \sigma^2 \cdot 1} \left(e^{\sigma^2 \cdot 1} - 1\right)$$
$$= 150^2 e^{2 \cdot 0.048 \cdot 1 + 0.0016 \cdot 1} \left(e^{0.0016 \cdot 1} - 1\right) = 39.72.$$

Nach einem Jahr wird ein Kurs von 157.50 € erwartet bei einer Standardabweichung von 6.30 €. ◄

3.3.3 Simulation des Wiener-Prozesses

Für die Simulation wird der zeitstetige Wiener-Prozess diskretisiert, d. h., es werden nur Werte zu bestimmten Zeitpunkten $0 = t_0 < t_1 < t_2 < \cdots < t_n = T$ berechnet. Damit lässt er sich auch als Random-Walk mit normalverteilten Zufallsvariablen interpretieren.

Gestartet wird gemäß Def. 3.29 zum Zeitpunkt $t_0 = 0$ mit $B(0) = 0$. Wir gehen im Folgenden von äquidistanten Abständen zwischen zwei betrachteten Zeitpunkten aus, d. h., es gilt

$$\Delta t = t_k - t_{k-1} \quad \forall k \in \{1; 2; \ldots; n\}.$$

Da für die Zuwächse gilt

$$B(t_k) - B(t_{k-1}) \sim N(0, \Delta t) \quad \forall k \in \{1; 2; \ldots; n\},$$

können die Werte erzeugt werden mit

$$B(t_k) = B(t_{k-1}) + \sqrt{\Delta t} \cdot z_k,$$

wobei $z_k \sim N(0, 1)$, $k \in \{1; 2; \ldots; n\}$.

In MATLAB kann man für die Simulation eines Wiener-Prozesses eine Funktion erstellen

```
function B=stdWienerProzess(deltat,T)
    B(1)=0; n=T/deltat;
    for k=1:n
        B(k+1)=B(k)+sqrt(deltat)*randn;
    end
```

Durch den Aufruf

```
deltat=0.1; T=20;
B=stdWienerProzess(deltat,T);
```

wird ein Pfad des Prozesses auf dem Intervall $[0; 20]$ mit einer Schrittweite von $\Delta t = 0.1$ realisiert.

Die *Financial Toolbox* in MATLAB beinhaltet bereits eine vordefinierte Funktion für den Wiener-Prozess und dessen Simulation

```
deltat=0.1; T=20;
n=T/deltat;
wp=bm(0,1); %Standard-Wiener-Prozess
[B,t]=simulate(wp,n,'DeltaTime',deltat,'nTrials',1);
```

Mit DeltaTime kann man die Schrittweite, und mit nTrial die Anzahl der Pfade festlegen.

Auch in Mathematica steht für den Wiener-Prozess bereits eine integrierte Funktion zur Verfügung

```
bm=RandomFunction[WienerProcess[0,1],{0,20,0.1}]
```

Abb. 3.63 stellt beispielhaft fünf Pfade eines Standard-Wiener-Prozesses dar.

Wie in Def. 3.30 angegeben, erhält man mit der Transformation

$$W(t) = \mu t + \sigma B(t)$$

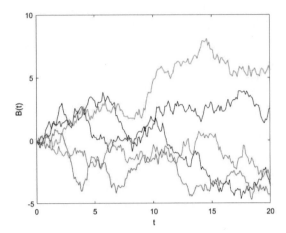

Abb. 3.63: Fünf Pfade eines Standard-Wiener-Prozesses auf $[0; 20]$, diskretisiert mit
der Schrittweite $\Delta t = 0.1$

aus dem Standard-Wiener-Prozess einen verallgemeinerten Wiener-Prozess mit Drift
μ und Volatilität σ. Dies kann in MATLAB wie folgt genutzt werden

```
mu=0.04; sigma=0.02; deltat=0.1; T=20;
W=mu*(0:deltat:T)+sigma*stdWienerProzess(deltat,T);
```

oder man greift auf die Funktionen der *Financial Toolbox* zurück:

```
mu=0.04; sigma=0.2; deltat=0.1; T=20; n=T/deltat;
wp=bm(mu,sigma);
[W,t]=simulate(wp,n,'DeltaTime',deltat);
```

In Mathematica kann man die integrierte Funktion wie folgt nutzen:

```
bm=RandomFunction[WienerProcess[0.04,0.2],{0,20,0.1}]
```

Abb. 3.64 stellt einen Pfad eines solchen Wiener-Prozesses, diskretisiert mit $\Delta t =$
0.1, auf $[0; 20]$ mit Drift $\mu = 0.04$ und Volatilität $\sigma = 0.2$ dar.

Nach Def. 3.31 erhält man aus dem verallgemeinerten Wiener-Prozess mit Drift μ
und Volatilität σ mit der Transformation

$$S(t) = S(0)e^{W(t)} = S(0)e^{\mu t + \sigma B(t)} = S(0)e^{(r - \frac{1}{2}\sigma^2)t + \sigma B(t)}$$

den geometrischen Wiener-Prozess. Damit ergibt sich der geometrische Wiener-
Prozess in MATLAB wie folgt aus dem Standard-Wiener-Prozess

```
mu=0.04; sigma=0.2; deltat=0.1; T=20; S0=100;
W=mu*(0:deltat:T)+sigma*stdWienerProzess(deltat,T);
S=S0*exp(W);
```

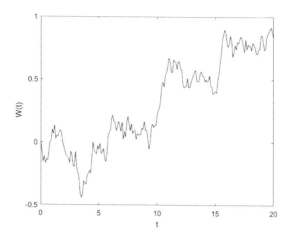

Abb. 3.64: Ein Pfad eines verallgemeinerten Wiener-Prozesses, diskretisiert mit
$\Delta t = 0.1$, auf $[0; 20]$ mit Drift $\mu = 0.04$ und Volatilität $\sigma = 0.2$

Die *Financial Toolbox* stellt auch für den geometrischen Wiener-Prozess eine Funktion zur Verfügung. Hier muss allerdings der Drift der Kurse $r = \mu + \frac{\sigma^2}{2}$ übergeben werden.

```
mu=0.04; sigma=0.2; deltat=0.1; T=20; n=T/deltat; S0=100; r=mu+sigma^2/2;
wp=gbm(r,sigma,'StartState',S0);
[S,t]=simulate(wp,n,'DeltaTime',deltat);
```

Auch in Mathematica ist das der Fall

```
wp=RandomFunction[GeometricBrownianMotionProcess[0.04+0.2^2/2,0.2,100],
          {0,20,0.1}]
```

Abb. 3.64 stellt einen Pfad eines solchen geometrischen Wiener-Prozesses, diskretisiert mit der Schrittweite $\Delta t = 0.1$ auf $[0; 20]$, mit Driftparameter $\mu = 0.04$, Volatilität $\sigma = 0.2$ und $S(0) = 100$ dar.

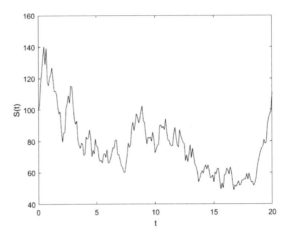

Abb. 3.65: Ein Pfad eines geometrischen Wiener-Prozesses, diskretisiert mit $\Delta t =$ 0.1 auf $[0; 20]$, mit Drift $\mu = 0.04$, Volatilität $\sigma = 0.2$ und $S(0) = 100$

3.3.4 Aufgaben

Aufgabe 3.31. Ⓥ Sei $B(t)$ ein Standard-Wiener-Prozess. Bestimmen Sie für den Zeitpunkt $t = 3$

a) $P(B(3) > 1)$,

b) $P(1 < B(3) < 3)$,

c) den Wert, der mit einer Wahrscheinlichkeit von 99 % nicht unterschritten wird und

d) das 2σ-Intervall.

Aufgabe 3.32. Ⓑ Sei $W(t)$ ein verallgemeinerter Wiener-Prozess mit Drift $\mu = 1$ und Volatilität $\sigma = 0.8$. Bestimmen Sie für den Zeitpunkt $t = 6$

a) $P(5 < W(6) < 8)$

b) den Erwartungswert und

c) die Varianz.

Aufgabe 3.33. (B) Sei $S(t)$ ein geometrischer Wiener-Prozess mit Drift $\mu = 0.005$, Volatilität $\sigma = 0.15$ und Startwert $S(0) = 100$.

a) Simulieren Sie 1000 Pfade des geometrischen Wiener-Prozesses mit MAT-LAB oder Mathematica auf $[0; 50]$ mit der Schrittweite $\Delta t = 0.1$.

b) Stellen Sie fünf Pfade in einer gemeinsamen Grafik dar.

c) Schätzen Sie das 0.95-Quantil zum Zeitpunkt $t = 50$ mithilfe der Simulationsergebnisse und vergleichen Sie es mit dem theoretischen Wert.

Aufgabe 3.34 (Aktienkurs). (B) Für eine Aktie mit einem Kurs von 200 GE („Geldeinheiten") zum Zeitpunkt $t = 0$ wird angenommen, dass sich die stetigen Renditen mithilfe eines Wiener-Prozesses abbilden lassen. Es wird pro Jahr eine stetige Rendite von $\mu = 0.1$ erwartet bei einer Varianz von $\sigma^2 = 0.15$.

a) Bestimmen Sie den Kurs, der nach einer Woche ($= \frac{1}{52}$ Jahr) mit einer Wahrscheinlichkeit von 95 % nicht unterschritten wird.

b) Bestimmen Sie das 3σ-Intervall für die stetige Rendite nach einer Woche. Geben Sie die Wahrscheinlichkeit an, mit der die stetige Rendite nach einer Woche innerhalb von diesem Intervall liegt und bestimmen Sie das zugehörige Intervall für den Aktienkurs.

c) Bestimmen Sie die Wahrscheinlichkeit, mit der ein Aktienkurs von über 220 GE nach einer Woche erreicht wird.

d) Bestimmen Sie den erwarteten Kurs nach einer Woche und die zugehörige Varianz.

e) Simulieren Sie die Entwicklung des Aktienkurses für ein Jahr mit MATLAB oder Mathematica.

Kapitel 4

Martingale

Es ist der Traum eines jeden Glücksspielers, ein gerechtes Spiel in eines mit eigenem Vorteil zu verwandeln. Mathematisch gesprochen: Man will aus dem Erwartungswert null einen positiven Erwartungswert machen. Unter Roulette-Spielern ist eine Progression bekannt, die sich *Martingal* nennt. Sie besagt: Verdopple, wenn du verlierst! Angenommen, man setzt 10 € auf Rot. Kommt Rot, so hört man auf und hat 10 € gewonnen, da Rot 1:1 ausbezahlt wird. Verliert man jedoch, so setzt man beim nächsten Mal 20 €. Kommt dann Rot, so hat man netto 10 € gewonnen. Verliert man, so setzt man 40 €, dann 80 € etc. Da irgendwann Rot kommen muss, scheint das System auf den ersten Blick todsicher zu sein. Es funktioniert aber nur, wenn man unendlich viel Kapital zur Verfügung hat (womit sich die Motivation zu spielen dann wohl in Grenzen hält!) und es kein Tischlimit gibt (tatsächlich gibt es in allen Casinos - nicht zuletzt auch zu deren Schutz - an den Tischen obere Grenzen dessen, was auf eine Chance wie Rot gesetzt werden darf). Real kann man mit dem beschriebenen System beim Versuch, 10 € oder einen anderen kleineren Betrag zu gewinnen, ein Vermögen verlieren. So viel als Warnung!

4.1 Grundbegriffe und Beispiele

Die Idee eines gerechten Spiels, eines so genannten Martingals, stammt von Louis Bachelier (1870–1946, franz. Mathematiker), der diesen Begriff 1900 in die Finanzmathematik einführte. Andere Mathematiker, wie Paul Lévy (1886–1971) oder Joseph L. Doob (1910–2004), entwickelten das Martingal weiter zu einem der wichtigsten stochastischen Prozesse. Seine Bedeutung und Anwendung reicht weit von der Optionspreistheorie, der Theorie der Verzweigungsprozesse, über die Potentialtheorie bis hin zur stochastischen Analysis. Wir wollen in diesem Abschnitt die mathematischen Grundlagen der Martingale erarbeiten und beginnen mit einem Beispiel.

Ergänzende Information Die elektronische Version dieses Kapitels enthält Zusatzmaterial, auf das über folgenden Link zugegriffen werden kann https://doi.org/10.1007/978-3-662-66669-2_4.

T. Imkamp, S. Proß, *Einstieg in stochastische Prozesse*,
https://doi.org/10.1007/978-3-662-66669-2_4

Beispiel 4.1. Ein Glücksspieler spielt eine Folge von gleichartigen Spielen, bei denen er jeweils mit der gleichen Wahrscheinlichkeit gewinnt oder verliert, seinen Einsatz aber variieren kann. Sei $(Y_n)_{n \in \mathbb{N}}$ eine Folge unabhängiger, identisch verteilter Zufallsvariablen mit

$$P(Y_n = 1) = P(Y_n = -1) = \frac{1}{2} \quad \forall n \in \mathbb{N}.$$

Dabei bedeutet $Y_n = 1$, dass der Spieler das n-te Spiel gewinnt, und $Y_n = -1$, dass der Spieler das n-te Spiel verliert. Der Einsatz w_n, den der Spieler im n-ten Spiel riskiert, orientiert sich an den Ergebnissen der vorherigen Spiele, es ist also

$$w_n = w_n(Y_1, Y_2, ..., Y_{n-1}).$$

Sei X_0 das Anfangskapital des Spielers. Der uns interessierende stochastische Prozess ist die Kapitalentwicklung des Spielers $(X_n)_{n \in \mathbb{N}}$. Dabei ist X_n der Kapitalstand nach dem n-ten Spiel. Es gilt also

$$X_n = X_0 + \sum_{i=1}^{n} w_i Y_i.$$

Wir berechnen nun den (bedingten) Erwartungswert

$$E(X_{n+1} | Y_1, ..., Y_n),$$

also das zu erwartende Kapital des Spielers nach dem $(n+1)$-ten Spiel in Abhängigkeit von den bisherigen Ergebnissen.

$$
\begin{aligned}
E(X_{n+1} | Y_1, ..., Y_n) &= E(X_n | Y_1, ..., Y_n) + E(w_{n+1} Y_{n+1} | Y_1, ..., Y_n) \\
&= X_n + w_{n+1} E(Y_{n+1} | Y_1, ..., Y_n) \\
&= X_n + w_{n+1} E(Y_{n+1}) \\
&= X_n.
\end{aligned}
$$

Falls Ihnen einzelne Schritte unklar sind, gibt es hier eine kurze Erklärung der Gleichheiten: Die erste Gleichheit gilt wegen $X_{n+1} = X_n + w_{n+1} Y_{n+1}$ und der Linearität von Erwartungswerten (siehe Satz 2.6), die zweite aufgrund der Tatsache, dass X_n und w_{n+1} durch die Werte von $Y_1, ..., Y_n$ vollständig bestimmt sind. Die dritte und die vierte Gleichheit erklären sich daraus, dass $(Y_n)_{n \in \mathbb{N}}$ eine unabhängige Folge von Zufallsvariablen ist, deren Erwartungswerte null sind.

Was sagt uns das Ergebnis

$$E(X_{n+1} | Y_1, ..., Y_n) = X_n$$

im Kontext? Im Falle der Übereinstimmung von Gewinn- und Verlustwahrscheinlichkeit ist das Spiel fair, egal, welche Wettstrategie der Spieler aufgrund bisheriger Ergebnisse befolgt. Über die Werte w_n wird ja oben nichts weiter ausgesagt, als dass sie in Abhängigkeit von den bisherigen Ergebnissen gewählt werden. Somit ist es für den Spieler unmöglich, einen Vorteil für sich herauszuspielen! Das sind schlechte Nachrichten für Roulettespieler, die ja durch die Existenz der Zero schon genug gestraft sind.   ◀

Das vorherige Beispiel motiviert die folgende Definition.

Definition 4.1. Ein stochastischer Prozess $(X_n)_{n\in\mathbb{N}}$ über einem Wahrscheinlichkeitsraum $(\Omega, \mathscr{A}, P)$ heißt (zeitdiskretes) *Martingal* bezüglich eines Prozesses $(Y_n)_{n\in\mathbb{N}}$ (über dem gleichen Wahrscheinlichkeitsraum), wenn gilt

$$E(|X_n|) < \infty \quad \text{und} \quad E(X_{n+1}|Y_1,...,Y_n) = X_n \quad \forall n \in \mathbb{N}.$$

Weitere, wichtige stochastische Prozesse im Zusammenhang mit Martingalen, sind die *Supermartingale*, bei denen der Spieler im Mittel Verluste macht, und *Submartingale*, bei denen er im Mittel Gewinn macht (Merkregel: Supermartingale sind super für die Spielbank!).

Definition 4.2. Ein stochastischer Prozess $(X_n)_{n\in\mathbb{N}}$ über einem Wahrscheinlichkeitsraum $(\Omega, \mathscr{A}, P)$ heißt (zeitdiskretes) *Submartingal* bezüglich eines Prozesses $(Y_n)_{n\in\mathbb{N}}$ (über dem gleichen Wahrscheinlichkeitsraum), wenn gilt

$$E\left(X_n^+\right) < \infty \quad \text{und} \quad E(X_{n+1}|Y_1,...,Y_n) \geq X_n \quad \forall n \in \mathbb{N},$$

und entsprechend *Supermartingal*, wenn gilt

$$E\left(X_n^-\right) < \infty \quad \text{und} \quad E(X_{n+1}|Y_1,...,Y_n) \leq X_n \quad \forall n \in \mathbb{N},$$

Beispiel 4.2 (Pólya's Urnenmodell). In einer Urne befinden sich weiße und schwarze Kugeln. Eine Kugel wird zufällig gezogen, dann wieder zurückgelegt, gemeinsam mit zwei weiteren Kugeln derselben Farbe (siehe auch Imkamp und Proß 2021, Abschn. 5.4.2).

Sei etwa $(Y_n)_{n\in\mathbb{N}}$ eine Folge von Zufallsvariablen, sodass $Y_n = 1$, wenn im n-ten Zug eine weiße, und $Y_n = 0$, wenn im n-ten Zug eine schwarze Kugel gezogen wird. Y_n ist also die Indikatorvariable des Ereignisses: *Im n-ten Zug wird eine weiße Kugel gezogen*.

Sei X_n der Anteil weißer Kugeln in der Urne nach dem n-ten Zug (dieser Anteil ist abhängig von den Indikatorvariablen $Y_1,...,Y_n$). Dann ist $(X_n)_{n\in\mathbb{N}}$ ein Martingal bezüglich $(Y_n)_{n\in\mathbb{N}}$.

Dies lässt sich folgendermaßen zeigen: Sei w_n die Anzahl weißer und s_n die Anzahl schwarzer Kugeln nach dem n-ten Zug. Dann gilt $X_n = \frac{w_n}{w_n+s_n}$. Es gilt $E(|X_n|) =$

$E(X_n) \leq 1$, also insbesondere $E(|X_n|) < \infty$. Wird im $(n+1)$-ten Zug eine weiße Kugel gezogen (nämlich mit der Wahrscheinlichkeit $\frac{w_n}{w_n+s_n}$), dann ändert sich die Anzahl der weißen Kugeln, nicht jedoch die der schwarzen Kugeln nach dem $(n+1)$-ten Zug. Es gilt

$$w_{n+1} = w_n + 2, \ s_{n+1} = s_n.$$

Wird im $(n+1)$-ten Zug eine schwarze Kugel gezogen (nämlich mit der Wahrscheinlichkeit $\frac{s_n}{w_n+s_n}$), dann ändert sich nur die Anzahl der schwarzen Kugeln nach dem $(n+1)$-ten Zug:

$$w_{n+1} = w_n, \ s_{n+1} = s_n + 2.$$

Somit gilt

$$
\begin{aligned}
E(X_{n+1}|Y_1,...,Y_n) &= \frac{w_n+2}{w_n+s_n+2} \cdot \frac{w_n}{w_n+s_n} + \frac{w_n}{w_n+s_n+2} \cdot \frac{s_n}{w_n+s_n} \\
&= \frac{w_n}{w_n+s_n} \\
&= X_n,
\end{aligned}
$$

also die Martingal-Eigenschaft.   ◀

Martingale lassen sich auch aus Markoff-Ketten konstruieren, wie das nächste Beispiel zeigt.

Beispiel 4.3. Sei $(X_n)_{n\in\mathbb{N}}$ eine Markoff-Kette mit dem Zustandsraum $\mathscr{Z} = \mathbb{Q} \cap]0;1[$ und $r,s \in \mathscr{Z}$ mit $r \leq s$. Für $X_n = q \in \mathscr{Z}$ sei

$$P(X_{n+1} = rq) = 1 - q,$$

und

$$P(X_{n+1} = rq + 1 - s) = q.$$

(Machen Sie sich klar, dass $0 < rq + 1 - s < 1$ gilt!) Dann ist $(X_n)_n$ ein Martingal (bezüglich sich selbst), falls $r = s$ und ein Supermartingal, falls $r < s$. Es gilt nämlich wegen der Markoff-Eigenschaft im Fall $r = s$

$$
\begin{aligned}
E(X_{n+1}|X_1,...,X_n) &= E(X_{n+1}|X_n) \\
&= rX_n(1 - X_n) + rX_n + 1 - s \\
&= X_n(1 - r - s) \\
&= X_n.
\end{aligned}
$$

Analog folgt im Fall $r < s$

$$E(X_{n+1}|X_1,...,X_n) < X_n.$$

Die Endlichkeit der Erwartungswerte ist aufgrund des gewählten Zustandsraumes trivial.   ◀

Beispiel 4.4. Martingale spielen auch eine Rolle im Zusammenhang mit Aktienkursen: Sei $(X_n)_{n \in \mathbb{N}}$ der Prozess, der den Kurs einer bestimmten Aktie am Tag n beschreibt. Angenommen, ein Börsenhändler kauft am n-ten Tag a_n Aktien dieser Sorte. Sein Gewinn (oder Verlust!) am $(n+1)$-ten Tag beträgt dann $a_n(X_{n+1} - X_n)$. Der Prozess $(M_n)_{n \in \mathbb{N}}$ mit

$$M_n = \sum_{i=1}^{n-1} a_i(X_{i+1} - X_i),$$

wobei M_n also den Kapitalstand des Börsenhändlers am n-ten Tag angibt, ist ein Martingal, denn

$$
\begin{aligned}
E(M_{n+1}|M_1, ..., M_n) &= E(M_n + a_n(X_{n+1} - X_n)|M_1, .., M_n) \\
&= E(M_n|M_1, ..., M_n) + E(a_n(X_{n+1} - X_n)|M_1, ..., M_n) \\
&= M_n + a_n E(X_{n+1} - X_n|M_1, ..., M_n) \\
&= M_n + a_n E(X_{n+1} - X_n) \\
&= M_n,
\end{aligned}
$$

da der letzte Erwartungswert auf der rechten Seite null ist. Wir werden auf dieses Beispiel noch einmal in Abschn. 9.2 bei der Einführung stochastischer Integrale zurückkommen. ◄

Beispiel 4.5. Als letztes Beispiel eines zeitdiskreten Martingals betrachten wir einen Verzweigungsprozess $(X_n)_{n \in \mathbb{N}_0}$ mit dem Zustandsraum $\mathscr{Z} = \mathbb{N}_0$ (siehe Abschn. 3.1.5). Sei $X_0 = 1$ und $X_{n+1} = \sum_{i=1}^{X_n} Z_i$, wobei alle Z_i unabhängige, identisch verteilte Zufallsvariablen sind mit dem gemeinsamen endlichen Erwartungswert $\mu > 0$. Dann ist $\frac{X_n}{\mu^n}$ ein Martingal.

Dies sieht man so:

$$
\begin{aligned}
E\left(\frac{X_{n+1}}{\mu^{n+1}} \bigg| X_0 = x_0, ..., X_n = x_n\right) &= E\left(\frac{X_{n+1}}{\mu^{n+1}} \bigg| X_n = x_n\right) \\
&= \frac{1}{\mu^{n+1}} E(X_{n+1}|X_n = x_n) \\
&= \frac{1}{\mu^{n+1}} \sum_{k \geq 0} k P(X_{n+1} = k|X_n = x_n) \\
&= \frac{1}{\mu^{n+1}} \sum_{k \geq 0} k P\left(\sum_{i=1}^{X_n} Z_i = k\right) \\
&= \frac{1}{\mu^{n+1}} E\left(\sum_{i=1}^{X_n} Z_i\right) \\
&= \frac{1}{\mu^{n+1}} x_n \mu
\end{aligned}
$$

$$= \frac{1}{\mu^n} X_n. \qquad \blacktriangleleft$$

Für theoretisch interessierte Leser, die mathematisch noch ein wenig tiefer in die Thematik eintauchen wollen, werden wir die Def. 4.1 und 4.2 jetzt etwas abstrakter fassen, und einerseits den Begriff der σ-Algebra verwenden, andererseits zeitstetige Martingale definieren, die eine wichtige Rolle in der stochastischen Analysis spielen. Wir betrachten dazu einen Wahrscheinlichkeitsraum $(\Omega, \mathscr{A}, P)$, auf dem die Zufallsvariablen $(X_n)_{n\in\mathbb{N}}$ definiert sind, und eine Folge von Sub-σ-Algebren $(\mathscr{F}_n)_{n\in\mathbb{N}}$ von $\mathscr{A}$, sodass für $n \leq m$ gilt $\mathscr{F}_n \subset \mathscr{F}_m$ (Isotonieeigenschaft).

Definition 4.3. Ein stochastischer Prozess $(X_n)_{n\in\mathbb{N}}$ über einem Wahrscheinlichkeitsraum $(\Omega, \mathscr{A}, P)$ heißt $\mathscr{F}_n$-*adaptiert*, wenn für alle $n \in \mathbb{N}$ und $a \in \mathbb{R}$ gilt

$$\{X_n \leq a\} \in \mathscr{F}_n.$$

Man sagt auch: X_n ist $\mathscr{F}_n$-messbar.

Somit verallgemeinern wir die Def. 4.1 und 4.2:

Definition 4.4. Ein stochastischer Prozess $(X_n)_{n\in\mathbb{N}}$ über einem Wahrscheinlichkeitsraum $(\Omega, \mathscr{A}, P)$, der adaptiert ist zu einer isotonen Folge von Sub-σ-Algebren von $\mathscr{A}$ heißt (zeitdiskretes) *Martingal*, wenn gilt

$$E(|X_n|) < \infty \quad \text{und} \quad E(X_{n+1}|\mathscr{F}_n) = X_n \quad \forall n \in \mathbb{N}.$$

Analog werden Sub- und Super-Martingal definiert.

Noch allgemeiner können wir zeitstetige Prozesse $(X(t))_{t\geq 0}$ und Familien $(\mathscr{F}_t)_t$ von Sub-σ-Algebren von $\mathscr{A}$ betrachten.

Definition 4.5. Sei $T \subset [0;\infty[$. Eine Familie $(\mathscr{F}_t)_{t\in T}$ von Sub-σ-Algebren von $\mathscr{A}$ heißt *Filtration*, wenn für $s \leq t$ gilt

$$\mathscr{F}_s \subset \mathscr{F}_t.$$

Eine Filtration ist also eine isotone Familie von Sub-σ-Algebren von $\mathscr{A}$. Anschaulich modelliert eine solche Filtration durch ihre σ-Algebren alle verfügbaren Informationen, sodass z. B. die zu $\mathscr{F}_t$ gehörenden Mengen die gesamte verfügbare Information bis zum Zeitpunkt t beinhalten. Durch die Isotonie der Filtrationen gilt

Informationserhaltung, sodass die in der Vergangenheit erhaltenen Informationen über den Prozess nicht mehr verloren gehen.

Beispiel 4.6. Sei $T = [0; \infty[$, $(X(t))_{t \in T}$ ein stochastischer Prozess und

$$\mathscr{F}_t := \sigma(X(s)|s \leq t).$$

Dann ist $(\mathscr{F}_t)_{t \in T}$ eine Filtration, die sogenannte *natürliche Filtration* von $(X(t))_{t \in T}$. Das heißt, zu jedem Zeitpunkt $t \in T$ ist die vollständige Information über die Vergangenheit des Prozesses bis zum Zeitpunkt t verfügbar. ◄

Der Begriff der Adaptation wird hier analog zu Def. 4.3 gefasst.

Definition 4.6. Ein stochastischer Prozess $(X(t))_{t \in T}$ über einem Wahrscheinlichkeitsraum $(\Omega, \mathscr{A}, P)$ heißt $\mathscr{F}_t$-*adaptiert*, wenn für alle $t \in T$ die Zufallsvariable $X(t)$ $\mathscr{F}_t$-messbar ist.

Eine solche Adaptation von $(X(t))_{t \in T}$ an die Filtration $(\mathscr{F}_t)_{t \in T}$ bedeutet die Bekanntheit der Information über den Verlauf der Pfade („Realisierungen") $s \rightarrow X(s, \omega)$ des Prozesses für $s \in [0; t]$ zum Zeitpunkt t (siehe Def. 1.2). Wenn für das Ereignis $E \subset \Omega$ gilt $E \in \mathscr{F}_t$, ist also klar, ob der Pfad $X(\omega)$ zu E gehört, oder nicht.

Als allgemeine Definition des Martingals formulieren wir:

Definition 4.7. Sei $T \subset [0; \infty[$. Ein stochastischer Prozess $(X(t))_{t \in T}$ über einem Wahrscheinlichkeitsraum $(\Omega, \mathscr{A}, P)$, der adaptiert ist zu einer Filtration $(\mathscr{F}_t)_{t \in T}$, heißt $\mathscr{F}_t$-*Martingal*, wenn gilt

$$E(|X(t)|) < \infty \; \forall t \in T \quad \text{und} \quad E(X(t)|\mathscr{F}_s) = X(s) \quad \text{für } s \leq t.$$

Analog werden Sub- und Super-Martingal definiert.

Beispiel 4.7. Ein $(\mathscr{F}_t)_t$-adaptierter Prozess $(X(t))_{t \in T}$ mit von $\mathscr{F}_s$ unabhängigen Zuwächsen $X(t) - X(s)$ für $s < t$ mit Erwartungswert null ist ein $\mathscr{F}_t$-Martingal. Es gilt nämlich für $s < t$ (und für $s = t$ trivialerweise)

$$\begin{aligned}
E(X(t)|\mathscr{F}_s) &= E(X(s)|\mathscr{F}_s) + E(X(t) - X(s)|\mathscr{F}_s) \\
&= E(X(s)|\mathscr{F}_s) + E(X(t) - X(s)) \\
&= E(X(s)|\mathscr{F}_s) + 0 \\
&= E(X(s)|\mathscr{F}_s) \\
&= X(s).
\end{aligned}$$

Ein solcher Prozess ist also einer, dessen Zuwächse die Vergangenheit nicht kennen. ◄

Bemerkung 4.1. Insbesondere ist der Standard-Wiener-Prozess aus Abschn. 3.3 ein zeitstetiges Martingal. Dies wird in Kap. 9 noch eine Rolle spielen, wenn es um Varianten des Wiener-Prozesses geht.

4.2 Simulation des Martingals

Wir wollen eine Simulation für ein Roulettespiel entwickeln, bei dem der Einsatz in einer Runde nach der zu Beginn dieses Kapitels erwähnten Martingal-Strategie bestimmt wird: Verdopple den Einsatz E, wenn du verlierst, und kehre zum Starteinsatz S zurück, wenn du gewinnst. Wir setzen immer auf Rot und die Anzahl der Spielrunden n ist vorgegeben.

Beim Roulette gibt es 18 rote und 18 schwarze Felder sowie die grüne Null. Wenn Rot fällt und wir gewinnen, behalten wir unseren Einsatz und erhalten einen Gewinn in der gleichen Höhe von der Bank. Fällt Schwarz, so geht unser Einsatz an die Bank. Fällt die Null („Zero"), dann wird der Einsatz gesperrt und in der nächsten Runde entschieden, ob der Einsatz verloren geht oder der Spieler ihn zurück erhält. Wir vereinfachen die Regeln an dieser Stelle, und werten den Ausgang, dass Zero fällt, als verlorenes Spiel. Für weitere Details zu den Spielregeln sowie Analysen der Martingal-Strategie sei auf Koken 2016 und Basieux 2012 verwiesen.

In MATLAB können wir die Simulation eines solchen Roulettespiels wie folgt umsetzen:

```matlab
%Eingaben:
n=11; %Anzahl Spielrunden
S=10; %Starteinsatz
%Simulation:
i=1; G(1)=0; E=S;
col=[0 1 2 1 2 1 2 1 2 1 2 2 1 2 1 2 1 2 1
     1 2 1 2 1 2 1 2 1 2 2 1 2 1 2 1 2 1]; %0 - zero, 1 - rot, 2 - schwarz
while i<=n
    x=randi(37); %Zufallszahl im Bereich 1 bis 37
    z(i)=x-1; %Zahl
    c(i)=col(x); %Farbe
    if c(i)==0 || c(i)==2 %zero oder schwarz -> Verlust
        G(i+1)=G(i)-E;
        E=2*E; %verdopple Einsatz
    else %rot -> Gewinn
        G(i+1)=G(i)+E;
        E=S; %kehre zum Starteinsatz zurueck
    end
    i=i+1;
end
%Darstellung der Simulationsergebnisse:
```

```
plot(0:i-1,G)
xlabel('Runde'); ylabel('Gewinn/Verlust');
```

Eine Variante in Mathematica:

```
n=11;
col={1,2,1,2,1,2,1,2,1,2,2,1,2,1,2,1,2,1,
    1,2,1,2,1,2,1,2,1,2,2,1,2,1,2,1,2,1,0}; (*0-zero,1-rot,2-schwarz*)
z[i_]:=z[i]=RandomInteger[{1,37}];
c[i_]:=c[i]=col[[z[i]]]; (*0 entspricht 37*)
s[1]:=10;
s[i_]:=s[i]=If[c[i-1]==1,s[1],2*s[i-1]]
(*rot-1 -> Einfacher Einsatz, zero-0 oder schwarz-2->verdoppeln*)
Gew[0]:=0;
Gew[i_]:=Gew[i]=If[c[i]==1,Gew[i-1]+s[i],Gew[i-1]-s[i]]
(*Zero oder Schwarz: Verlust, sonst Gewinn*)
DiscretePlot[Gew[i],{i,0,n},
AxesLabel->{"Runde","Gewinn/Verlust"}]
```

In der Abb. 4.1 sind vier Simulationsergebnisse des Roulette-Spiels mit der Martingal-Strategie dargestellt.

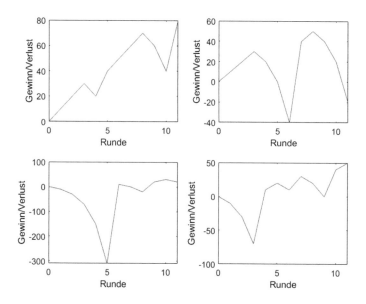

Abb. 4.1: Vier Simulationsergebnisse des Roulette-Spiels mit der Martingal-Strategie (Starteinsatz $S = 10$ und Rundenanzahl $n = 11$)

Wenn wir im MATLAB-Code oben eine Funktion G=roulette(n,S) erstellen und die Parameter n (Rundenanzahl) und S (Starteinsatz) übergeben, können wir die Simulation mehrfach ausführen und erhalten auf diese Weise mehrere Ergebnisse, die wir in einer Matrix speichern und anschließend auswerten können. Wir führen

100 000 Simulationen mit jeweils elf Runden und einem Starteinsatz von 10 € durch und berechnen verschiedene Kennzahlen.

```
n=11; S=10; nSims=100000; %Anzahl Simulatioen
for k=1:nSims
    G(:,k)=roulette(n,S);
end
min(G(end,:))
max(G(end,:))
mean(G(end,:))
median(G(end,:))
std(G(end,:))
quantile(G(end,:),0.1)
quantile(G(end,:),0.05)
quantile(G(end,:),0.01)
posG=size(find(G(end,:)>=0),2)/nSims
negG=1-posG
```

In Mathematica kann man eine zweite Variable m verwenden:

```
n=11;
col={1,2,1,2,1,2,1,2,1,2,2,1,2,1,2,1,2,1,1,2,1,
    2,1,2,1,2,1,2,2,1,2,1,2,1,2,1,0}; (*0-zero,1-rot,2-schwarz*)
z[i_,m_]:=z[i,m]=RandomInteger[{1,37}];
c[i_,m_]:=c[i,m]=col[[z[i,m]]]; (*0 entspricht 37*)
s[1,m_]:=10;
s[i_,m_]:=s[i,m]=If[c[i-1,m]==1,s[1,m],2*s[i-1,m]]
(*rot-1 Einfacher Einsatz, zero-0 oder schwarz-2 verdoppeln*)
Gew[0,m_]:=0;
Gew[i_,m_]:=Gew[i,m]=
If[c[i,m]==1,Gew[i-1,m]+s[i,m],Gew[i-1,m]-s[i,m]]
(*Ermittelte Werte:*)
Max[Table[Gew[n,k],{k,1,100000}]]
Min[Table[Gew[n,k],{k,1,100000}]]
Mean[Table[Gew[n,k],{k,1,100000}]]
Median[Table[Gew[n,k],{k,1,100000}]]
StandardDeviation[Table[Gew[n,k],{k,1,100000}]]
Quantile[Table[Gew[n,k],{k,1,100000}],0.1]
Quantile[Table[Gew[n,k],{k,1,100000}],0.05]
Quantile[Table[Gew[n,k],{k,1,100000}],0.01]
```

Bei unserer Simulation ergibt sich als Minimum der maximal mögliche Verlust von

$$(2^n - 1) \cdot S = (2^{11} - 1) \cdot 10 \, € = 20470 \, €.$$

Dieser tritt ein, wenn alle zehn Runden verloren werden, also während dieser Würfe nur Schwarz oder Zero fällt. Die Wahrscheinlichkeit dafür beträgt

$$\left(\frac{19}{37}\right)^{11} \approx 0.0006547$$

also ungefähr 0.065 %. Als Maximum erhalten wir den maximal möglichen Gewinn von

$$n \cdot S = 11 \cdot 10 \, € = 110 \, €.$$

Diesen erhalten wir, wenn wir alle Runden gewinnen und er tritt mit einer Wahrscheinlichkeit von

$$\left(\frac{18}{37}\right)^{11} \approx 0.0003612,$$

also ungefähr 0.036 %, ein.

Wir wollen den Erwartungswert für ein einfaches Martingal (=wir beenden das Spiel, wenn wir gewonnen haben oder die maximale Rundenanzahl n erreicht ist) berechnen. Dazu definieren wir

X= Anzahl der erfolglosen Runden bis zum Ende des Spiels

und

G(x)= Gewinn bzw. Verlust am Ende des Spiels mit x erfolglosen Runden

X ist eine geometrisch verteilte Zufallsvariable. Im Falle eines Gewinns, erhält der Spieler immer $S \,€$, also in unserem Beispiel $10\,€$. Machen Sie sich das deutlich! Z. B. gilt bei einem Gewinn in der 5. Runde (= 4 erfolglose Runden)

$$-10\,€ - 20\,€ - 40\,€ - 80\,€ - 160\,€ + 320\,€ = 10\,€.$$

Allgemein gilt für $x < n$

$$G(x) = -\sum_{i=0}^{x} S \cdot 2^i + 2 \cdot 2^x \cdot S$$
$$= S\left(-(2^{x+1} - 1) + 2^{x+1}\right) = S.$$

Dass $\sum_{i=0}^{x} 2^i = 2^{x+1} - 1$ gilt, kann man mithilfe vollständiger Induktion zeigen (siehe Proß und Imkamp 2018, Aufg. 1.2d)). Für $x = n = 11$ erfolglose Runden ergibt sich der maximale Verlust von $20470\,€$.

Damit erhalten wir den erwarteten Gewinn

$$E(G) = \sum_{x=0}^{n} P(X = x) \cdot G(x) = P(X < n) \cdot S + P(X = n) \cdot \left(-(2^n - 1) \cdot S\right)$$
$$= \left(1 - \left(\frac{19}{37}\right)^n\right) \cdot S + \left(\frac{19}{37}\right)^n \cdot \left(-(2^n - 1) \cdot S\right)$$
$$= S - S \cdot \left(\frac{19}{37}\right)^n - 2^n \cdot S \cdot \left(\frac{19}{37}\right)^n + S \cdot \left(\frac{19}{37}\right)^n$$
$$= S \cdot \left(1 - \left(\frac{38}{37}\right)^n\right).$$

Der Erwartungswert ist immer negativ, unabhängig von unserem Starteinsatz und der maximalen Rundenanzahl! Für unser Zahlenbeispiel ergibt sich ein erwarteter Verlust von $3.41\,€$.

Zudem erhalten wir bei unserer Simulation die in Tab. 4.1 aufgeführten Kennzahlen.

Tab. 4.1: Kennzahlen beim Roulette mit $S = 10$ und $n = 11$, ermittelt durch 100 000 Simulationen

Kennzahl	Wert
Arithmetisches Mittel	-13.20
Median	50
Standardabweichung	661.89
0.1-Quantil	-30
0.05-Quantil	-110
0.01-Quantil	-620

Bei unserer Simulation wurden ca. 86 % der Durchläufe mit einem Gewinn abgeschlossen und dementsprechend 14 % mit einem Verlust. Beachten Sie hierbei, dass der Gewinn doch recht überschaubar ist und der maximal mögliche Verlust sehr hoch!

4.3 Aufgaben

Aufgabe 4.1. Ⓥ Sei $(Y_n)_{n\in\mathbb{N}}$ eine Folge unabhängiger, zentrierter Zufallsvariablen mit $E(|Y_n|) < \infty$ $\forall n \in \mathbb{N}$. Sei

$$X_n := \sum_{i=1}^{n} Y_i.$$

Beweisen Sie, dass $(X_n)_{n\in\mathbb{N}}$ ein Martingal bezüglich $(Y_n)_{n\in\mathbb{N}}$ ist.

Aufgabe 4.2. Ⓑ

    a) Sei $(X_n)_{n\in\mathbb{N}}$ ein Sub-Martingal bezüglich $(Y_n)_{n\in\mathbb{N}}$. Dann ist $(-X_n)_{n\in\mathbb{N}}$ ein Super-Martingal bezüglich $(Y_n)_{n\in\mathbb{N}}$.

    b) Seien $(X_n)_{n\in\mathbb{N}}$ und $(Z_n)_{n\in\mathbb{N}}$ zwei Sub-Martingale bezüglich $(Y_n)_{n\in\mathbb{N}}$. Dann ist $(aX_n + bZ_n)_{n\in\mathbb{N}}$ ein Sub-Martingal bezüglich $(Y_n)_{n\in\mathbb{N}}$ für alle $a,b \in \mathbb{R}_+^*$.

Aufgabe 4.3. Ⓑ Sei X eine Zufallsvariable über einem Wahrscheinlichkeitsraum $(\Omega, \mathscr{A}, P)$ mit $E(|X|) < \infty$ und $(\mathscr{F}_n)_{n\in\mathbb{N}}$ eine isotone Folge von Sub-σ-Algebren von $\mathscr{A}$. Beweisen Sie, dass dann $X_n := E(X|\mathscr{F}_n)$ ein Martingal ist (*Doob-Lévy-Martingal*). Hinweis: Verwenden Sie Satz 2.9.

Aufgabe 4.4. Ⓑ Sei $(\Omega, \mathscr{A}, P)$ ein Wahrscheinlichkeitsraum, $(\mathscr{F}_n)_{n \in \mathbb{N}}$ eine Filtration, und $(X_n)_{n \in \mathbb{N}}$ ein Martingal, also

$$E(X_{n+1} | \mathscr{F}_n) = X_n \ \forall n \in \mathbb{N}.$$

Sei $n \in \mathbb{N}$. Zeigen Sie mit vollständiger Induktion, dass dann für alle $k \in \mathbb{N}$ gilt

$$E(X_{n+k} | \mathscr{F}_n) = X_n.$$

Aufgabe 4.5 (Roulette). Ⓑ Anstelle eines gefährlichen Martingal-Spiels beim Roulette stellen wir uns einen „vorsichtigeren" Spieler vor, der in jeder Spielrunde S € auf Rot setzt. Welchen Gewinn-Erwartungswert hat dieser Spieler nach n Spielrunden? „Zero" soll der Einfachheit halber wieder zum sofortigen Verlust führen. Man nennt diese Spielart mit konstantem Einsatz auch „Masse egal"-Spiel.

Kapitel 5

Warteschlangensysteme

Kein Mensch wartet gerne unnötig. Kommt man zu einer ungünstigen Zeit in einen Supermarkt, so muss man unter Umständen sehr lange an der Kasse anstehen. Ebenso kommt es auf Autobahnen oder im Stadtverkehr zu Staus oder Warteschlangen vor Ampeln. Die Optimierung eines Systems hinsichtlich kurzer Wartezeiten ist also ein wichtiger Bereich der angewandten Mathematik. Da Warteschlangen auch bei technisch-ökonomischen Prozessen (Bedienungszeit von Apparaten oder Maschinen, Abwicklung von Aufträgen, Verkehrs- und Warenlogistik) oder in der Wissenschaft (Signaleingang und –analyse) eine wichtige Rolle spielen, sind die Warteschlangensysteme ein wichtiges Teilgebiet des Operations Research (Unternehmensforschung).

Historisch begann die wissenschaftliche Beschäftigung mit Warteschlangen durch die Arbeiten des dänischen Ingenieurs und Mathematikers A.K. Erlang (1878–1929). Das mathematische Fundament zur Analyse derartiger Systeme sind stochastische Prozesse.

In diesem Kapitel betrachten wir *Warteschlangensysteme* als Anwendung unserer bisherigen Kenntnisse und motivieren wichtige Begriffe. Eine wesentliche Rolle spielen dabei Markoff-Prozesse, speziell Poisson-Prozesse, und die Exponentialverteilung.

5.1 Grundbegriffe

Wir abstrahieren zunächst und betrachten einen Bedienungsschalter, an dem eingehende Forderungen bearbeitet werden. Diese Forderungen bilden eine Warteschlange, weil sie in der Regel nicht alle unmittelbar nach ihrem Eintreffen bearbeitet werden können (siehe Abb. 5.1 mit s Schaltern).

Ergänzende Information Die elektronische Version dieses Kapitels enthält Zusatzmaterial, auf das über folgenden Link zugegriffen werden kann https://doi.org/10.1007/978-3-662-66669-2_5.

T. Imkamp, S. Proß, *Einstieg in stochastische Prozesse*,
https://doi.org/10.1007/978-3-662-66669-2_5

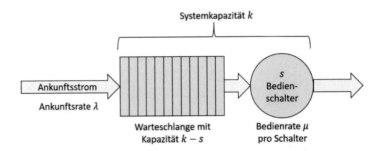

Abb. 5.1: Grundmodell der Warteschlangentheorie

Die Zeiten zwischen zwei aufeinanderfolgenden Forderungen, üblicherweise *Zwischenankunftszeiten* genannt, seien unabhängige und identisch verteilte Zufallsvariablen, die wir mit $Z_1, Z_2, \ldots$ bezeichnen. Z_n bezeichnet also die Zeit, die zwischen der $(n-1)$-ten und der n-ten Forderung vergeht. Sei $N(t)$ die Anzahl der eingehenden Forderungen bis zum Zeitpunkt $t \geq 0$. Dann ist durch $(N(t))_{t \geq 0}$ ein Zählprozess mit $N(0) = 0$ gegeben. Eine geeignete Modellierung hierfür stellt in der Regel (in vielen praktischen Anwendungen) der Poisson-Prozess dar. Es gilt dann

$$P(N(t) = k) = \frac{(\lambda t)^k}{k!} e^{-\lambda t}$$

für $k \in \mathbb{N}_0$.

Wie sieht die Verteilungsfunktion der Zwischenankunftszeiten Z_n aus? Es gilt

$$P(N(t) = k) = P\left(\sum_{i=1}^{k} Z_i \leq t \text{ und } \sum_{i=1}^{k+1} Z_i > t \right).$$

Diese Gleichung bedeutet, dass die Wahrscheinlichkeit, dass die gesamte Zeit bis zur Ankunft der k-ten Forderung höchstens t ist *und* die gesamte Zeit bis zur Ankunft der $k+1$-ten Forderung größer als t ist, genauso groß ist, wie die Wahrscheinlichkeit, dass bis zum Zeitpunkt t genau k Forderungen eingegangen sind.

Somit gilt für die Verteilungsfunktion a der Zwischenankunftszeiten

$$
\begin{aligned}
1 - a(t) &= P(Z_k \geq t) \\
&= P\left(N\left(\sum_{i=1}^{k-1} Z_i + t - \sum_{i=1}^{k-1} Z_i \right) = 0 \right) \\
&= P(N(t) = 0) \\
&= e^{-\lambda t},
\end{aligned}
$$

und wir können wie üblich schreiben

$$a(t) = \begin{cases} 0 & t \leq 0 \\ 1 - e^{-\lambda t} & t > 0. \end{cases}$$

Die Zwischenankunftszeiten sind somit exponentialverteilt zum Parameter λ (siehe auch Abschn. 3.2.3).

Die Bedienung der Forderungen in einer Warteschlange richtet sich nicht immer nach der Reihenfolge ihres Eintreffens: So kann es sein, dass eine bestimmte Forderung höchste Priorität hat und somit bevorzugt bearbeitet bzw. bedient wird. Andererseits kann bei Ablage der Forderungen auf einen Stapel der letzte, also oberste, als nächstes bearbeitet oder bedient werden. Die Reihenfolge der Bearbeitung wird durch die *Warteschlangendisziplin d* geregelt. Wichtige Warteschlangendisziplinen sind:

- FIFO (First In, First Out): Die Forderungen werden in der Reihenfolge bedient, in der sie eintreffen.

- LIFO (Last In, First Out): Die Forderung, die als letzte eingetroffen ist, wird zuerst bedient.

- SIRO (Service In Random Order): Zufällige Auswahl der Forderung, die als nächstes bedient wird.

- PRI (Priority Service): Die Forderungen werden nach Priorität bedient.

Es gibt weitere Warteschlangendisziplinen wie z. B. UTL (Upper Time Limit: Die Forderungen die zuerst fertig werden müssen, werden bevorzugt bearbeitet) oder SJF (Shortest Job First: Die Forderungen mit der kürzesten Bearbeitungszeit werden zuerst bedient). Die am sinnvollsten zu verwendende Warteschlangendisziplin ergibt sich in natürlicher Weise immer aus dem konkreten Sachkontext.

Die Anzahl s der Bedienungsschalter spielt bei der Modellierung ebenfalls eine wichtige Rolle. Es gilt sinnvollerweise $s \in \mathbb{N} \cup \{\infty\}$.

Es kann vorkommen, dass der Wartebereich oder Warteraum, in dem die Forderungen auf ihre Bedienung warten, nicht unbegrenzt ist. Wir führen daher eine Systemkapazität k ein. Diese bezieht sich auf die maximale Anzahl im System befindlichen Forderungen, also Forderungen in der Warteschlange und am Bedienschalter. Es gilt auch hier $k \in \mathbb{N} \cup \{\infty\}$.

> **Bemerkung 5.1.** In der Literatur wird an dieser Stelle manchmal auch nur die Kapazität der Warteschlange angegeben.

Eine weitere durch einen stochastischen Prozess zu modellierende Größe ist die *Bedienungszeit b*. Auch hier gehen wir davon aus, dass es sich bei den jeweiligen Bedienungszeiten um unabhängige, identisch verteilte Zufallsvariablen handelt. Als

Verteilungsfunktion der Bedienungszeiten bietet sich in vielen praktischen Anwendungen die Exponentialverteilung an, also

$$b(t) = \begin{cases} 0 & t \le 0 \\ 1 - e^{-\mu t} & t > 0 \end{cases},$$

mit einem Parameter μ, der sich von dem Parameter λ bei den Zwischenankunftszeiten unterscheidet.

Alle wichtigen Parameter eines Warteschlangensystems werden in der so genannten *Kendall-Notation* dargestellt (David G. Kendall, 1918–2007, britischer Statistiker), die mit unseren eben eingeführten Notationen die folgende Form hat:

$$a|b|s|k|d$$

mit

- a - Modellierung der Zwischenankunftszeiten

- b - Modellierung der Bedienzeiten

- s - Anzahl Bedienschalter

- k - Systemkapazität (Warteschlangenkapazität + Anzahl Bedienschalter)

- d - Warteschlangendisziplin.

Standardmäßig werden u. A. die folgenden Bezeichnungen für die Ankunfts- und Bedienungsprozesse verwendet:

- $M =$ Exponentialverteilung (M kommt von „Markoff-Eigenschaft")

- $D =$ Deterministische, also nicht-zufällige Verteilung

- $GI/G =$ Beliebige Verteilung („General Independent").

Beispiel 5.1. $M|M|1|\infty|FIFO$. Hier kann man sich die Kundenwarteschlange an einen einzigen geöffneten Schalter im Postamt oder einer kleinen Bankfiliale vorstellen, bei der Zwischenankunfts- und Bedienungszeit exponentialverteilt sind und (theoretisch) unendlich viel Platz zur Verfügung steht. Hier geht es immer schön nach der Reihe (siehe auch Abb. 3.59 und Aufg. 3.21)!   ◄

Bemerkung 5.2. Die Symbolik $M|M|1|\infty|FIFO$ wird auch abkürzend $M|M|1$ dargestellt. Allgemein wird beim Fehlen der Angabe von k bzw. d diese auf $k = \infty$ bzw. $d = FIFO$ gesetzt.

Beispiel 5.2. $M|M|3|18|FIFO/PRI$. Dieses Warteschlangensystem könnte z. B. eine Gemeinschaftspraxis von drei Ärzten modellieren, bei der Zwischenankunfts- und Bedienungszeit exponentialverteilt sind, das Wartezimmer jedoch auf 15 Patienten begrenzt ist und somit Behandlungen abgelehnt werden müssen, auch zum Schutz vor Infektionen durch übervolle Gänge. Es geht bei jedem Arzt nach der Reihenfolge der Ankunft bzw. vergebener Termine, aber Notfälle müssen vorrangig behandelt werden. ◀

> **Bemerkung 5.3.** Warteschlangen mit exponentialverteilten Ankunfts- und Bedienzeiten können als Geburts- und Todesprozesse aufgefasst werden (siehe Abschn. 3.2.2). Hierbei entspricht der Ankunftsprozess dem Geburtsprozess und der Bedienprozess dem Todesprozess (siehe auch Aufg. 3.21). Die Abb. 5.2 stellt das Übergangsratendiagramm der $M|M|$1-Warteschlange dar.

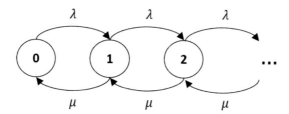

Abb. 5.2: Übergangsratendiagramm einer $M|M|$1-Warteschlange als zeitstetige Markoff-Kette

5.2 Die $M|M|$1-Warteschlange

Wir betrachten jetzt die $M|M|$1-Warteschlangen etwas detaillierter, gehen also von einem Poisson-verteilten Strom an zu bedienenden Forderungen mit einer mittleren Ankunftsrate λ aus. Die Zwischenankunfts- und Bedienungszeiten sind exponentialverteilt mit den Mittelwerten $\frac{1}{\lambda}$ bzw. $\frac{1}{\mu}$ (siehe Abb. 5.3).

In diesem Fall definiert man die *Verkehrsintensität* ρ als

$$\rho := \frac{\frac{1}{\mu}}{\frac{1}{\lambda}} = \frac{\lambda}{\mu}.$$

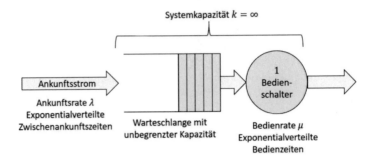

Abb. 5.3: Modell der $M|M|1$-Warteschlange

Dabei gehen wir davon aus, dass $\rho < 1$ gilt, weil sonst die Warteschlange über alle Grenzen anwächst oder nie abgearbeitet wird. Ferner postulieren wir, dass die Anzahl L der aktuell im System befindlichen Forderungen, eine Zufallsvariable mit stationärer Verteilung, also $P(L = n)$ für $n \in \mathbb{N}_0$ zeitunabhängig ist.

Mit diesen Parametern gilt offensichtlich die Gleichung

$$\mu P(L = 1) = \lambda P(L = 0).$$

Für $L = 2$ ist dann

$$\mu P(L = 2) = \lambda P(L = 1) = (\mu + \lambda)P(L = 1) - \lambda P(L = 0)$$

und für eine größere Anzahl an Forderungen $n \in \mathbb{N}$ somit

$$\mu P(L = n + 1) = (\mu + \lambda)P(L = n) - \lambda P(L = n - 1).$$

Diese Gleichung verknüpft die Wahrscheinlichkeit für n Forderungen mit den Wahrscheinlichkeiten für $n - 1$ und $n + 1$ Forderungen. Mithilfe der Verkehrsintensität ρ können wir sie schreiben

$$P(L = n + 1) = \rho P(L = n) + P(L = n) - \rho P(L = n - 1).$$

Satz 5.1. Die Gleichung

$$P(L = n + 1) = \rho P(L = n) + P(L = n) - \rho P(L = n - 1) \ (n \in \mathbb{N}).$$

hat eine stationäre Lösung $P(L = n) = \rho^n - \rho^{n+1}$.

Beweis. Wir zeigen die Behauptung durch Einsetzen. Es gilt

$$
\begin{aligned}
\rho P(L = n) &+ P(L = n) - \rho P(L = n - 1) \\
&= \rho \left(\rho^n - \rho^{n+1} \right) + \rho^n - \rho^{n+1} - \rho \left(\rho^{n-1} - \rho^n \right) \\
&= \rho^{n+1} - \rho^{n+2} + \rho^n - \rho^{n+1} - \rho^n + \rho^{n+1} \\
&= \rho^{n+1} - \rho^{n+2} \\
&= P(L = n + 1).
\end{aligned}
$$
□

Für Erwartungswert und Varianz von L gilt in unserem Fall der folgende Satz.

Satz 5.2. Es gilt

$$
E(L) = \frac{\rho}{1 - \rho}
$$

und

$$
V(L) = \frac{\rho}{(1 - \rho)^2}.
$$

Beweis. Nach der Summenformel für die geometrische Reihe (siehe Abschn. 2.1.1) gilt wegen $\rho < 1$

$$
\sum_{n=0}^{\infty} \rho^n = \frac{1}{1 - \rho}.
$$

Für die erste und zweite Ableitung nach ρ folgt dann

$$
\sum_{n=1}^{\infty} n \rho^{n-1} = \frac{1}{(1 - \rho)^2}
$$

und

$$
\sum_{n=2}^{\infty} n(n - 1) \rho^{n-2} = \frac{2}{(1 - \rho)^3}.
$$

Damit ergibt sich für den Erwartungswert

$$
\begin{aligned}
E(L) &= \sum_{n=1}^{\infty} n P(L = n) \\
&= \sum_{n=1}^{\infty} n \left(\rho^n - \rho^{n+1} \right) \\
&= (1 - \rho)\rho \sum_{n=1}^{\infty} n \rho^{n-1} \\
&= (1 - \rho)\rho \frac{1}{(1 - \rho)^2}
\end{aligned}
$$

$$= \frac{\rho}{1-\rho},$$

und für die Varianz

$$V(L) = E(L^2) - E(L)^2$$

$$= \sum_{n=1}^{\infty} n^2 \left(\rho^n - \rho^{n+1}\right) - \left(\frac{\rho}{1-\rho}\right)^2$$

$$= (1-\rho)\rho^2 \sum_{n=2}^{\infty} n(n-1)\rho^{n-2} + (1-\rho)\rho \sum_{n=1}^{\infty} n\rho^{n-1} - \left(\frac{\rho}{1-\rho}\right)^2$$

$$= \frac{2(1-\rho)\rho^2}{(1-\rho)^3} + \frac{\rho(1-\rho)}{(1-\rho)^2} - \left(\frac{\rho}{1-\rho}\right)^2$$

$$= \frac{\rho}{(1-\rho)^2}. \qquad \qquad \square$$

Die aktuell nicht bedienten Forderungen bilden eine Warteschlange vor dem Schalter. Für deren Länge L_Q gilt

Satz 5.3.

$$E(L_Q) = \frac{\rho^2}{1-\rho}$$

und

$$V(L_Q) = \frac{\rho^2(1+\rho-\rho^2)}{(1-\rho)^2}.$$

Beweis.

$$E(L_Q) = \sum_{n=1}^{\infty} (n-1)P(L=n)$$

$$= \sum_{n=1}^{\infty} (n-1)\left(\rho^n - \rho^{n+1}\right)$$

$$= (1-\rho)\rho \sum_{n=1}^{\infty} n\rho^{n-1} - (1-\rho)\sum_{n=1}^{\infty} \rho^n$$

$$= (1-\rho)\rho \frac{1}{(1-\rho)^2} - (1-\rho)\left(\frac{1}{1-\rho} - 1\right)$$

$$= \frac{\rho}{1-\rho} - \rho$$

$$= \frac{\rho^2}{1-\rho}.$$

Die Berechnung der Varianz ist eine Übungsaufgabe (siehe Aufg. 5.2).   □

Im Jahre 1961 formulierte John D. C. Little (geb. 1928, amerikanischer Physiker und Ökonom) einen einfachen Zusammenhang zwischen den Erwartungswerten $E(L)$ bzw. $E(L_Q)$ und der mittleren Wartezeit W einer Forderung im System bzw. der mittleren Wartezeit W_Q einer Forderung in der Warteschlange vor dem Schalter im Fall $M|M|1$ (und allen anderen stationären Warteschlangensystemen, siehe Little 1961). Es gilt (was hier nicht bewiesen werden soll):

Satz 5.4.
$$E(L) = \lambda E(W)$$

und

$$E(L_Q) = \lambda E(W_Q).$$

Aus Satz 5.4 ergibt sich

$$E(W) = \frac{\rho}{\lambda(1-\rho)} = \frac{1}{\mu - \lambda}$$

und

$$E(W_Q) = \frac{\rho}{\mu(1-\rho)} = \frac{\lambda}{\mu(\mu - \lambda)}.$$

Insbesondere gilt

$$E(W) = E(W_Q) + \frac{1}{\mu},$$

wie man leicht nachrechnet, und was anschaulich klar ist.

Beispiel 5.3 (Baustelle). Um einem neuen Forschungszentrum Platz zu machen, wird ein baufälliger Gebäudekomplex abgerissen, und der entstehende Bauschutt auf wartende LKWs zum Abtransport aufgeladen. Die zahlreichen Bagger können die ankommenden LKWs mit 110 t pro Stunde an einer Stelle am Rand zur Straße beladen. Die Ankunft der LKWs kann als Poisson-Prozess mit einer mittleren Ankunftsrate von 4 LKWs pro Stunde modelliert werden. Die Bauschuttmenge pro LKW soll näherungsweise eine exponentialverteilte Zufallsvariable mit Mittelwert 20 t sein.

a) Wie groß ist durchschnittlich die Anzahl der LKWs auf der Baustelle?

b) Mit welcher mittleren Wartezeit bis zum Aufladen müssen die Fahrer rechnen?

c) Wie lange befindet sich ein LKW durchschnittlich auf der Baustelle?

Lösung: Es handelt sich um eine $M|M|1$-Warteschlange mit folgenden Parametern:

Die Zwischenankunftszeiten sind, da die LKWs als Poisson-Strom eintreffen, exponentialverteilt mit

$$\lambda = 4 \text{ LKWs pro Stunde.}$$

Die mittlere Bedienungszeit errechnet sich zu

$$\mu = \frac{1}{20} \text{ LKWs pro Tonne} \cdot 110 \text{ Tonnen pro Stunde} = 5.5 \text{ LKWs pro Stunde.}$$

Aus den beiden Werten ergibt sich die Verkehrsintensität

$$\rho = \frac{\lambda}{\mu} = \frac{4}{5.5} \approx 0.727.$$

Mithilfe der Sätze 5.2, 5.3 und 5.4 können wir daraus die Antworten ableiten.

a) Es ist (gerundet)

$$E(L) = \frac{\rho}{1-\rho} \approx \frac{0.727}{1-0.727} \approx 2.663.$$

Somit befinden sich im Mittel 2.66 LKWs auf der Baustelle.

b) Für die mittlere Wartezeit bis zum Aufladen gilt

$$E(W_Q) = \frac{\rho}{\mu(1-\rho)} = \frac{0.727}{5.5(1-0.727)} \approx 0.484,$$

sie beträgt also knapp eine halbe Stunde.

c)

$$E(W) = \frac{\rho}{\lambda(1-\rho)} = \frac{0.727}{4(1-0.727)} \approx 0.666.$$

Insgesamt müssen LKWs also durchschnittlich 40 Minuten auf der Baustelle verweilen. ◀

5.3 Die $M|M|1|k$-Warteschlange

Bisher war im System immer eine beliebige Anzahl von Forderungen möglich. Die $M|M|1|k$-Warteschlange ist eine spezielle $M|M|1$-Warteschlange, bei der die Systemkapazität begrenzt ist auf k Forderungen (siehe Abb. 5.4).

In der Praxis hat z. B. ein volles Lager keine Kapazitäten zur Aufnahme von Material mehr, sodass weitere Lieferungen ausgelagert werden müssen. Ein anderes Beispiel ist eine überfüllte Arztpraxis, bei der ankommende, genervte Patienten die Praxis bei einem vollen Wartezimmer mit beispielsweise zehn besetzten Wartezimmerplätzen sofort wieder verlassen. Wir wollen uns in diesem Abschnitt mit der

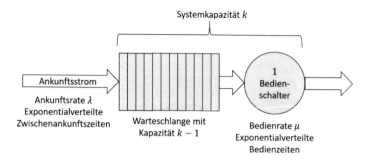

Abb. 5.4: Modell der $M|M|1|k$-Warteschlange

Berechnung relevanter Größen derartiger Warteschlangen befassen und verwenden die Bezeichnungen aus dem letzten Abschnitt.

Satz 5.5. Für die Wahrscheinlichkeitsverteilung von L bei einer stationären $M|M|1|k$-Warteschlange gilt

$$P(L=n) = \begin{cases} \frac{\rho^n(1-\rho)}{1-\rho^{k+1}} & 0 \le n \le k, \rho \ne 1 \\ \frac{1}{k+1} & 0 \le n \le k, \rho = 1. \end{cases}$$

Im Fall $n > k$ gilt $P(L=n) = 0$.

Beweis. Wir können die $M|M|1|k$-Warteschlange als einen Geburts- und Todesprozess (siehe Abb. 5.5) auffassen mit den Geburtsraten

$$\lambda_n = \begin{cases} \lambda & 0 \le n < k \\ 0 & n \ge k, \end{cases}$$

und den Todesraten

$$\mu_n = \begin{cases} 0 & n = 0 \\ \mu & 1 \le n \le k. \end{cases}$$

Siehe dazu Abschn. 3.2.2, dort wurde auch die stationäre Verteilung bestimmt:

$$P(L=n) = \begin{cases} \rho^n P(L=0) & 0 \le n \le k \\ 0 & n > k. \end{cases}$$

Jetzt müssen wir noch $P(L=0)$ bestimmen. Sei zunächst $\rho \ne 1$. Dann gilt nach der Summenformel für die geometrische Reihe (siehe Abschn. 2.1.1) und wegen $\sum_{n=0}^{k} P(L=n) = 1$

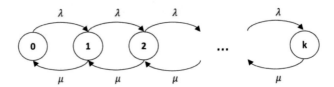

Abb. 5.5: Übergangsratendiagramm einer $M|M|1|k$-Warteschlange als zeitstetige Markoff-Kette

$$1 = \sum_{n=0}^{k} P(L=n) = P(L=0) \sum_{n=0}^{k} \rho^n = P(L=0) \frac{1-\rho^{k+1}}{1-\rho},$$

woraus folgt

$$P(L=0) = \frac{1-\rho}{1-\rho^{k+1}}.$$

Im Fall $\rho = 1$ gilt

$$1 = \sum_{n=0}^{k} P(L=n) = P(L=0)(k+1),$$

also

$$P(L=0) = \frac{1}{k+1}. \qquad\qquad \square$$

Wir berechnen jetzt den Erwartungswert der Länge der Warteschlange und der Anzahl der Forderungen im System.

Satz 5.6. Bei einer $M|M|1|k$-Warteschlange gilt im stationären Fall

$$E(L_Q) = \begin{cases} P(L=0) \frac{\rho^2}{(1-\rho)^2}(1 - k\rho^{k-1} + (k-1)\rho^k) & \rho \neq 1 \\ P(L=0) \frac{k(k-1)}{2} & \rho = 1 \end{cases}$$

und

$$E(L) = E(L_Q) + 1 - P(L=0).$$

Beweis. Sei zunächst $\rho \neq 1$. Im Fall $n = 0$ gibt es keine Warteschlange. Wenn $1 \leq n < k$ gilt, dann befinden sich $n - 1$ Forderungen in der Warteschlange. Somit ist

$$E(L_Q) = \sum_{n=1}^{k} (n-1)P(L=n)$$

$$= P(L=0) \sum_{n=1}^{k} (n-1)\rho^n$$

$$= P(L=0) \left(\sum_{n=1}^{k} n\rho^n - \sum_{n=1}^{k} \rho^n \right)$$

$$= P(L=0)\rho \left(\sum_{n=1}^{k} n\rho^{n-1} - \sum_{n=1}^{k} \rho^{n-1} \right)$$

$$= P(L=0)\rho \left(\frac{d}{d\rho} \sum_{n=0}^{k} \rho^n - \sum_{n=0}^{k-1} \rho^n \right)$$

$$= P(L=0)\rho \left(\frac{d}{d\rho} \frac{\rho^{k+1}-1}{\rho-1} - \frac{\rho^k-1}{\rho-1} \right)$$

$$= P(L=0)\rho \left(\frac{k\rho^{k+1} - (k+1)\rho^k + 1}{(\rho-1)^2} - \frac{(\rho^k-1)(\rho-1)}{(\rho-1)^2} \right)$$

$$= P(L=0)\frac{\rho}{(\rho-1)^2} \left(k\rho^{k+1} - (k+1)\rho^k + 1 - (\rho^{k+1} - \rho^k - \rho + 1) \right)$$

$$= P(L=0)\frac{\rho}{(\rho-1)^2} \left((k-1)\rho^{k+1} - k\rho^k + \rho \right)$$

$$= P(L=0)\frac{\rho^2}{(\rho-1)^2} \left((k-1)\rho^k - k\rho^{k-1} + 1 \right).$$

Dabei haben wir die Summenformel für die geometrische Reihe (siehe Abschn. 2.1.1), die Ableitung der geometrischen Reihe in der Variablen ρ, sowie die Quotientenregel der Differentialrechnung verwendet. Vollziehen Sie die einzelnen Schritte genau nach!

Sei jetzt $\rho = 1$. Dann gilt

$$E(L_Q) = \sum_{n=1}^{k} (n-1)P(L=n)$$

$$= P(L=0) \sum_{n=1}^{k} (n-1)\rho^n$$

$$= P(L=0) \sum_{n=1}^{k} (n-1)$$

$$= P(L=0)\frac{k(k-1)}{2}.$$

Für $E(L)$ ergibt sich

$$E(L) = \sum_{n=0}^{k} nP(L=n)$$

$$= \sum_{n=1}^{k} nP(L=n)$$

$$= \sum_{n=1}^{k} nP(L=n) - \sum_{n=1}^{k} P(L=n) + \sum_{n=1}^{k} P(L=n)$$

$$= \sum_{n=1}^{k} (n-1)P(L=n) + \sum_{n=1}^{k} P(L=n)$$

$$= E(L_Q) + 1 - P(L=0). \qquad\qquad \square$$

Nach diesem formalen Marathon wird es wieder Zeit für ein Beispiel.

Beispiel 5.4 (KFZ-Prüfstelle). Eine Kraftfahrzeugprüfstelle besitzt eine Prüfstation, bei der man sich ohne Termin anstellen kann. Erfahrungsgemäß kommen durchschnittlich fünf Autos pro Stunde als Poissonstrom an, die Prüfdauer ist negativ exponentialverteilt mit einem mittleren Wert von zehn Minuten pro Fahrzeug. Über einen längeren Beobachtungszeitraum wurde festgestellt, dass die gerade ankommenden Autofahrer bei einer Warteschlangenlänge von sechs Fahrzeugen hinter dem sich gerade in der Prüfung befindlichen Fahrzeug die Prüfstelle zugunsten einer anderen Prüfstelle verlassen.

a) Wie groß ist die Wahrscheinlichkeit, dass ein gerade ankommender Fahrer die Prüfstelle wegen der zu langen Warteschlange wieder verlässt?

b) Wie viele Fahrzeuge stehen im Mittel in der Warteschlange?

Lösung: Die Systemkapazität beträgt hier $k = 7$ (=Warteschlangenkapazität+Anzahl Prüfstation). Es handelt sich somit um eine $M|M|1|7$-Warteschlange (siehe Abb. 5.6) mit

$$\lambda = 5 \text{ Fahrzeuge pro Stunde,}$$

$$\mu = 6 \text{ Fahrzeuge pro Stunde.}$$

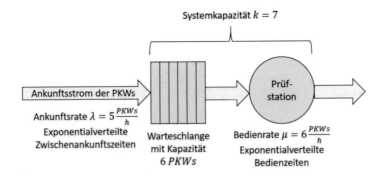

Abb. 5.6: Warteschlangenmodell der KFZ-Prüfstelle in Bsp. 5.4

Somit gilt

$$\rho = \frac{\lambda}{\mu} = \frac{5}{6} \neq 1.$$

Wir erhalten nach den Sätzen 5.5 und 5.6

a)

$$P(L = 7) = \frac{\rho^7(1-\rho)}{1-\rho^{7+1}} = \frac{\left(\frac{5}{6}\right)^7\left(1-\frac{5}{6}\right)}{1-\left(\frac{5}{6}\right)^8} \approx 0.06.$$

Eine Wahrscheinlichkeit von 6% ist hier akzeptabel.

b) Wir erhalten mit $\rho = \frac{5}{6}$ für die mittlere Anzahl der Fahrzeuge in der Warteschlange

$$E(L_Q) = \frac{1-\rho}{1-\rho^8}\frac{\rho^2}{(1-\rho)^2}\left(1-7\rho^6+6\rho^7\right) \approx 1.793. \qquad \blacktriangleleft$$

Wie ändern sich die Verhältnisse in diesem Beispiel, wenn die Kraftfahrzeugprüfstelle eine zweite Prüfstation einrichtet, sodass die Situation noch weiter entspannt werden kann? Diese Frage führt uns zur $M|M|2|k$-Warteschlange.

5.4 Die $M|M|s|k$-Warteschlange

Allgemein fragen wir: Wie ändern sich die Überlegungen des vorherigen Abschnitts, wenn sich die Anzahl der parallelen Schalter erhöht?

Um diese Frage zu beantworten, verallgemeinern wir die im letzten Abschnitt hergeleiteten Formeln für $P(L = n)$, $E(L_Q)$ und $E(L)$ auf den Fall der $M|M|s|k$-Warteschlange, also s parallele, voneinander unabhängige Schalter (siehe Abb. 5.7).

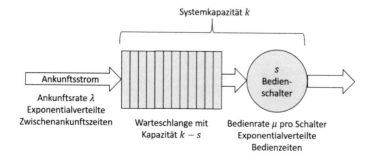

Abb. 5.7: Modell der $M|M|s|k$-Warteschlange

Es handelt sich auch hier um einen Geburts- und Todesprozess mit den Geburtenraten

$$\lambda_n = \begin{cases} \lambda & 0 \le n < k \\ 0 & n \ge k \end{cases}$$

und den Todesraten

$$\mu_n = \begin{cases} n\mu & 0 \le n < s \\ s\mu & s \le n \le k, \end{cases}$$

da bei s parallelen Schaltern alle Forderungen bedient werden, sobald ihre Anzahl unter der der Schalter bleibt, und im Fall von mindestens so vielen Forderungen wie vorhandenen Schaltern nur s gleichzeitig bedient werden können (siehe Abb. 5.8).

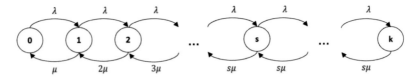

Abb. 5.8: Übergangsratendiagramm einer $M|M|s|k$-Warteschlange als zeitstetige Markoff-Kette

Wir benötigen bei der $M|M|s|k$-Warteschlange die Verkehrsintensität pro Schalter

$$\rho_s := \frac{\rho}{s},$$

mit

$$\rho = \frac{\lambda}{\mu}.$$

Die Wahrscheinlichkeitsverteilung der Größe L liefert der folgende Satz.

Satz 5.7. Für die Wahrscheinlichkeitsverteilung der Größe L bei einer stationären $M|M|s|k$-Warteschlange gilt

$$P(L=n) = \begin{cases} \frac{1}{n!}\rho^n P(L=0) & 0 \le n < s \\ \frac{1}{s^{n-s}s!}\rho^n P(L=0) & s \le n \le k. \end{cases}$$

Im Fall $n > k$ gilt $P(L=n) = 0$. Dabei ist

$$P(L=0) = \begin{cases} \dfrac{1}{\sum_{n=0}^{s-1} \frac{\rho^n}{n!} + \frac{\rho^s\left(1-\rho_s^{k-s+1}\right)}{s!(1-\rho_s)}} & \rho_s \ne 1 \\[4ex] \dfrac{1}{\sum_{n=0}^{s-1} \frac{\rho^n}{n!} + \frac{\rho^s(k-s+1)}{s!}} & \rho_s = 1. \end{cases}$$

Wir führen den Beweis nicht durch sondern verweisen z. B. auf Heller u. a. 1978.

Denkanstoß

Machen Sie sich die komplizierten Formeln anhand von Spezialfällen klar. Erkennen Sie, dass sich im Fall $s = 1$ wieder die Formeln aus Satz 5.5 ergeben.

In Verallgemeinerung zu Satz 5.6 ergibt sich der folgende Satz.

Satz 5.8. Bei einer $M|M|s|k$-Warteschlange gilt im stationären Fall

$$E(L_Q) = \begin{cases} P(L=0)\dfrac{\rho^s \rho_s}{s!(1-\rho_s)^2}\left(1 - \rho_s^{k-s+1} - (1-\rho_s)(k-s+1)\rho_s^{k-s}\right) & \rho_s \neq 1 \\[2mm] P(L=0)\dfrac{\rho^s}{s!}\dfrac{(k-s)(k-s+1)}{2} & \rho_s = 1. \end{cases}$$

und

$$E(L) = E(L_Q) + s - P(L=0)\sum_{n=0}^{s-1}\frac{s-n}{n!}\rho^n.$$

Beweis. siehe Aufg. 5.5.

Denkanstoß

Arbeiten Sie für die Lösung noch einmal den Beweis von Satz 5.6 durch und verallgemeinern Sie.

Aus Gründen der Übersichtlichkeit geben wir hier noch einmal die Formeln für den Fall $s = 2$ an, also für zwei unabhängig arbeitende Schalter. Es gilt

$$P(L=n) = \begin{cases} \dfrac{\rho^n}{n!}P(L=0) & 0 \leq n < 2 \\[2mm] \dfrac{\rho^n}{2^{n-1}}P(L=0) & 2 \leq n \leq k. \end{cases}$$

Im Fall $n > k$ gilt wieder $P(L=n) = 0$. Dabei ist

$$P(L=0) = \begin{cases} \dfrac{1}{1+\rho+\frac{\rho^2}{2}\frac{1-\rho_2^{k-1}}{1-\rho_2}} & \rho_2 \neq 1 \\[3mm] \dfrac{1}{1+\rho+\frac{\rho^2}{2}(k-1)} & \rho_2 = 1. \end{cases}$$

Für die Erwartungswerte gilt

$$E(L_Q) = \begin{cases} P(L=0)\frac{\rho^2\rho_2}{2(1-\rho_2)^2}(1-\rho_2^{k-1}-(1-\rho_2)(k-1)\rho_2^{k-2}) & \rho_2 \neq 1 \\ P(L=0)\frac{\rho^2}{2}\frac{(k-2)(k-1)}{2} & \rho_2 = 1, \end{cases}$$

und

$$E(L) = E(L_Q)+2-P(L=0)(2+\rho).$$

Beispiel 5.5 (KFZ-Prüfstelle). Die KFZ-Prüfstelle aus Bsp. 5.4 betreibt seit einiger Zeit noch eine zweite terminfreie Prüfstation. Seit sich das herum gesprochen hat, kommen durchschnittlich acht Autos pro Stunde als Poissonstrom an, die sich in *eine* Warteschlange einreihen müssen. Der erste in der Warteschlange wählt dann jeweils die erste Prüfstation aus, die frei wird. Die Prüfdauer ist nach wie vor (an beiden Stationen) negativ exponentialverteilt mit einem mittleren Wert von zehn Minuten pro Fahrzeug. Jetzt wurde festgestellt, dass die gerade ankommenden Autofahrer bei einer Warteschlangenlänge von acht Fahrzeugen hinter den beiden sich gerade in der Prüfung befindlichen Fahrzeugen die Prüfstelle zu Gunsten der terminvergebenden Konkurrenz verlassen.

a) Wir groß ist jetzt die Wahrscheinlichkeit, dass ein gerade ankommender Fahrer die Prüfstelle wegen der zu langen Warteschlange wieder verlässt?

b) Wie viele Fahrzeuge stehen im Mittel in der Warteschlange bzw. bei der Prüfstelle?

Lösung: Hier handelt es sich um eine $M|M|2|10$-Warteschlange (siehe Abb.5.9) mit

$$\lambda = 8 \text{ Fahrzeuge pro Stunde,}$$

$$\mu = 6 \text{ Fahrzeuge pro Stunde pro Station.}$$

Somit gilt

$$\rho = \frac{\lambda}{\mu} = \frac{8}{6} = \frac{4}{3}$$

und

$$\rho_2 = \frac{\frac{8}{6}}{2} = \frac{2}{3} \neq 1.$$

a) Mit diesen Daten gilt nach Satz 5.7

$$P(L=10) = \frac{\left(\frac{4}{3}\right)^{10}}{2^{10-1}} \frac{1}{1+\frac{4}{3}+\frac{\left(\frac{4}{3}\right)^2}{2}\frac{1-\left(\frac{2}{3}\right)^{10-1}}{1-\frac{2}{3}}} \approx 0.007.$$

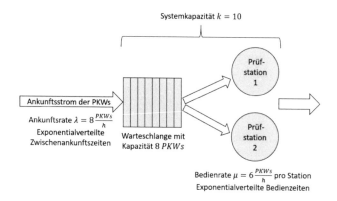

Abb. 5.9: Warteschlangenmodell der KFZ-Prüfstelle in Bsp. 5.5

Die Situation hat sich gegenüber der in Bsp. 5.4 noch einmal deutlich verbessert, sodass jetzt so gut wie keine Kunden mehr verloren gehen!

b) Nach Satz 5.8 gilt mit $P(L = 0) \approx 0.2028$

$$E(L_Q) \approx 0.9269,$$

also im Mittel etwas weniger als ein Fahrzeug in der Warteschlange. Dies ist eine Verbesserung gegenüber der Situation in Bsp. 5.4. Für die mittlere Anzahl der Fahrzeuge bei der Prüfstelle ergibt sich

$$E(L) \approx 2.25,$$

also etwas mehr als zwei Fahrzeuge. Die Kunden können sich über kurze Wartezeiten freuen.   ◄

Denkanstoß

Überprüfen Sie die drei Werte des Beispiels!

Beispiel 5.6 (ICD Cargo). Die Firma ICD Cargo besitzt am Flughafen einer großen Stadt zwei Beladestationen für Überseewaren, die mit Transportflugzeugen in die USA geflogen werden. Aus Gründen der Prozessoptimierung und der Transportlogistik müssen lange Wartezeiten bzw. unnötige Standzeiten der Flugzeuge aus Sicht der Luftfahrtunternehmen vermieden werden, sodass die Aufträge von anderen Cargo-Firmen auf dem Gelände bearbeitet werden, wenn beide Beladestationen besetzt sind. Jeder verlorene Auftrag schlägt mit ca. 3000 € zu Buche. Die Beladezeiten sind negativ exponentialverteilt mit einem mittleren Wert von 35 Minuten pro Flugzeug. Die ankommenden Flugzeuge bilden einen Poissonstrom mit einer mittleren Ankunftsrate von zwei Flugzeugen pro Stunde. Wie groß ist der zu erwartende tägliche Verlust der Firma durch verlorene Aufträge, wenn rund um die Uhr gearbeitet wird?

Lösung: Wir haben es hier mit einer $M|M|2|2$-Warteschlange zu tun. Es gilt

$$\lambda = 2 \text{ Flugzeuge pro Stunde} = 48 \text{ Flugzeuge pro Tag,}$$

$$\mu = \frac{60}{35} \text{ Flugzeuge pro Stunde} \approx 41.143 \text{ Flugzeuge pro Tag pro Beladestation.}$$

Also ist $\rho = 1.167 \neq 1$ und ein Verlust kann nur dann auftreten, wenn gerade zwei Flugzeuge beladen werden ($L = 2$). Daher gilt für die Verlustwahrscheinlichkeit

$$P(L = 2) = \frac{\rho^2}{2} \frac{1}{1 + \rho + \frac{\rho^2}{2}} \approx 0.239.$$

Der zu erwartende finanzielle Verlust pro Tag ist also

$$3000 \, \text{€/ Flugzeug} \cdot 0.239 \cdot 48 \text{ Flugzeuge/ Tag} = 34416 \, \text{€/Tag.} \qquad \blacktriangleleft$$

Im Fall eines $M|M|2$-Warteschlangensystems mit unendlicher Systemkapazität können wir in der Formel für $E(L_Q)$ den Limes für $k \to \infty$ betrachten, und erhalten

$$E(L_Q) = P(L = 0) \frac{\rho^2 \rho_2}{2(1 - \rho_2)^2},$$

falls $\rho_2 < 1$ gilt. Nach den Formeln von Little, Satz 5.4, erhalten wir in diesem Fall

$$E(W_Q) = \frac{E(L_Q)}{\lambda} = \frac{P(L = 0)}{\lambda} \frac{\rho^2 \rho_2}{2(1 - \rho_2)^2},$$

$$E(W) = E(W_Q) + \frac{1}{\mu} = \frac{1}{\mu} \left(1 + P(L = 0)(\frac{\rho_2}{1 - \rho_2})^2 \right),$$

und

$$E(L) = \lambda E(W) = P(L = 0) \frac{\rho^2 \rho_2}{2(1 - \rho_2)^2} + \rho.$$

Dabei gilt

$$P(L = 0) = \frac{1}{1 + \rho + \frac{\rho^2}{2} \frac{1}{1 - \rho_2}}.$$

Denkanstoß

Rechnen Sie all dies nach!

Beispiel 5.7 (M|M|2 versus zwei parallele M|M|1). In einer mittelständischen Zu-
lieferfirma für KFZ-Ersatzteile arbeiten zwei Wartungsingenieure, die für die rei-
bungslose Funktion der benötigten Maschinen zuständig sind. Die Firma besitzt
auf dem Werksgelände zwei Montagehallen mit einer jeweils gleich großen Anzahl von Produktionsmaschinen. Die teilweise betagten und durch hohe Belastung
reparaturanfälligen Maschinen haben während der Betriebszeit eine poissonverteil-
te Ausfallrate mit einem mittleren Wert von einer Maschine in vier Stunden. Die
mittlere (negativ-exponentialverteilte) Wartungs- bzw. Reparaturzeit incl. Testlauf
pro Maschine beträgt bei beiden Ingenieuren zwei Stunden. Die beiden Ingenieure
überlegen, wie sie den Reparaturprozess optimieren können.

Ingenieur A meint: „Wir sollten uns aufteilen. Jeder ist für die Maschinen in einer
der beiden Hallen verantwortlich. Ich übernehme Halle 1 und du Halle 2!".

Ingenieur B erinnert sich an seine Stochastik-Vorlesung. „Hm. Ich meine, mich zu
erinnern, dass es besser ist, wenn wir uns den ganzen Maschinenpark teilen, und
immer sofort reagieren, wenn einer von uns Zeit hat, egal, um welche Maschine es
sich handelt."

Wer von beiden hat Recht?

Lösung: Es handelt sich um einen Vergleich zwischen zwei Warteschlangenmodel-
len: Der Vorschlag von Ingenieur A stellt zwei parallele $M|M|1$-Warteschlangen dar,
da es jeweils einen Ingenieur als „Bedienungsschalter" gibt, der die Forderungen
nacheinander bearbeitet. Ingenieur B schlägt hingegen eine $M|M|2$-Warteschlange
vor, da jetzt zwei Ingenieure als voneinander unabhängige „Bedienungsschalter"
agieren. In beiden Fällen ist die Systemkapazität (theoretisch) unendlich. Wir müssen berechnen, wie lang bei beiden Systemen die Ausfallzeiten sind. Es gilt

$$\lambda = \frac{1}{4} \text{ Maschine pro Stunde,}$$

$$\mu = \frac{1}{2} \text{ Maschine pro Stunde.}$$

Modell von Ingenieur A (siehe Abb. 5.10):

Für jede Halle gilt

$$\lambda_A = \frac{\lambda}{2} = \frac{1}{8} \text{ Maschine pro Stunde pro Halle,}$$

$$\mu_A = \mu = \frac{1}{2} \text{ Maschine pro Stunde pro Halle,}$$

also

$$\rho_A = \frac{1}{4},$$

und damit nach Satz 5.2 und Satz 5.4

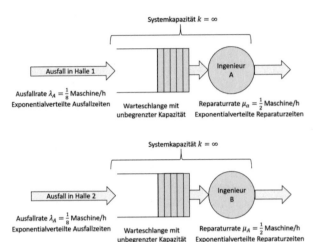

Abb. 5.10: Warteschlangenmodell von Ingenieur A in Bsp. 5.7: zwei parallele
$M|M|1$-Warteschlangensysteme

$$E(L_A) = \frac{\rho_A}{1 - \rho_A} = \frac{1}{3}$$

und

$$E(W_A) = \frac{\rho_A}{\lambda_A(1 - \rho_A)} = \frac{1}{\mu_A(1 - \rho_A)} = \frac{8}{3}.$$

Nehmen wir beide Hallen zusammen, so ergibt sich daraus eine mittlere Ausfallzeit
von $\frac{2}{3}$ Maschinen für jeweils $\frac{8}{3}$ Stunden.

Modell von Ingenieur B (siehe Abb. 5.11):

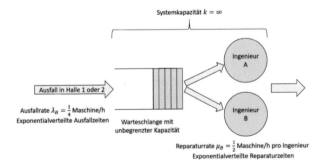

Abb. 5.11: Warteschlangenmodell von Ingenieur B in Bsp. 5.7: ein $M|M|2$-
Warteschlangensysteme

Hier gilt

$$\lambda_B = \lambda = \frac{1}{4} \text{ Maschine pro Stunde,}$$

$$\mu_B = \mu = \frac{1}{2} \text{ Maschine pro Stunde,}$$

also

$$\rho_B = \frac{1}{2},$$

und

$$\rho_{B,2} = \frac{\rho_B}{2} = \frac{1}{4}.$$

Somit erhalten wir

$$E(L_B) = P(L=0)\frac{\rho_B^2 \rho_{B,2}}{2(1-\rho_{B,2})^2} + \rho_B = \frac{8}{15}$$

und

$$E(W_B) = \frac{1}{\mu_B}\left(1 + P(L=0)\left(\frac{\rho_{B,2}}{1-\rho_{B,2}}\right)^2\right) = \frac{32}{15}.$$

Damit ergibt sich für dieses Modell eine mittlere Ausfallzeit von $\frac{8}{15}$ Maschinen für jeweils $\frac{32}{15}$ Stunden. Ingenieur B hat Recht und tat gut daran, in der Stochastik-Vorlesung aufzupassen! ◄

5.5 Simulation von Warteschlangensystemen

Mathematica besitzt vorinstallierte Funktionen zur Berechnung charakteristischer Größen bei verschiedenen Warteschlangensystemen. Die berechneten (und weitere) Werte für die $M|M|1$-Warteschlange in Bsp. 5.3 lassen sich mit den Mathematica-Funktionen `QueueingProcess` und `QueueProperties` ermitteln. Für Bsp. 5.3 lautet die Eingabe:

```
w=QueueingProcess[4,5.5];
QueueProperties[w]
```

Als Output ergibt sich eine Tabelle mit den charakteristischen Daten unserer Warteschlange (Abb. 5.12).

Die mittlere Anzahl Fahrzeuge in der Warteschlange in Bsp. 5.4 erhalten wir mit der Eingabe

```
N[QueueProperties[QueueingProcess[5,6,1,7],"MeanQueueSize"]]
```

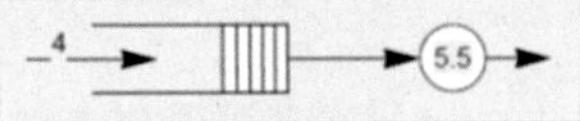

Basic Properties	
QueueNotation	$M/M/1$
ArrivalRate	4
ServiceRate	5.5
UtilizationFactor	0.727273
Throughput	4.
ServiceChannels	1
SystemCapacity	∞
InitialState	0
Performance Measures	
MeanSystemSize	2.66667
MeanSystemTime	0.666667
MeanQueueSize	1.93939
MeanQueueTime	0.484848

Abb. 5.12: Charakteristische Daten der Warteschlange aus Bsp. 5.3

Für die $M|M|2|10$-Warteschlange in Bsp. 5.5 liefert die folgende Eingabe die benötigten Werte:

```
w=QueueingProcess[8,6,2,10]
N[QueueProperties[w,"MeanQueueSize"]]
N[QueueProperties[w,"MeanSystemSize"]]
```

Beachten Sie, dass wir bei unseren Rechnungen ein wenig gerundet haben, sodass Mathematica genauere Werte liefert.

Die Berechnungen von Ingenieur B in Bsp. 5.7 lassen sich zusätzlich mit folgendem Befehl überprüfen und bestätigen:

```
QueueProperties[QueueingProcess[1/4,1/2,2]]
```

In MATLAB kann man Warteschlangensysteme mithilfe der SIMULINK-Toolbox *SimEvents* modellieren und simulieren. SIMULINK ist ein Zusatzprodukt zu MATLAB zur Modellierung und Simulation von Systemen aus den Bereichen Technik, Physik, Biologie, Finanzmathematik u. w. Die Modellierung erfolgt graphisch mithilfe von Blöcken. SIMULINK ist in MATLAB integriert und kann unter dem *HOME*-Reiter geöffnet werden.

> **Hinweis**
>
> Wenn Sie `ver` in das MATLAB-Command-Window eingeben, erhalten Sie eine Übersicht aller installierten Toolboxen.

Wir demonstrieren das Vorgehen an der $M|M|1$-Warteschlange in Bsp. 5.3 (*Baustelle*):

1. Öffnen Sie in MATLAB die SIMULINK-Oberfläche, indem Sie im Reiter *HOME* auf *Simulink* klicken.

2. Legen Sie ein neues, leeres Modell an, indem Sie *Blank Model* auswählen.

3. Öffnen Sie im Reiter *SIMULATION* den *Library Browser*.

4. Wählen Sie *SimEvents* aus. Hier finden Sie die benötigten Blöcke zur Modellierung eines Warteschlangensystems.

5. Ziehen Sie den *Entity Generator* in ihr Modell. Hiermit werden die ankommenden LKWs auf der Baustelle modelliert. Die Ankunftszeiten zwischen zwei LKWs sind exponentialverteilt mit dem Erwartungswert $\frac{1}{4}$.

   a. Klicken Sie doppelt auf den *Entity Generator*, um den Eingabedialog zu öffnen (siehe Abb. 5.13).

   b. Wählen Sie im Reiter *Entity generation* unter *Time source MATLAB action* aus.

   c. Klicken Sie auf den Button *Insert pattern ...* und wählen bei *Pattern Random number* mit *Distribution Exponential* und *mean 1/4*. Bei *Assign output to* tragen Sie *dt* ein und klicken auf *OK*.

   d. Deaktivieren Sie die Option *Generate entity at simulation start*.

   e. Wählen Sie im Reiter *Statistics Average intergeneration time, w* (=durchschnittliche Zwischenankunftszeit) aus und klicken Sie auf *OK*.

6. Ziehen Sie die *Entity Queue* in ihr Modell. Hiermit wird die Warteschlange der LKWs auf der Baustelle modelliert. Verbinden Sie den *Entity Generator* mit der *Entity Queue*.

   a. Klicken Sie doppelt auf die *Entity Queue*, um den Eingabedialog zu öffnen.

   b. Tragen Sie im Reiter *Main* bei *Capacity Inf* ein. Der *Queue type* ist *FIFO*.

   c. Wählen Sie im Reiter *Statistics Average wait, w* (=durchschnittliche Zeit in der Warteschlange) *Average queue length, l* (=durchschnittliche Länge der Warteschlange) aus.

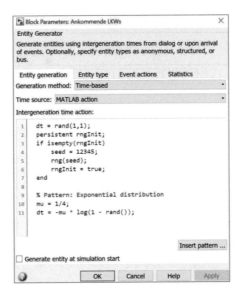

Abb. 5.13: Eingaben beim Entity Generator

7. Ziehen Sie den *Entity Server* in ihr Modell. Hiermit wird die Beladestation der LKWs auf der Baustelle modelliert. Verbinden Sie die *Entity Queue* mit dem *Entity Server*. Die Beladezeit ist exponentialverteilt mit dem Erwartungswert $\frac{1}{5.5}$.

   a. Klicken Sie doppelt auf den *Entity Server*, um den Eingabedialog zu öffnen.

   b. Wählen Sie im Reiter *Main* unter *Service time source MATLAB action* aus.

   c. Klicken Sie auf den Button *Insert pattern ...* und wählen bei *Pattern Random number* mit *Distribution Exponential* und *mean 1/5.5*. Bei *Assign output to* tragen Sie *dt* ein. Ändern Sie noch den vorgeschlagenen *Seed* auf eine beliebige andere Zahl als im *Entity Generator*, z. B. *37165*.

   d. Wählen Sie im Reiter *Statistics Average wait, w* (=durchschnittliche Beladezeit) und *Utilization, util* (=Auslastung) aus und klicken Sie auf *OK*.

8. Ziehen Sie den *Entity Terminator* in ihr Modell. Hiermit werden die beladenen LKWs, die die Baustelle verlassen, modelliert. Verbinden Sie die *Entity Server* mit dem *Entity Terminator*.

9. Fügen Sie für die vier statistischen Werte jeweils einen *Display*-Block ein, damit diese Werte im Modell angezeigt werden. Sie finden den *Display*-Block unter *Sinks*.

Das SIMULINK-Modell der der $M|M|1$-Warteschlange in Bsp. 5.3 ist in Abb. 5.14 dargestellt. Nun können Sie die Simulation starten. Tragen Sie dazu im Reiter *SIMULATION* unter *Stop Time* 10 000 ein und klicken Sie auf *Run*. Sie erhalten Näherungswerte für die erwartete Länge der Warteschlange und die erwartete Wartezeit in der Warteschlange. Zudem werden die durchschnittliche Zwischenankunfts- und Beladezeit, sowie die Auslastung der Beladestation ausgegeben.

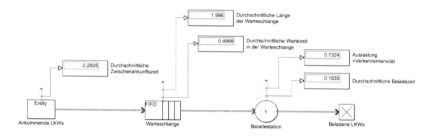

Abb. 5.14: SIMULINK-Modell der $M|M|1$-Warteschlange in Bsp. 5.3 mit Simulationsergebnissen

> **Hinweis**
>
> Durch Änderung der *Seeds* im *Entity Generator* und *Entity Server* erhalten Sie andere Simulationsergebnisse.

Weitere Kennwerte, wie z. B. die durchschnittliche Anzahl LKWs auf der Baustelle oder die durchschnittliche Zeit, die ein LKW auf der Baustelle verbringt, können mithilfe der angegebenen Werte berechnet werden.

Aus Satz 5.4 kann abgeleitet werden, dass sich die durchschnittliche Zeit, die sich ein LKW auf der Baustelle befindet, aus der Summe der durchschnittlichen Zeit in der Warteschlange und der durchschnittlichen Beladezeit ergibt. In SIMULINK findet man den Block für die Addition unter *Math Operations*.

Die durchschnittliche Anzahl LKWs auf der Baustelle ergibt sich nach Satz 5.4 aus dem Produkt aus der durchschnittlichen Ankunftsrate (entspricht dem Kehrwert der durchschnittlichen Zwischenankuftszeit) und der durchschnittlichen Zeit, die sich ein LKW auf der Baustelle befindet. Hier werden die Blöcke für die Division und das Produkt benötigt, die auch unter *Math Operations* gefunden werden können. Abb. 5.15 stellt das Warteschlangensystem mit den Berechnungen und den Simulationsergebnissen dar.

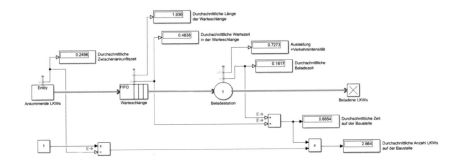

Abb. 5.15: SIMULINK-Modell der $M|M|1$-Warteschlange in Bsp. 5.3 mit Berechnungen und Simulationsergebnissen

> **Hinweis**
>
> Warteschlangensysteme können auch mithilfe von stochastischen Petri-Netzen modelliert und simuliert werden. Wir erläutern das Vorgehen in Abschn. 8.6 (speziell in Bsp. 8.11).

5.6 Aufgaben

Aufgabe 5.1. Geben Sie für verschiedene $k \in \mathbb{N}$ Beispiele für $M|M|k|\infty|FIFO$- Warteschlangen an.

Aufgabe 5.2. Ⓑ Beweisen Sie die Formel für die Varianz der Länge L_Q der aktuell nicht bedienten Forderungen

$$V(L_Q) = \frac{\rho^2(1+\rho-\rho^2)}{(1-\rho)^2}$$

in der Warteschlange in Satz 5.3.

Aufgabe 5.3 (Last-Minute-Schalter). Ⓑ In Zeiten von Online-Buchungen sind Schalter für Last-Minute-Flüge an Flughäfen nicht mehr so hoch frequentiert. Am Flughafen einer westdeutschen Stadt ist daher immer nur ein Last-Minute-Schalter besetzt. Die mittleren Zwischenankunftszeit der Kunden sowie die mittlere Bedienungszeit sind exponentialverteilte Zufallsvariablen. Im Mittel kommen in Stoßzeiten pro Stunde sechs Kunden an den Schalter. Beachten Sie bei der Aufgabenlösung nur diese Stoßzeiten.

a) Welche mittlere Bedienungszeit muss eingehalten werden, damit mit einer Wahrscheinlichkeit von 95 % nicht mehr als zwei Kunden vor dem Schalter warten müssen?

b) Wie schnell müssen die einzelnen Kunden abgefertigt werden, damit die Länge der Warteschlange vor dem Schalter nicht größer als 1 ist?

Aufgabe 5.4. (LKW-Prüfstation). Ⓥ Eine Kraftfahrzeugprüfstelle in einer Großstadt besitzt eine von der Landstraße gut einsehbare und in Truckerkreisen bekannte LKW-Prüfstation, bei der sich durchreisende LKW-Fahrer ohne Termin anstellen können. Erfahrungsgemäß kommen durchschnittlich zwei LKWs pro Stunde als Poissonstrom an, die Prüfdauer ist negativ exponentialverteilt mit einem mittleren Wert von 20 Minuten pro Fahrzeug. Erfahrungsgemäß fahren die gerade ankommenden Trucker bei drei sichtbaren LKWs in der Prüfstelle weiter.

a) Wir groß ist die Wahrscheinlichkeit, dass ein gerade ankommender LKW-Fahrer weiterfährt?

b) Wie viele LKWs stehen im Mittel in der Warteschlange?

c) Wie viele LKWs stehen im Mittel vor Ort?

Aufgabe 5.5. Ⓑ Beweisen Sie Satz 5.8.

Aufgabe 5.6. (ICD Cargo). Ⓥ Wie verändern sich die täglichen finanziellen Verluste der Firma ICD Cargo in Bsp. 5.6, wenn bei sonst gleichen Parametern

a) die Beladezeit pro Flugzeug auf 20 Minuten reduziert wird?

b) eine dritte Beladestation bei weiterhin 35 Minuten Beladezeit betrieben wird?

Aufgabe 5.7 (KFZ-Prüfstelle, Simulation). Ⓑ Modellieren Sie das $M|M|1|7$-Warteschlangensystem der KFZ-Prüfstelle aus Bsp. 5.4 mit SIMULINK. Ermitteln Sie mithilfe einer Simulation, wie viele Fahrzeuge durchschnittlich in der Warteschlange stehen.

Aufgabe 5.8 (KFZ-Prüfstelle, Simulation). Ⓑ Modellieren Sie das $M|M|2|10$-Warteschlangensystem der KFZ-Prüfstelle aus Bsp. 5.5 mit SIMULINK. Ermitteln Sie mithilfe einer Simulation, wie viele Fahrzeuge bei diesem System durchschnittlich in der Warteschlange stehen.

Kapitel 6
Zuverlässigkeitstheorie und technische Systeme

Unter *Zuverlässigkeit* (engl. *Reliability*) versteht man in der Technik die Eignung eines Systems, während einer gewissen Zeitspanne die an es gestellten Forderungen zu erfüllen.

In der mathematischen *Zuverlässigkeitstheorie* geht es um die Untersuchung der Zuverlässigkeit von Systemen mit mehreren Komponenten und deren Ausfallwahrscheinlichkeiten mithilfe stochastischer Modelle. Ziel ist dabei die Vorhersage und Optimierung der Zuverlässigkeit, Lebensdauer und Verfügbarkeit technischer Systeme. Derartige Untersuchungen und Berechnungen spielen insbesondere dann eine wesentliche Rolle im Risikomanagement, wenn bei Systemausfällen schwerwiegende Folgen zu befürchten sind, wie etwa in der Luft- und Raumfahrttechnik oder der Kraftwerkstechnik. Gerade bei Risikotechnologien besteht ein erheblicher Unterschied zwischen einer Zuverlässigkeit von 99 % und 99.9 %.

Die Zuverlässigkeitstechnik („Reliability Engineering"), in der Berechnungen und Modellierungen in diesem Zusammenhang durchgeführt werden, ist ein sehr komplexes Gebiet, da technische Systeme in der Regel aus unterschiedlichen Subsystemen zusammengesetzt sind, die verschiedenste Disziplinen wie Elektronik, Mechatronik, Optik oder Sensorik betreffen.

6.1 Grundbegriffe und Beispiele

Um die Sicherheit technischer Systeme zu erhöhen, werden einzelne Systemkomponenten häufig redundant verwendet, sodass beim Ausfall einer Komponente eine bauartgleiche andere deren Aufgaben übernehmen kann.

Beispiel 6.1. In der Sicherheitstechnik von Kernkraftwerken mit Leichtwasserreaktoren werden wichtige Sicherheitssystem-Komponenten mehrfach redundant verwendet, um die Gesamtsystemsicherheit deutlich zu erhöhen. In der Regel sind min-

T. Imkamp, S. Proß, *Einstieg in stochastische Prozesse*, https://doi.org/10.1007/978-3-662-66669-2_6

destens zwei Systemkomponenten mehr vorhanden, als für die Funktion benötigt werden („$n + 2$-Prinzip"). So gibt es zu den Kühlmittelpumpen immer auch Reservepumpen, die unabhängig vom Hauptsystem arbeiten. Ebenso gibt es im Fall eines so genannten Auslegungsstörfalls, wie z. B. dem Bruch der Hauptkühlmittelleitung im Reaktorsicherheitsbehälter, die Möglichkeit, durch redundante, in Reihe angeordnete Ventile die aus dem Sicherheitsbehälter herausführenden Dampfleitungen zu sperren. Durch die *Reihenanordnung* der Ventile wird gewährleistet, dass im Falle des Versagens eines oder mehrerer Ventile die Leitung durch ein weiteres Ventil sicher gesperrt wird, und die Auswirkungen sich somit auf den Sicherheitsbehälter beschränken.   ◀

Beispiel 6.2. Bei Raumfahrtprojekten, welche sich generell durch hohe Komplexität auszeichnen, spielt im Qualitätsmanagement die Zuverlässigkeitstechnik eine große Rolle, da hier im Fall von Systemausfällen während der Mission mit dem Totalverlust des Raumschiffs oder der Nutzlast (Trägerrakete, Satellit, Teleskop, etc.), oder zumindest einem erheblichen finanziellen Schaden zu rechnen ist. Im Falle der bemannten Raumfahrt können Fehler im Risikomanagement zum Verlust von Menschenleben führen (wie etwa bei der Challenger-Katastrophe 1986!). So werden auch hier redundante Systemkomponenten verwendet, um den Ausfall einzelner Einheiten überbrücken zu können. Dabei ist die Frage wichtig, bei welchen Systemen und Ausfallwahrscheinlichkeiten es sich noch lohnt, Ersatzsysteme zu integrieren, da jedes zusätzliche System hohe Kosten verursacht.   ◀

In technischen Anwendungen, wie in den vorhergehenden Beispielen, gibt es verschiedene Anordnungen der redundanten Systeme, von denen wir im Folgenden einige kennenlernen werden. Wir wollen in diesem kurzen Kapitel zeigen, wie sich unsere bisher erarbeiteten Kenntnisse über Wahrscheinlichkeiten und stochastische Prozesse in diesem Kontext anwenden lassen.

> **Definition 6.1.** Sei T_f die Zeit des Ausfalls eines (technischen) Systems. Die *Zuverlässigkeit* (oder Zuverlässigkeitsfunktion) $R(t)$ des Systems zur Zeit t ist gleich der Wahrscheinlichkeit, dass es im Zeitintervall $[0; t]$ zu keinem Systemausfall gekommen ist, also
>
> $$R(t) := P(T_f > t).$$

In der Technik gilt $0 < R(t) < 1$, da es weder absolute Sicherheit, noch sicher vorhersagbare Totalausfälle gibt. Die Ausfallwahrscheinlichkeit während des Zeitintervalls $[0; t]$ ist dann

$$1 - R(t) = P(T_f \leq t).$$

Für Zuverlässigkeitsberechnungen benötigen wir die Verteilungsfunktion der Zufallsvariablen T_f. Für diese wird im Allgemeinen eine Exponentialverteilung vorausgesetzt (siehe hierzu auch die entsprechenden Überlegungen in den Abschn. 3.2 und 5).

Beispiel 6.3. Sei T_f exponentialverteilt zum Parameter λ. Dann gilt für $t \geq 0$

$$R(t) = e^{-\lambda t}. \qquad \blacktriangleleft$$

Wir betrachten im Folgenden mehrkomponentige Systeme mit exponentialverteilten Ausfallzeiten und vergleichen die Zuverlässigkeiten hinsichtlich verschiedener Bauarten.

Bei der Serienschaltung (oder Reihenschaltung) von Komponenten müssen alle Komponenten funktionieren, damit das System funktioniert. Ein Beispiel ist die Serienschaltung elektrischer Widerstände, mit der man im Physikunterricht der Mittelstufe konfrontiert wird. Symbolisch ist die Reihenschaltung als *Zuverlässigkeitsschaltbild* in Abb. 6.1 dargestellt. Die Pfeile zeigen die Durchlaufrichtung. Ein anderes Beispiel sind ältere Lichterketten für Weihnachtsbäume. Hier genügte das Herausdrehen einer Lampe aus der Fassung, um die Beleuchtung abzuschalten. Der Haken: Ist eine Lampe defekt, funktioniert die Lichterkette nicht mehr!

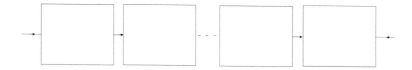

Abb. 6.1: Serien- oder Reihenschaltung von Elementen

Unter der Annahme der Unabhängigkeit des Ausfallrisikos für alle Einzelkomponenten ergibt sich die Zuverlässigkeit der Serienschaltung von n Komponenten zu

$$R(t) = \prod_{i=1}^{n} R_i(t),$$

wobei $R_i(t)$ die Zuverlässigkeit der i-ten Komponente zum Zeitpunkt t ist. Im Falle einer exponentialverteilten Ausfallzeit gilt dann

$$R(t) = \prod_{i=1}^{n} e^{-\lambda_i t} = e^{-\sum_{i=1}^{n} \lambda_i t}.$$

Somit erhalten wir die mittlere Ausfallrate

$$E(T_f) = \frac{1}{\sum_{i=1}^{n} \lambda_i}.$$

Bei der Parallelschaltung von n Komponenten reicht das Funktionieren *einer* Komponente aus, damit die Funktion des Gesamtsystems garantiert ist (siehe das Zuverlässigkeitsschaltbild in Abb. 6.2). Beispiel: Moderne Lichterketten für Weihnachtsbäume mit parallelgeschalteten Lampen funktionieren auch dann noch, wenn einzelne Lampen ausfallen.

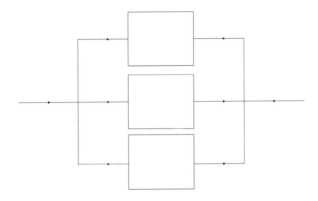

Abb. 6.2: Parallelschaltung von (hier drei) Elementen

Ein Systemausfall tritt genau dann ein, wenn alle Komponenten ausfallen, wieder bezogen auf die Zeit t. Die Wahrscheinlichkeit dafür ist

$$\prod_{i=1}^{n}(1 - R_i(t))$$

und daher ist die Zuverlässigkeit gegeben durch

$$R(t) = 1 - \prod_{i=1}^{n}(1 - R_i(t)),$$

und somit im Falle der Exponentialverteilung

$$R(t) = 1 - \prod_{i=1}^{n}(1 - e^{-\lambda_i t}).$$

Interessant wird das Ganze bei der Kombination von Schaltungen zu Serien-Parallel- oder Parallel-Serienschaltungen.

Beispiel 6.4. Wir wollen die Zuverlässigkeiten der Schaltungen aus Abb. 6.3 berechnen und vergleichen.

Beide Systeme werden in Pfeilrichtung von links nach rechts durchlaufen, wie in den Blockdiagrammen dargestellt. Die jeweiligen Komponenten auf der linken Sei-

Abb. 6.3: Links: Parallel-Serienschaltung; Rechts: Serien-Parallelschaltung zu
Bsp. 6.4

te sollen die gleichen technischen Komponenten darstellen und bauartgleich sein
(wir bezeichnen sie mit A, Ausfallwahrscheinlichkeit $1 - R_A(t)$). Das Gleiche gilt
für die Komponenten jeweils auf der rechten Seite (B, Ausfallwahrscheinlichkeit
$1 - R_B(t)$). Es kann sich bei den B-Komponenten aus technischer Sicht um völlig
andere Komponenten handeln als bei A. Wir gehen davon aus, dass alle Komponenten unabhängig voneinander funktionieren.

Wir betrachten zunächst die Parallel-Serienschaltung in Abb. 6.3 (links).

Für beliebige Ereignisse E_1 und E_2 liefert die Wahrscheinlichkeitsrechnung allgemein die Gleichung

$$P(E_1 \cup E_2) = P(E_1) + P(E_2) - P(E_1 \cap E_2)$$

(siehe Abschn. 2.3.1). Sei

$E_1 := $ *Beim oberen Komponentenpaar AB findet bis zur Zeit t kein Ausfall statt,*

und

$E_2 := $ *Beim unteren Komponentenpaar AB findet bis zur Zeit t kein Ausfall statt.*

Dann gilt
$$P(E_1) = R_A(t)R_B(t)$$

und
$$P(E_2) = R_A(t)R_B(t),$$

da nur dann bei den Komponentenpaaren kein Ausfall vorliegt, wenn jeweils beide
Komponenten funktionieren.

Es folgt dann für die Zuverlässigkeit des Gesamtsystems

$$R_{PS}(t) = R_A(t)R_B(t) + R_A(t)R_B(t) - (R_A(t)R_B(t))^2$$
$$= R_A(t)R_B(t)\,(2 - R_A(t)R_B(t)).$$

Bei der Serien-Parallelschaltung in Abb. 6.3 (rechts) gilt gemäß unseren obigen
Überlegungen zu Zuverlässigkeiten

$$R_{SP}(t) = \left(1 - (1 - R_A(t))^2\right)\left(1 - (1 - R_B(t))^2\right).$$

Welche ist die zuverlässigere der beiden Schaltvarianten?

Aussagen darüber erhalten wir durch Vergleich der Zuverlässigkeiten $R_{PS}(t)$ und $R_{SP}(t)$. Nehmen wir zunächst ein Zahlenbeispiel. Sei zum Zeitpunkt t

$$R_A(t) = 0.95$$

und

$$R_B(t) = 0.9.$$

Dann gilt

$$R_{PS}(t) = 0.95 \cdot 0.9 \cdot (2 - 0.95 \cdot 0.9) = 0.978975$$

und

$$R_{SP}(t) = \left(1 - (1 - 0.95)^2\right)\left(1 - (1 - 0.9)^2\right) = 0.987525.$$

Somit ist die Serienparallelschaltung aus Abb. 6.3 (rechts) zuverlässiger.

Dies trifft für jede Wahl der Zuverlässigkeiten $R_A(t)$ bzw. $R_B(t)$ zwischen 0 und 1 zu, da dann gilt

$$R_{SP}(t) - R_{PS}(t) = 2R_A(t)R_B(t)\left(1 - R_A(t)\right)\left(1 - R_B(t)\right) > 0. \qquad \blacktriangleleft$$

Denkanstoß

Rechnen Sie dies nach!

6.2 Aufgaben

Aufgabe 6.1. Ⓑ Ein System besteht aus mehreren unabhängigen Subsystemen, die jeweils gleiche Ausfallwahrscheinlichkeiten p (während eines vorgegebenen Zeitraums $[0;t]$) besitzen (siehe Abb. 6.4). Berechnen Sie die Zuverlässigkeit $R(t)$ zunächst allgemein und dann jeweils numerisch mit $p = 0.1$, $p = 0.05$ und $p = 0.01$.

Aufgabe 6.2. Ⓥ In Abb. 6.5 ist das Zuverlässigkeitsschaltbild einer Brückenschaltung dargestellt. Die Ausfallwahrscheinlichkeit für alle einzelnen, unabhängigen Systemkomponenten während eines vorgegebenen Zeitraums $[0;t]$ sei p. Die Durchlaufrichtung sei von links nach rechts, die mittlere Komponente kann in beide Richtungen, von unten nach oben und von oben nach

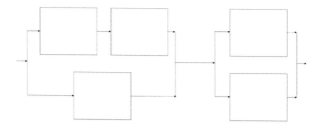

Abb. 6.4: Schaltung zu Aufg. 6.1

unten, durchlaufen werden. Bestimmen Sie für den vorgegebenen Zeitraum die Zuverlässigkeit $R(t)$ des Gesamtsystems durch geschickte Transformation in eine Parallelstruktur.

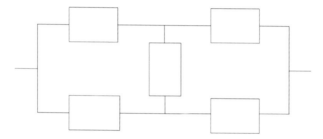

Abb. 6.5: Schaltung zu Aufg. 6.2

Aufgabe 6.3. Erstellen Sie zur Übung weitere Zuverlässigkeitsschaltbilder und berechnen Sie jeweils $R(t)$. Versuchen Sie, komplizierte Strukturen in Parallel- oder Reihenstrukturen zu transformieren.

Kapitel 7

Monte-Carlo-Simulationen

Monte-Carlo-Simulationen (kurz: MC-Simulationen) sind Verfahren, bei denen mithilfe von (Pseudo-)Zufallszahlen bzw. Zufallsstichproben technische, naturwissenschaftliche oder wirtschaftswissenschaftliche Prozesse simuliert werden. Derartige MC-Simulationen kommen im wachsenden Maße dort zum Einsatz, wo die analytische Berechnung zu schwierig, oder der zur Erprobung notwendige experimentelle oder technische Aufwand des betrachteten Prozesses zu groß ist. So werden derartige Verfahren z. B. gerne für die numerische Berechnung strömungsmechanischer Vorgänge, wie etwa in der Luftfahrt- oder Automobilindustrie, angewendet, um einerseits Kosten zu sparen, und andererseits die zugehörigen, sehr schwierigen oder gar unmöglichen analytischen Berechnungen zu umgehen. Insbesondere bei Vielteilchensystemen der statistischen Physik wird die Methode häufig erfolgreich angewendet. Im Zeitalter moderner Supercomputer werden so in vertretbarer Zeit gute Ergebnisse erzielt.

Ihren Namen verdankt die Methode der berühmten Spielbank in Monte Carlo, und wurde historisch in den 1940er Jahren im Wesentlichen von Stanislaw Ulam (1909–1984), Nicholas Metropolis (1915–1999) und John von Neumann (1903–1957) entwickelt, die dazu elektronische Rechenautomaten verwendeten, unter anderem auch im Rahmen des Manhattan-Projektes. Die erste Idee eines solchen Verfahrens stammt lange vorher von dem französischen Forscher Georges-Louis de Buffon (1707–1788), der in seinem berühmten Nadelproblem die Kreiszahl π in Zusammenhang mit der Zufälligkeit von Nadelwürfen brachte (siehe Imkamp und Proß 2021, Abschn. 5.6.3).

Wir wollen in diesem Kapitel einen ersten Überblick über Möglichkeiten der MC-Simulation geben, und betrachten einige Anwendungen der Methode für die Simulation stochastischer oder physikalischer Prozesse. Hierbei soll deutlich werden, inwieweit stochastische Modelle helfen, physikalische Prozesse zu simulieren und zu verstehen.

Bei der MC-Methode kommen in der Regel Pseudozufallszahlengeneratoren zur Anwendung, da echte Zufallszahlen (insbesondere in der benötigten Anzahl) nur

Ergänzende Information Die elektronische Version dieses Kapitels enthält Zusatzmaterial, auf das über folgenden Link zugegriffen werden kann https://doi.org/10.1007/978-3-662-66669-2_7.

T. Imkamp, S. Proß, *Einstieg in stochastische Prozesse*,
https://doi.org/10.1007/978-3-662-66669-2_7

schwer oder umständlich zu beschaffen sind. Wir verwenden in diesem Kapitel die Pseudozufallszahlengeneratoren von Mathematica.

7.1 Die Zahl π und der Zufallsregen

Wir nähern uns dem Verständnis der MC-Methode mit einem Beispiel, das wir im bereits in unserem Buch Imkamp und Proß 2021, Abschn. 5.6.1, im Rahmen der Berechnung geometrischer Wahrscheinlichkeiten eingeführt haben. Wir wollen hier jedoch mit dieser Methode den Wert der Zahl π bestimmen lassen.

Ähnlich wie das oben erwähnte Buffon'sche Nadelproblem einen Zusammenhang zwischen π und zufälligen Prozessen aufzeigt, können wir den Wert von π mithilfe eines Zufallsregens auf ein Quadrat der Seitenlänge 1 approximieren lassen. Wir stellen dazu die Frage: Wie groß ist die Wahrscheinlichkeit, dass ein beliebiger Tropfen das Innere eines in das Quadrat eingefügten Viertelkreises mit Radius 1 trifft?

Zur Beantwortung dieser Frage ordnen wir jedem gefallenen Tropfen bijektiv einen Punkt des Einheitsquadrates zu, also $(x|y)$, wobei $0 \leq x \leq 1$ und $0 \leq y \leq 1$ gilt.

Das Mathematica-Programm, das uns eine Visualisierung des Problems mit 1000 Punkten liefert, sieht folgendermaßen aus:

```
n=1000; (*Anzahl Punkte*)
pts=RandomReal[{0,1},{n,2}]; (*Punktepaare*)
p1=Graphics[Line[{{0,0},{0,1}}]];
p2=Graphics[Line[{{0,1},{1,1}}]];
p3=Graphics[Line[{{0,0},{1,0}}]];
p4=Graphics[Line[{{1,0},{1,1}}]];
p5=Graphics[Plot[Sqrt[1-x^2],{x,0,1}]];
Show[ListPlot[pts,AspectRatio->1],p1,p2,p3 p4,p5]
```

Als Output erhalten wir Abb. 7.1. Das Programm stellt eine Simulation des 1000-fachen Tropfens auf ein Einheitsquadrat dar.

Der Anteil, also die relative Häufigkeit, an Punkten innerhalb des Viertelkreises, liefert eine Näherung für die gesuchte Wahrscheinlichkeit. Betrachten wir die linke untere Ecke des Quadrates als Ursprung $(0|0))$ eines Koordinatensystems, so wie im Programm vorgesehen. Dann gilt für die Koordinaten $(x|y)$ dieser Punkte

$$\sqrt{x^2 + y^2} < 1.$$

Suchen wir nach einem exakten Wert für die gesuchte Wahrscheinlichkeit, so benötigen wir zunächst den Stichprobenraum

$$\Omega = \left\{ (x|y) \in \mathbb{R}^2 | 0 \leq x \leq 1,\, 0 \leq y \leq 1 \right\}.$$

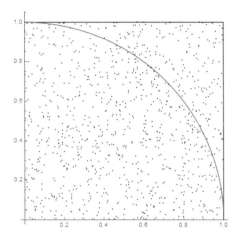

Abb. 7.1: Zufallsregen mit $n = 1000$ Tropfen

Er besteht aus der Menge aller Punkte des Einheitsquadrats. Das Ereignis

E: Der Tropfen fällt in den Viertelkreis

kann formal

$$E = \left\{ (x|y) \in \mathbb{R}_+^2 \mid \sqrt{x^2 + y^2} < 1 \right\}$$

geschrieben werden und interpretiert werden als: Ein zufällig ausgewählter Punkt liegt im Viertelkreis.

Dann gibt das Verhältnis der Flächen von E und Ω die gesuchte Wahrscheinlichkeit an. Bezeichnen wir diese Flächen mit $\mu(E)$ bzw. $\mu(\Omega)$, so gilt für die Wahrscheinlichkeit p, dass ein zufällig herausgesuchter Punkt im Viertelkreis liegt:

$$p = \frac{\mu(E)}{\mu(\Omega)} = \frac{\frac{1}{4}\pi \cdot 1^2}{1} = \frac{\pi}{4}.$$

Wenn wir Mathematica die Punkte zählen lassen, die im Viertelkreis liegen, und durch die Gesamtanzahl der Punkte (hier: 1000) dividieren, so erhalten wir demnach einen Näherungswert für $\frac{\pi}{4}$. Wir brauchen dann nur noch mit vier zu multiplizieren, und erhalten eine Näherung π. Der Mathematica-Code kann im Programm dazu folgendermaßen ergänzt werden:

```
Count[Map[Norm,pts],_?(#<1&)]/1000//N (*Naeherung Pi/4*)
4*Count[Map[Norm, pts],_?(#<1&)]/1000//N (*Naeherung Pi*)
```

Die Genauigkeit wird mit der Anzahl der verwendeten Punkte natürlich größer. Verändern Sie diese und experimentieren Sie mit dem Programm. Schauen Sie selbst, wie genau Sie π approximieren können!

7.2 Random Walk Varianten

In Bsp. 3.29 und 3.30 haben wir bereits die Simulation des ein- und zweidimensionalen Random Walks vorgestellt. Hier sollen weitere spezifische Varianten behandelt werden.

Beispiel 7.1 (Dreidimensionaler Random Walk). Einen Random Walk in drei Dimensionen (mit 1000 Schritten) zeigt die Abb. 7.2. Man kann sich dabei etwa die Bewegung eines Staub- oder Aerosolteilchens in der Luft vorstellen. Dies ist interessant, um z. B. die Ausbreitung gefährlicher oder gar giftiger Gase sowie infektiöser Keime in Räumen zu modellieren. Natürlich sind bei genaueren Analysen weitere Parameter wie z. B. das Lüftungsverhalten oder auftretende Strömungen zu berücksichtigen, also sowohl deterministische als auch stochastische Störfaktoren.

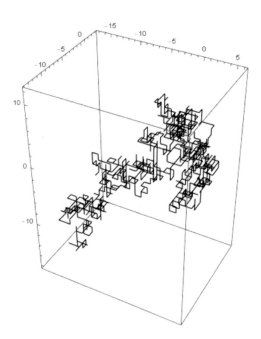

Abb. 7.2: Random Walk in drei Dimensionen

Das zugehörige Mathematica-Programm sieht so aus:

```
r:=Switch[Random[Integer,{1,6}],1,{1,0,0},2,{-1,0,0},3,{0,1,0},4,
     {0,-1,0},5,{0,0,1},6,{0,0,-1}]
ran[n_]:=NestList[#1+r&,{0,0,0},n]
Show[Graphics3D[Line[ran[1000]]],Axes->True,AspectRatio->Automatic]
```

Mit etwas mehr Programmieraufwand lässt sich ein Modul entwickeln, das bei gegebener Maximalzahl möglicher Schritte (z. B. $s = 500$) mit einem gegebenen *Random-Seed*, also einem zufällig gewählten Startpunkt für den Pseudozufallszahlengenerator, eine bestimmte Anzahl an Random Walks erzeugt (hier: zweidimensional, Anzahl $RW = 1000$). Die Random Walks sind über den unteren Schieberegler aufrufbar, und über den oberen Schieberegler kann man die einzelnen Schritte bis zur Maximalzahl 500 verfolgen (siehe Abb. 7.4). Der Startpunkt ist jeweils blau, der letzte erreichte Punkt rot gefärbt. Natürlich lassen sich die hier genannten Werte für s bzw. RW beliebig verändern. Das zugehörige Mathematica-Programm sieht so aus:

```
Print["Random Walk"]
s=500;(*Anzahl maximal moeglicher Schritte*)
RW=1000;(*Anzahl erzeugbarer RW's*)
Manipulate[SeedRandom[RanSeed];
Module[{k=0,m=maxim,punkt={{0,0}},schritte={{-1,0},{0,1},{1,0},{0,-1}}},
For[k=0,k<m,k++;
    AppendTo[punkt,RandomChoice[Table[punkt[[-1]]+schritte[[k]],{k,1,4}]]]];
    Graphics[Line@punkt,Epilog->{PointSize[Large],Blue,Point[{0,0}],
        PointSize[0.02],Black,Table[Point[punkt[[k]]],{k,2,
        Length[punkt]-1}]},ImageSize->{400,400},PlotRange->All]],
    {maxim,1,50,1,ControlType->None},{{maxim,1,"Anzahl Schritte"},1,s,1,
    Appearance->"Labeled"},{{RanSeed,1,"Neuer RW"},1,RW,1,
    Appearance->"Labeled"}]
```

Mögliche Pfade eines Random Walks nach unterschiedlichen Schrittzahlen zeigt Abb. 7.3.

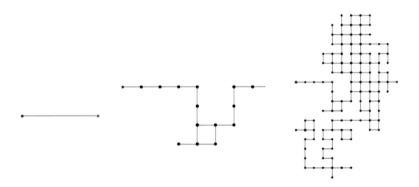

Abb. 7.3: Pfade eines zufällig erzeugten RW's nach einem, 25 und 320 Schritten

Beispiel 7.2 (Selbstmeidender Random Walk). Der *selbstmeidende Random Walk* (*Self-avoiding walk*, *SAW*) ist eine Irrfahrt auf einem (hier zweidimensionalen) Gitter, die niemals zu einem bereits besuchten Punkt zurückkehrt, und somit nach einer bestimmten Anzahl von Schritten terminieren kann. Derartige Irrfahrten spielen eine wichtige Rolle bei der Modellierung von Polymerketten, also speziellen makromolekularen Stoffen aus sich wiederholenden strukturellen Einheiten. Beispiele

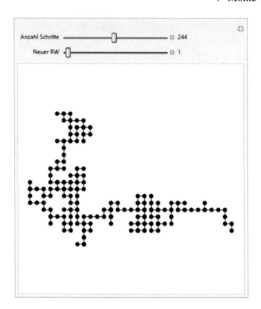

Abb. 7.4: Ausführbares Programm zu Abb. 7.3

sind etwa langkettige Kohlenwasserstoffe oder Polysaccharide. Derartige Moleküle kreuzen sich ja gerade nicht selbst, weshalb der SAW ein geeignetes Modell darstellt. Die Berechnung solcher SAW's ist schwierig und nur näherungsweise möglich.

Die Programmierung hingegen ist einfacher, aber natürlich etwas schwieriger, als die des gewöhnlichen Random Walks. Das folgende Mathematica-Programm erzeugt wieder mithilfe eines Moduls zufällige SAW-Pfade und gibt an, wann diese terminieren, d. h., nicht weiter fortführbar sind ohne eine Selbstkreuzung des Pfades. Dabei besteht eine Beschränkung auf maximal $s = 500$ Schritte, die einzeln bis zur Terminierung mit einem Schieberegler verfolgt werden können. Aufrufen eines neuen SAW's über den unteren Schieberegler liefert einen neuen SAW-Pfad. Der *RanSeed*, hier in der untersten Codezeile als „1" gesetzt, kann beliebig verändert werden, sodass das Programm 1000 (= NSAW) andere SAW-Pfade liefert. Der Startpunkt ist wieder jeweils blau, der letzte erreichte Punkt rot gefärbt.

```
Print["Selbstmeidender Random Walk (SAW)"]
s=500;(*Anzahl maximal moeglicher Schritte*)
NSAW=1000;(*Anzahl erzeugbarer SAW's*)
Manipulate[SeedRandom[RanSeed];
Module[{k=0,m=maxim,punkt={{0,0}},schritte ={{-1 0},{0,1},{1,0},{0,-1}}},
For[k=0,k<m && Not@(And @@ (MemberQ[punkt,#] &/@
    Table[punkt[[-1]]+schritte[[k]],{k,1,4}])),k++;
    AppendTo[punkt,RandomChoice[Select[Table[punkt[[-1]]+schritte[[k]],
    {k,1,4}],Not@MemberQ[punkt, #] &]]]];
    Style[Column[{If[Length[punkt]-1<m,"SAW terminiert nach "<>
        ToString[Length[punkt]-1]<>" Schritten (Start: blau; Ende: rot)",
        "SAW fortsetzbar nach "<>ToString[m]<>" Schritten (Start: blau;
        Ende: rot)"],
```

```
Graphics[Line@punkt,Epilog->{PointSize[Large],Blue,Point[{0,0}],
    Red,Point[Last@punkt],PointSize[0.02],Black,
    Table[Point[punkt[[k]]],{k,2,Length[punkt]-1}]},
    ImageSize->{400,400},PlotRange->All]},Center],"Label",15]],
    {maxim, 1,50,1,ControlType->None},{{maxim,1,"Anzahl Schritte"},1,s,1,
    Appearance->"Labeled"},{{RanSeed,1,"Neuer SAW"},1,NSAW,1,
    Appearance->"Labeled"}]
```

Mögliche Pfade nach unterschiedlichen Schrittzahlen zeigt Abb. 7.5.

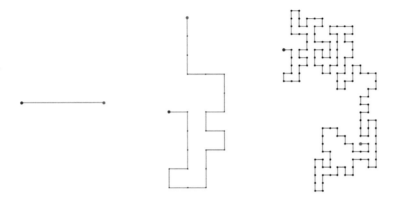

Abb. 7.5: Pfade eines zufällig erzeugten SAW's nach einem, 22 und 138 Schritten
        (terminiert)

Die Bildschirm-Darstellung des ausführbaren Programms mit Schiebereglern zeigt
die Abb. 7.6.   ◀

7.3 Perkolation

Ein wichtiges Phänomen in der Physik der Phasenübergänge ist die *Perkolation*, zu
Deutsch etwa *Durchsickerung*. Damit können Phänomene wie das Durchlaufen des
Wassers durch einen Kaffeefilter oder andere poröse Materialien, wie z. B. Wän-
de oder Mauern, die elektrische Leitfähigkeit von Legierungen oder die Ausbreitung von Waldbränden, sowie Polymerisationsprozesse beschrieben werden. Des
Weiteren spielt das Phänomen eine Rolle bei der Suche nach Atommüll-Endlagern.
Welche Gesteins- oder Tonformationen sind geeignet? Es muss sichergestellt sein,
dass kein Wasser durchsickert, insbesondere nicht nach einigen hundert Jahren das
mit den wasserlöslichen, langlebigen und radioaktiven Spaltprodukten kontaminier-
te Wasser. Im Zeitalter der Social Media hat die Perkolationstheorie Einzug gehalten
in Untersuchungen zur Viralität von Videoclips im Internet oder der massenhaften

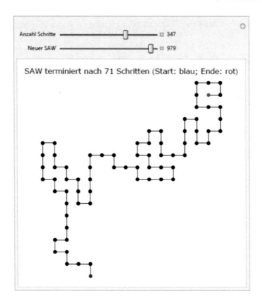

Abb. 7.6: Ausführbares Programm zu Abb. 7.5

Teilung von Nachrichten. Ebenso kann man damit die Ausbreitung von Epi- und Pandemien modellieren. Entscheidend ist bei allen Phänomenen die zufällige Ausbildung von Clustern, also zusammenhängenden Bereichen (Gebieten). Im Falle einer Legierung ist dies z. B. die Ausbildung von Gebieten mit nur einer Atomsorte. Der Übergang von der Undurchlässigkeit zur Durchlässigkeit ist im Sinne der statistischen Mechanik ein *Phasenübergang*. Monte-Carlo-Simulationen derartiger Vorgänge finden auf Gittern statt. Ein echter Phasenübergang kann bei der Modellierung der Perkolation auf einem Gitter jedoch nur dann auftreten, wenn das Gitter eine unendliche Ausdehnung hat. Real können wir jedoch nur mit endlichen Gittern arbeiten, und müssen uns daher mit weniger scharf ausgeprägten Übergängen begnügen.

Man unterscheidet zwischen *Knoten-* und *Kantenperkolationen*, wobei wir hier zunächst die Knotenperkolation in einem Beispiel betrachten.

Beispiel 7.3. Das folgende Mathematica-Programm stellt die Monte-Carlo-Simulation einer Knotenperkolation (engl. „site-percolation") auf einem 20 mal 20-Quadratgitter dar:

```
SitePercolation[p_,m_Integer]:=Table[Floor[1+p-Random[]],{m},{m}]
r=SitePercolation[0.5,20];
Show[Graphics[RasterArray[Reverse[r]/.{1->RGBColor[1,0,0],
     0->RGBColor[0,0,1]}]],AspectRatio->1]
```

Dabei werden die Pixel mit jeweils Wahrscheinlichkeit 0.5 unabhängig voneinander rot bzw. blau eingefärbt. Es ergibt sich der in Abb. 7.7 dargestellte Output. Die

rot bzw. blau eingefärbten, jeweils zusammenhängenden Gebiete nennt man auch
Perkolationscluster. Bei uns soll die Farbe „rot" Durchlässigkeit signalisieren. Es
handelt sich hier natürlich um die diskrete Modellierung eines im Allgemeinen als
kontinuierlich betrachteten Problems.

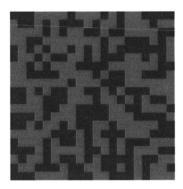

Abb. 7.7: Ausbildung von Perkolationsclustern (Monte-Carlo-Simulation)

Die durchlässigen Cluster werden im Mittel umso größer sein, je größer die Wahrscheinlichkeit für die Rotfärbung eines Feldes ist. Die Perkolationstheorie beschäftigt sich nun mit Eigenschaften wie Größe oder Anzahl dieser Cluster. Dabei muss
das Gitter in der Regel so groß sein, dass der eigentliche Perkolationsprozess unge-
stört von Randeffekten ablaufen kann. Im Idealfall ist das Gitter unendlich groß.

Sei p die Wahrscheinlichkeit, dass ein Feld rot eingefärbt ist. Dann bilden sich mit
dem Anwachsen von p immer größere Cluster aus. Die sogenannte *Perkolationsschwelle* p_c ist der Wert von p, an dem ein Phasenübergang stattfindet zur Durchlässigkeit: Es gibt dann mindestens ein Cluster mit einer Ausdehnung von einer Seite
zur Gegenüberliegenden. Bei einem quadratischen Gitter (mit unendlicher Ausdehnung) gilt $p_c \approx 0.59275$. Wir schauen uns die Ergebnisse zweier Simulationen an,
wobei die Wahrscheinlichkeit für eine Rotfärbung bei der ersten bei p_c und bei der
zweiten bei 0.8 liegt. Wir verwenden dazu jeweils ein 100 mal 100-Gitter:

```
SitePercolation1[p_,m_Integer]:=Table[Floor[1+p-Random[]],{m},{m}]
r=SitePercolation1[0.59275,100];
Show[Graphics[RasterArray[Reverse[r]/.{1->RGBColor[1,0,0],
        0->RGBColor[0,0,1]}]],AspectRatio->1]
```

```
SitePercolation2[p_,m_Integer]:=Table[Floor[1+p-Random[]],{m},{m}]
r=SitePercolation2[0.8,100];
Show[Graphics[RasterArray[Reverse[r]/.{1->RGBColor[1,0,0],
        0->RGBColor[0,0,1]}]],AspectRatio->1]
```

Das Ergebnis zeigt Abb. 7.8. Die Existenz eines perkolierenden Clusters sticht allerdings erst im zweiten Fall ins Auge. An der Perkolationsschwelle ist diese Frage so nicht zu beantworten, und es wird ein geeigneter Algorithmus benötigt, der

das Vorhandensein solcher Cluster bei endlichen Gittern identifizieren kann. Ebenso müssen die Effekte des endlichen Gitters untersucht werden. Wir verweisen für Details dazu auf Stauffer und Aharony 1995.   ◄

Abb. 7.8: Links: Perkolationsschwelle $p = p_c = 0.59275$, 100 mal 100-Gitter;
Rechts: $p = 0.8$, 100 mal 100-Gitter

Bei der Kantenperkolation (engl. „bond percolation") können wir uns ein gewöhnliches quadratisches Gitter vorstellen, wie wir es im letzten Abschnitt für den zweidimensionaler Random Walk verwendet haben. Hier wird eine Kante, also die Verbindung zwischen zwei Gitterpunkten, mit einer bestimmten Wahrscheinlichkeit p als durchlässig betrachtet. In Abb. 7.9 sind Gitter mit 16 Gitterpunkten dargestellt, bei denen jede Kante mit Wahrscheinlichkeit 0.5 grün (durchlässig) und mit 0.5 rot (undurchlässig) ist. Man kann sich die Kanten etwa als Rohrsystem mit freien und verstopften Rohren vorstellen.

Auf *endlichen* Gittern hängt die Durchlässigkeit vom Zufall ab. Im Fall des 4 mal 4-Gitters kann Durchlässigkeit oder Undurchlässigkeit von oben nach unten bzw. links nach rechts gegeben sein. Die Perkolationsschwelle im *unendlichen Gitter* beträgt bei der Kantenperkolation $p_c = 0.5$. Bei diesem Wert entsteht mit Wahrscheinlichkeit eins (!) ein perkolierender Cluster durch das gesamte System. Unterhalb dieses Wertes ist die Wahrscheinlichkeit für einen perkolierenden Cluster null. Was steckt mathematisch dahinter?

Um dies zu verstehen, stellen wir uns einen unendlich oft durchgeführten Wurf mit einer fairen Münze vor. Die Wahrscheinlichkeit, dass unendlich oft „Zahl" oben liegt, hängt nicht davon ab, ob wir endlich viele Ergebnisse abändern. So können wir beispielsweise bei 100 000 ausgewählten Würfen das Ergebnis „Zahl" in „Kopf" ändern, ohne dass sich daran etwas ändert, dass unendlich oft „Zahl" gefallen ist. Die Wahrscheinlichkeit für das Ereignis

$$E : \text{ Es fällt unendlich oft „Zahl"}$$

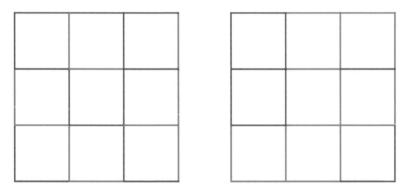

Abb. 7.9: Kantenperkolation, 4 mal 4-Gitter, links: durchlässig von oben nach unten, aber nicht von links nach rechts ($p = 0.5$); rechts: durchlässig von
oben nach unten und von links nach rechts ($p = 0.5$)

ist eins, unabhängig vom Verhalten endlich vieler Würfe. Mathematisch formal betrachten wir für ein spezielles Zufallsexperiment einen Wahrscheinlichkeitsraum
$(\Omega, \mathscr{A}, P)$ und eine Folge $(\mathscr{A}_n)_{n \in \mathbb{N}}$ von Sub-σ-Algebren von $\mathscr{A}$. Für ein festes $n \in \mathbb{N}$
fassen wir $\mathscr{A}_n$ auf als die Gesamtheit aller möglichen Ergebnisse ω, die das Zufalls-
experiment bei einer Durchführung zum Zeitpunkt n („n-ter Schritt") haben kann.
Für das Ereignis $A \in \mathscr{A}_n$ gilt entweder $\omega \in A$ oder $\omega \notin A$. Wenn letzteres nicht vom
Ausgang endlich vieler Versuche abhängt, dann nennt man das Ereignis A *terminal*,
und es gehört somit zur *terminalen-σ-Algebra*, im Sinne der folgenden Definition.

Definition 7.1. Sei $(\Omega, \mathscr{A}, P)$ ein Wahrscheinlichkeitsraum und $(\mathscr{A}_n)_{n \in \mathbb{N}}$ eine Folge von Sub-σ-Algebren von $\mathscr{A}$. Dann heißt

$$\mathscr{A}_\infty := \bigcap_{m \in \mathbb{N}} \sigma\left(\bigcup_{k \geq m} A_k\right)$$

die *terminale σ-Algebra*. Die Ereignisse $A \in \mathscr{A}_\infty$ heißen *terminale Ereignisse* oder auch *asymptotische Ereignisse*.

Hinter dem eben beschriebenen $0 - 1$-Verhalten des betrachteten Systems steckt ein
wichtiger Satz der Wahrscheinlichkeitstheorie, das *Null-Eins-Gesetz* von Kolmogorow (A.N. Kolmogorow, 1903–1987, russischer Mathematiker).

Satz 7.1 (Null-Eins-Gesetz von Kolmogorow). Sei $(\Omega, \mathscr{A}, P)$ ein Wahrscheinlichkeitsraum und $(\mathscr{A}_n)_{n \in \mathbb{N}}$ eine unabhängige Folge von Sub-σ-
Algebren von $\mathscr{A}$. Dann gilt für alle Ereignisse $A \in \mathscr{A}_\infty$ entweder $P(A) = 0$
oder $P(A) = 1$.

Beweis. Wir führen den Beweis hier nicht durch, sondern verweisen auf Gänssler
und Stute 2013.

Das Null-Eins-Gesetz von Kolmogorow erklärt also den mathematischen Hinter-
grund des Phasenübergangs der Kantenperkolation im unendlichen System bei einer
bestimmten kritischen Wahrscheinlichkeit p_c. Sei wie oben p die Wahrscheinlichkeit
dafür, dass eine zufällig ausgewählte Kante („Rohr") durchlässig ist. Im Fall $p = 0$
kann sich kein perkolierender Cluster ausbilden. Im Fall $p = 1$ bildet sich mit Sicherheit ein perkolierender Cluster aus. Dieses Ereignis ist terminal. Es muss also
einen kritischen Wert $0 < p_c < 1$ geben, ab dem sich mit Wahrscheinlichkeit eins
ein perkolierender Cluster ausbildet (Phasenübergang). Für diesen Wert gilt beim
unendlichen quadratischen Gitter $p_c = 0.5$ (siehe Sykes und Essam 1963).

7.4 Das Ising-Modell

Der deutsche Physiker Ernst Ising (1900–1998) entwickelte im Jahr 1924 in seiner von Wilhelm Lenz (1888–1957, deutscher Physiker) betreuten Dissertation ein
Gittermodell zur Beschreibung des Ferromagnetismus. Dieses zunächst in eindimensionaler Form präsentierte Modell einer Spinkette erfuhr allerdings erst im Jahr
1944 Berühmtheit, als es Lars Onsager (1903–1976, norwegischer Physiker und
Chemiker) gelang, den Phasenübergang eines magnetisch ungeordneten Festkörpers
in einen Ferromagneten beim Unterschreiten einer materialabhängigen Sprungtem-
peratur (= kritische Temperatur oder Curie-Temperatur T_c) mittels eines Quadrat-
gitters in zwei Dimensionen exakt zu lösen, während das dreidimensionale Modell
lediglich numerisch, oder mit Monte-Carlo-Simulationen, näherungsweise lösbar
ist. Um das Modell, das aus mathematischer Sicht eine Markoff-Kette darstellt, zu
verstehen, müssen wir zunächst ein wenig in die statistische Mechanik des Ferromagnetismus eintauchen.

Ferromagnetische Materialien, wie z. B. Eisen, Kobalt oder Nickel, können wir uns
aufgebaut vorstellen als Atomgitter, bei denen jedes Atom, also jeder Gitterplatz,
einen Spinzustand repräsentiert. Der Spin hat als quantenmechanische Größe kein
klassisches Analogon, wird aber als Eigendrehimpuls interpretiert. Dem Spin wird
ein magnetisches Moment zugeordnet und er kann nur in zwei Zuständen vorkommen, die man „up" bzw. „down" nennt, und denen wir die Zahlenwerte 1 bzw.

−1 zuordnen wollen. Wir betrachten hier zur Vereinfachung ein zweidimensionales quadratisches Gitter der Kantenlänge L mit N Gitterpunkten, also $N = L^2$. Der betrachtete Spin-Zustand hat also die Form

$$r = (s_1, s_2, s_3, ..., s_{N-1}, s_N)$$

mit

$$s_i \in \{-1; 1\} \ \forall i \in \{1; ...; N\}.$$

Die einzelnen Spins („Elementarmagnete") richten sich in einem externen Magnetfeld nach dessen Polung aus, sodass in einem idealen Ferromagneten alle Spins nach oben (oder alle nach unten) zeigen. Wir sagen, der Festkörper ist vollständig geordnet *magnetisiert*. Diesen Idealzustand minimaler Energie gibt es nur (theoretisch) am absoluten Temperaturnullpunkt $T = 0 \, \mathrm{K}$, bei höheren Temperaturen geraten die Elementarmagnete in Unordnung. Ein ferromagnetischer Körper, wie etwa ein Permanentmagnet, behält seine Magnetisierung jedoch unterhalb der Curie-Temperatur bei, dabei bilden sich größere Bereiche gleicher Magnetisierung aus, die *Weiss'schen Bezirke* oder Domänen genannt werden, und die durch Übergangszonen („Bloch-Wände") voneinander getrennt sind. Diese können sich oberhalb des absoluten Temperatur-Nullpunktes unter dem Einfluss externer Magnetfelder durch so genannte Barkhausen-Sprünge verschieben. Erst oberhalb der Curie-Temperatur verhält sich das Material völlig ungeordnet und die Spinverteilung bekommt einen zufälligen Charakter. Dies ist der Phasenübergang vom Ferromagneten zum Paramagneten. Das *Ising-Modell* ist ein Gittermodell zur Beschreibung des Ferromagnetismus, das im Dreidimensionalen bei Abwesenheit externer Magnetfelder einen solchen Phasenübergang liefert. Es berücksichtigt neben der Magnetisierung durch äußere Magnetfelder auch die für ferromagnetische Materialien charakteristische Tatsache, dass sich die Spins einzelner Atome im Feld der Nachbaratome ausrichten, sodass die Spin-Verteilungen nicht unabhängig voneinander erfolgen. Des Weiteren betrachtet man im Rahmen dieses Modells nur die Spinkomponente in z-Richtung, also im von uns betrachteten zweidimensionalen Fall senkrecht zum betrachteten Gitter.

Da der Ferromagnetismus in hohem Maße temperaturabhängig ist, müssen wir zunächst die Verhältnisse bei einer festen Temperatur betrachten, also das System in ein äußeres Wärmebad setzen. Das hier relevante physikalische Modell wird *kanonisches Ensemble* (auch Gibbs-Ensemble) genannt. Darunter versteht man alle Systeme mit fester Teilchenzahl N und festem Volumen V im Gleichgewicht (bei Energieaustausch) mit einem Wärmebad, sodass die Temperatur T festgelegt ist. Die Wahrscheinlichkeiten $P_r(T,x)$ für einem bestimmten Mikrozustand r hängen von T und externen Parametern x ab. Es gilt

$$P_r(T,x) = \frac{1}{Z} e^{-\frac{H(r,x)}{kT}},$$

wobei

$$Z = \sum_r e^{-\frac{H(r,x)}{kT}}$$

die *kanonische Zustandssumme* über alle Mikrozustände ist. Mit $\hat{H}$ wird üblicherweise der Hamilton-Operator, also der „Energieoperator" bezeichnet, sodass der Wert $H(r,x)$ die Energie des Zustandes r darstellt, die wir ab jetzt mit $H(r)$ abkürzen. k ist die Boltzmann-Konstante mit dem Wert $k = 1.380649 \cdot 10^{-23}\,\mathrm{J\,K^{-1}}$.

Auf unserem quadratischen Modellgitter mit $N = L^2$ Gitterpunkten sitzen jetzt einzelne Spins, sodass wir einen festen Mikrozustand

$$r = (s_1, s_2, s_3, \ldots, s_{N-1}, s_N)$$

mit

$$s_i \in \{-1; 1\}\ \forall i \in \{1; \ldots; N\}$$

als Startzustand haben (z-Komponenten der Spins). Die Gesamtenergie $H(r)$ dieses Mikrozustandes erhalten wir mit

$$H(r) = -J \sum_{(j,k)_n} s_j s_k - B \sum_k s_k,$$

wobei $J > 0$ die Austauschwechselwirkung benachbarter Spins wiedergibt (die erste Summe geht nur über die jeweils unmittelbar benachbarten Spins, daher der Buchstabe n als Hinweis), und B die Stärke des äußeren Magnetfelds beschreibt. Jeder Spin hat dabei vier Nachbarn, wie beim zweidimensionalen Random Walk (siehe Abb. 7.10). Dies ist jedoch nur dann exakt realisiert, wenn das Gitter unendlich groß ist. Im hier betrachteten Fall (auch großer) endlicher Gitter muss man die Randbedingungen anpassen, indem man die Randspins mit den jeweils gegenüberliegenden Randspins verknüpft. Man kann dies erreichen, indem man das ebene Gitter zu einem Torus aufrollt („periodische Randbedingungen").

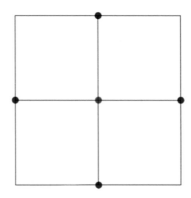

Abb. 7.10: Ausgewählter Spin (rot) mit seinen vier Nachbarspins (blau))

Da die Berechnung der kanonischen Zustandssumme schon bei kleinen Gittern selbst mit Supercomputern schwierig ist, hat man sich schon früh überlegt, wie man die physikalisch relevanten Zustände erzeugen kann. Das sind jene, die merklich zur Zustandssumme beitragen, und damit zur Bestimmung der physikalisch wichtigen Größen. Eine solche wichtige Größe ist etwa die Magnetisierung M, die durch die Differenz der Anzahlen der up- und down-Spins gegeben ist. Dies führte zur Methode des *importance sampling* (zur genaueren Erläuterung siehe Binder und Heermann 1992). In diesem Rahmen betrachten wir den Metropolis-Algorithmus, der zeitlich aufeinander folgende Mikrozustände nicht als unabhängig betrachtet, sondern eine Markoff-Kette erzeugt, für die die Übergangswahrscheinlichkeiten von einem Zustand r in einen Zustand r' mit $W(r \to r')$ bezeichnet werden. Damit im Fall unendlich vieler Konfigurationen die Wahrscheinlichkeitsverteilung gegen $(P_r)_r$ mit

$$P_r(T,x) = \frac{1}{Z} e^{-\frac{H(r)}{kT}}$$

konvergiert, ist die Bedingung des detaillierten Gleichgewichts („detailed balance") hinreichend (siehe Metropolis u. a. 1953). Diese lautet

$$P_r W(r \to r') = P_{r'} W(r' \to r),$$

oder anders geschrieben

$$\frac{W(r \to r')}{W(r' \to r)} = e^{-\frac{H(r')-H(r)}{kT}}.$$

$W(r \to r')$ lässt sich aus dieser Bedingung nicht eindeutig bestimmen. Wir verwenden hier als Lösung die sogenannte *Metropolis-Funktion*

$$W(r \to r') = \begin{cases} e^{-\frac{H(r')-H(r)}{kT}} & H(r') - H(r) > 0 \\ 1 & \text{sonst,} \end{cases}$$

die wir aufgrund der Eigenschaften der e-Funktion auch einfach als

$$W(r \to r') = \min\left(1; e^{-\frac{H(r')-H(r)}{kT}}\right)$$

schreiben können.

Denkanstoß

Zeigen Sie, dass durch die Metropolis-Funktion eine Lösung der Gleichung

$$\frac{W(r \to r')}{W(r' \to r)} = e^{-\frac{H(r')-H(r)}{kT}}$$

gegeben ist (siehe hierzu auch Aufg. 7.3)!

Unser Metropolis-Algorithmus geht nun folgendermaßen vor: Zunächst wählen wir einen Startzustand

$$r = (s_1, s_2, s_3, ..., s_i, ..., s_{N-1}, s_N)$$

aus, bei dem höchstens ein einziger Spin (etwa s_i) geändert (d. h. gedreht, „Spin-flip") werden kann, der also übergeht in

$$r' = (s_1, s_2, s_3, ... \pm s_i, ..., s_{N-1}, s_N),$$

wobei hier entweder s_i oder $-s_i$ realisiert ist, je nachdem, ob der Spin gedreht wurde oder nicht. Die oben angegebene und hier zu verwendende Metropolis-Funktion gibt an, dass der Übergang in den energetisch günstigeren Zustand (also den Zustand niedrigerer Energie) immer stattfinden soll, also in diesem Fall der Spin mit Wahrscheinlichkeit 1 gedreht wird. Hat der neue Zustand eine höhere Energie als der alte, so wird der Spin nur mit der Wahrscheinlichkeit

$$e^{-\frac{H(r')-H(r)}{kT}}$$

gedreht. Wir müssen also

$$\Delta E := H(r') - H(r)$$

berechnen, um zu entscheiden, ob der Spin gedreht wird oder nicht. Mit

$$H(r) = -J \sum_{(j,k)_n} s_j s_k - B \sum_k s_k$$

erkennt man leicht, dass gilt

$$\Delta E = H(r') - H(r) = 2s_i \left(J \sum_{(i,k)_n} s_k + B \right),$$

da sich die Werte von $H(r)$ und $H(r')$ höchstens für s_i unterscheiden. Der Term $\sum_{(i,k)_n} s_k$, der die Summe der Werte aller benachbarten Spins von s_i angibt, kann jedoch nur die Werte 0, ± 2, ± 4 annehmen. Überprüfen Sie dies, indem Sie jeweils vier beliebige Zahlen aus der Menge $\{-1; 1\}$ addieren. Des Weiteren verwenden wir, wie oben begründet, im Algorithmus periodische Randbedingungen.

Mit diesen Überlegungen können wir nun unseren Algorithmus formulieren:

1. Wähle einen Startzustand

$$r = (s_1, s_2, s_3, ..., s_i, ..., s_{N-1}, s_N).$$

2. Wähle einen Gitterpunkt, also eine Zahl $i \in \{1; 2; 3; ..; N\}$.

3. Wenn $\Delta E < 0$, dann drehe den Spin $s_i \to -s_i$. Wenn $\Delta E \geq 0$, dann ziehe eine gleichverteilte Zufallszahl $z \in [0; 1]$. Gilt dann $e^{-\frac{H(r') - H(r)}{kT}} > z$, dann drehe den Spin $s_i \to -s_i$, sonst ändere nichts.

4. Wiederhole (Iteriere) die Schritte 2 und 3 m mal.

In Mathematica sieht die Umsetzung des Algorithmus, also die Simulation für die Magnetisierung M, mitsamt Beispiel folgendermaßen aus:

```
IsingModellMetropolis[L_,m_,B_,J_,p_,T_] :=
Module[{DeltaEdurchT,StartverteilungSpins,Spinflip,flips},
DeltaEdurchT[-1,4]=-2*(B+4*J)/T;
DeltaEdurchT[-1,2]=-2*(B+2*J)/T;
DeltaEdurchT[-1,0]=-2*(B+0*J)/T;
DeltaEdurchT[-1,-2]=-2*(B-2*J)/T;
DeltaEdurchT[-1,-4]=-2*(B-4*J)/T;
DeltaEdurchT[1,4]=2*(B+4*J)/T;
DeltaEdurchT[1,2]=2*(B+2*J)/T;
DeltaEdurchT[1,0]=2*(B+0*J)/T;
DeltaEdurchT[1,-2]=2*(B-2*J)/T;
DeltaEdurchT[1,-4]=2*(B-4*J)/T;
(*Energieaenderungen beim Spinflip/Temperatur T, k=1*)
StartverteilungSpins=Table[2*Floor[p+Random[]]-1,{L},{L}];
(*Startgitter, p= Wahrscheinlichkeit fuer Spin=1,
   1-p= Wahrscheinlichkeit fuer Spin=-1*)
Spinflip=(Gitterpunkt=#;
{i1,i2}={Random[Integer,{1,L}],Random[Integer,{1,L}]};
   (*Zufaellige Wahl eines Gitterpunktes*)
If[i2==L,oben=1,oben=i2+1]; (*Beachtung periodischer Randbedingungen*)
If[i2==1,unten=L,unten=i2-1];
If[i1==L,rechts=1,rechts=i1+1];
If[i1==1,links=L,links=i1-1];
SpinsummeNachbarn=Gitterpunkt[[i1,rechts]]+Gitterpunkt[[i1,links]]+
   Gitterpunkt[[unten,i2]]+Gitterpunkt[[oben,i2]];
If[DeltaEdurchT[Gitterpunkt[[i1,i2]],SpinsummeNachbarn]<0||
Random[]<Exp[-DeltaEdurchT[Gitterpunkt[[i1,i2]],SpinsummeNachbarn]],
Gitterpunkt[[i1,i2]]=-Gitterpunkt[[i1,i2]];Gitterpunkt,Gitterpunkt] )&;
(*Spinflip,wenn eine der Bedingungen erfuellt*)
flips=NestList[Spinflip,StartverteilungSpins,m];
flips[[Range[1,m,L^2]]]]
Magnetisierung[IMM_]:=Module[{L=Length[IMM[[1]]],FlipListe},
FlipListe:=Map[Abs[Apply[Plus,Flatten[#]]/L^2]&,IMM];
ListLinePlot[FlipListe, PlotRange->{0,1},
AxesLabel->{"Schritte","Magnetisierung M"}]]
Magnetisierung[IsingModellMetropolis[50,300000,0,0.4,0.2,1]]
(*Beispielwerte: 50 mal 50-Gitter, ohne externes B-Feld, J=0.4, p=0.2, T=1*)
```

Wir haben hier willkürlich die Boltzmann-Konstante $k = 1$ gesetzt, sodass die Temperatur in entsprechenden Einheiten angegeben wird.

Das Ergebnis für `IsingModellMetropolis[50,300000,0,0.4,0.2,1]` ist in Abb. 7.11 dargestellt. Jeder Monte-Carlo-Schritt repräsentiert jeweils 2500 Echtzeitschritte. Gestartet wird bei $M = 0.6 = 0.8 - 0.2$.

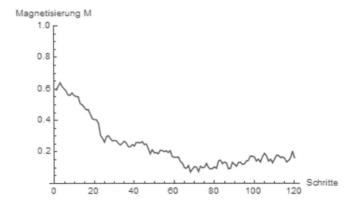

Abb. 7.11: Verlauf der Magnetisierung auf einem 50 mal 50 Gitter, $m = 300\,000$
Iterationen, $B = 0$, $J = 0.4$, $p = 0.2$

Erhöhen wir die Temperatur bei den gleichen übrigen Parametern, dann wird die
Magnetisierung wie erwartet kleiner (siehe Abb. 7.12).

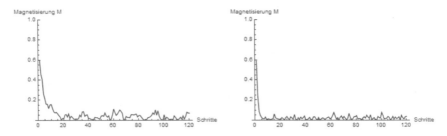

Abb. 7.12: Verlauf der Magnetisierung wie in Abb. 7.11, aber mit $T = 1.5$ (links)
bzw. $T = 3$ (rechts)

Ein externes B-Feld hilft enorm bei der Magnetisierung, wie Abb. 7.13 zeigt.

> **Denkanstoß**
>
> Experimentieren Sie selbst ein wenig mit den Parametern des Programms
> und interpretieren Sie Ihre Ergebnisse physikalisch!

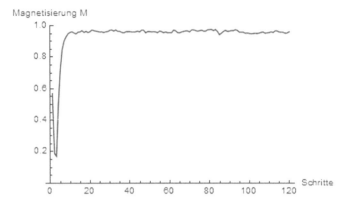

Abb. 7.13: Verlauf der Magnetisierung auf einem 50 mal 50 Gitter, $m = 300\,000$ Iterationen, $B = 0.5$, $J = 0.4$, $p = 0.2$

7.5 Radioaktiver Zerfall

In der Kernphysik spielt die Untersuchung der Zerfälle verschiedener radioaktiver Nuklide eine große Rolle. Der radioaktive Zerfall von Atomkernen ist als ein stochastischer Prozess aufzufassen. Es gibt keine Möglichkeit vorherzusagen, welcher Kern als nächstes zerfällt oder wann. Es lässt sich lediglich das Verhalten einer großen Anzahl von Kernen modellieren und näherungsweise vorhersagen. Dabei gilt das *Zerfallsgesetz*

$$N(t) = N_0 e^{-\lambda t},$$

wobei N_0 die Anzahl aktiver Atomkerne zum Zeitpunkt $t = 0$, $N(t)$ die Anzahl aktiver Atomkerne zu einem Zeitpunkt t und λ die sogenannte Zerfallskonstante ist. Die Zerfallskonstante hängt mit der *Halbwertszeit T_h* des Radionuklids über die Gleichung

$$T_h = \frac{\ln 2}{\lambda}$$

zusammen. Unter der Halbwertszeit (kurz: HWZ) versteht man die Zeit, in der die Hälfte der anfangs aktiven Kerne in (radioaktive oder stabile) Tochterkerne zerfällt. Sämtliche bekannte Radionuklide einschließlich ihrer Halbwertszeiten werden in der *Karlsruher Nuklidkarte* aufgeführt. Da $N(t)$ angibt, wie viele Atomkerne zur Zeit t noch vorhanden sind, ist die Anzahl der dann bereits zerfallenen Atomkerne

$$N_0 - N(t) = N_0 \left(1 - e^{-\lambda t}\right) = N_0 \left(1 - e^{-\frac{\ln 2}{T_h}t}\right) = N_0 \left(1 - \left(\frac{1}{2}\right)^{\frac{t}{T_h}}\right).$$

Somit ist die Zerfallswahrscheinlichkeit p während des Zeitintervalls $[0;t]$ für einen Atomkern

$$p = 1 - e^{-\lambda t} = \int_0^t \lambda e^{-\lambda x} dx,$$

und die Zufallsvariable

$$X = \text{Lebensdauer des gewählten Atomkerns}$$

ist exponentialverteilt zum Parameter λ, d. h., der Erwartungswert ist $\frac{1}{\lambda}$.

Wir wollen den Zerfallsprozess eines radioaktiven Präparates über mehrere HWZ's simulieren. Die Kerne sollen auf einem quadratischen Gitter angeordnet sein. Ein hierzu geeigneter einfacher Algorithmus lautet:

1. Wähle eine natürliche Zahl m.

2. Starte mit 2^m mal 2^m aktiven Kernen.

3. Wähle zufällig die Hälfte aller aktiven Kerne aus und lasse sie zerfallen (von rot nach schwarz färben).

4. Iteriere den 3. Schritt für alle noch aktiven Kerne $2m$ mal.

Jeder Iterationsschritt simuliert das Verhalten der Kerne nach einer weiteren HWZ. Die Auswahl der Kerne erfolgt mithilfe eines Pseudozufallszahlengenerators. Eine mögliche Mathematica-Simulation mit zu Anfang 64 mal 64 Atomkernen, bei der die Funktion RandomSample für die zufällige Kernauswahl verwendet wird, sieht so aus:

```
Print["Radioaktiver Zerfall mit stabilen Tochterkernen"]
m=6;
k=2^m;(*k veraenderbar*)
Manipulate[SeedRandom[RanSeed];
Module[{Start=Flatten[Array[List,{k, k}],1],Zerfaelle={},r=Range[k*k]},
Do[r=RandomSample[r,Length[r]/2];(*Iteration, Start: k mal k-Gitter mit
    Kernen*)
Zerfaelle=Complement[Range[k*k],r],{t}](*filtert die zerfallenen Kerne
    heraus*);
Graphics[{Red,Disk[#,0.5]&/@Start[[r]](*Aktive Kerne*),Black,
    Disk[#,0.5]&/@ Start[[Zerfaelle]](*Zerfallene Kerne*)},
ImageSize->{500,500}]],{{t,0,"Zeitschritt in HWZ"},0,2*m,1}
    (*Start bei t=0*),{{RanSeed,100,"Zufallseinstellungen"},100,199,1}
    (*100 Zufallseinstellungen*)]
```

> **Bemerkung 7.1.** Bei diesem Algorithmus und dem zugehörigen Mathematica-Programm zerfällt während einer HWZ immer exakt die Hälfte der noch aktiven Kerne. In der Natur kommt es jedoch zu statistischen Schwankungen, sodass dies nur näherungsweise realisiert ist, und lediglich *im Mittel* die Hälfte der Kerne zerfällt.

Mit dem oberen Schieberegler können Sie die Anzahl der bereits vergangenen HWZs wählen, mit dem unteren eine neue Zufallseinstellung. Mögliche Ergebnisse

der Simulation (bei einer gegebenen Zufallseinstellung) nach zwei, drei bzw. fünf
HWZs zeigt Abb. 7.14.

Abb. 7.14: MC-Simulation des Zerfalls von 64 mal 64 radioaktiven Kernen (rot)
in stabile Tochterkerne (schwarz) nach zwei HWZs (links), drei HWZs
(mitte) bzw. fünf HWZs (rechts)

Die Bildschirm-Darstellung des ausführbaren Programms mit Schiebereglern finden
Sie in Abb. 7.15.

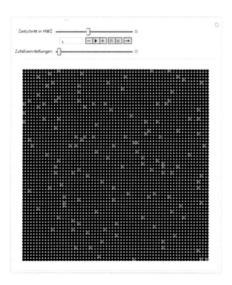

Abb. 7.15: Ausführbares Programm zu Abb. 7.14

Eine andere Möglichkeit, den radioaktiven Zerfall zu simulieren, die die Tatsache
berücksichtigt, dass lediglich *im Mittel* die Hälfte der aktiven Kerne während einer
HWZ zerfällt, ist die folgende:

Als Erstes wählt man die Anzahl $N(0)$ der zu Beginn aktiven Kerne aus (idealerwei-
se wieder eine Zweierpotenz). Jedem Kern wird eine Zufallszahl aus dem Intervall

$]0;1[$ zugeordnet. Im ersten Zeitschritt (also bis T_h) werden alle Zufallszahlen ausgewählt, die < 0.5 sind. Diese repräsentieren die noch aktiven Kerne. Im zweiten
Schritt werden hieraus die Zahlen ausgewählt, die $< 0.5^2$ sind. Allgemein: Im n-
ten Schritt werden aus den übrig gebliebene Zahlen („noch aktiven Kernen") die
ausgewählt, die $< 0.5^n$ sind. Ein Mathematica-Programm, das diesen Algorithmus
umsetzt (exemplarisch mit $N(0) = 32$), und die zugehörige exponentielle Modellie-
rungskurve zeigt, sieht folgendermaßen aus:

```
k=5;
a=2^k;(*a=N(0)*)
s[0]=Table[RandomReal[],a];(*a Zufallszahlen im Bereich 0 bis 1*)
s[n_]:=s[n]=Select[s[n-1],#<0.5^n&](*noch nicht zerfallene Kerne*)
Show[{ListPlot[Table[{i,Length[s[i]]},{i,0,k}]],Plot[a*0.5^x,{x,0,k}]},
AxesLabel->{"t/\!\(\*SubscriptBox[\(T\),\(h\)]\)","N(t)"}]
```

Ein mögliches Ergebnis zeigt Abb. 7.16.

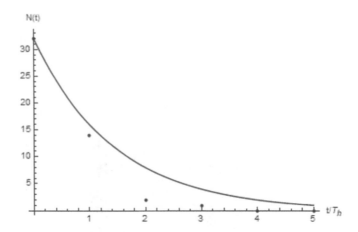

Abb. 7.16: MC-Simulation (Punkte) des Zerfalls von 32 radioaktiven Kernen in stabile Tochterkerne

Die Simulation wird umso genauer (relative Abweichung), je größer die Zahl $N(0)$
gewählt wird, wie Abb. 7.17 zeigt.

7.6 Aufgaben

Aufgabe 7.1. Experimentieren Sie mit allen Programmen dieses Kapitels herum.
Verändern Sie nach Belieben die vorhandenen Parameter und beobachten Sie, was
passiert. Ändern Sie Programme an Ihnen interessant erscheinenden Stellen ab und
verändern oder verbessern Sie diese in verschiedene Richtungen.

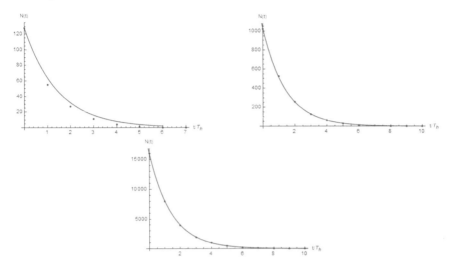

Abb. 7.17: MC-Simulation (Punkte) des Zerfalls von 128 (oben links), 1024 (oben
rechts) bzw. 16 000 (unten) radioaktiven Kernen in stabile Tochterkerne

Aufgabe 7.2. (B) Auch in der Integralrechnung spielt die MC-Methode eine Rolle,
und wird insbesondere dann wichtig, wenn sich Integrale nicht geschlossen analytisch berechnen lassen. Bei der *Monte-Carlo-Integration* lassen sich Integrale numerisch mithilfe von Zufallszahlen oder Pseudozufallszahlen berechnen. Zum Beispiel
liefert die Eingabe

```
n=10000;
(1/n)*Sum[Random[],{i,1,n}]
```

eine Approximation des Integrals $\int_0^1 x dx = \frac{1}{2}$ mithilfe von 10 000 Pseudozufallszahlen.

a) Bestimmen Sie den folgenden Wert:

```
s=10000;
(1/s)*Sum[Random[]^2,{i,1,s}]
```

Welches Integral wird hier berechnet?

b) Berechnen Sie mithilfe der Monte-Carlo-Methode das Integral

$$\int_0^3 \cos(x)dx.$$

Überprüfen Sie Ihr Ergebnis analytisch.

c) Manche Integrale, wie z. B.

$$\int_0^1 e^{-x^2} dx,$$

lassen sich nicht analytisch berechnen. Bestimmen Sie den Wert mithilfe einer Monte-Carlo-Integration.

Aufgabe 7.3. Ⓑ Beweisen Sie, dass die *Glauber-Funktion*

$$W(r \to r') = \frac{1}{2} \left(1 - \tanh \left(\frac{\Delta E}{2kT} \right) \right)$$

die Gleichung

$$\frac{W(r \to r')}{W(r' \to r)} = e^{-\frac{H(r') - H(r)}{kT}},$$

also *detailed balance*, erfüllt ($\Delta E = H(r') - H(r) \geq 0$).

Aufgabe 7.4. Ⓑ Ersetzen Sie im Fall $\Delta E \geq 0$ die Metropolis-Funktion durch die Glauber-Funktion im Programm `IsingModellMetropolis` und vergleichen Sie.

Aufgabe 7.5. Ⓑ Verändern Sie das Programm `IsingModellMetropolis`, indem Sie die `Mod`-Funktion von Mathematica für die Berücksichtigung der periodischen Randbedingungen verwenden.

Aufgabe 7.6. Was würde sich im Mathematica-Programm „Radioaktiver Zerfall mit stabilen Tochterkernen" ändern, wenn man an Stelle der Mathematica-Funktion `RandomSample` die Funktion `RandomChoice` verwenden würde?

Aufgabe 7.7. Ⓑ Simulieren Sie 100mal eine Roulette-Rotation, d. h., eine Folge von 37 Roulette-Würfen, und zählen Sie, wie viele verschiedene Zahlen während einer solchen Rotation im Mittel fallen. Das Ergebnis ist Roulette-Spielern als „Zwei-Drittel-Gesetz" bekannt. Dahinter steckt das $\frac{1}{e}$-Gesetz (siehe Imkamp und Proß 2021, Abschn. 6.2.3).

Aufgabe 7.8. Ⓑ Eine Luftfahrtfirma hat 200 um das Hauptgebäude herum verteilte Parkplätze, die von den Mitarbeitern zufällig ausgewählt werden können. Ein Ingenieur der Firma, der zu unterschiedlichen Zeiten ankommt, fragt sich, auf wie vielen verschiedenen Parkplätzen er während eines Jahres im Mittel parkt. Bestimmen Sie diesen Wert mithilfe einer Monte-Carlo-Simulation. Gehen Sie davon aus, dass jeder Parkplatz die gleiche Wahrscheinlichkeit hat, ausgewählt zu werden und simulieren Sie 100 Jahre, in denen der Ingenieur immer genau 225 Tage arbeitet.

Kapitel 8
Petri-Netze

8.1 Grundlegendes Konzept

Petri-Netze sind ein graphisches Modellierungskonzept zur Darstellung und Modellierung von Verhaltensweisen mit Konkurrenz, Nebenläufigkeit, Synchronisierung, Ressourcenteilung und Nichtdeterminismus.

Unter *Nebenläufigkeit* versteht man die Eigenschaft eines Systems mehrere Prozesse unabhängig voneinander auszuführen. *Nichtdeterminismus* bedeutet, dass es zu einem Zustand mehrere Folgezustände geben kann.

Das grundlegende Konzept wurde 1962 von Carl Adam Petri im Rahmen seiner Doktorarbeit vorgestellt (siehe Petri 1962) und sukzessive erweitert, um den Anwendungsbereich zu vergrößern (siehe z. B. David, H. Alla und H. L. Alla 2005, Proß 2013).

Petri-Netze werden in den unterschiedlichsten Anwendungsbereichen eingesetzt. Beispiele hierfür sind die Modellierung von Geschäftsprozessen, Produktionsprozessen, logistischen Prozessen, biologischen und chemischen Prozessen, Verkehrsflüssen, Datenflüssen, Arbeitsabläufen und Multiprozessorsystemen.

Ein Petri-Netz ist ein Graph, bei dem sich die Knoten in zwei disjunkte Teilmengen aufteilen. Diese Knotenmengen werden *Plätze* und *Transitionen* genannt und graphisch durch Kreise bzw. Rechtecke dargestellt (siehe Abb. 8.1).

Plätze und Transitionen können durch gerichtete Kanten (Pfeile) verbunden werden. Verbindungen zwischen Transitionen bzw. Plätzen untereinander sind hingegen nicht erlaubt. Die Kanten werden mit Gewichten versehen. Diese Gewichte können nur Werte aus dem Bereich der positiven ganzen Zahlen annehmen.

Jeder Platz kann eine nichtnegative Anzahl *Token* enthalten. Diese Token werden graphisch durch kleine, schwarze Punkte oder durch eine Zahl im Inneren des Platzes gekennzeichnet (siehe Abb. 8.1). Eine konkrete Festlegung der Tokenanzahl in

Ergänzende Information Die elektronische Version dieses Kapitels enthält Zusatzmaterial, auf das über folgenden Link zugegriffen werden kann https://doi.org/10.1007/978-3-662-66669-2_8.

Platz mit Token   Transition

Abb. 8.1: Graphische Darstellung von Plätzen und Transitionen

einem Platz wird *Platzmarkierung* genannt und eine konkrete Festlegung der Token-anzahlen aller Plätze wird *Petri-Netz-Markierung* genannt. Sind in einem Petri-Netz alle Plätze markiert – auch 0 Token ist eine Markierung – nennt man es *markiertes Petri-Netz*. Allerdings wird im Folgenden auf diesen Zusatz verzichtet, da nur markierte Petri-Netze betrachtet werden.

Beispiel 8.1. Wir betrachten das in Abb. 8.2 dargestellte Petri-Netz mit sieben Plätzen $P = \{P1; P2; P3; P4; P5; P6; P7\}$ und vier Transitionen $T = \{T1; T2; T3; T4\}$.

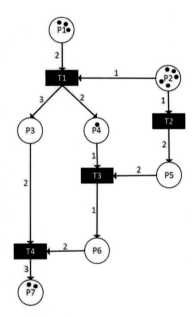

Abb. 8.2: Petri-Netz aus Bsp. 8.1

Die Zahlen an den Kanten sind die Gewichte und die schwarzen Punkte sind die Token. Platz $P1$ hat drei Token $(m_0(P1) = 3)$, $P2$ hat fünf Token $(m_0(P2) = 5)$, $P4$ hat einen Token $(m_0(P4) = 1)$ und $P7$ hat zwei Token $(m_0(P7) = 2)$. Alle anderen Plätze enthalten keine Token $(m_0(P3) = m_0(P5) = m_0(P6) = 0)$. ◄

Wir geben folgende Definition für ein Petri-Netz.

Definition 8.1. Ein *(anfangsmarkiertes) Petri-Netz* ist das Tupel (P,T,F,G,f,m_0) mit

- einer endlichen Menge an Plätzen $P = \{p_1, p_2, \ldots, p_{n_p}\}$,
- einer endlichen Menge an Transitionen $T = \{t_1, t_2, \ldots, t_{n_t}\}$, wobei $P \cap T = \varnothing$,
- einer Menge $F \subseteq (P \times T)$ an gerichteten Kanten (Pfeilen) von Plätzen zu Transitionen,
- einer Menge $G \subseteq (T \times P)$ an gerichteten Kanten (Pfeilen) von Transitionen zu Plätzen,
- einer Kantengewichtsfunktion $f : (F \cup G) \to \mathbb{N}$, die jeder Kante eine positive ganze Zahl zuweist, wobei $(p_i \to t_j)$ die Kante von Platz $p_i \in P$ zur Transition $t_j \in T$ bezeichnet mit $f(p_i \to t_j)$ als zugehöriges Kantengewicht und $(t_j \to p_i)$ bezeichnet die Kante von t_j zu p_i mit dem Gewicht $f(t_j \to p_i)$.
- einer Zuordnung $m_0 : P \to \mathbb{N}_0$, die jedem Platz p_i eine konkrete Anfangstokenanzahl $m_0(p_i)$ zuordnet.

Wir führen die Bezeichnungen *Input-Plätze* für die Menge der Plätze im Vorbereich einer Transition und *Output-Plätze* für die Menge der Plätze im Nachbereich einer Transition ein. Analog gelten die Bezeichnungen *Input-Transitionen* und *Output-Transitionen* (siehe Abb. 8.3).

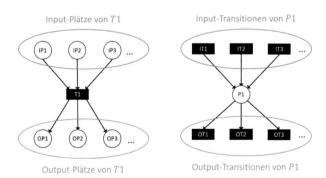

Abb. 8.3: Input- und Output-Plätze (links) und Input- und Output-Transitionen (rechts)

Definition 8.2. Die *Menge der Inputs* eines Petri-Netz-Elements $x \in (P \cup T)$ ist definiert als

$$Y_{in}(x) := \{ y \in (P \cup T) \mid (y \to x) \in (F \cup G) \}$$

und die *Menge der Outputs* als

$$Y_{\text{out}}(x) := \{ y \in (P \cup T) \mid (x \to y) \in (F \cup G) \}.$$

Die Menge aller Input-Plätze einer Transition $t_j \in T$ wird mit $P_{\text{in}}(t_j) \subseteq P$ bezeichnet und die Menge aller Outputplätze mit $P_{\text{out}}(t_j) \subseteq P$. Die Menge $T_{\text{in}}(p_i) \subseteq T$ umfasst alle Input-Transitionen eines Platzes p_i und $T_{\text{out}}(p_i) \subseteq T$ alle Output-Transitionen.

Eine Transition ist *aktiv*, wenn alle Input-Plätze mindestens so viele Token wie das Kantengewicht haben.

Definition 8.3. Das Tupel (P, T, F, G, f, m_0) ist ein Petri-Netz. Eine Transition $t_j \in T$ ist *aktiv* genau dann, wenn

$$\forall p_i \in P_{\text{in}}(t_j) : m(p_i) \geq f(p_i \to t_j)$$

Beispiel 8.2. Wir betrachten erneut das Petri-Netz in Abb. 8.2 und bestimmen, welche der Transitionen aktiv sind.

Wir untersuchen zunächst $T1$ mit den Input-Plätzen $P1$ und $P2$ ($P_{\text{in}}(T1) = \{P1; P2\}$). Damit $T1$ **aktiv** ist, müssen beide Input-Plätze mindestens so viele Tokens enthalten wie das jeweilige Kantengewicht anzeigt. Dies ist hier erfüllt, da

$$m(P1) = 3 > f(P1 \to T1) = 2 \quad \text{und} \quad m(P2) = 5 > f(P2 \to T1) = 1.$$

Somit ist $T1$ aktiv.

Auch $T2$ ist **aktiv**, da

$$m(P2) = 5 > f(P2 \to T2) = 1.$$

Die Transition $T3$ ist **nicht aktiv**. Zwar ist $m(P4) = 1 = f(P_4 \to T3)$, aber $P5$ enthält keine Token. Um eine Transition zu aktivieren, müssen **alle** Input-Plätze eine Markierung mindestens in Höhe des entsprechenden Kantengewichts aufweisen.

Auch $T4$ ist *nicht aktiv*, da beide Input-Plätze keine Token enthalten.   ◀

Wenn eine aktive Transition *feuert*, müssen die Markierungen der betroffenen Plätze nach der folgenden Definition neu berechnet werden.

> **Definition 8.4.** Das Tupel (P, T, F, G, f, m_0) ist ein Petri-Netz. Eine aktive Transition $t \in T$ *feuert*, indem das Kantengewicht an Token von allen Input-Plätzen abgezogen wird
>
> $$m'(p_i) = m(p_i) - f(p_i \to t) \quad \forall p_i \in P_{in}(t)$$
>
> und das Kantengewicht an Token bei allen Output-Plätzen hinzuaddiert wird
>
> $$m'(p_i) = m(p_i) + f(t \to p_i) \quad \forall p_i \in P_{out}(t).$$

Beispiel 8.3. Die Transition $T1$ des Petri-Netzes in Abb. 8.2 ist aktiv und kann gefeuert werden. Wenn $T1$ feuert, werden

- $f(P1 \to T1) = 2$ Token von $P1$ und
- $f(P2 \to T1) = 1$ Token von $P2$

abgezogen und

- $f(T1 \to P3) = 3$ Token zu $P3$ und
- $f(T1 \to P4) = 2$ Token zu $P4$

hinzuaddiert. Es ergibt sich damit das in Abb. 8.4 dargestellte Petri-Netz (rechts).

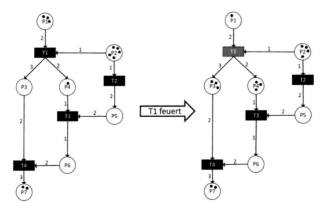

Abb. 8.4: Links: Petri-Netz mit Anfangsmarkierung; Rechts: Petri-Netz nach Feuerung von $T1$

Als neue Markierung ergibt sich

$$m_1(P1) = 1, \ m_1(P2) = 4, \ m_1(P3) = 3, \ m_1(P4) = 3,$$
$$m_1(P5) = 0, \ m_1(P6) = 0, \ m_1(P7) = 2. \qquad \blacktriangleleft$$

> **Denkanstoß**
>
> Bearbeiten Sie dazu Aufg. 8.1!

8.2 Matrizendarstellung von Petri-Netzen

Jedes Petri-Netz kann auch mithilfe von Matrizen und Vektoren spezifiziert werden. Dadurch wird die Berechnung der neuen Markierung des Petri-Netzes nach Feuerung von Transitionen auf eine Matrix-Vektor-Multiplikation zurückgeführt. Hierbei werden die Kanten und deren Gewichte in einer Matrix zusammengefasst. Die Zeilen stehen bei dieser Matrix für die einzelnen Plätze und die Spalten für die Transitionen, d. h. es handelt sich um eine Matrix mit der Dimension $(n_p \times n_t)$:

$$\mathscr{F} = \begin{pmatrix} f_{1,1} & \cdots & f_{1,n_t} \\ \vdots & \ddots & \vdots \\ f_{n_p,1} & \cdots & f_{n_p,n_t} \end{pmatrix} \quad \text{mit} \quad f_{i,j} = \begin{cases} f(p_i \to t_j), & (p_i \to t_j) \in F \\ 0, & (p_i \to t_j) \notin F \end{cases}$$

$$\mathscr{G} = \begin{pmatrix} g_{1,1} & \cdots & g_{1,n_t} \\ \vdots & \ddots & \vdots \\ g_{n_p,1} & \cdots & g_{n_p,n_t} \end{pmatrix} \quad \text{mit} \quad g_{i,j} = \begin{cases} f(t_j \to p_i), & (t_j \to p_i) \in G \\ 0, & (t_j \to p_i) \notin G \end{cases}$$

$$\mathscr{H} = \mathscr{G} - \mathscr{F}.$$

Die Matrix $\mathscr{F}$ beinhaltet die Gewichte der Kanten von den Plätzen zu den Transitionen. Besteht zwischen einen Platz p_i und einer Transition t_j keine Verbindung, dann wird das zugehörige Matrixelement auf null gesetzt. Bei der Matrix $\mathscr{G}$, die die Kantengewichte von den Transitionen zu den Plätzen enthält, wird genauso verfahren. Zudem gibt es noch eine Matrix $\mathscr{H}$, die sich aus der Differenz von $\mathscr{G}$ und $\mathscr{F}$ ergibt.

Die Markierungen der Plätze eines Petri-Netzes können in einem Spaltenvektor zusammengefasst werden:

$${}^t\vec{m} = \big(m(p_1) \ m(p_2) \ \ldots \ m(p_{n_p}) \big) = \big(m_1 \ m_2 \ \ldots \ m_{n_p} \big).$$

Ob eine Transition feuert oder nicht, kann mit einem Spaltenvektor bestehend aus Nullen und Einsen dargestellt werden:

$$^t\vec{f} = \left(x_1 \; x_2 \; \ldots \; x_{n_t} \right) \quad \text{mit} \quad x_j = \begin{cases} 0, & t_j \text{ feuert nicht} \\ 1, & t_j \text{ feuert.} \end{cases}$$

Die Aktivierung der Transition t_j kann nach Def. 8.3 mit folgender Bedingung geprüft werden, die komponentenweise zu verstehen ist:

$$\vec{m} - \mathscr{F} \cdot \vec{e}_j \geq \vec{0},$$

hierbei ist $\vec{e}_j$ der j-te Einheitsvektor.

Die neue Markierung eines Petri-Netzes nach Feuerung von Transitionen kann mit folgender Matrix-Vektor-Multiplikation berechnet werden:

$$\vec{m}_{\text{neu}} = \vec{m} + \mathscr{H} \cdot \vec{f}.$$

Beispiel 8.4. Das Petri-Netz in Abb. 8.2 lässt sich mithilfe von Matrizen und Vektoren wie folgt darstellen:

$$\mathscr{F} = \begin{pmatrix} 2 & 0 & 0 & 0 \\ 1 & 1 & 0 & 0 \\ 0 & 0 & 0 & 2 \\ 0 & 0 & 1 & 0 \\ 0 & 0 & 2 & 0 \\ 0 & 0 & 0 & 2 \\ 0 & 0 & 0 & 0 \end{pmatrix}, \quad \mathscr{G} = \begin{pmatrix} 0 & 0 & 0 & 0 \\ 0 & 0 & 0 & 0 \\ 3 & 0 & 0 & 0 \\ 2 & 0 & 0 & 0 \\ 0 & 2 & 0 & 0 \\ 0 & 0 & 1 & 0 \\ 0 & 0 & 0 & 3 \end{pmatrix}, \quad \mathscr{H} = \begin{pmatrix} -2 & 0 & 0 & 0 \\ -1 & -1 & 0 & 0 \\ 3 & 0 & 0 & -2 \\ 2 & 0 & -1 & 0 \\ 0 & 2 & -2 & 0 \\ 0 & 0 & 1 & -2 \\ 0 & 0 & 0 & 3 \end{pmatrix}$$

$$^t\vec{m}_0 = \left(3 \; 5 \; 0 \; 1 \; 0 \; 0 \; 2 \right).$$

Mit der folgenden Bedingung kann überprüft werden, ob $T1$ aktiv ist

$$\vec{m}_0 - \mathscr{F} \cdot \vec{e}_1 \geq \vec{0}$$

$$\begin{pmatrix} 3 \\ 5 \\ 0 \\ 1 \\ 0 \\ 0 \\ 2 \end{pmatrix} - \begin{pmatrix} 2 & 0 & 0 & 0 \\ 1 & 1 & 0 & 0 \\ 0 & 0 & 0 & 2 \\ 0 & 0 & 1 & 0 \\ 0 & 0 & 2 & 0 \\ 0 & 0 & 0 & 2 \\ 0 & 0 & 0 & 0 \end{pmatrix} \cdot \begin{pmatrix} 1 \\ 0 \\ 0 \\ 0 \end{pmatrix} \geq \begin{pmatrix} 0 \\ 0 \\ 0 \\ 0 \\ 0 \\ 0 \\ 0 \end{pmatrix}$$

$$\begin{pmatrix} 3 \\ 5 \\ 0 \\ 1 \\ 0 \\ 0 \\ 2 \end{pmatrix} - \begin{pmatrix} 2 \\ 1 \\ 0 \\ 0 \\ 0 \\ 0 \\ 0 \end{pmatrix} = \begin{pmatrix} 1 \\ 4 \\ 0 \\ 1 \\ 0 \\ 0 \\ 2 \end{pmatrix} \geq \begin{pmatrix} 0 \\ 0 \\ 0 \\ 0 \\ 0 \\ 0 \\ 0 \end{pmatrix}.$$

Da $T1$ aktiv ist, kann sie gefeuert werden. Die neue Markierung des Petri-Netzes kann mithilfe der folgenden Gleichung berechnet werden

$$\vec{m}_1 = \vec{m}_0 + \mathcal{H} \cdot \vec{f}$$

$$= \begin{pmatrix} 3 \\ 5 \\ 0 \\ 1 \\ 0 \\ 0 \\ 2 \end{pmatrix} + \begin{pmatrix} -2 & 0 & 0 & 0 \\ -1 & -1 & 0 & 0 \\ 3 & 0 & 0 & -2 \\ 2 & 0 & -1 & 0 \\ 0 & 2 & -2 & 0 \\ 0 & 0 & 1 & -2 \\ 0 & 0 & 0 & 3 \end{pmatrix} \cdot \begin{pmatrix} 1 \\ 0 \\ 0 \\ 0 \end{pmatrix}$$

$$= \begin{pmatrix} 3 \\ 5 \\ 0 \\ 1 \\ 0 \\ 0 \\ 2 \end{pmatrix} + \begin{pmatrix} -2 \\ -1 \\ 3 \\ 2 \\ 0 \\ 0 \\ 0 \end{pmatrix} = \begin{pmatrix} 1 \\ 4 \\ 3 \\ 3 \\ 0 \\ 0 \\ 2 \end{pmatrix}$$

(siehe dazu auch Abb. 8.4).   ◄

8.3 Konfliktlösung

Bis jetzt scheint es so, als wäre ein Petri-Netz ein deterministisches System. Von einem Zustand (Markierung) wird durch Feuern einer aktiven Transition ein festgelegter Folgezustand (neue Markierung) erreicht. Dies ist aber nur der Fall, wenn wir wie bisher nur eine Transition einzeln feuern lassen.

Eingangs wurde aber bereits erwähnt, dass Petri-Netze ein Konzept sind, um nebenläufige Prozesse abzubilden, d. h. mehrere Prozesse können unabhängig voneinander ausgeführt werden. Wir müssen uns damit befassen, was passiert, wenn mehrere Transitionen gleichzeitig (nebenläufig) feuern. Betrachten wir dazu zunächst folgendes Beispiel.

Beispiel 8.5. Wir betrachten das Petri-Netz in Abb. 8.5. Nach Def. 8.3 sind die Transition $T1$ und $T2$ aktiv, da alle Input-Plätze eine Tokenanzahl in Höhe des Kantengewichts aufweisen. Beachten Sie: $T3$ und $T4$ ist nicht aktiv, da $P3$ keine Token besitzt.

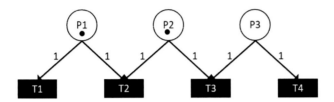

Abb. 8.5: Genereller Konflikt

Wenn wir die beiden aktiven Transition $T1$ und $T2$ nun gleichzeitig feuern wollen, geht das nicht, da $P1$ nur einen Token besitzt. Diesen kann er für die Feuerung von $T1$ oder $T2$ verwenden, aber nicht für beide zusammen, da beim Feuerungsprozess das Kantengewicht an Token aus den Input-Plätzen entfernt wird (siehe Def. 8.4). Um beide Transitionen zu feuern, bräuchte $P1$ mindestens zwei Token. Man sagt, dass $P1$ einen *generellen Konflikt* hat. ◄

Definition 8.5. Das Tupel (P, T, F, G, f, m_0) ist ein Petri-Netz. Ein Platz $p_i \in P$ mit der Markierung $m(p_i)$ hat einen *generellen Konflikt*, wenn

$$m(p_i) < \sum_{t_j \in TA_{\text{out}}(p_i)} f(p_i \rightarrow t_j),$$

wobei die Menge $TA_{\text{out}}(p_i)$ alle aktiven Output-Transitionen von Platz p_i umfasst.

Beispiel 8.6. In unserem Beispiel in Abb. 8.5 gilt:

$$m(P1) = 1 < f(P1 \rightarrow T1) + f(P1 \rightarrow T2) = 1 + 1 = 2.$$ ◄

Um generelle Konflikte zu lösen und damit eine Simulation eines Petri-Netzes zu ermöglichen, gibt es zahlreiche Möglichkeiten (siehe z. B. Proß 2013 und Proß 2014a). An dieser Stelle wollen wir eine Möglichkeit vorstellen und betrachten dazu ein Beispiel.

Beispiel 8.7. In Abb. 8.6 hat $P1$ einen generellen Konflikt, der gelöst werden soll. Dazu wird jeder Kante eine Wahrscheinlichkeit zugeordnet, mit der die verbundene

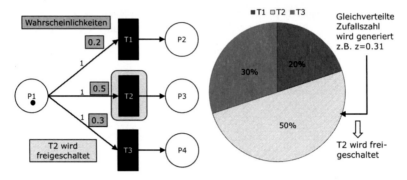

Abb. 8.6: Genereller Konflikt

Transition ausgewählt wird. Die Summe der Wahrscheinlichkeiten muss eins ergeben.

Die Wahrscheinlichkeiten werden wie in der Abb. 8.6 (rechts) dargestellt, in einem Kreisdiagramm aufgetragen. Anschließend wird eine über das Intervall $[0; 1]$ gleichverteilte Zufallszahl erzeugt. In unserem Beispiel liegt die Zufallszahl 0.31 im Bereich von $T2$. Damit wird die Transition $T2$ zum Feuern ausgewählt. Man sagt $T2$ wird von $P1$ *freigeschaltet*.   ◀

Der Algorithmus zur lokalen Konfliktlösung mithilfe von Wahrscheinlichkeiten wird in Abb. 8.7 dargestellt.

Eine aktive Transition ist genau dann *feuerbar*, wenn sie von allen Input-Plätzen freigeschaltet wird.

Definition 8.6. Das Tupel (P, T, F, G, f, m_0) ist ein Petri-Netz und

$$w : F \rightarrow [0; 1]$$

ist eine *Kantenbewertungsfunktion*, die jeder Kante ausgehend von einem Platz p_i zu einer Transition $t_j \in T_{\text{out}}(p_i)$ eine Wahrscheinlichkeit $w(p_i \rightarrow t_j)$ zuordnet mit

$$\sum_{t_j \in T_{\text{out}}} w(p_i \rightarrow t_j) = 1.$$

Eine aktive Transition $t_j \in T$ ist *feuerbar* genau dann, wenn

$$\forall p_i \in P_{in}(t_j) : t_j \in TE_{\text{out}}(p_i),$$

wobei die Menge $TE_{\text{out}}(p_i)$ die freigeschalteten (enabled) Output-Transitionen von Platz p_i enthält.

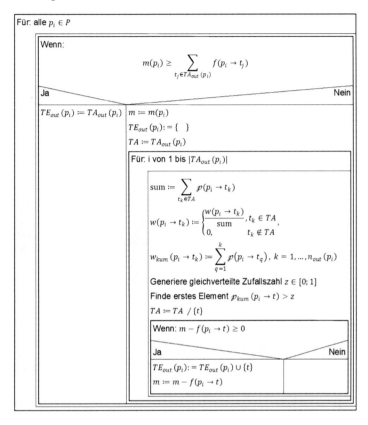

Abb. 8.7: Algorithmus zur lokalen Konfliktlösung mithilfe von Wahrscheinlichkeiten

---

Hinweis

Bei der vorgestellten Variante löst jeder Platz seinen Konflikt alleine ohne Kenntnis der Entscheidungen der anderen Plätze. Dies wird als *lokale Konfliktlösung* bezeichnet. Bei der *globalen Konfliktlösung* lösen die Plätze ihre Konflikte gemeinsam. Für Algorithmen zur globalen Konfliktlösung sei auf Proß 2014b, Abschn. 2.2.2 und Bachmann u. a. 2014, Abschn. 2.3.

8.4 Implementierung in MATLAB

In diesem Abschnitt wollen wir anhand des bereits eingeführten Beispiels in Abb. 8.1 zeigen, wie Petri-Netze mithilfe von MATLAB implementiert werden können.

Wir beginnen mit der Eingabe des Petri-Netzes. Wir können dieses Petri-Netz, wie in Abschn. 8.2 beschrieben, mithilfe von Matrizen und Vektoren darstellen. Zunächst geben wir die Matrizen mit den Kantengewichten

```
F=[2 0 0 0;1 1 0 0;0 0 0 2;0 0 1 0;0 0 2 0;0 0 0 2;0 0 0 0];
G=[0 0 0 0;0 0 0 0;3 0 0 0;2 0 0 0;0 2 0 0;0 0 1 0;0 0 0 3];
H=G-F;
```

und die Anfangsmarkierung

```
m0=[3;5;0;1;0;0;2];
```

ein. Anschließend ermitteln wir mit der Funktion `pnaktivierung` die aktiven Transitionen

```
function TA=pnaktivierung(m,F)
    nt=size(F,2);      %Anzahl Transitionen
    TA=zeros(nt,1);     %Initialisierung des Vektors fuer die aktiven
                        %Transitionen (1-aktiv, 0-nicht aktiv)
    for j=1:nt
        ej=zeros(nt,1);  %jter Einheitsvektor
        ej(j)=1;
        if all(m-F*ej>=0) %Bedingung pruefen
            TA(j)=1;      %Falls erfuellt, tj aktiv setzen
        end
    end
end
```

Diese Funktion können wir wie folgt aufrufen

```
TA=pnaktivierung(m0,F)
```

Die Transition $T1$ wird gefeuert und die neue Markierung berechnet

```
f=[1;0;0;0];
m1=m0+H*f
```

Betrachten wir noch das Beispiel in Abb. 8.5, bei dem $P1$ einen generellen Konflikt hat, der mithilfe von Wahrscheinlichkeiten gelöst werden soll. Den Algorithmus in Abb. 8.7 können wir mit MATLAB wie folgt umsetzen:

```
function TE=pnkonfliktloesen(m,F,TA,W)
    np=size(F,1); %Anzahl Plaetze
    nt=size(F,2); %Anzahl Transitionen
    TE=zeros(nt,np); %Initialisierung der Matrix fuer die freigeschalteten
                     %Transition pro Platz (1-pi hat tj freigeschaltet)
    for i=1:np %fuer alle Plaetze
        if m(i)<F(i,:)*TA %pruefe, ob Konflikt vorliegt
            mz=m(i);
            TAtemp=TA.*(F(i,:)>0)'; %aktive Output-Transitionen von pi
            while any(TAtemp==1) %solange es eine noch nicht
```

```
                                %ausgewaehlte aktive Output-Transition gibt
            Wkum=pnwahrkum(W(i,:),TAtemp); %berechne kumulierte,
                    %transformierte Wahrscheinlichkeiten
            z=rand; %generiere Zufallsvariable
            k=find(Wkum>=z,1,'first'); %finde Transition, in dessen
                    %Bereich die Zufallsvariable liegt
            TAtemp(k)=0; %ausgewaehlte Transition ist nicht mehr
                    %verfuegbar
            if mz-F(i,k)>=0 %wenn verfuegbare Token groesser als
                    %Kantengewicht, schalte Transition frei
                TE(k,i)=1;
                mz=mz-F(i,k); %verfuegbare Token werden um das
                    %Kantengewicht reduziert
            end
        end
    else
        TE(:,i)=TA.*(F(i,:)>0)'; %falls kein Konflikt vorliegt, schalte alle
                    %aktiven Output-Transitionen frei
    end
end
```

wobei die kumulierten, transformierten Wahrscheinlichkeiten mit folgender Funktion berechnet werden

```
function Wikum=pnwahrkum(Wi,TAtemp)
    nt=size(Wi,2); %Anzahl Transitionen
    Wisum=Wi*TAtemp; %Berechnung der Summe der Wahrscheinlichkeiten der
        %aktiven Output-Transitionen von pi
    Wi=(Wi.*TAtemp')/Wisum; %Wahrscheinlichkeiten werden transformiert,
        %so dass die Summe 1 ist
    Wikum(1,1)=Wi(1,1);
    for j=2:nt
        Wikum(1,j)=(Wi(1,j-1)+Wi(1,j))*TAtemp(j); %Wahrscheinlichkeiten
        %werden aufsummiert
    end
```

Mit folgenden Befehlen geben wir das Petri-Netz ein

```
%Kantengewichte
F=[1 1 0 0;0 1 1 0;0 0 1 1];
G=[0 0 0 0;0 0 0 0;0 0 0 0];
H=G-F;
%Anfangsmarkierung
m0=[1;1;0];
```

Zusätzlich müssen wir nun noch die Wahrscheinlichkeiten eingeben, mit der ein Platz seine aktiven Output-Transitionen in einer Konfliktsituation freischaltet. Wie bei den Kantengewichten, können wir die Wahrscheinlichkeiten auch in Form einer Matrix eingeben

```
W=[0.5 0.5 0 0;0 0.2 0.8 0;0 0 1 0];
```

$P1$ wählt in einer Konfliktsituation zu 50 % $T1$ und zu 50 % $T2$, wenn beide aktiv sind. $P1$ würde sich zu 20 % für $T2$ und zu 80 % für $T3$ entschieden und $P3$ wählt zu 100 % $T3$ aus (siehe Abb. 8.8). Immer vorausgesetzt, dass die entsprechenden Transitionen auch aktiv sind. Sonst müssen die Wahrscheinlichkeiten mit der Funktion *pnwahrkum* entsprechend angepasst werden.

Nun können die aktiven Transitionen ermittelt und der Konflikt gelöst werden

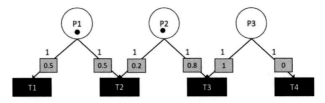

Abb. 8.8: Genereller Konflikt: Lösung mithilfe von Wahrscheinlichkeiten (dargestellt in grauen Kästen)

```
TA=pnaktivierung(m0,F)
TE=pnkonfliktloesen(m0,F,TA,W);
```

Mit der folgenden Anweisung können alle feuerbaren Transitionen nach Def. 8.6
bestimmt und gefeuert werden

```
TF=(sum(TE'))'==(sum(F>0))'
m1=m0+H*TF
```

8.5 Zeitbehaftete Petri-Netze

Bisher spielte die Zeit bei unser Modellierung noch keine Rolle. Aktive Transitionen
wurden gefeuert, wodurch die Markierung des Petri-Netzes verändert wurde.

Um die Zeit bei der Modellierung zu berücksichtigen, wird jeder Transition eine
Verzögerung (*delay*) zugeordnet. Eine aktive Transition feuert somit nicht unmittelbar, sondern erst, wenn die zugewiesene Verzögerung abgelaufen ist.

> **Definition 8.7.** Das Tupel (P,T,F,G,f,m_0,d) ist ein *zeitbehaftetes Petri-
> Netz*, wenn
>
> - das Tupel (P,T,F,G,f,m_0) ein Petri-Netz ist (siehe Def. 8.1) und
> - $d : T \to \mathbb{R}_{\geq 0}$ eine *Verzögerungsfunktion* ist, die jeder Transition $t_j \in T$
>   eine nichtnegative reelle Zahl zuweist, wobei $d_j = d(t_j)$ die Verzögerung
>   der Transition t_j ist.

Definition 8.8. Das Tupel (P,T,F,G,f,m_0,d) ist ein zeitbehaftetes Petri-Netz. Ein *Feuerungsmoment* einer aktiven Transition $t_j \in T$ tritt auf, wenn die zugeordnete Verzögerung d_j abgelaufen ist. Die Transition ist dann *aktuell feuerbar* und feuert unmittelbar.

Beispiel 8.8. Wir betrachten das Petri-Netz in Abb. 8.9.

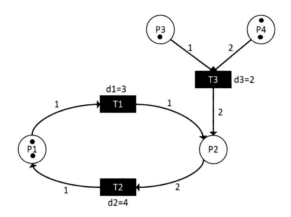

Abb. 8.9: Zeitbehaftetes Petri-Netz in Bsp. 8.8

Es ergibt sich folgender zeitlicher Ablauf:

- $t = 0$: $T1$ und $T3$ sind aktiv.

- $t = 2$: die Verzögerung von $T3$ ist abgelaufen:

  → $T3$ feuert: von $P3$ wird ein Token und von $P4$ werden zwei Token abgezogen und zwei Token werden zu $P2$ hinzugefügt.

  → $T2$ ist aktiv.

- $t = 3$: die Verzögerung von $T1$ ist abgelaufen:

  → $T1$ feuert: von $P1$ wird ein Token abgezogen und zu $P2$ wird ein Token hinzugefügt.

  → $T1$ ist weiterhin aktiv.

- $t = 6$: die Verzögerungen von $T1$ und $T2$ sind abgelaufen:

$\rightarrow$ $T1$ feuert: von $P1$ wird ein Token abgezogen und zu $P2$ wird ein Token hinzugefügt.

$\rightarrow$ $T2$ feuert: von $P2$ werden zwei Token abgezogen und zu $P1$ wird ein Token hinzugefügt.

$\rightarrow$ $T1$ und $T2$ sind weiterhin aktiv.

Die Entwicklung der Token ist in Abb. 8.10 dargestellt.   ◀

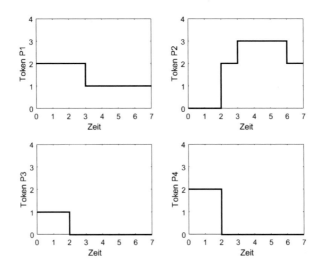

Abb. 8.10: Tokenentwicklung des zeitbehafteten Petri-Netzes in Abb. 8.9

Bemerkung 8.1. Wenn ein Platz in einem zeitbehafteten Petri-Netz einen generellen Konflikt hat (siehe Def. 8.5), dann feuert die Transition, die nach Def. 8.8 als Erste aktuell feuerbar wird. Ein *aktueller Konflikt* tritt somit nur dann ein, wenn zwei oder mehr Transitionen zur gleichen Zeit aktuell feuerbar werden.

Beispiel 8.9. Die Abb. 8.11 stellt zwei zeitbehaftete Petri-Netze dar. In beiden Petri-Netzen hat $P5$ einen generellen Konflikt, aber nur im rechten Petri-Netz ist der Konflikt auch aktuell, da die Verzögerungen zur gleichen Zeit verstreichen, und beide Transitionen zum gleichen Zeitpunkt aktuell feuerbar werden. Der Konflikt kann wie in Abschn. 8.3 beschrieben gelöst werden.

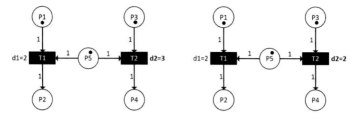

Abb. 8.11: Zeitbehaftetes Petri-Netz ohne aktuellen Konflikt (links) und mit aktuellen Konflikt (rechts)

Im linken Petri-Netz ist der Konflikt nicht aktuell, da $T1$ vor $T2$ aktuell feuerbar wird und feuert. Anschließend sind beide Transitionen nicht mehr aktiv. Dieser Konflikt muss somit nicht gelöst werden. ◀

8.6 Stochastische Petri-Netze

Die fixen Verzögerungen der Transitionen in zeitbehafteten Petri-Netzen können durch zufällige ersetzt werden. Man spricht dann von einem *stochastischen Petri-Netz*. Die Verzögerungen können verschiedene Verteilungen besitzen. Meistens wird eine Exponentialverteilung angenommen (siehe Abschn. 2.3.2.3). Die Verzögerung δ_j der Transition t_j ist dann eine exponentialverteilte Zufallsvariable $X = \mathrm{EXP}(\lambda)$ mit der Wahrscheinlichkeitsdichte

$$f(x) = \begin{cases} \lambda e^{-\lambda x}, & x \geq 0 \\ 0, & x < 0 \end{cases},$$

der Verteilungsfunktion

$$F(x) = \begin{cases} 1 - e^{-\lambda x}, & x \geq 0 \\ 0, & x < 0 \end{cases}$$

und dem Erwartungswert

$$E(X) = \frac{1}{\lambda}.$$

Hierbei ist $\lambda > 0$ der charakteristische Parameter der Exponentialverteilung. Im Zusammenhang mit den stochastischen Petri-Netzen entspricht λ der durchschnittlichen Feuerrate einer Transition, d. h. der Anzahl Feuerungen pro Zeiteinheit, und der Erwartungswert $\frac{1}{\lambda}$ gibt die durchschnittliche Verzögerung einer Transition an, d h. die Zeit zwischen zwei Feuerungen.

Die Exponentialverteilung eignet sich hier besonders, da sichergestellt ist, dass exponentialverteilte Zufallszahlen nur positive reelle Werte annehmen können. Dies könnte z. B. bei Verwendung der Normalverteilung je nach Wahl von μ und σ nicht gewährleistet werden. Wir werden im folgenden nur exponentialverteilte Verzögerungen betrachten.

Wenn ein Platz in einem stochastischen Petri-Netz einen generellen Konflikt hat (siehe Def. 8.5), dann feuert die Transition zuerst, die nach Def. 8.8 zuerst aktuell feuerbar wird, d. h. deren Verzögerung als Erstes abläuft. Damit treten in stochastischen Petri-Netzen keine aktuellen Konflikte auf. Zur Simulation werden allerdings Pseudo-Zufallszahlen verwendet, somit wären aktuelle Konflikte zumindest denkbar.

Angenommen zu einem Zeitpunkt t werden mehrere Transitionen gleichzeitig aktiv. Für alle aktiven Transitionen wird gemäß ihrer durchschnittlichen Feuerrate λ eine exponentialverteilte Zufallszahl für ihre Verzögerung δ ermittelt. Als Erstes feuert die Transition t_j mit der kürzesten Verzögerung δ_j .

In dem neuen Zustand nach Feuerung von t_j bleiben die Restverzögerungen der übrigen aktiven Transitionen erhalten und laufen weiter runter. Dies gilt natürlich nur, wenn sie in dem neuen Zustand immer noch aktiv sind. Die Restverzögerungen genügen der ursprünglichen Verteilung, da die Exponentialverteilung als einzige stetige Verteilung die Eigenschaft der *Gedächtnislosigkeit* besitzt:

$$P(X \geq t + x | X \geq t) = P(X \geq x),$$

d. h. das Wissen, dass eine Transition bis zum Zeitpunkt t noch nicht gefeuert hat, verändert die Wahrscheinlichkeit nicht, dass sie auch in den nächsten x Zeiteinheiten nicht feuert. Die Wahrscheinlichkeit ist also genauso groß wie zu Beginn und somit nur von der Wartezeit x abhängig und nicht von der bereits verstrichenen Zeit t. Die Vergangenheit hat keinen Einfluss auf die nächste Zukunft. Dies ist neben der Abdeckung der positiven reellen Zahlen ein weiterer wichtiger Grund für die Verwendung der Exponentialverteilung.

Definition 8.9. Das Tupel $(P, T, F, G, f, m_0, \lambda)$ ist ein *stochastisches Petri-Netz*, wenn

- das Tupel (P, T, F, G, f, m_0) ein Petri-Netz ist (siehe Def. 8.1) und
- $\lambda : T \rightarrow \mathbb{R}_{>0}$ eine *Feuerratenfunktion* ist, die jeder Transition $t_j \in T$ eine positive reelle Zahl zuweist, wobei $\lambda_j = \lambda(t_j)$ die durchschnittliche Feuerungsrate der Transition t_j ist, d. h. die durchschnittliche Verzögerung der Transition t_j beträgt $\frac{1}{\lambda_j}$. Wenn Transition t_j zum Zeitpunkt t aktiviert wird, wird der nächste mutmaßliche Feuerungszeitpunkt berechnet mit

$$\tau_j = t + \delta_j,$$

wobei $\delta_j \sim \text{EXP}(\lambda_j)$ eine exponentialverteilte Zufallsvariable ist, die die Verzögerung der Transition t_j darstellt.

Definition 8.10. Das Tupel $(P, T, F, G, f, m_0, \lambda)$ ist ein stochastisches Petri-Netz. Ein *Feuerungsmoment* einer aktiven Transition $t_j \in T$ tritt auf, wenn der nächste mutmaßliche Feuerungszeitpunkt τ_j erreicht wird. Die Transition ist dann *aktuell feuerbar* und feuert unmittelbar.

Beispiel 8.10. Wir betrachten das stochastische Petri-Netz in Abb. 8.12. Die λ-Werte an den Transitionen entsprechen dem charakteristischen Parameter der Exponentialverteilung:

- $T1$ hat eine durchschnittliche Feuerrate von $\lambda_1 = 1$, d. h. $T1$ feuert im Mittel einmal pro Zeiteinheit und die durchschnittliche Verzögerung beträgt eine Zeiteinheit,

- $T2$ hat eine durchschnittliche Feuerrate von $\lambda_2 = 0.8$, d. h. $T2$ feuert im Mittel 0.8-mal pro Zeiteinheit und die durchschnittliche Verzögerung beträgt $\frac{1}{0.8} = \frac{5}{4} = 1.25$ Zeiteinheiten,

- $T3$ hat eine durchschnittliche Feuerrate von $\lambda_3 = 1.8$, d. h. $T3$ feuert im Mittel 1.8-mal pro Zeiteinheit und die durchschnittliche Verzögerung beträgt $\frac{1}{1.8} = \frac{5}{9} = 0.\bar{5}$ Zeiteinheiten.

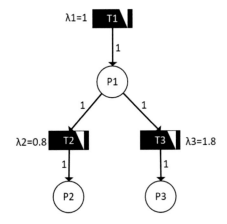

Abb. 8.12: Stochastisches Petri-Netz

Da $T1$ keine Input-Plätze hat, ist sie sofort aktiv ($t = 0$). Es wird eine exponentialverteilte Zufallszahl mit dem Parameter $\lambda = \lambda_1 = 1$ für die Verzögerung von $T1$ erzeugt und anschließend wird der Feuerungszeitpunkt berechnet. Beispielsweise ist $\delta_1 = \text{EXP}(\lambda_1) = 0.68$, dann wäre der Feuerungszeitpunkt der Transition $T1$

$$\tau_1 = t + \delta_1 = 0.68.$$

Wenn dieser Zeitpunkt erreicht wird, feuert $T1$ und $P1$ erhält einen Token. Dadurch werden $T2$ und $T3$ aktiv. Für beide wird eine exponentialverteilte Zufallszahl erzeugt unter Berücksichtigung ihrer durchschnittlichen Feuerraten (λ_2 und λ_3). Die Transition mit der kleinsten Verzögerung feuert als Erstes, da ihr Feuerungszeitpunkt als Erstes erreicht wird. Falls $P1$ in der Zwischenzeit keinen weiteren Token von $T1$ erhalten hat, sind beide Transitionen anschließend nicht mehr aktiv. Sobald $P1$ wieder einen Token erhält, geht das Spiel von vorne los.

Info-Box

Für Modellierung und Simulation kann man auf ein Petri-Netz-Tool zurückgreifen. Eine Übersicht kann hier gefunden werden.

In Abb. 8.13 sind mehrere Simulationsergebnisse dargestellt. $P2$ erhält bei allen Simulationen weniger Token als $P3$, da die durchschnittliche Feuerrate der Transition $T2$ niedriger ist als die von $T3$, d. h. die durchschnittliche Verzögerungszeit von $T3$ ist kürzer als die von $T2$. Somit gewinnt $T3$ häufiger das Rennen.

Es können sich auch mehrere Token in $P1$ ansammeln, dann können beide Transitionen zum jeweiligen Feuerungszeitpunkt feuern.   ◄

Denkanstoß

Die Simulationen in diesem Buch wurden mit dem Tool *Snoopy* durchgeführt (siehe Heiner, Herajy u. a. 2012). Bilden Sie das stochastische Petri-Netz aus Abb. 8.12 dort ab und führen Sie einige Simulationen durch!

Beispiel 8.11 (Baustelle). Auch Warteschlangensysteme können mithilfe von stochastischen Petri-Netzen modelliert werden. Wir betrachten dazu den in Bsp. 5.3 geschilderten Sachverhalt des Abtransports von Bauschutt auf einer Baustelle. Dieser lässt sich als $M|M|1$-Warteschlangensystem darstellen, da sowohl die Zwischenankunftszeiten als auch die Beladezeiten exponentialverteilt sind mit

$$\lambda = 4 \text{ LKWs pro Stunde}$$

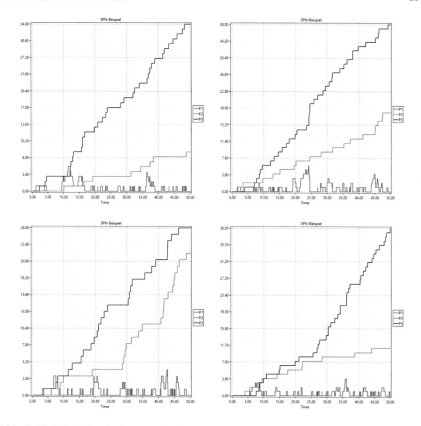

Abb. 8.13: Vier Simulationsergebnisse des stochastischen Petri-Netzes in Abb. 8.12

und

$$\mu = 5.5 \text{ LKWs pro Stunde.}$$

Zudem gibt es nur eine Beladestation. Das stochastische Petri-Netz dieses Warte-schlangensystems ist in Abb. 8.14 dargestellt und wurde mit dem Tool *Snoopy* er-stellt.

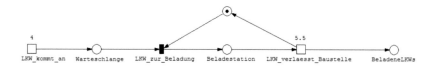

Abb. 8.14: Stochastisches   Petri-Netz   des $M|M|1$-Warteschlangensystems   aus
            Bsp. 5.3 im Tool *Snoopy*

Hinweis

Im Tool *Snoopy* werden stochastische Transitionen standardmäßig weiß und deterministische schwarz dargestellt. Bei der deterministischen Transition *LKW_zur_Beladung* handelt es sich um eine *Immediate Transition*. *Immediate Transitions* haben keine Verzögerung und haben in Konfliktsituationen (siehe Def. 8.5) immer höchste Priorität.

Zur Erstellung dieses Modells geht man wie folgt vor:

1. Wählen Sie unter *File → New...* ein *Stochastic Petri Net* aus.

2. Ziehen Sie die einzelnen Petri-Netz-Elemente per Drag-and-Drop in den Modellierungsbereich (siehe Abb. 8.14).

3. Per Doppelklick auf die Elemente gelangen Sie zum Eigenschaftsdialog. Bei den stochastischen Transitionen kann unter *Function → Main* die entsprechende Rate eingetragen werden. In unserem Beispiel sind das 4 bzw. 5.5. Der Übergang von der Warteschlange zur Beladestation wird mit der *Immediate Transition* *LKW_zur_Beladung* dargestellt. *Immediate Transition* haben keine Verzögerung.

4. Über *View → Start Simulation-Mode* können Sie den Simulationsmodus aufrufen (siehe Abb. 8.15).

5. Bei *interval end* und *interval splitting* tragen jeweils 10 000 ein.

6. Starten Sie die Simulation über den Button *Start Simulation*.

7. Eine Darstellung der Simulationsergebnisse erhalten Sie per Doppelklick auf *Default View* unter *Views*.

8. Unter *Edit Node List* können Sie die Plätze auswählen, die angezeigt werden sollen (*BeladeneLKWs*, *Beladestation* und *Warteschlange*).

Die Simulationsergebnisse können graphisch und tabellarisch dargestellt werden. Zudem können sie als CSV-Datei exportiert werden. Diese kann anschließend für weitere Analysen in MATLAB importiert werden. Unter *HOME → Variable* kann das *Import Tool* in MATLAB gefunden werden.

Wir exportieren die Daten der drei Plätze (*BeladeneLKWs*, *Beladestation* und *Warteschlange*) als CSV-Datei mit dem Namen *WS.csv* und importieren diese mit dem Import-Tool in MATLAB. Unter *Output Type* wählen wir *Numeric Matrix* aus und klicken auf *Import Selection*. Im MATLAB-Workspace ist nun eine Matrix mit dem Namen *WS* zu finden. In der ersten Spalte befinden sich die Zeitpunkte, in der zweiten die Anzahl beladener LKWs, in der dritten die Anzahl LKWs in der Beladestation und in der vierten die Anzahl der LKWs in der Warteschlange.

Mit folgenden Befehlen können wir mithilfe von Satz 5.4 aus den Simulationsergebnissen die Kennzahlen berechnen:

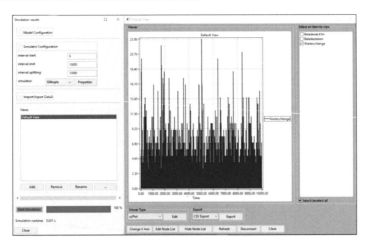

Abb. 8.15: Simulation des $M|M|1$-Warteschlangensystems aus Bsp. 5.3 mit *Snoopy*

```
lambda=4;
mu=5.5;
%Durchschnittliche Laenge der Warteschlange
LQ=mean(WS(:,4))
%Auslastung der Beladestation
a=mean(WS(:,3))
%Durchschnittliche Zeit in der Warteschlange
WQ=LQ/lambda
%Durchschnittliche Zeit auf der Baustelle
W=WQ+1/mu
%Durchschnittliche Anzahl Fahrzeuge auf der Baustelle
L=lambda*W
```

◀

Arbeitsanweisung

Bearbeiten Sie zeitnah die Aufg. 5.7 und 5.8!

8.7 Stochastische Petri-Netze und Markoff-Prozesse

Um Petri-Netze zu analysieren, kann man einen *Erreichbarkeitsgraphen* erstellen. In dem werden ausgehend von einer vorgegebenen Anfangsmarkierung $\vec{m}_0$ alle erreichbaren Markierungen, d. h. alle Markierungen, die das Petri-Netz annehmen kann, erfasst. Auch alle Zustandswechsel, die durch das Feuern der Transitionen entstehen, werden darin aufgezeigt.

Beispiel 8.12. Wir betrachten das stochastische Petri-Netz in Abb. 8.16, wobei hier alle Kantengewichte gleich Eins sind und deshalb nicht aufgeführt werden.

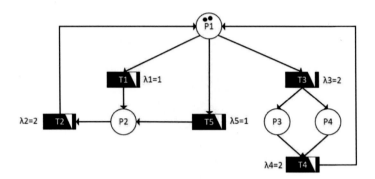

Abb. 8.16: Beispiel eines stochastischen Petri-Netzes mit $^t\vec{m}_0 = \begin{pmatrix} 2 & 0 & 0 & 0 \end{pmatrix}$; alle Kantengewichte sind gleich Eins

Um den Erreichbarkeitsgraphen zu erstellen, ermitteln wir zunächst alle Transitionen, die aufgrund der Anfangsmarkierung aktiv sind. Das sind $T1$, $T3$ und $T5$. Wenn $T1$ feuert, gelangen wir zur Markierung $^t\vec{m}_1 = \begin{pmatrix} 1 & 1 & 0 & 0 \end{pmatrix}$. Die wir auch erhalten, wenn $T5$ feuert. Wenn $T3$ feuert, erhalten wir die Markierung $^t\vec{m}_3 = \begin{pmatrix} 1 & 0 & 1 & 1 \end{pmatrix}$ (siehe Abb. 8.17).

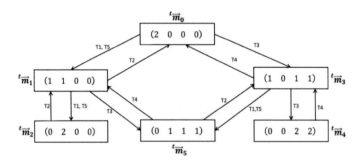

Abb. 8.17: Erreichbarkeitsgraph des stochastischen Petri-Netzes in Abb. 8.16

Nun müssen wir prüfen, welche Transitionen in den Zuständen $\vec{m}_1$ und $\vec{m}_3$ aktiv sind und die Markierungen ermitteln, die sich nach Feuerung dieser Transitionen ergeben.

Betrachten wir den Zustand $\vec{m}_1$. In diesem Zustand sind $T1$, $T2$, $T3$ und $T5$ aktiv:

- Wenn $T1$ oder $T5$ feuern, erhalten wir die Markierung $^t\vec{m}_2 = \begin{pmatrix} 0 & 2 & 0 & 0 \end{pmatrix}$.

- Wenn $T2$ feuert, erhalten wir wieder die Anfangsmarkierung $^t\vec{m}_0 = \begin{pmatrix} 2 & 0 & 0 & 0 \end{pmatrix}$.

- Wenn $T3$ feuert, erhalten wir die Markierung $^t\vec{m}_5 = \begin{pmatrix} 0 & 1 & 1 & 1 \end{pmatrix}$.

Auf diese Weise müssen wir die weiteren Zustände untersuchen bis wir den vollständigen Erreichbarkeitsgraphen aufgestellt haben. Die Knoten sind dabei die Markierungen und die Kanten geben an, ob eine Markierung durch Feuern einer Transition von einer anderen Markierung aus erreicht werden kann. An den Kanten sind die Transitionen vermerkt, die gefeuert werden müssen, um von der einen Markierung zur anderen überzugehen.

In unserem Beispiel ergeben sich sechs mögliche Markierungen. Somit haben wir es mit einer endlichen Anzahl möglicher Zustände zu tun. Generell kann der Erreichbarkeitsgraph aber auch unendlich groß werden, wenn unendlich viele Zustände erreicht werden können (siehe dazu Priese und Wimmel 2008, Abschn. 3.2.5). ◄

> **Denkanstoß**
>
> Das Tool *Charlie* (siehe Heiner, Schwarick und Wegener 2015) konstruiert ausgehend von einem Petri-Netz mit Anfangsmarkierung den Erreichbarkeitsgraphen. Erstellen Sie dazu das stochastische Petri Netz in Abb. 8.16 mit *Snoopy*. Öffnen Sie dieses anschießend in *Charlie* und ermitteln Sie den Erreichbarkeitsgraphen!

Aus dem Erreichbarkeitsgraphen (siehe Abb. 8.17) können wir direkt die entsprechende *zeitstetige Markoff-Kette* herleiten, und diese für unsere weiteren Analysen nutzen (siehe Abb. 8.18). Dies gilt, sofern wir die Exponentialverteilung als Verteilung für die Verzögerungszeiten wählen, wovon wir im Folgenden ausgehen werden.

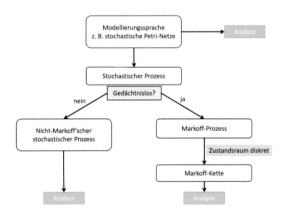

Abb. 8.18: Zur Analyse von stochastischen Petri-Netzen

Wie in Abb. 8.18 dargestellt, können wichtige Eigenschaften von (stochastischen) Petri-Netzen auch direkt ohne den Übergang zu einem stochastischen Prozess analysiert werden. Dazu sei z. B. auf Priese und Wimmel 2008, Kiencke 2006, Kap. 7 oder Baumgarten 1997 verwiesen. Wir wollen uns im Folgenden mit der Darstellung des stochastischen Petri-Netzes als Markoff-Kette beschäftigen, um es auf diese Weise zu analysieren.

In Abschn. 3.2.1 wurde bereits dargestellt, dass zeitstetige Markoff-Ketten mithilfe eines Graphen dargestellt werden können, wobei an den Kanten die Übergangsraten vermerkt werden (siehe z. B. Abb. 3.39).

Wir wollen aus dem Erreichbarkeitsgraphen unseres Beispiels (siehe Abb. 8.17) die zeitstetige Markoff-Kette ableiten. Die Knoten sind die möglichen Markierungen unseres stochastischen Petri-Netzes (= Zustände der zeitstetigen Markoff-Kette) und an den Kanten stehen die durchschnittlichen Feuerraten der Transitionen (= Übergangsraten der zeitstetigen Markoff-Kette), dessen Feuerungen den Zustandswechsel bewirken.

In einer zeitstetigen Markoff-Kette gibt es maximal eine Kante von einem Zustand zu einem anderen. Aus diesem Grund müssen wir, wenn die Feuerung von mehr als einer Transition den jeweiligen Zustandswechsel verursachen kann, die Summe der Feuerraten als Kantengewicht eintragen (siehe Abb. 8.19).

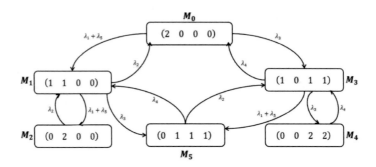

Abb. 8.19: Zeitstetige Markoff-Kette des stochastischen Petri-Netzes in Abb. 8.16

Wir erhalten

$$
B = \begin{pmatrix}
-\lambda_1 - \lambda_3 - \lambda_5 & \lambda_1 + \lambda_5 & 0 & \lambda_3 & 0 & 0 \\
\lambda_2 & -\lambda_1 - \lambda_2 - \lambda_3 - \lambda_5 & \lambda_1 + \lambda_5 & 0 & 0 & \lambda_3 \\
0 & \lambda_2 & -\lambda_2 & 0 & 0 & 0 \\
\lambda_4 & 0 & 0 & -\lambda_1 - \lambda_3 - \lambda_4 - \lambda_5 & \lambda_3 & \lambda_1 + \lambda_5 \\
0 & 0 & 0 & \lambda_4 & -\lambda_4 & 0 \\
0 & \lambda_4 & 0 & \lambda_2 & 0 & -\lambda_2 - \lambda_4
\end{pmatrix}
$$

$$
= \begin{pmatrix}
-4 & 2 & 0 & 2 & 0 & 0 \\
2 & -6 & 2 & 0 & 0 & 2 \\
0 & 2 & -2 & 0 & 0 & 0 \\
2 & 0 & 0 & -6 & 2 & 2 \\
0 & 0 & 0 & 2 & -2 & 0 \\
0 & 2 & 0 & 2 & 0 & -4
\end{pmatrix}
$$

als Ratenmatrix, und können damit die stationäre Verteilung durch Lösung des linearen Gleichungssystems

$$\vec{v}^{(\infty)} \cdot B = \vec{0}$$

unter der Nebenbedingung

$$\sum_{i=0}^{5} v_i^{(\infty)} = 1$$

bestimmen. Wir führen die Berechnungen mit MATLAB durch

```
l1=1; l2=2; l3=2; l4=2; l5=1; %Feuerungsraten
B=[-l1-l3-l5 l1+l5 0 l3 0 0;... %Ratenmatrix
    l2 -l1-l2-l3-l5 l1+l5 0 0 l3;...
    0 l2 -l2 0 0 0; ...
    l4 0 0 -l1-l3-l4-l5 l3 l1+l5;...
    0 0 0 l4 -l4 0;...
    0 l4 0 l2 0 -l2-l4];
s=size(B,1); %Anzahl moeglicher Markierungen
C=[B;ones(1,s)]; %Nebenbedingung hinzufuegen
minf=linsolve(C,[zeros(s,1);1]) %LGS loesen
```

und erhalten als stationäre Verteilung

$$\vec{v}^{(\infty)} = \left(\tfrac{1}{6} \; \tfrac{1}{6} \; \tfrac{1}{6} \; \tfrac{1}{6} \; \tfrac{1}{6} \; \tfrac{1}{6} \right).$$

Alle möglichen Markierungen werden auf lange Sicht zu gleichen Anteilen (16.17 %) angenommen. Ausgehend von der stationären Verteilung kann man weitere Analysen durchführen.

Wir wollen die *mittlere Tokenanzahl* pro Platz berechnen. Dazu bezeichne $m_{i,l}$ die Markierung von Platz p_l, $l = 1, \ldots, n_p$ im Markierungszustand i, $i = 0, \ldots, s-1$. Damit erhalten wir die mittlere Tokenanzahl im Platz p_l mit

$$\overline{m}_l = E(m_l) = \sum_{i=0}^{s-1} m_{i,l} \cdot v_i^{(\infty)}$$

Wir erhalten für unser Beispiel folgende Werte

$$P1: \overline{m}_1 = E(m_1) = \sum_{i=0}^{5} m_{i,1} \cdot v_i^{(\infty)} = 2 \cdot \tfrac{1}{6} + 1 \cdot \tfrac{1}{6} + 0 \cdot \tfrac{1}{6} + 1 \cdot \tfrac{1}{6} + 0 \cdot \tfrac{1}{6} + 0 \cdot \tfrac{1}{6} = \tfrac{2}{3}$$

$$P2: \overline{m}_2 = E(m_2) = \sum_{i=0}^{5} m_{i,2} \cdot v_i^{(\infty)} = 0 \cdot \tfrac{1}{6} + 1 \cdot \tfrac{1}{6} + 2 \cdot \tfrac{1}{6} + 0 \cdot \tfrac{1}{6} + 0 \cdot \tfrac{1}{6} + 1 \cdot \tfrac{1}{6} = \tfrac{2}{3}$$

$$P3: \overline{m}_3 = E(m_3) = \sum_{i=0}^{5} m_{i,3} \cdot v_i^{(\infty)} = 0 \cdot \tfrac{1}{6} + 0 \cdot \tfrac{1}{6} + 0 \cdot \tfrac{1}{6} + 1 \cdot \tfrac{1}{6} + 2 \cdot \tfrac{1}{6} + 1 \cdot \tfrac{1}{6} = \tfrac{2}{3}$$

$$P4: \overline{m}_4 = E(m_4) = \sum_{i=0}^{5} m_{i,4} \cdot v_i^{(\infty)} = 0 \cdot \tfrac{1}{6} + 0 \cdot \tfrac{1}{6} + 0 \cdot \tfrac{1}{6} + 1 \cdot \tfrac{1}{6} + 2 \cdot \tfrac{1}{6} + 1 \cdot \tfrac{1}{6} = \tfrac{2}{3}$$

Im Mittel haben alle Plätzen $\tfrac{2}{3}$ Token.

Wir wollen die *mittlere Feuerungsfrequenz* (Mittelwert der Feuerungen pro Zeit) der Transitionen berechnen:

$$\bar{f}_q = \lambda_q \sum_{i=0}^{s-1} u_q(\vec{m}_i) \cdot v_i^{(\infty)}.$$

Hierbei bezeichne $u_q(\vec{m}_i)$ die Aktivierungsfunktion, die angibt, ob Transition t_q im Markierungszustand $\vec{m}_i$ aktiv ist. Es gilt

$$u_q(\vec{m}_i) = \begin{cases} 1, & t_q \text{ ist im Markierungszustand } \vec{m}_i \text{ aktiv} \\ 0, & t_q \text{ ist im Markierungszustand } \vec{m}_i \text{ nicht aktiv.} \end{cases}$$

Wenn t_q im Markierungszustand $\vec{m}_i$ aktiv ist, gibt es im Erreichbarkeitsgraph eine Kante ausgehend von $\vec{m}_i$ zu einem anderen Zustand mit der Beschriftung t_q (siehe Abb. 8.17).

Für unser Beispiel ergeben sich folgende mittlere Feuerungsfrequenzen

$$T1: \bar{f}_1 = \lambda_1 \sum_{i=0}^{5} u_1(\vec{m}_i) \cdot v_i^{(\infty)}$$
$$= 1\text{s}^{-1} \cdot \left(1 \cdot v_0^{(\infty)} + 1 \cdot v_1^{(\infty)} + 0 \cdot v_2^{(\infty)} + 1 \cdot v_3^{(\infty)} + 0 \cdot v_4^{(\infty)} + 0 \cdot v_5^{(\infty)} \right) = \frac{1}{2}\text{s}^{-1}$$

$$T2: \bar{f}_2 = \lambda_2 \sum_{i=0}^{5} u_2(\vec{m}_i) \cdot v_i^{(\infty)}$$
$$= 2\text{s}^{-1} \cdot \left(0 \cdot v_0^{(\infty)} + 1 \cdot v_1^{(\infty)} + 1 \cdot v_2^{(\infty)} + 0 \cdot v_3^{(\infty)} + 0 \cdot v_4^{(\infty)} + 1 \cdot v_5^{(\infty)} \right) = 1\text{s}^{-1}$$

$$T3: \bar{f}_3 = \lambda_3 \sum_{i=0}^{5} u_3(\vec{m}_i) \cdot v_i^{(\infty)}$$
$$= 2\text{s}^{-1} \cdot \left(1 \cdot v_0^{(\infty)} + 1 \cdot v_1^{(\infty)} + 0 \cdot v_2^{(\infty)} + 1 \cdot v_3^{(\infty)} + 0 \cdot v_4^{(\infty)} + 0 \cdot v_5^{(\infty)} \right) = 1\text{s}^{-1}$$

$$T4: \bar{f}_3 = \lambda_4 \sum_{i=0}^{5} u_4(\vec{m}_i) \cdot v_i^{(\infty)}$$
$$= 2\text{s}^{-1} \cdot \left(0 \cdot v_0^{(\infty)} + 0 \cdot v_1^{(\infty)} + 0 \cdot v_2^{(\infty)} + 1 \cdot v_3^{(\infty)} + 1 \cdot v_4^{(\infty)} + 1 \cdot v_5^{(\infty)} \right) = 1\text{s}^{-1}$$

$$T5: \bar{f}_5 = \lambda_5 \sum_{i=0}^{5} u_5(\vec{m}_i) \cdot v_i^{(\infty)}$$
$$= 1\text{s}^{-1} \cdot \left(1 \cdot v_0^{(\infty)} + 1 \cdot v_1^{(\infty)} + 0 \cdot v_2^{(\infty)} + 1 \cdot v_3^{(\infty)} + 0 \cdot v_4^{(\infty)} + 0 \cdot v_5^{(\infty)} \right) = \frac{1}{2}\text{s}^{-1}$$

Abschließend wollen wir noch die Wahrscheinlichkeit r_q angeben, mit der ein Beobachter, der zufällig auf das Petri-Netz schaut, sieht, dass Transition t_q als nächstes feuert

$$r_q = \sum_{i=0}^{s-1} u_q(\vec{m}_i) \cdot v_i^{(\infty)} \cdot \frac{\lambda_q}{q_{ii}},$$

wobei q_{ii} die Übergangsrate ist von Zustand M_i in irgendeinen anderen Zustand zu wechseln ($q_{ii} = -b_{ii}$). Der Zustandswechsel kann nur durch Feuern einer Transition vollzogen werden. Die Rate für den Übergang von Zustand M_i in irgendeinen anderen Zustand wird ins Verhältnis gesetzt zur Feuerrate von t_q. Für unser Beispiel ergibt sich:

$$T1: \quad r_1 = \sum_{i=0}^{5} u_1(\vec{m}_i) \cdot v_i^{(\infty)} \cdot \frac{\lambda_1}{q_{ii}} = v_0^{(\infty)} \cdot \frac{1}{4} + v_1^{(\infty)} \cdot \frac{1}{6} + v_3^{(\infty)} \cdot \frac{1}{6} = \frac{7}{72} \approx 0.0972$$

$$T2: \quad r_2 = \sum_{i=0}^{5} u_2(\vec{m}_i) \cdot v_i^{(\infty)} \cdot \frac{\lambda_2}{q_{ii}} = v_1^{(\infty)} \cdot \frac{2}{6} + v_2^{(\infty)} \cdot \frac{2}{2} + v_5^{(\infty)} \cdot \frac{2}{4} = \frac{11}{36} \approx 0.3056$$

$$T3: \quad r_2 = \sum_{i=0}^{5} u_3(\vec{m}_i) \cdot v_i^{(\infty)} \cdot \frac{\lambda_3}{q_{ii}} = v_0^{(\infty)} \cdot \frac{2}{4} + v_1^{(\infty)} \cdot \frac{2}{6} + v_3^{(\infty)} \cdot \frac{2}{6} = \frac{7}{36} \approx 0.1944$$

$$T4: \quad r_2 = \sum_{i=0}^{5} u_4(\vec{m}_i) \cdot v_i^{(\infty)} \cdot \frac{\lambda_4}{q_{ii}} = v_3^{(\infty)} \cdot \frac{2}{6} + v_4^{(\infty)} \cdot \frac{2}{2} + v_5^{(\infty)} \cdot \frac{2}{4} = \frac{11}{36} \approx 0.3056$$

$$T5: \quad r_5 = \sum_{i=0}^{5} u_1(\vec{m}_i) \cdot v_i^{(\infty)} \cdot \frac{\lambda_5}{q_{ii}} = v_0^{(\infty)} \cdot \frac{1}{4} + v_1^{(\infty)} \cdot \frac{1}{6} + v_3^{(\infty)} \cdot \frac{1}{6} = \frac{7}{72} \approx 0.0972$$

Diese beispielhaften Analysen sollen zeigen, dass mithilfe der Überführung des Erreichbarkeitsgraphen des stochastischen Petri-Netzes in eine zeitstetige Markoff-Kette viele Eigenschaften des Petri-Netzes aufgedeckt werden können (siehe zu diesem Thema auch Bause und Kritzinger 2002, Beichelt 1997, Kiencke 2006 und Waldmann und Stocker 2012).

8.8 Aufgaben

Aufgabe 8.1. (V) Betrachten Sie das Petri-Netz in Abb. 8.4 (rechts) mit der Markierung m_1, die sich nach Feuerung von $T1$ ergibt und beantworten Sie folgende Fragen:

a) Welche Transitionen sind in dem Petri-Netz mit der Markierung m_1 aktiv?

b) Welche Petri-Netz-Markierung m_2 ergibt sich nach der Feuerung von $T2$?

c) Welche Transitionen sind in dem Petri-Netz mit der Markierung m_2 aktiv?

d) Welche Petri-Netz-Markierung m_3 ergibt sich, wenn ausgehend von m_2 die Transition $T3$ gefeuert wird?

Aufgabe 8.2. Ⓑ Gegeben sei das folgende Petri-Netz. Die Zahlen unter den Namen der Plätze entsprechen der Tokenanzahl des jeweiligen Platzes.

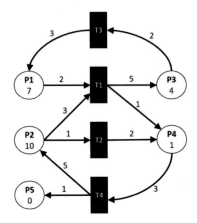

a) Stellen Sie das Petri-Netz mithilfe von Matrizen und Vektoren dar.

b) Weisen Sie mithilfe der Matrizenrechnung nach, dass $T1$ aktiv ist.

c) Berechnen Sie mithilfe der Matrizendarstellung die neue Markierung $\vec{m}_1$, die sich nach Feuerung von $T1$ ergibt.

Aufgabe 8.3. Ⓑ Modellieren Sie folgenden Sachverhalt mithilfe eines Petri-Netzes:

Um die Verbreitung einer neuartigen Viruserkrankung einzudämmen, darf sich in kleinen Geschäften nur noch ein Kunde gleichzeitig aufhalten. Dazu öffnet der Verkäufer dem Kunden die Eingangstür und lässt ihn in sein Geschäft. Bevor er ihn bedient schließt er die Eingangstür zunächst, damit kein weiterer Kunde den Laden betreten kann. Dann bedient er den Kunden und der Kunde verlässt das Geschäft über eine andere Tür. Die Eingangstür wird erst wieder geöffnet, wenn kein Kunde mehr im Geschäft ist.

Aufgabe 8.4. Gegeben sei das folgende stochastische Petri-Netz. Alle Kantengewichte sind Eins.

a) Erstellen Sie das stochastische Petri-Netz mit dem Petri-Netz-Tool *Snoopy* und führen Sie einige Simulationen durch.

b) Erstellen Sie den Erreichbarkeitsgraphen. Kontrollieren Sie Ihr Ergebnis mit den Analyse-Tool *Charlie*.

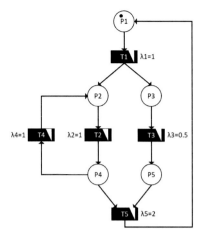

c) Erstellen Sie die zeitstetige Markoff-Kette des stochastischen Petri-Netzes.

d) Berechnen Sie die stationäre Verteilung $\vec{v}^{(\infty)}$ mithilfe von MATLAB.

e) Berechnen Sie die mittlere Tokenanzahl $\overline{m}_l$ pro Platz .

f) Berechnen Sie die mittleren Feuerungsfrequenzen $\overline{f}_q$ der Transitionen.

g) Berechnen Sie die Feuerungswahrscheinlichkeiten r_q der Transitionen.

h) Berechnen Sie die Wahrscheinlichkeit, dass die Transition $T2$ in dem Petri-Netz mit der Markierung ${}^t\vec{m}_1 = \begin{pmatrix} 0 & 1 & 1 & 0 & 0 \end{pmatrix}$ als nächstes feuert.

Aufgabe 8.5. (B) Modellieren Sie folgenden stark vereinfacht dargestellten Ablauf der Proteinsynthese mithilfe eines stochastischen Petri-Netzes:

Eine einzelne Kopie eines Gens soll zu Beginn inaktiv sein. Anschließend kann es entweder aktiv oder inaktiv sein. Wenn es aktiv ist, kann das Protein produziert werden. Das aktive Gen wird für die Synthese benötigt, aber es wird dabei nicht verbraucht. Das Protein kann jederzeit abgebaut werden. Im Mittel bleibt das Gen $\frac{1}{\lambda}$ Zeiteinheiten (ZE) inaktiv und $\frac{1}{\mu}$ ZE aktiv. Die Proteinsynthese läuft mit der Rate v ab und abgebaut wird es mit der Rate δ (vgl. Goss und Peccoud 1998).

Aufgabe 8.6. (KFZ-Prüfstelle). (V) Modellieren Sie das $M|M|1|7$- und $M|M|2|10$-Warteschlangensystem der KFZ-Prüfstelle aus Bsp. 5.4 und 5.5 mithilfe von stochastischen Petri-Netzen. Nutzen Sie dazu Snoopy und führen Sie Simulationen durch. Importieren Sie die Simulationsergebnisse in MATLAB und berechnen Sie Kennzahlen. Vergleichen Sie diese mit den berechneten Werten in den Beispielen.

Kapitel 9

Grundlagen der stochastischen Analysis

Die *stochastische Analysis* beschäftigt sich mit der Anwendung von Begriffen und Verfahren der Analysis auf stochastische Prozesse. Die auftretenden Zufallsvariablen können hierbei als Zufalls-Funktionen betrachtet werden. Zentrale Begriffe der stochastischen Analysis sind die *stochastischen Integrale* und die *stochastischen Differentialgleichungen*. Die wichtigsten Anwendungen treten in Physik, Biologie und Finanzmathematik auf. Hier sind an erster Stelle die Brown'sche Bewegung und das 1997 mit dem Nobelpreis für Wirtschaftswissenschaften geehrte Black-Scholes-Modell zu erwähnen. Beim letzteren handelt es sich um ein stochastisches Modell zur Bewertung von Optionen auf Aktien, deren Kursentwicklung sich wiederum im Rahmen des Modells mittels einer stochastischen Differentialgleichung beschreiben lässt. Grundlegender Prozess ist in allen Fällen der Wiener-Prozess als mathematische Beschreibung der Brown'schen Bewegung, die uns bereits in Abschn. 3.3 begegnet ist. Wir beginnen daher zunächst mit einer eingehenden Untersuchung des Wiener-Prozesses.

9.1 Einführung in die stochastische Analysis

9.1.1 Vom eindimensionalen Random Walk zum Wiener Prozess

Dieser Abschnitt ist als motivierende Einführung gedacht, in der wir uns mit dem Verhalten Brown'scher Pfade sowie dem Zusammenhang zwischen der Brown'schen Bewegung und einer bestimmten partiellen Differentialgleichung beschäftigen. Beginnen wir zunächst mit einem diskreten stochastischen Prozess: In Bsp. 3.1 haben Sie den eindimensionalen symmetrischen Random Walk als Spiel kennengelernt, bei dem der Spieler bei jedem Schritt entweder einen Euro von der Bank erhält, oder ihn an diese zahlen muss. Wir können uns hierbei aber auch ein bei 0 startendes

---

Ergänzende Information Die elektronische Version dieses Kapitels enthält Zusatzmaterial, auf das über folgenden Link zugegriffen werden kann https://doi.org/10.1007/978-3-662-66669-2_9.

T. Imkamp, S. Proß, *Einstieg in stochastische Prozesse*, https://doi.org/10.1007/978-3-662-66669-2_9

Teilchen vorstellen, dass sich auf einer Achse in jedem Zeitschritt um eine Längeneinheit mit jeweils gleicher Wahrscheinlichkeit nach links oder rechts bewegt (siehe Abb. 3.3, hier ist die Zeitachse horizontal aufgetragen und die Länge vertikal). Somit befindet es sich nach dem ersten Sprung jeweils mit der Wahrscheinlichkeit $\frac{1}{2}$ bei 1 oder -1.

In Bsp. 3.45 wurde bereits gezeigt, wie man einen solchen stochastischen Prozess mit MATLAB oder Mathematica simulieren kann (siehe Abb. 3.60).

Wir wollen jetzt diesen eindimensionalen Random Walk aus einem etwas anderen Blickwinkel betrachten, und dazu die Achsen neu skalieren: Das Teilchen soll in natürlichen Vielfachen einer festgelegten Zeiteinheit Δt um eine Strecke Δx nach links oder rechts springen (siehe Abb. 3.61). Die möglichen Orte (Zustände) des Teilchens auf der Achse sind also jetzt durch die Zahlen $0, \pm\Delta x, \pm 2\Delta x, \ldots$ usw. festgelegt. Die Idee dahinter ist, später zu untersuchen, wie sich der Random Walk verhält bei einer immer feineren Unterteilung der Achse und bei immer kürzeren Zeitschritten. Nach Ablauf der Zeit Δt macht das Teilchen jeweils den nächsten Sprung zum benachbarten rechten oder linken Punkt mit jeweils Wahrscheinlichkeit $\frac{1}{2}$. Wir erhalten also folgende Übergangswahrscheinlichkeiten vom Zustand $i\Delta x$ nach $j\Delta x$ nach einem, zwei bzw. drei Sprüngen (siehe dazu auch Bsp. 3.4 und 3.9):

$$p_{ij}^{(1)} = \begin{cases} \frac{1}{2} & |i-j| = 1 \\ 0 & \text{sonst} \end{cases}$$

$$p_{ij}^{(2)} = \begin{cases} \frac{1}{4} & |i-j| = 2 \\ \frac{1}{2} & |i-j| = 0 \\ 0 & \text{sonst} \end{cases}$$

$$p_{ij}^{(3)} = \begin{cases} \frac{1}{8} & |i-j| = 3 \\ \frac{3}{8} & |i-j| = 1 \\ 0 & \text{sonst.} \end{cases}$$

Nach einer geraden [ungeraden] Anzahl von Sprüngen ist die Differenz $|i-j|$ ebenfalls gerade [ungerade]. Man kann eine Folge von n Sprüngen als Bernoulli-Kette mit der Grundwahrscheinlichkeit $p = \frac{1}{2}$ auffassen. Mit der Schreibweise

$$p_{ij}^{(n)} =: P(j\Delta x - i\Delta x, n\Delta t)$$

und $k := \frac{j-i+n}{2}$ erhalten wir daher

$$p_{ij}^{(n)} = P(j\Delta x - i\Delta x, n\Delta t) = \binom{n}{k}\left(\frac{1}{2}\right)^k\left(\frac{1}{2}\right)^{n-k} = \frac{1}{2^n}\binom{n}{k},$$

wie man leicht anhand der angegebenen Fälle verallgemeinern kann. Beachten Sie, dass $k \in \{0; 1; 2; \ldots; n\}$, also insbesondere $k \in \mathbb{N}_0$, da $j - i$ genau dann gerade [ungerade] ist, wenn das für n auch gilt.

Sei $x := j\Delta x - i\Delta x$, $t := n\Delta t$, sodass für die Übergangswahrscheinlichkeiten gilt

$$p_{ij}^{(n)} =: P(j\Delta x - i\Delta x, n\Delta t) = P(x,t).$$

Dabei gibt $|x|$ also an, wie weit sich das Teilchen nach n Sprüngen von der Stelle $i\Delta x$ fortbewegt hat. Dabei kann x selbstverständlich auch negativ sein.

Interessant ist an dieser Stelle, dass man für die Übergangswahrscheinlichkeiten eine Differenzengleichung formulieren kann, die beim Grenzübergang $\Delta x \to 0$ und $\Delta t \to 0$ in eine partielle Differentialgleichung für die mathematische Beschreibung der Brown'schen Bewegung übergeht. Wir benötigen für die Herleitung lediglich das Konstruktionsprinzip des Pascal'schen Dreiecks

$$\binom{n+1}{k} = \binom{n}{k} + \binom{n}{k-1} \tag{9.1}$$

für $n \in \mathbb{N}$, $k \in \{0;1;...;n\}$ (siehe Proß und Imkamp 2018, Abschn. 0.6 und Imkamp und Proß 2021, Aufg. 5.17).

Mit $x = j\Delta x - i\Delta x$, $t = n\Delta t$ und $k := \frac{j-i+n}{2}$ gelten wegen $p_{ij}^{(n)} = \frac{1}{2^n}\binom{n}{k}$ die folgenden Gleichungen (beachten Sie, dass $k \in \mathbb{N}_0$ gilt, da $-n \le j - i \le n$):

$$2^{n+1}P(x-\Delta x, t+\Delta t) = \binom{n+1}{k},$$

$$2^n P(x,t) = \binom{n}{k},$$

$$2^n P(x-2\Delta x, t) = \binom{n}{k-1}.$$

Daher folgt wegen Gleichung 9.1

$$2^{n+1}P(x-\Delta x, t+\Delta t) = 2^n P(x,t) + 2^n P(x-2\Delta x, t),$$

und nach Division durch 2^{n+1}

$$P(x-\Delta x, t+\Delta t) = \frac{1}{2}P(x,t) + \frac{1}{2}P(x-2\Delta x, t).$$

Wegen der Homogenitätseigenschaft des Prozesses erhalten wir daraus die Differenzengleichung (Ersetzung von x durch $x+\Delta x$)

$$P(x, t+\Delta t) = \frac{1}{2}P(x+\Delta x, t) + \frac{1}{2}P(x-\Delta x, t).$$

Wir stellen die erhaltene Gleichung um:

$$P(x, t+\Delta t) = \frac{P(x+\Delta x, t) + P(x-\Delta x, t)}{2}$$

$$\frac{P(x,t+\Delta t)-P(x,t)}{\Delta t}=\frac{P(x+\Delta x,t)+P(x-\Delta x,t)-2P(x,t)}{2\Delta t}$$

$$\frac{P(x,t+\Delta t)-P(x,t)}{\Delta t}=\frac{(\Delta x)^2}{2\Delta t}\frac{P(x+\Delta x,t)-2P(x,t)+P(x-\Delta x,t)}{(\Delta x)^2}.$$

Lassen wir jetzt die Sprungzeit Δt und die Skalierung Δx gegen null streben. Damit gehen wir zu einer kontinuierlichen Bewegung über. Dies ist die Ihnen schon bekannte Brown'sche Bewegung in einer Dimension! Beim Übergang soll jedoch der Wert $k := \frac{(\Delta x)^2}{2\Delta t}$ eine Konstante bleiben, die wir *Diffusionskonstante* nennen. Im Grenzübergang ergibt sich die partielle Differentialgleichung (PDGL) (siehe Kap. 2, Abschn. 2.2.1)

$$\frac{\partial}{\partial t}P(x,t)=k\frac{\partial^2}{\partial x^2}P(x,t),$$

oder anders geschrieben

$$\left(\frac{\partial}{\partial t}-k\frac{\partial^2}{\partial x^2}\right)P(x,t)=0.$$

Man erkennt hier die Form der *Wärmeleitungsgleichung*, auch *Diffusionsgleichung* genannt (siehe Imkamp und Proß 2019, Kap. 5.3.3 bzw. Kap. 6, im letzteren wird erläutert, wie man mit numerischen Methoden eine partielle DGL durch eine Differenzengleichung approximiert). An der Art des Grenzübergangs erkennt man auch, dass der Grenzübergang $\Delta x, \Delta t \to 0$, sodass $\frac{\Delta x}{\Delta t}$ endlich bleibt, nicht existiert: Die Brown'schen Pfade sind nicht-differenzierbare Funktionen der Zeit. Das bedeutet, dass den Brown'schen Teilchen keine endliche Geschwindigkeit zugeordnet werden kann.

Eine Lösung dieser partiellen Differentialgleichung, die so genannte *Fundamentallösung*, lautet für $t > 0$ in unseren Bezeichnungen (siehe Aufg. 9.1):

$$P(x,t)=\frac{1}{\sqrt{4\pi kt}}e^{-\frac{x^2}{4kt}}.$$

Satz 9.1. Die Funktion

$$P(x,t)=\frac{1}{\sqrt{4\pi kt}}e^{-\frac{x^2}{4kt}}$$

stellt eine Wahrscheinlichkeitsdichte dar.

Beweis. Der Nachweis der Positivitätseigenschaft ist trivial. Für die Berechnung des Integrals über $\mathbb{R}$ verwenden wir die Substitution $z := \frac{x}{\sqrt{2kt}}$. Damit gilt $\frac{dx}{dz}=\sqrt{2kt}$ und es ergibt sich:

$$\frac{1}{\sqrt{4\pi kt}} \int_{-\infty}^{\infty} e^{-\frac{x^2}{4kt}} dx = \frac{\sqrt{2kt}}{\sqrt{4\pi kt}} \int_{-\infty}^{\infty} e^{-\frac{z^2}{2}} dz$$
$$= \frac{1}{\sqrt{2\pi}} \int_{-\infty}^{\infty} e^{-\frac{z^2}{2}} dz$$
$$= 1,$$

da die Funktion ϕ mit $\phi(x) = \frac{1}{\sqrt{2\pi}} e^{-\frac{x^2}{2}}$ die Gauß'sche Dichtefunktion darstellt (siehe Abschn. 2.3.2.3 und Imkamp und Proß 2021, Abschn. 6.3.1). $\qquad\square$

Die durch den obigen Grenzprozess erhaltene Brown'sche Bewegung und der zugrundeliegende Wiener-Prozess $(B(t))_{t\geq 0}$ sind Ihnen schon in Abschn. 3.3 begegnet. In Def. 3.29 wurde der zugehörige Wiener-Prozess unter anderem als ein Prozess mit unabhängigen, standardnormalverteilten Zuwächsen eingeführt. Für beliebige Zeitpunkte $t_1 < t_2$ sind die Zuwächse $B(t_2) - B(t_1)$ $N(0, t_2 - t_1)$-verteilt. Dies entspricht der in Satz 9.1 eingeführten Dichtefunktion mit $k = \frac{1}{2}$, die wir ab jetzt immer verwenden. Es gilt also

$$P(x,t) = \frac{1}{\sqrt{2\pi t}} e^{-\frac{x^2}{2t}}.$$

Insbesondere hat wegen $B(0) = 0$ die Zufallsvariable $B(t)$ eine $N(0,t)$-Verteilung.

Wie wir bereits in Abschn. 3.3.3 gesehen haben, lässt sich ein zugehöriger zufälliger Pfad eines solchen Standard-Wiener-Prozesses $(B(t))_{t\geq 0}$ ($\mu = 0$ und $\sigma = 1$) mit $N(0,t)$-verteilten Zuwächsen leicht mit MATLAB bzw. Mathematica simulieren und plotten. Abb. 9.1 zeigt einen möglichen Output.

```
wp=bm(0,1);
[B,t]=simulate(wp,1/0.01,'DeltaTime',0.01);
plot(t,B)
xlabel('t')
ylabel('x')
```

```
bm=RandomFunction[WienerProcess[0,1],{0,1,0.01}]
ListLinePlot[bm,AxesLabel->{"t","x"}]
```

Mittelwert und Varianz von einem verallgemeinerten Wiener-Prozess $W(t) = \mu t + \sigma B(t)$ (siehe Def. 3.30) sind gegeben durch μt bzw. $\sigma^2 t$, wie sich auch mit Mathematica bestätigen lässt:

```
Mean[WienerProcess[mu,sigma]][t]]
Variance[WienerProcess[mu,sigma][t]]
```

Betrachten wir jetzt zum tieferen Verständnis ein im Ursprung startendes Brown'sches Teilchen ($B(0) = 0$) und sehen uns einen zufälligen Pfad einmal genauer an (siehe Abb. 9.2).

Die folgenden Überlegungen lassen sich leicht auf die mehrdimensionale Brown'sche Bewegung übertragen. Der Pfad verläuft im Bild zum Zeitpunkt $t = 1$ durch ein spezielles Intervall A_1. Die Wahrscheinlichkeit, dass ein in 0 startender zufälliger

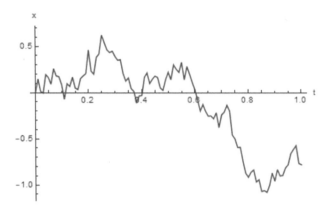

Abb. 9.1: Pfad eines Standard-Wiener-Prozesses mit 100 Zeitschritten

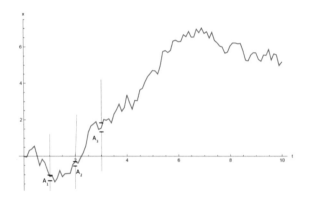

Abb. 9.2: Spezieller Pfad eines Standard-Wiener-Prozesses

Brown'scher Pfad zu einem festen Zeitpunkt t ein Intervall A „trifft", hängt natürlich von der Größe des Intervalls ab. Sie lässt sich berechnen mit

$$P(B(t) \in A) = \frac{1}{\sqrt{2\pi t}} \int_A e^{-\frac{x^2}{2t}} \, dx.$$

Beachten Sie, dass $P(B(t) \in A)$ eine Abkürzung für $P(\{\omega | B(t, \omega) \in A\})$ ist. Mit konkreten Zahlen: In Abb. 9.2 gilt $A_1 = [-1; -1.7]$. Somit ist die Wahrscheinlichkeit, dass ein Brown'scher Pfad zum Zeitpunkt $t = 1$ dieses Intervall passiert, durch

$$P(B(1) \in A) = \frac{1}{\sqrt{2\pi}} \int_{-1.7}^{-1} e^{-\frac{x^2}{2}} \, dx \approx 0.1141$$

gegeben. Erinnern Sie sich daran, dass für beliebige Zeitpunkte t gilt

$$\frac{1}{\sqrt{2\pi t}} \int_{-\infty}^{\infty} e^{-\frac{x^2}{2t}} dx = 1,$$

wie in Abschn. 2.3.2.3 dargestellt, sodass die Wahrscheinlichkeit, dass der Brown'sche Pfad überhaupt die Gerade $t = 1$ passiert, natürlich gleich eins ist.

Der weitere Verlauf des Brown'schen Pfades in Abb. 9.2 führt zum Zeitpunkt $t = 2$ durch das Intervall A_2 und zum Zeitpunkt $t = 3$ durch das Intervall A_3. Wenn uns z. B. der Verlauf des Brown'schen Pfades bis zum Zeitpunkt $t = 4$ interessiert, dann können wir beliebige Zeitwerte im Bereich $[0;4]$ auswählen, um Informationen über diesen Verlauf zu erhalten. Wir können uns aber auch mit speziellen diskreten Zeitpunkten (wie etwa $t = 1$, $t = 2$, $t = 3$) begnügen, und schauen, ob der Pfad bestimmte Intervalle passiert oder nicht. Wir haben es hier mit einer Filtration im Sinne von Def. 4.5 zu tun: Bezeichnen wir die Menge der möglichen Brown'schen Pfade mit Ω. Die zum Zeitpunkt $t = 1$ durch das Intervall A_1 laufenden Pfade bilden eine Teilmenge $\Omega_1 \subset \Omega$. Die zum Zeitpunkt t_2 durch A_2 laufenden Pfade bilden eine weitere Teilmenge $\Omega_2 \subset \Omega$. Die in Ω_2 enthaltenen Pfade, die in Ω_1 enthalten sind, also die Information über den Verlauf des Pfades durch A_1 zum Zeitpunkt $t = 1$ enthalten, bilden die Teilmenge $\Omega_{1,2} := \Omega_1 \cap \Omega_2 \subset \Omega$. Durch Fortsetzung dieser Filtration erhalten wir eine isotone Folge von Mengen, etwa $\Omega_1 \subset \Omega_{1,2} \subset \Omega_{1,2,3}$, die den bisherigen Verlauf des Pfades in groben Zügen wiedergibt. In Def. 4.5 wurde dies in abstrakter Form als isotone Folge von Sub-σ-Algebren der zu Ω gehörenden σ-Algebra $\mathscr{A}$ dargestellt.

Betrachten wir jetzt die Wahrscheinlichkeit, dass ein bestimmter Brown'scher Pfad zu den Zeitpunkten $t_1, t_2, ..., t_n$ mit $t_1 < t_2 < ... < t_n$ die Intervalle $A_1, A_2, ..., A_n$ passiert, etwas genauer. Beginnen wir mit den Ereignissen $B(t_1) \in A_1$ und $B(t_2) \in A_2$. Die gemeinsame Verteilung von $B(t_1)$ und $B(t_2)$ lautet:

$$P(B(t_1) \in A_1, B(t_2) \in A_2) = \frac{1}{\sqrt{2\pi t_1}} \frac{1}{\sqrt{2\pi(t_2-t_1)}} \int_{A_1} \int_{A_2} e^{-\frac{x_1^2}{2t_1}} e^{-\frac{(x_2-x_1)^2}{2(t_2-t_1)}} dx_2 dx_1.$$

Beispiel 9.1. Wir betrachten den Pfad und die Intervalle aus Abb. 9.2. Gesucht ist die Wahrscheinlichkeit

$$P(B(1) \in A_1, B(2) \in A_2),$$

also $t_1 = 1$ und $t_2 = 2$ mit $A_1 = [-1.7; -1]$ und $A_2 = [-0.6; -0.3]$. Wir berechnen das Doppelintegral mit MATLAB oder Mathematica und erhalten mit der Eingabe

```
t1=1; t2=2;
f=@(x1,x2) exp(-x1.^2/(2*t1)).*exp(-(x2-x1).^2/(2*(t2-t1)));
P=1/sqrt(2*pi*t1)*1/sqrt(2*pi*(t2-t1))*integral2(f,-1.7,-1,-0.6,-0.3)
```

```
N[(1/Sqrt[2*Pi])*(1/Sqrt[2*Pi*(2-1)])*Integrate[1/(E^(0.5*x^2)*
    E^(0.5*(y-x)^2)),{x,-1.7,-1},{y,-0.6,-0.3}]]
```

den Wert 0.009486. Mit dieser Wahrscheinlichkeit liegt ein zufällig ausgewählter Brown'scher Pfad in der Menge $\Omega_{1,2}$. ◄

Die obigen Überlegungen lassen sich auf n Intervalle verallgemeinern. Die Wahrscheinlichkeit dafür, dass ein zufällig ausgewählter Brown'scher Pfad n Intervalle passiert, also

$$P(B(t_1) \in A_1, B(t_2) \in A_2, ..., B(t_n) \in A_n)$$

lässt sich berechnen mit:

$$P(B(t_1) \in A_1, B(t_2) \in A_2, ..., B(t_n) \in A_n) =$$

$$\frac{1}{\sqrt{2\pi t_1}} \cdots \frac{1}{\sqrt{2\pi(t_n - t_{n-1})}} \int_{A_1} \int_{A_2} \cdots \int_{A_n} e^{-\frac{x_1^2}{2t_1}} e^{-\frac{(x_2-x_1)^2}{2(t_2-t_1)}} \cdots e^{-\frac{(x_n-x_{n-1})^2}{2(t_n-t_{n-1})}} \, dx_n ... dx_2 dx_1$$

Es spielt für das Verhalten des Brown'schen Pfades im Zeitintervall $[t_1; t_2]$ eine wesentliche Rolle, welchen Ort x_1 er zum Zeitpunkt t_1 erreicht hat ($B(t_1) = x_1$). Es ist aber völlig unerheblich, auf welchem Weg er im Zeitintervall $[0; t_1]$ zu x_1 gelangt ist. Der Wiener-Prozess ist ein *Markoff-Prozess* (siehe Satz 3.11). Somit ist sein Verhalten mit $B(0) = 0$ und der bedingten Wahrscheinlichkeit

$$P(B(t_2) \in A | B(t_1) = x_1) = \frac{1}{\sqrt{2\pi(t_2 - t_1)}} \int_A e^{-\frac{(x_2-x_1)^2}{2(t_2-t_1)}} \, dx_2$$

für $t_1 < t_2$ festgelegt.

In Def. 3.29 wurde der Wiener-Prozess zudem als ein Prozess mit unabhängigen und $N(0, t_2 - t_1)$-verteilten Zuwächsen $B(t_2) - B(t_1)$ definiert. Konkret bedeutet das im Zusammenhang mit unseren jetzigen Betrachtungen folgendes:

Sei $t_1 < t_2 < ... < t_{n-1} < t_n$ eine aufsteigende Folge von Zeiten. Die Wahrscheinlichkeit, dass der Zuwachs eines Brown'schen Pfades im Zeitintervall $[t_{i-1}; t_i]$ einen Wert in einem Intervall I_i trifft, sei

$$P(B(t_i) - B(t_{i-1}) \in I_{i-1}).$$

Dann sind diese Zuwächse voneinander stochastisch unabhängig. Es gilt also

$$P(B(t_2) - B(t_1) \in I_1, ..., B(t_n) - B(t_{n-1}) \in I_{n-1}) = \prod_{i=1}^{n} P(B(t_i) - B(t_{i-1}) \in I_{i-1})$$

Somit beginnt das Spiel der Zuwächse zu jedem Zeitpunkt von vorn.

9.1.2 Pfadintegrale

In diesem Abschnitt führen wir den Begriff des *Pfadintegrals* ein. Das ist mathematisch relativ anspruchsvoll, daher können wir nur die Grundideen vermitteln. Für speziell an diesem Thema interessierte Leser, die sich detaillierter einarbeiten wollen, verweisen wir auf die Literatur, z. B. Roepstorff 2013, Simon 2005 und Reed und Simon 1975.

Beim Pfadintegral denken Physiker zunächst an den im Wesentlichen von Richard Feynman (1918–1988) eingeführten Formalismus, der in Quantenmechanik und Quantenfeldtheorie eine wichtige Rolle spielt. So sind bei der Bewegung eines quantenmechanischen Teilchens von einem Punkt x im Raum zur Zeit t zu einem Punkt x' zur Zeit t' nicht nur die direkten Wege („Pfade") minimaler Wirkung zu berücksichtigen, wie es in der klassischen Mechanik und Optik üblich ist, sondern alle möglichen Wege von x nach x'. Dies bedeutet, dass z. B. ein Lichtstrahl nicht nur den direkten geradlinigen Weg von x nach x' nimmt, sondern alle (!) möglichen Wege, sodass auch über alle (!) möglichen Lichtwege gemittelt (integriert) werden muss. Dieses Konzept hat zu einem wesentlich tieferen Naturverständnis geführt (siehe Feynman 1948).

Wir wollen die Grundideen verstehen und das Konzept des Pfadintegrals für die Pfade eines Wiener-Prozesses entwickeln. In Abb. 9.3 ist der Pfad eines Wiener-Prozesses dargestellt, der zu einem bestimmten Zeitpunkt t an einem Ort x startet und zu einem späteren Zeitpunkt t' an einem Ort x' endet.

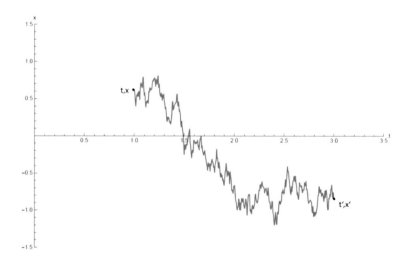

Abb. 9.3: Pfad eines Standard-Wiener-Prozesses mit vorgegebenem Anfangs- und Endpunkt

Im Bild gilt etwa $t = 1$ und $t' = 3$, unsere Betrachtungen beziehen sich aber allgemein auf alle Pfade mit festem Startpunkt (t, x) und Endpunkt (t', x'). Wir bezeichnen die Menge der (stetigen) Pfade mit dieser Eigenschaft mit Ω:

$$\Omega := \{B(\omega) : [t; t'] \to \mathbb{R} | B(t, \omega) = x, B(t', \omega) = x'\}$$

Zur Bezeichnung der Pfade siehe Def. 1.2. Analog zu den Betrachtungen im vorhergehenden Abschnitt interessieren wir uns für die Pfade aus Ω, die zu bestimmten Zeiten vorgegebene Intervalle treffen. Wir unterteilen das Intervall $[t;t']$ wieder in Teilintervalle mittels Zwischenzeiten $t < t_1 < t_2 < ... < t_n < t'$ und betrachten die Mengen (Intervalle) $A_1, A_2, ..., A_n$, die zu den zugehörigen Zeiten vom Pfad getroffen werden. Für $A := A_1 \times A_2 \times ... \times A_n$ sei

$$\Omega_A := \{B(\omega) \in \Omega | B(t_i, \omega) \in A_i\}.$$

Dann definieren wir gemäß den Überlegungen im letzten Abschnitt das Maß dieser Menge mittels

$$\mu(\Omega_A) := \frac{1}{\sqrt{2\pi(t_1 - t)}} ... \frac{1}{\sqrt{2\pi(t' - t_n)}} \int_{A_1} \int_{A_2} ... \int_{A_n} e^{-\frac{(x_1 - x)^2}{2(t_1 - t)}} ... e^{-\frac{(x' - x_n)^2}{2(t' - t_n)}} dx_n ... dx_2 dx_1$$

Beachten Sie, dass die Pfade jetzt im Unterschied zum letzten Abschnitt zum Zeitpunkt t in x beginnen. Im Fall $A_i = \mathbb{R} \ \forall i \in \{1; 2; ...; n\}$ gilt $\Omega_A = \Omega$ und wir erhalten für das Maß von Ω

$$\mu(\Omega) = \frac{1}{\sqrt{2\pi(t_1 - t)}} ... \frac{1}{\sqrt{2\pi(t' - t_n)}} \int_{-\infty}^{\infty} \int_{-\infty}^{\infty} ... \int_{-\infty}^{\infty} e^{-\frac{(x_1 - x)^2}{2(t_1 - t)}} ... e^{-\frac{(x' - x_n)^2}{2(t' - t_n)}} dx_n ... dx_2 dx_1$$

$$= \frac{1}{\sqrt{2\pi(t' - t)}} e^{-\frac{(x' - x)^2}{2(t' - t)}}.$$

Der Nachweis der letzten Gleichung ist schwierig und wir verzichten hier darauf, da die zu verwendende mehrdimensionale Integration über die Interessen dieses Buches hinausgeht. Betrachten Sie vielleicht einmal den Spezialfall $n = 1$ und berechnen Sie zur Verdeutlichung das einfachere Integral

$$\frac{1}{\sqrt{2\pi(t_1 - t)}} \frac{1}{\sqrt{2\pi(t' - t_1)}} \int_{-\infty}^{\infty} e^{-\frac{(x_1 - x)^2}{2(t_1 - t)}} e^{-\frac{(x' - x_1)^2}{2(t' - t_1)}} dx_1.$$

Probieren Sie verschiedene Zahlenwerte für t, x, t', x' aus und verwenden Sie für die Berechnung z. B. Mathematica.

Integrieren wir die charakteristische Funktion von Ω_A, also

$$1_A(B(\omega)) = \begin{cases} 1, B(\omega) \in A \\ 0, B(\omega) \notin A \end{cases},$$

nach dem Maß μ über Ω, so erhalten wir

$$\int_{\Omega} 1_A(B(\omega)) \mu(d\omega) = \int_{\Omega_A} \mu(d\omega) = \mu(\Omega_A).$$

Allgemeiner können wir für bestimmte Funktionen $f : \Omega \to \mathbb{R}$ das *Pfadintegral*

$$\int_{\Omega} f(B(\omega)) \mu(d\omega)$$

definieren. Ein interessantes Beispiel einer solchen Funktion führt uns zur *Feynman-Kac-Formel*.

Beispiel 9.2. Sei

$$f(B(\omega)) := e^{-\int_t^{t'} V(B(\tau,\omega))d\tau}$$

mit einer geeigneten, z. B. nach unten beschränkten, Funktion V. Das Pfadintegral hat dann die Form

$$\int_\Omega f(B(\omega))\mu(d\omega) = \int_\Omega e^{-\int_t^{t'} V(B(\tau,\omega))d\tau}\mu(d\omega).$$

Betrachten wir zunächst das Integral $\int_t^{t'} V(B(\tau,\omega))d\tau$. Ähnlich wie sich in der klassischen Analysis Integrale durch Riemann'sche Summen approximieren lassen, können wir hier eine Unterteilung des Zeitintervalls $[t;t']$ vornehmen. Sei $t = t_0 < t_1 < t_2 < ... < t_n < t_{n+1} = t'$ eine Zeitfolge mit $t_k = t + k\frac{t'-t}{n+1}$ $\forall k \in \{0;1;...;n+1\}$. Dann gilt die Näherung

$$\int_t^{t'} V(B(\tau,\omega))d\tau \approx \sum_{k=0}^{n+1} \frac{t'-t}{n+1} V(B(t_k,\omega)),$$

und somit

$$e^{-\int_t^{t'} V(B(\tau,\omega))d\tau} \approx e^{-\sum_{k=0}^{n+1} \frac{t'-t}{n+1} V(B(t_k,\omega))}$$

Für größer werdende n wird der Wert des Integrals immer genauer approximiert und es gilt

$$\lim_{n\to\infty} \int_\Omega e^{-\sum_{k=0}^{n+1} \frac{t'-t}{n+1} V(B(t_k,\omega))}\mu(d\omega) = \int_\Omega e^{-\int_t^{t'} V(B(\tau,\omega))d\tau}\mu(d\omega).$$

In der Quantenmechanik taucht dieses Integral als Kern des Operators

$$e^{-(t'-t)\hat{H}}$$

auf, wobei $\hat{H} = -\frac{1}{2}\Delta + V$ der Schrödinger-Operator ist.

Für eine (Lebesgue-)integrierbare Funktion g gilt speziell für das Intervall $[0;t]$

$$e^{-tH}g(x) = E^x(e^{-\int_0^t V(B(\tau,\omega))d\tau}g(B(t,\omega))).$$

Das hochgestellte x deutet dabei den bedingten Erwartungswert an, da das betrachtete Teilchen in x startet. Diese Darstellung des Operators heißt auch *Feynman-Kac-Formel*. Genauere Überlegungen dazu finden sich z. B. bei Roepstorff 2013 und Reed und Simon 1975. ◄

9.1.3 Aufgaben

Aufgabe 9.1. Ⓥ Zeigen Sie durch Einsetzen, dass die Funktion

$$P(x,t) = \frac{1}{\sqrt{4\pi kt}}e^{-\frac{x^2}{4kt}}$$

eine Lösung der partiellen Differentialgleichung („*Diffusionsgleichung*")

$$\left(\frac{\partial}{\partial t} - k\frac{\partial^2}{\partial x^2}\right)P(x,t) = 0$$

ist.

Aufgabe 9.2. Ⓑ Berechnen Sie die Wahrscheinlichkeit, dass ein zur Zeit $t = 0$ in $x = 0$ startender Brown'scher Pfad zur Zeit $t = 4$ *nicht* das Intervall $[-2;2]$ trifft.

Aufgabe 9.3. Ⓑ Wir betrachten den Pfad und die Intervalle aus Abb. 9.2. Gesucht ist die Wahrscheinlichkeit

$$P(B(1) \in A_1, B(2) \in A_2, B(3) \in A_3),$$

mit $t_1 = 1$, $t_2 = 2$ und $t_3 = 3$ sowie $A_1 = [-1.7; -1]$, $A_2 = [-0.6; -0.3]$ und $A_3 = [1.4; 1.9]$. Berechnen Sie die Wahrscheinlichkeit, dass ein zufällig ausgewählter Brown'scher Pfad in der Menge $\Omega_{1,2,3}$ liegt.

9.2 Stochastische Integrale

9.2.1 Einführende Beispiele

Als einführende Motivation stochastischer Integrale wollen wir mit einem Beispiel aus der Finanzmathematik beginnen, nämlich dem Aktienhandel unter idealisierten Annahmen. Aktiengeschäfte haben in neuerer Zeit verstärkt auch Einzug gehalten in die Bankgeschäfte des Durchschnittsbürgers, da mit konservativen Geldanlagen in Zeiten der Niedrigzinspolitik kein Geld mehr zu gewinnen ist.

Beispiel 9.3. Wenn man Aktienanteile besitzt (beschränken wir uns auf eine bestimmte Aktie), dann hängt der Gewinn bzw. Verlust, der sich während eines gewissen Zeitraums einstellt, von der Anzahl dieser Anteile ab, und davon, wie sich der Börsenkurs der Aktie während dieses Zeitraums entwickelt. In dem von uns betrachteten Zeitintervall können täglich zum aktuellen Marktwert Aktienanteile verkauft oder hinzugekauft werden. Sei der Kurs unserer fiktiven Aktie ("Marktwert") zum Zeitpunkt $t = 0$, also zu Beginn des ersten Tages, durch $M_0 = 250\,€$ gegeben. Wir kaufen zu diesem Zeitpunkt $X_1 = 6.25$ Anteile an der Aktie und beobachten deren tägliche Entwicklung.

Bis zum Ende des ersten Tages fällt der Kurs auf $M_1 = 240.61\,€$. Somit beträgt unser Verlust gerundet

$$X_1 \cdot (M_1 - M_0) = 6.25 \cdot (240.61\,€ - 250\,€) = -58.69\,€.$$

Wir kaufen zu Beginn des zweiten Tages weitere Anteile hinzu, sodass wir jetzt $X_2 = 8.30$ Anteile besitzen. Glücklicherweise macht der Kurs bis zum Abend einen Sprung nach oben auf $M_2 = 257.89\,€$. Somit entwickelt sich unser Kursgewinn zu

$$
\begin{aligned}
X_1 \cdot (M_1 - M_0) + X_2 \cdot (M_2 - M_1) &= 6.25 \cdot (240.61\,€ - 250\,€) \\
&\quad + 8.30 \cdot (257.89\,€ - 240.61\,€) \\
&= 84.74\,€.
\end{aligned}
$$

Über einen Zeitraum von n Tagen ergibt sich ein Gesamtgewinn (positiv wie negativ) von

$$G_n = \sum_{i=1}^{n} X_i (M_i - M_{i-1}) = \sum_{i=1}^{n} X_i \Delta M_i,$$

wobei $\Delta M_i = M_i - M_{i-1}$ die Kursänderung am i-ten Tag angibt und X_i den Anteil der Aktie, den wir am i-ten Tag besitzen. Wir haben es bei $(X_i)_i$ und $(M_i)_i$ mit zeitdiskreten stochastischen Prozessen zu tun. Auch die (zufälligen) Gesamtgewinne G_n nach n Tagen stellen einen stochastischen Prozess $(G_n)_n$ dar, den man auch *diskretes stochastisches Integral* nennt.

Wir sind bisher davon ausgegangen, dass wir zu Beginn eines jeden Tages die Möglichkeit haben, Aktienanteile hinzuzukaufen oder abzustoßen. Realistisch ist jedoch, dass dies prinzipiell zu jedem Zeitpunkt möglich ist. Betrachten wir also ein Zeitintervall $[0; T]$, in dem wir zu jedem beliebigen Zeitpunkt Aktienanteile zu einem sich ebenfalls kontinuierlich ändernden Kurs kaufen oder verkaufen können, dann haben wir es mit zeitstetigen Prozessen $X = (X(t))_{t \in [0;T]}$ und $M = (M(t))_{t \in [0;T]}$ zu tun. Um den Gesamtgewinn $G(T)$ im Zeitraum von 0 bis T zu berechnen, müssen wir also von der Summe zum Integral übergehen:

$$G(T) = \int_0^T X(t)\,dM(t).$$

Ein derartiges Integral stellt eine Verallgemeinerung des in Abschn. 2.2.2 vorgestellten Stieltjesintegrals auf stochastische Prozesse dar, mit dem stochastischen Integrator $M(t)$. ◄

Schauen wir uns jetzt eine Anwendung in der Physik an. Nach dem ersten Newton'schen Axiom bewegt sich ein Teilchen im Raum geradlinig gleichförmig (oder befindet sich in Ruhe), wenn es nicht durch äußere Kräfte dazu gezwungen wird, diesen Bewegungszustand zu ändern. Häufig wirken aber äußere Kräfte: So werden elektrisch geladene Teilchen durch elektrische und magnetische Felder beschleunigt oder abgelenkt. Ebenso spielt die Luftreibung eine Rolle, wenn ein Staubteilchen sich durch den Hörsaal bewegt, oder die Reibung mit Wasser bei der Fahrt eines U-Boots bzw. beim Eintauchen einer Kugel. Allgemein hat eine Kraft eine beschleunigende Wirkung gemäß dem zweiten Newton'schen Gesetz. Dieses lautet in der häufig verwendeten Form: Kraft gleich Masse mal Beschleunigung, formal

$$F = m \cdot a = m \cdot \frac{dv}{dt},$$

auch „Grundgleichung der Mechanik" genannt. Ein schwimmendes Brown'sches Teilchen wird zusätzlich zu einer geschwindigkeitsproportionalen Reibungskraft durch Stöße mit sehr vielen Wassermolekülen in eine irreguläre Zitterbewegung versetzt. Somit gibt es eine Zufallskraft, die seine Bewegung maßgeblich beeinflusst. Mathematisch werden diese Effekte durch die sogenannte *Langevin-Gleichung* beschrieben (Paul Langevin, 1872–1946, franz. Physiker):

$$m \cdot \frac{dv}{dt} = -m\lambda v + Z(t),$$

wobei $Z(t)$ die Zufallskraft ist, also eine zeitabhängige Zufallsvariable darstellt, die die irregulären Stöße durch die Wassermoleküle repräsentiert. Die Konstante λ beschreibt den Reibungseffekt. Diese Gleichung stellt bereits eine einfache stochastische Differentialgleichung (SDGL) dar. Wir schreiben sie rein formal in der Form

$$m \cdot \frac{dv}{dt} = -m\lambda v + m\frac{dB(t)}{dt},$$

wobei der Term $\frac{dB(t)}{dt}$ eine formale „Ableitung" eines Brown'schen Pfades darstellt. $(B(t))_t$ ist der Standard-Wiener-Prozess. Wir wissen andererseits schon aus Abschn. 9.1, dass die Brown'schen Pfade nirgends differenzierbar sind. Es handelt sich um einen mathematischen Trick, dessen Sinn Ihnen im folgenden Beispiel klar werden soll.

Beispiel 9.4. Wir teilen zunächst die Langevin-Gleichung durch die Masse m und erhalten

$$\frac{dv}{dt} = -\lambda v + \frac{dB(t)}{dt}. \tag{9.2}$$

Die zugehörige homogene Gleichung

$$\frac{dv}{dt} = -\lambda v$$

hat die allgemeine Lösung $v(t) = Ce^{-\lambda t}$. Wir verwenden jetzt formal die Methode
der Variation der Konstanten, um eine partikuläre Lösung der inhomogenen DGL
zu erhalten (zur Lösungstheorie linearer DGL's erster Ordnung siehe Kap. 2 in Imkamp und Proß 2019). Dabei müssen wir jetzt aufgrund der formalen Ableitung $\frac{dB(t)}{dt}$
des Wiener-Prozesses den Effekt des Zufalls beachten: Für $t \geq 0$ sind die Funktionen

$$v(t) : \omega \to v(t, \omega)$$

und

$$C(t) : \omega \to C(t, \omega)$$

demnach jetzt als Zufallsvariablen aufzufassen. $(v(t))_t$ und $(C(t))_t$ sind stochastische Prozesse. Der Variationsansatz lautet daher

$$v(t) = C(t)e^{-\lambda t},$$

mit $v(0) = C(0)$. Für die Ableitung gilt nach der Produktregel:

$$\frac{dv(t)}{dt} = \frac{dC(t)}{dt}e^{-\lambda t} - \lambda C(t)e^{-\lambda t}.$$

Wir setzen die Ausdrücke für $v(t)$ und die Ableitung $\frac{dv(t)}{dt}$ in Gleichung 9.2 ein und
erhalten

$$\frac{dC(t)}{dt}e^{-\lambda t} - \lambda C(t)e^{-\lambda t} = -\lambda C(t)e^{-\lambda t} + \frac{dB(t)}{dt},$$

vereinfacht

$$\frac{dC(t)}{dt}e^{-\lambda t} = \frac{dB(t)}{dt},$$

oder

$$\frac{dC(t)}{dt} = \frac{dB(t)}{dt}e^{\lambda t}.$$

Integrieren liefert

$$C(t) - C(0) = \int_0^t e^{\lambda s} dB(s).$$

Somit ergibt sich

$$v(t) = C(t)e^{-\lambda t}$$
$$= C(0)e^{-\lambda t} + e^{-\lambda t}\int_0^t e^{\lambda s} dB(s)$$
$$= v(0)e^{-\lambda t} + e^{-\lambda t}\int_0^t e^{\lambda s} dB(s). \tag{9.3}$$

Wir wollen jetzt das letzte Integral in ein gewöhnliches Riemann-Integral umwandeln. Dazu formulieren wir die Regel der partiellen Integration (siehe Abschn. 2.2.2)
für stochastische Prozesse um. Seien $(X(t))_t$ und $(Y(t))_t$ stochastische Prozesse, wobei der erste Prozess endliche Variation besitzt, dann gilt mit der Abkürzung

$$\int_0^t X(s,\omega)dY(s,\omega) = \int_0^t X(s)dY(s)$$

die Gleichung für die (pfadweise) partielle Integration

$$\int_0^t X(s)dY(s) = X(t)Y(t) - X(0)Y(0) - \int_0^t Y(s)dX(s),$$

die wir nutzen können, um unser formales Integral umzuformen. Wegen $B(0) = 0$ folgt nämlich

$$\int_0^t e^{\lambda s}dB(s) = B(t)e^{\lambda t} - \int_0^t B(s)de^{\lambda s}$$

$$= B(t)e^{\lambda t} - \lambda \int_0^t B(s)e^{\lambda s}ds.$$

Diese formale Rückführung auf ein gewöhnliches Stieltjes- bzw. Riemann-Integral rechtfertigt die Möglichkeit unserer Verwendung der formalen Ableitung $\frac{dB(t)}{dt}$ im Nachhinein. Einsetzen in Gleichung 9.3 liefert uns dann

$$v(t) = v(0)e^{-\lambda t} + B(t) - \lambda \int_0^t B(s)e^{\lambda(s-t)}ds.$$

Der Geschwindigkeits-Prozess $(v(t))_t$ wird benannt nach den niederländischen Physikern Leonard Ornstein (1880—1941) und George Uhlenbeck (1900—1988) (siehe Uhlenbeck und Ornstein 1930).   ◄

Nach diesen motivierenden Beispielen ist es nun an der Zeit, einen genaueren Blick auf die Theorie der stochastischen Integration zu werfen. Unser Ziel ist es, die Itô-Formel, und somit das Itô-Integral, für die in diesem Buch interessanten stochastischen Prozesse einzuführen. Dieses ist benannt nach dem japanischen Mathematiker Kiyoshi Itô (1915–2008), dem Begründer der stochastischen Analysis.

9.2.2 Das Elementar-Integral

Die Idee hinter dem so genannten *Elementarintegral*, das wir hier vorstellen wollen, haben wir bereits in Bsp. 9.3 kennengelernt. Dabei ging es um den Gesamtgewinn $G(T)$ einer Aktie im Zeitraum von 0 bis T, der sich beim Übergang zur kontinuierlichen Zeit als (stochastisches) Integral

$$G(T) = \int_0^T X(t)dM(t)$$

ergab. Um es noch einmal zu verdeutlichen: Hier werden stochastische Prozesse integriert, wobei auch der Integrator ein stochastischer Prozess ist! Wir analysieren den Weg zu diesem Integral jetzt etwas genauer und werden dazu den Begriff des *Elementarprozesses* einführen. Für das Verständnis der Ideen in diesem Kapitel benötigen Sie das Stieltjes-Integral (siehe Abschn. 2.2.2).

Bei allen Aktiengeschäften kommt irgendwann der Zeitpunkt, zu dem man das Aktienpaket verkaufen möchte. Das kann z. B. dann passieren, wenn man einen Einbruch des Aktienkurses erwartet, und damit einen finanziellen Verlust, oder man benötigt das angelegte Geld für eine größere Anschaffung. Man kann aber auch verkaufen, wenn das Aktienpaket einen bestimmten Wert erreicht hat, im Positiven wie im Negativen, etwa, weil einem der Gewinn reicht oder man Verluste in Grenzen halten will. Aus mathematischer Sicht stoppt man also in diesem Fall den zugrundeliegenden stochastischen Prozess *Kursentwicklung der eigenen Aktie*, wenn der zugehörige Pfad einen bestimmten Wert erreicht hat. Jeden Anleger interessiert ja in erster Linie sein eigenes Aktienpaket, und somit ein spezieller Pfad dieses stochastischen Prozesses. Der Zeitpunkt des Stoppens, also des Erreichens eines bestimmten Kurslevels, hängt lediglich vom Verhalten des Pfades (also sämtlichen Informationen) in der Vergangenheit ab, da zukünftige Entwicklungen offen sind, und man lediglich spekulieren kann, wie sich der Kurs weiterentwickelt. Für einen bestimmten stochastischer Prozess wird durch die Festlegung einer Regel, wann er zu stoppen ist, eine Zufallsvariable definiert, die jedem möglichen Pfad des Prozesses den Zeitpunkt des Stoppens zuordnet, die *Stoppzeit*. Dies motiviert die folgende Definition.

Definition 9.1. Sei $(\Omega, \mathscr{A})$ ein Messraum mit einer Filtration $(\mathscr{F}_t)_{t \geq 0}$. Eine Funktion $\tau : \Omega \to [0; \infty]$ heißt *strikte Stoppzeit*, wenn gilt

$$\{\tau \leq t\} \in \mathscr{F}_t \ \ \forall t \geq 0.$$

τ heißt (einfache) *Stoppzeit*, wenn gilt

$$\{\tau < t\} \in \mathscr{F}_t \ \ \forall t \geq 0.$$

Bemerkung 9.1. In Def. 9.1 und im Rest dieses Kapitels ist $[0; \infty]$ eine Abkürzung für $[0; \infty[\cup \{\infty\}$, da Stoppzeiten unendliche Werte annehmen können (= Prozess stoppt nie). Die Bezeichnungen strikte Stoppzeit und Stoppzeit werden in der Literatur nicht einheitlich verwendet.

Die Def. 9.1 besagt konkret, dass zum Stoppen nur die bis zum Zeitpunkt t vorhandene Information verfügbar ist. Die Aktie wird in Abhängigkeit von dieser Information verkauft oder gehalten. In Bsp. 9.3 wurde zum Zeitpunkt T abgerechnet. Somit könnte der Prozess zum Zeitpunkt $\tau = T$ gestoppt worden sein. Betrachten wir den Prozess $(X(t))_{t \in [0;T]}$ der Aktienanteile zu den Zeitpunkten t. Der Käufer besitzt zu Beginn (zum Zeitpunkt $t = t_0 = 0$) eine bestimmte Anzahl von Anteilen, die solange konstant bleibt, bis zu irgendeinem Zeitpunkt $t_1 > t_0$ Anteile hinzugekauft oder abgestoßen werden. Dies wiederholt sich bis zum Zeitpunkt t_2 usw. Somit lässt sich der spezielle Pfad des Prozesses $(X(t))_{t \in [0;T]}$ als eine sogenannte links-stetige Treppenfunktion darstellen, die im Fall von m Hinzu- oder Verkäufen jeweils auf den Intervallen $]t_i; t_{i+1}]$ mit $0 = t_0 < t_1 < ... < t_m \leq T$ konstant ist. In unserem Beispiel könnte ein Pfad mit den oben genannten Anfangsdaten über einen Zeitraum von zehn Tagen aussehen wie in Abb. 9.4.

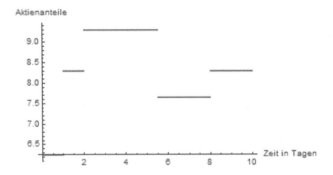

Abb. 9.4: Pfad der Aktienanteile aus Bsp. 9.3 über 10 Tage

Allgemein versteht man unter einer links-stetigen Treppenfunktion eine Funktion $f : \mathbb{R}_+ \to \mathbb{R}$ mit

$$f(t) = c_0 \mathbf{1}_{\{0\}}(t) + \sum_{i=1}^{n} c_i \mathbf{1}_{]t_i; t_{i+1}]}(t),$$

wobei $c_i \in \mathbb{R}$ und $t_i \in [0; \infty]$ für alle $i \in \{0; 1; ..., n\}$ (siehe Abschn. 2.2.2). In Analogie hierzu und unter Verwendung von Stoppzeiten definieren wir *Elementarprozesse*.

Definition 9.2. Sei $(\Omega, \mathscr{A})$ ein Messraum mit einer Filtration $(\mathscr{F}_t)_{t \geq 0}$. Ein (beschränkter) Prozess $X = (X(t))_{t \in [0;T]}$ heißt *Elementarprozess*, falls er die Form

$$X = Z_0 \mathbf{1}_{\{0\}} + \sum_{i=1}^{n} Z_i \mathbf{1}_{]\tau_i; \tau_{i+1}]},$$

hat mit den Stoppzeiten $\tau_1 \leq \tau_2 \leq ... \leq \tau_n$, $\mathscr{F}_0$-messbarem Z_0 und $\mathscr{F}_{\tau_i}$-messbaren Z_i.

Für derartige Elementarprozesse X und beliebige stochastische Prozesse M definieren wir nun das *Elementarintegral* bezüglich M.

Definition 9.3. Sei X ein Elementarprozess und M ein beliebiger stochastischer Prozess. Dann heißt der stochastische Prozess

$$\left(\int_0^t X(s) dM(s) \right)_{t \geq 0},$$

pfadweise definiert durch

$$\left(\int_0^t X(s) dM(s) \right)(\omega) = \int_0^t X(s, \omega) dM(s, \omega),$$

Elementarintegral bezüglich M.

Für die Darstellung des Elementarintegrals als diskrete Summe gilt der folgende Satz.

Satz 9.2. Für das Elementarintegral über

$$X = Z_0 1_{\{0\}} + \sum_{i=1}^n Z_i 1_{]\tau_i : \tau_{i+1}]}$$

mit den Stoppzeiten $\tau_1 \leq \tau_2 \leq \ldots \leq \tau_n$, $\mathscr{F}_0$-messbarem Z_0 und $\mathscr{F}_{\tau_i}$-messbaren Z_i gilt

$$\left(\int_0^t X(s) dM(s) \right)_{t \geq 0} = \left(\sum_{i=1}^n Z_i \left(M(\min(t; \tau_{i+1})) - M(\min(t; \tau_i)) \right) \right)_{t \geq 0}$$

Beweis. Die Darstellung folgt aus der Definition des Integrals über Treppenfunktionen (siehe Abschn. 2.2.2). Es gilt nämlich

$$\int_0^t X(s, \omega) dM(s, \omega) = \sum_{i=1}^n Z_i(\omega) (M(\min(t; \tau_{i+1}), \omega) - M(\min(t; \tau_i), \omega))$$

$$= \left(\sum_{i=1}^n Z_i \left(M(\min(t; \tau_{i+1})) - M(\min(t; \tau_i)) \right) \right)(\omega).$$

Daraus folgt die Behauptung.   □

Die Argumente $\min(t; \tau_i)$ bzw. $\min(t; \tau_{i+1})$ bedeuten, dass der Prozess im Falle $\tau_i < t$ bzw. $\tau_{i+1} < t$ zu diesen Stoppzeiten gestoppt wird, oder bis zur Zeit t ungestoppt weiterläuft, wenn die Stoppzeiten τ_i bzw. τ_{i+1} nach dem Zeitpunkt t liegen.

Das Elementarintegral erinnert an die einfachen Integrale über Treppenfunktionen, mit der in der Analysis das Riemann- bzw. Stieltjes-Integral eingeführt wird. Die pfadweise Einführung des Elementarintegrals lässt sich nicht so einfach übertragen auf Integrale, bei denen der Integrator z. B. durch den Wiener-Prozess gegeben ist (was uns hier besonders interessiert). Das liegt daran, dass dieser Prozess keine Pfade besitzt, die lokal von beschränkter Variation sind (siehe Def. 2.11). In der stochastischen Analysis führt ein langer formaler Weg zu einem allgemeineren Integralbegriff (*Itô-Integral*), den wir hier nicht gehen können. Wir werden uns daher wieder, dem einführenden Charakter dieses Buches folgend, auf einen Überblick über die Grundideen beschränken, und uns deren Anwendungen bei der Lösung ausgesuchter stochastischer Differentialgleichungen widmen.

9.2.3 Die Itô-Formel

Wir betrachten in diesem kurzen Abschnitt lediglich den eindimensionalen Wiener-Prozess $(B(t))_{t \geq 0}$ und wollen die *Itô-Formel* nur für diesen formulieren. Auf den schwierigen formalen Beweis verzichten wir hier. Die allgemeine Version für sogenannte *Semimartingale* sowie eine ausführliche und allgemeine Darstellung findet sich in den fortführenden Lehrbüchern zur stochastischen Analysis, z. B. in Weizsäcker und Winkler 1990.

Satz 9.3 (Itô-Formel). Sei $(B(t))_{t \geq 0}$ ein eindimensionaler Wiener-Prozess und $f : \mathbb{R} \to \mathbb{R}$ eine zweimal stetig differenzierbare Funktion. Dann gilt

$$df(B(t)) = f'(B(t))dB(t) + \frac{1}{2}f''(B(t))(dB(t))^2.$$

Bemerkung 9.2. In der allgemeinen Theorie lässt sich mit sogenannten *quadratischen Variationsprozessen* zeigen, dass $(dB(t))^2 = dt$ gilt, sodass die Itô-Formel in unserem Fall geschrieben werden kann als

$$df(B(t)) = f'(B(t))dB(t) + \frac{1}{2}f''(B(t))dt.$$

Die integrale Form ist dann

$$f(B(t)) - f(B(0)) = \int_0^t f'(B(s))dB(s) + \frac{1}{2}\int_0^t f''(B(s))ds.$$

Das hintere Integral ist dabei ein gewöhnliches Riemann-Integral, während das vordere einen einfachen Fall des Itô-Integrals darstellt.

Eine wichtige Klasse der stochastischen Prozesse im Zusammenhang mit Wiener-Prozessen sind die sogenannten *Itô-Prozesse*.

Definition 9.4. Seien $(a(t))_{t\geq0}$ und $(b(t))_{t\geq0}$ stochastische Prozesse. Ein stochastischer Prozess $(X(t))_{t\geq0}$ der Form

$$X(t) = X(0) + \int_0^t a(s)ds + \int_0^t b(s)dB(s),$$

wobei $(B(t))_{t\geq0}$ der Wiener-Prozess ist, heißt *Itô-Prozess*.

Die zugehörige differentielle Form lautet dann

$$dX(t) = a(t)dt + b(t)dB(t).$$

Für einen Itô-Prozess X und eine in der Variablen $x = X(t)$ zweimal und in der Variablen t einmal stetig differenzierbare Funktion gilt die Formel

$$df(t,X(t)) = f_t(t,X(t))dt + f_x(t,X(t))dX(t) + \frac{1}{2}f_{xx}(t,X(t))d[X]_t,$$

mit der formalen Schreibweise $d[X]_t$, die wir an dieser Stelle nicht erläutern können, und für die wir auf die weiterführende Literatur verweisen (z. B. Weizsäcker und Winkler 1990). Für unsere Zwecke reicht es zu wissen, dass im Fall $X(t) = B(t)$ gilt

$$d[X]_t = d[B]_t = (dB(t))^2 = dt,$$

und für den Itô-Prozess X

$$d[X]_t = b(t)^2dt.$$

Die integrale Form der obigen Gleichung lautet

$$f(t,X(t)) - f(0,X(0)) = \int_0^t f_t(s,X(s))ds + \int_0^t f_x(s,X(s))dX(s)$$
$$+ \frac{1}{2}\int_0^t f_{xx}(s,X(s))d[X]_s$$

(*Itô-Formel für Itô-Prozesse*).

Satz 9.4. Sei $f : \mathbb{R}_+ \times \mathbb{R} \to \mathbb{R}, (t,x) \mapsto f(t,x)$ eine in t einmal und in x zweimal stetig differenzierbare Funktion und $(X(t))_{t \geq 0}$ ein Itô-Prozess im Sinne der Def. 9.4. Dann ist auch $(Y(t))_{t \geq 0}$, gegeben durch $Y(t) := f(t,X(t))$, ein Itô-Prozess.

Beweis. Nach der Itô-Formel gilt mit $dX(t) = a(t)dt + b(t)dB(t)$ (beachten Sie die Kettenregel)

$$
\begin{aligned}
dY(t) &= f_t(t,X(t))dt + f_x(t,X(t))dX(t) + \frac{1}{2}f_{xx}(t,X(t))b(t)^2 dt \\
&= f_t(t,X(t))dt + f_x(t,X(t))(a(t)dt + b(t)dB(t)) + \frac{1}{2}f_{xx}(t,X(t))b(t)^2 dt \\
&= (f_t(t,X(t)) + f_x(t,X(t))a(t) + \frac{1}{2}f_{xx}(t,X(t))b(t)^2)dt + b(t)f_x(t,X(t))dB(t) \\
&= c(t)dt + \tilde{b}(t)dB(t),
\end{aligned}
$$

mit stochastischen Prozessen $(c(t))_{t \geq 0}$ und $(\tilde{b}(t))_{t \geq 0}$, definiert durch

$$
c(t) := f_t(t,X(t)) + f_x(t,X(t))a(t) + \frac{1}{2}f_{xx}(t,X(t))b(t)^2
$$

und

$$
\tilde{b}(t) := b(t)f_x(t,X(t)). \qquad \qquad \square
$$

9.2.4 Aufgaben

Aufgabe 9.4. Ⓑ Der Kurs einer Aktie sei zum Zeitpunkt $t = 0$, also zu Beginn des ersten Tages, durch $M_0 = 1000\,€$ gegeben. Wir kaufen zu diesem Zeitpunkt einen Anteil ($X_1 = 1$) an der Aktie, beobachten die Entwicklung, und stellen fest, dass der Aktienwert täglich um 1% steigt. Nach wie vielen Tagen haben wir einen Gewinn von 100% erzielt?

Aufgabe 9.5. Ⓑ Sei $(\Omega, \mathscr{A})$ ein Messraum mit einer diskreten Filtration $(\mathscr{F}_n)_{n \in \mathbb{N}_0}$. Eine Funktion $\tau : \Omega \to \mathbb{N}_0 \cup \{\infty\}$ ist eine (strikte) Stoppzeit, wenn gilt

$$
\{\tau \leq n\} \in \mathscr{F}_n \quad \forall n \in \mathbb{N}_0.
$$

Beweisen Sie, dass eine Abbildung $\tau : \Omega \to \mathbb{N}_0 \cup \{\infty\}$ genau dann eine (strikte) Stoppzeit ist, wenn gilt

$$
\{\tau = n\} \in \mathscr{F}_n \quad \forall n \in \mathbb{N}_0.
$$

Aufgabe 9.6. Ⓑ Sei $(\Omega, \mathscr{A})$ ein Messraum mit einer diskreten Filtration $(\mathscr{F}_n)_{n \in \mathbb{N}_0}$ und $\tau_{1,2} : \Omega \to \mathbb{N}_0 \cup \{\infty\}$ $\mathscr{F}_n$-Stoppzeiten. Beweisen Sie, dass dann auch $\tau := \tau_1 + \tau_2$ eine Stoppzeit ist.

9.3 Stochastische Differentialgleichungen

Wir wollen jetzt die Itô-Formel auf wichtige Beispiele anwenden, und spezifische stochastische Differentialgleichungen behandeln. Wir beginnen mit dem Wiener-Prozess, und werden im Laufe dieses Abschnitts die finanzmathematischen Überlegungen aus Abschn. 3.3.2 noch einmal aus anderer Sicht betrachten.

9.3.1 Die Itô-Formel für den Wiener-Prozess

Wir betrachten zunächst drei Beispiele für die Verwendung der Itô-Formel für den Wiener-Prozess.

Beispiel 9.5. Sei $(B(t))_{t \geq 0}$ ein Wiener-Prozess. Dann ist durch

$$Z(t) := e^{B(t) - \frac{1}{2}t}$$

das *Itô-Exponential* für $B(t)$ definiert. Nach der Itô-Formel für Itô-Prozesse (siehe Bem. 9.2) gilt mit $(dB(t))^2 = dt$

$$dZ(t) = -\frac{1}{2}dt e^{B(t) - \frac{1}{2}t} + e^{B(t) - \frac{1}{2}t}dB(t) + \frac{1}{2}e^{B(t) - \frac{1}{2}t}dt$$

(Setzen Sie $f(t,x) := e^{x - \frac{1}{2}t}$ und $x = B(t)$). Dieser Ausdruck lässt sich vereinfachen zu

$$dZ(t) = e^{B(t) - \frac{1}{2}t}dB(t) = Z(t)dB(t).$$

Dabei stellt $dZ(t) = Z(t)dB(t)$ eine einfache stochastische Differentialgleichung dar, die durch das angegebene Itô-Exponential unter der Anfangsbedingung $Z(0) \equiv 1$ gelöst wird ($Z(0) = e^{B(0) - \frac{1}{2} \cdot 0} = 1$, da $B(0) = 0$). Die integrale Form der Lösung erhalten wir durch einfaches Integrieren zu

$$Z(t) = 1 + \int_0^t Z(s)dB(s). \qquad \blacktriangleleft$$

Bemerkung 9.3. Ohne den Zusatzterm $-\frac{1}{2}t$ im Exponenten ergibt sich nach der Itô-Formel (siehe Satz 9.3) Folgendes: Sei $Y(t) := e^{B(t)}$, dann folgt

$$dY(t) = e^{B(t)}dB(t) + \frac{1}{2}e^{B(t)}dt = Y(t)\left(dB(t) + \frac{1}{2}dt\right),$$

und der Zusatzterm taucht in der stochastischen DGL auf.

Beispiel 9.6. Sei $X(t) := B(t)^2$ für $t \geq 0$. Nach der Itô-Formel (siehe Satz 9.3) gilt dann

$$dX(t) = 2B(t)dB(t) + \frac{1}{2} \cdot 2dt = 2B(t)dB(t) + dt.$$

Integrieren liefert

$$X(t) = X(0) + 2\int_0^t B(s)dB(s) + \int_0^t ds,$$

woraus wegen $X(0) = B(0)^2 = 0$ folgt

$$B(t)^2 = 2\int_0^t B(s)dB(s) + t,$$

und somit nach Umformung für das Integral mit dem Wiener-Prozess als Integrand und Integrator

$$\int_0^t B(s)dB(s) = \frac{1}{2}B(t)^2 - \frac{1}{2}t.$$

Der Zusatzterm $\frac{1}{2}t$ liefert hier den Unterschied zwischen dem klassischen Riemann-Integral und dem Itô-Integral. ◄

Noch ein letztes Beispiel hierzu.

Beispiel 9.7. Sei $X(t) := \cos(B(t))$ für $t \geq 0$. Dann liefert die Itô-Formel die stochastische Differentialgleichung

$$dX(t) = -\sin(B(t))dB(t) - \frac{1}{2}\cos(B(t))dt,$$

die sich mit $X(0) = \cos(B(0)) \equiv 1$ integrieren lässt zu

$$\cos(B(t)) = 1 - \int_0^t \sin(B(s))dB(s) - \frac{1}{2}\int_0^t \cos(B(s))ds. \quad ◄$$

9.3.2 Itô-Prozesse

In diesem Abschnitt lernen wir interessante Spezialfälle von Itô-Prozessen kennen. Eine schöne Anwendung der Itô-Formel mit weitreichenden Anwendungen in der Finanzmathematik liefert dabei die *geometrische Brown'sche Bewegung* (*geometrischer Wiener-Prozess*, siehe Abschn. 3.3).

9.3.2.1 Geometrischer Wiener-Prozess

Wir betrachten für einen stochastischen Prozess $(S(t))_{t \geq 0}$ die stochastische DGL

$$dS(t) = rS(t)dt + \sigma S(t)dB(t),$$

mit der Anfangsbedingung $S(0) \equiv a$, wobei wieder $(B(t))_{t \geq 0}$ für den Wiener-Prozess steht, und die Parameter r und σ für *Drift* bzw. *Volatilität*, deren Bedeutung im Rahmen der Anwendung auf die Finanzmathematik ersichtlich wird. Durch die Volatilität σ kommt der Einfluss des Zufalls auf die Entwicklung des Prozesses zustande. Ist $\sigma = 0$, so reduziert sich die stochastische DGL auf die gewöhnliche DGL

$$dS(t) = rS(t)dt$$

mit der Anfangsbedingung $S(0) = a$ und der Lösung

$$S(t) = ae^{rt},$$

wobei $S(t)$ als gewöhnliche Funktion aufzufassen ist.

Wir wollen jetzt die obige, ursprüngliche stochastische DGL lösen, die in integraler Form lautet

$$S(t) = a + \int_0^t rS(s)ds + \int_0^t \sigma S(s)dB(s).$$

Wir benutzen dazu wieder die Itô-Formel, schreiben formal

$$\frac{d(\ln S(t))}{dS(t)} = \frac{1}{S(t)},$$

und können dann wegen der Darstellung von $dS(t)$ die Itô-Formel in der Form

$$f(X(t)) = f(X(0)) + \int_0^t f_x(X(s))dX(s) + \frac{1}{2}\int_0^t f_{xx}(X(s))d[X]_s$$

auf die natürliche Logarithmusfunktion anwenden. Es folgt dann formal

$$\ln S(t) = \ln S(0) + \int_0^t \frac{d(\ln S(s))}{dS(s)}dS(s) + \frac{1}{2}\int_0^t \frac{d^2(\ln S(s))}{dS(s)^2}S(s)^2\sigma^2 ds$$

$$= \ln S(0) + \int_0^t \frac{1}{S(s)} dS(s) + \frac{1}{2} \int_0^t (-\frac{1}{S(s)^2} S(s)^2 \sigma^2) ds$$

$$= \ln S(0) + \int_0^t \frac{rS(s)ds + \sigma S(s)dB(s)}{S(s)} - \frac{1}{2} \int_0^t \sigma^2 ds$$

$$= \ln S(0) + \int_0^t (rds + \sigma dB(s)) - \frac{1}{2}\sigma^2 t$$

$$= \ln S(0) + \left(r - \frac{1}{2}\sigma^2 \right) t + \sigma \int_0^t dB(s)$$

$$= \ln S(0) + \left(r - \frac{1}{2}\sigma^2 \right) t + \sigma B(t).$$

Anwendung der Exponentialfunktion auf beiden Seiten der Gleichung liefert dann unter Berücksichtigung der Anfangsbedingung

$$S(t) = e^{\ln S(0) + \left(r - \frac{1}{2}\sigma^2\right)t + \sigma B(t)} = ae^{\left(r - \frac{1}{2}\sigma^2\right)t + \sigma B(t)}.$$

Anwendung der Itô-Formel

$$f(t, X(t)) - f(0, X(0)) = \int_0^t f_s(s, X(s)) ds + \int_0^t f_x(s, X(s)) dX(s)$$

$$+ \frac{1}{2} \int_0^t f_{xx}(X(s))(dX(s))^2$$

auf die Funktion f mit

$$f(t, x) := ae^{\left(r - \frac{1}{2}\sigma^2\right)t + \sigma x}$$

zeigt, dass $S(t)$ tatsächlich die Gleichung

$$S(t) = a + \int_0^t rS(s)ds + \int_0^t \sigma S(s)dB(s)$$

erfüllt (siehe Aufg. 9.10).

Definition 9.5. Der stochastische Prozess $(S(t))_{t \geq 0}$ mit

$$S(t) = ae^{\left(r - \frac{1}{2}\sigma^2\right)t + \sigma B(t)}.$$

heißt *geometrische Brown'sche Bewegung*.

Wie wir bereits in Abschn. 3.3.3 gesehen haben, können wir mithilfe von MATLAB bzw. Mathematica die geometrische Brown'sche Bewegung simulieren und visualisieren.

```
r=0; sigma=0.3; deltat=0.01; n=10/deltat; S0=1;
wp=gbm(r,sigma,'StartState',S0);
[S,t]=simulate(wp,n,'DeltaTime',deltat);
plot(t,S)
```

```
gbm=RandomFunction[GeometricBrownianMotionProcess[0,0.3,1],{0,10,0.01}]
ListLinePlot[gbm]  (*r=0,sigma=0.3,a=1*)
```

Ein mögliches Ergebnis zeigt Abb. 9.5.

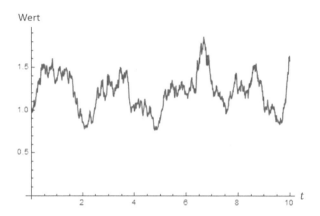

Abb. 9.5: Geometrische Brown'sche Bewegung mit $r = 0$, $\sigma = 0.3$ und $a = 1$. Darstellung in 0.01-er Schritten im Zeitintervall $[0; 10]$ (willkürliche Einheiten)

Des Weiteren liefert Mathematica die Formeln für Erwartungswert und Varianz,
allgemein und mit unseren Daten:

```
Mean[GeometricBrownianMotionProcess[r,sigma,a][t]]//Simplify
Variance[GeometricBrownianMotionProcess[r,sigma,a][t]]//Simplify
Mean[GeometricBrownianMotionProcess[0,0.3,1][t]]//Simplify
Variance[GeometricBrownianMotionProcess[0,0.3,1][t]]//Simplify
```

Es gilt allgemein.

Satz 9.5. Für die geometrische Brown'sche Bewegung

$$S(t) = ae^{(r-\frac{1}{2}\sigma^2)t+\sigma B(t)}$$

gilt

$$E(S(t)) = ae^{rt},$$

und

$$V(S(t)) = a^2 e^{2rt}(e^{\sigma^2 t} - 1).$$

Den Beweis haben wir bereits in Abschn. 3.3.2 durchgeführt.

Mit unseren Werten ($r = 0$, $\sigma = 0.3$ und $a = 1$) ergibt sich:

$$E(S(t)) = ae^{rt} = 1 \quad \forall t \geq 0,$$

$$V(S(t)) = a^2 e^{2rt}(e^{\sigma^2 t} - 1) = e^{0.09t} - 1.$$

Die Abb. 9.6 zeigt den Verlauf für einen positiven Wert von r und drei verschiedene σ-Werte.

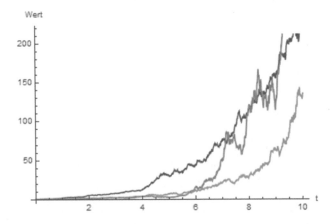

Abb. 9.6: Geometrische Brown'sche Bewegung mit $r = 0.5$, $a = 1$ und den σ-Werten 0.2 (blau), 0.3 (gelb) und 0.4 (grün). Darstellung in 0.01-er Schritten im Zeitintervall $[0; 10]$ (willkürliche Einheiten)

Falls Sie die Abb. 9.5 und 9.6 an Börsenkurse erinnern, liegen Sie goldrichtig. Die geometrische Brown'sche Bewegung liefert das mathematische Fundament für das sogenannte *Black-Scholes-Modell*. Dieses Modell ist eines der wichtigsten finanzmathematischen Modelle zur Bewertung von Aktien und Optionen, und brachte seinen Entwicklern Myron Scholes (*1941, kanadischer Ökonom) und Robert Merton (*1944, amerikanischer Ökonom) 1997 den Nobelpreis für Wirtschaftswissenschaften ein. Tragischerweise war der Dritte im Bunde, der amerikanische Ökonom Fischer Black, bereits 1995 verstorben.

9.3.2.2 Black-Scholes-Modell für Aktienkurse

Die Idee, stochastische Prozesse für die Modellierung von Börsenkursen zu verwenden, ist nicht neu. So versuchte der franz. Mathematiker Louis Bachelier (1870–1946) bereits im Jahr 1900, mithilfe der Brown'schen Bewegung die Pariser Börsenkurse zu analysieren. Jedoch liefert der Wiener-Prozess auch negative Aktienwerte, was keinen Sinn ergibt. Heute wird daher die geometrische Brown'sche Bewegung als Standardmodell für die Modellierung von Börsenkursen verwendet.

Im vorherigen Abschnitt haben Sie gelernt, dass die geometrische Brown'sche Bewegung eine Lösung der stochastischen DGL

$$dS(t) = rS(t)dt + \sigma S(t)dB(t),$$

mit der Anfangsbedingung $S(0) \equiv a$ darstellt, oder anders geschrieben

$$\frac{dS(t)}{S(t)} = rdt + \sigma dB(t).$$

Im Black-Scholes Modell stellt $S(t)$ den Preis einer Aktie zum Zeitpunkt t dar. Unter der Annahme sofortiger Reaktion des Marktes auf neue Aktieninformationen und fehlender Information über die Zukunft, wird als eine adäquate Beschreibung der Renditeentwicklung der Aktie der stochastische Prozess

$$L(0,t) := \ln\left(\frac{S(t)}{a}\right) = \left(r - \frac{1}{2}\sigma^2\right)t + \sigma B(t) = \mu t + \sigma B(t)$$

angenommen. Wie ist diese Gleichung zu interpretieren?

Die Renditeentwicklung setzt sich aus einem deterministischen linearen Anteil μt und einem stochastischen Prozess $\sigma B(t)$ zusammen. Somit lässt sich μt als zu erwartende stetige Rendite interpretieren (siehe Abschn. 3.3.2), wobei $\mu \in \mathbb{R}$ konstant ist. Der Faktor $\sigma > 0$ stellt die Volatilität, also die Schwankung des Aktienkurses, dar und entspricht einer Standardabweichung. Die Zufälligkeit der Entwicklung des Aktienkurses wird durch den Wiener-Prozess gesteuert. Mithilfe der Eigenschaften des Wiener-Prozesses lassen sich Erwartungswert und Varianz von $L(0,t)$ bestimmen. Es gilt

$$E(L(0,t)) = E(\mu t + \sigma B(t)) = \mu t,$$

da $E(B(t)) = 0$ und

$$V(L(0,t)) = V(\mu t + \sigma B(t)) = \sigma^2 V(B(t)) = \sigma^2 t.$$

Somit ist $L(0,t)$ für $t \geq 0$ eine $N(\mu t, \sigma^2 t)$-verteilte Größe (vgl. Def. 3.30). Wir betrachten als einfaches Beispiel die Renditeentwicklung einer hypothetischen Aktie.

Beispiel 9.8. Bei einer bestimmten Aktie wurde über einen längeren Zeitraum die Kursentwicklung beobachtet, und aus den gewonnenen Daten über die wöchentlichen stetigen Renditen folgende Werte von μ und σ geschätzt:

$$\mu = 0.011, \ \sigma = 0.028.$$

Derzeit liegt der Aktienkurs bei 65.32 €. Wie groß ist die Wahrscheinlichkeit, dass der Aktienkurs in zwei Wochen über 66 € liegt?

Wegen $L(0,t) := \ln\left(\frac{S(t)}{a}\right)$ gilt für den Aktienkurs

$$S(t) = ae^{L(0,t)},$$

wobei $L(0,t)$ eine $N(\mu t, \sigma^2 t)$-Verteilung besitzt, also in diesem Fall $N(0.022, 0.001568)$-verteilt ist. Somit erhalten wir

$$
\begin{aligned}
P(S(2) > 66\,€) &= P(65.32\,€ \cdot e^{L(0,2)} > 66\,€) \\
&= P\left(L(0,2) > \ln\left(\frac{66}{65.32}\right)\right) \\
&= P(L(0,2) > 0.0103565) \\
&= 1 - P(L(0,2) \le 0.0103565) \\
&= 1 - \Phi\left(\frac{0.0103565 - 0.022}{\sqrt{0.001568}}\right) \\
&= 1 - \Phi(-0.294043) \approx 0.6156.
\end{aligned}
$$

Somit beträgt die gesuchte Wahrscheinlichkeit satte 61%. Vielleicht sollte man jetzt kaufen...

Dabei erfolgt die letzte Berechnung über das Integral

$$\frac{1}{\sqrt{2\pi}} \int_{-\infty}^{-0.294043} e^{-\frac{1}{2}x^2}\,dx \approx 0.3844 = 1 - 0.6156,$$

das sich numerisch mithilfe von MATLAB oder Mathematica berechnen lässt. Alternativ erhält man das entsprechende Ergebnis mit der kumulierten Normalverteilungsfunktion von MATLAB oder Mathematica:

```
1-normcdf(-0.294043)
```

```
1-CDF[NormalDistribution[0,1],-0.294043]
```

◄

> **Denkanstoß**
>
> Die Wahrscheinlichkeit, dass der Aktienkurs in zwei Wochen sogar die
> 70 €-Marke reißt, beträgt lediglich 11.67 %. Rechnen Sie dies nach!

Wie sieht die Entwicklung des Aktienkurses zu einem späteren Zeitpunkt nach Ablauf der Zeit t, etwa im Intervall $[t; t + \tau]$, aus? Auch hier ist die Rendite normalverteilt.

> **Satz 9.6.** Die Rendite $L(t, t + \tau)$ im Zeitintervall $[t; t + \tau]$ ist $N(\mu\tau, \sigma^2\tau)$-verteilt.

Beweis. Es gilt

$$
\begin{aligned}
L(t, t + \tau) &= \ln\left(\frac{S(t + \tau)}{S(t)}\right) \\
&= \ln\left(\frac{S(t + \tau)}{a}\right) - \ln\left(\frac{S(t)}{a}\right) \\
&= L(0, t + \tau) - L(0, t) \\
&= \mu(t + \tau) + \sigma B(t + \tau) - (\mu t + \sigma B(t)) \\
&= \mu\tau + \sigma(B(t + \tau) - B(t)).
\end{aligned}
$$

Wegen der bekannten Eigenschaften der Brown'schen Bewegung

$$
E(\sigma(B(t + \tau) - B(t))) = 0,
$$

und

$$
V(\sigma(B(t + \tau) - B(t))) = \sigma^2\tau
$$

(siehe Def. 3.29), folgt somit

$$
E(L(t, t + \tau)) = \mu\tau,
$$

und

$$
V(L(t, t + \tau)) = \sigma^2\tau. \qquad \square
$$

Beispiel 9.9. Wir wollen für die Aktie aus Bsp. 9.8 eine Simulation für die Entwicklung in den nächsten zehn Wochen erstellen. Nach Satz 9.6 und den Daten aus Bsp. 9.8 ($\mu = 0.011$, $\sigma = 0.028$) gilt für die Rendite im Zeitraum $[t; t + 1]$ (also eine Woche)

$$
L(t, t + 1) = 0.011 + 0.028B(1),
$$

da der Wiener-Prozess unabhängige Zuwächse besitzt. Diese Renditen für die nächsten zehn Wochen können also durch $N(0.011, 0.028^2)$-verteilte Zufallszahlen simuliert werden. Diese erzeugt MATLAB bzw. Mathematica mit dem Befehl

```
mu=0.011; sigma=0.028;
mu+randn*sigma
```

```
RandomVariate[NormalDistribution[0.011,0.028]]
```

Mit dem Startwert $S(0) = 65.32\,€$ sieht das Simulationsprogramm für den Aktienkurs der nächsten zehn Wochen folgendermaßen aus:

```
mu=0.011; sigma=0.028; S0=65.32;
S(1)=S0;
for t=1:10
    S(t+1)=S(t)*exp(mu+randn*sigma);
end
```

```
S[0]:=65.32;
S[t_]:=S[t]=S[t-1]*E^RandomVariate[NormalDistribution[0.011,0.028]]
For[t=0,t<=10,t++,Print[Grid[{{t,S[t]}},Frame->All]]]
```

Als Output erhalten wir z. B. Abb. 9.7.

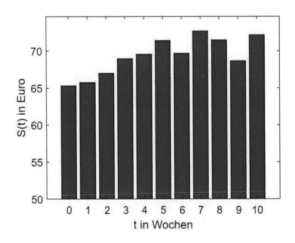

Abb. 9.7: Simulation des Aktienkurses aus Bsp. 9.9 über zehn Wochen

Natürlich lässt sich die Simulation auch für einen längeren Zeitraum durchführen, wobei es dabei aber unrealistisch ist, dass die Werte für μ und σ über einen so langen Zeitraum konstant bleiben. Eine solche Simulation unter der Annahme der oben angegebenen konstanten Werte über 100 Wochen liefert in diesem Fall z. B. einen Verlauf wie in Abb. 9.8. Mit den gegebenen Parametern steigt der Kurs natürlich im Mittel weiter an.   ◄

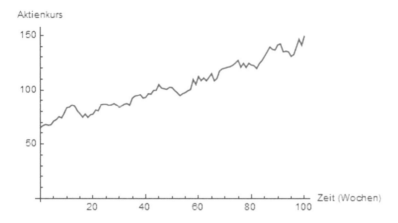

Abb. 9.8: Simulation eines Aktienkurses mit den Parametern aus Bsp. 9.9 über 100 Wochen

---

Denkanstoß

Verändern Sie die Parameter im obigen Programm nach Belieben. Wählen Sie z. B. μ auch einmal negativ, um zu sehen, wie der Aktienkurs sinkt.

Wir befassen uns noch mit einigen häufig genannten Kritikpunkten am Black-Scholes-Modell. Zunächst ist klar, dass sich die Annahme der stochastischen Unabhängigkeit der Renditen so allgemein nicht halten lässt, da etwa spezifische Kurseinbrüche auf äußere und länger andauernde Faktoren zurückzuführen sind, wie weltweite Pandemien, Rohstoffknappheit, Kriege und Embargos, Naturkatastrophen, lokale Wetterphänomene und damit verbundene Lieferengpässe. Derartige Faktoren und die damit verbundenen Kurseinbrüche sind dann auch über längere Zeiträume zu befürchten, und beeinflussen den Markt und die Aktienkurse. Auch die Annahme der Normalverteilung lässt sich nicht uneingeschränkt anwenden. So kommen sehr kleine bzw. große Kursschwankungen erfahrungsgemäß häufiger vor, als die Normalverteilung wiedergibt, auch aus eben genannten Gründen. Des Weiteren ist die Annahme der Konstanz der Kursschwankungen (also die konstante Volatilität σ) eine Idealisierung, die sich in einem verallgemeinerten Modell durch die Verwendung eines stochastischen Prozesses $(\sigma(t))_t$ verbessern lässt. Hierfür benötigt man eine weitere stochastische DGL. In jedem Fall liefert ein mathematisches Modell, wie das hier behandelte Black-Scholes-Modell, lediglich Anhaltspunkte für den realen Marktpreis der Aktie.

Nach der geometrischen Brown'schen Bewegung betrachten wir jetzt ein weiteres wichtiges Beispiel für eine stochastische DGL.

9.3.2.3 Ornstein-Uhlenbeck-Prozess

In Abschn. 9.2 haben Sie bereits den Ornstein-Uhlenbeck-Geschwindigkeitsprozess kennengelernt, mit dem die Geschwindigkeit eines sich mit Reibung in einer Flüssigkeit bewegenden Teilchens modelliert wurde. Wir haben dort formal agiert wie bei einer gewöhnlichen DGL, kombiniert mit einer formalen Darstellung der partiellen Integration. Wir wollen jetzt den (allgemeinen) *Ornstein-Uhlenbeck-Prozess* kennenlernen und die zugehörige stochastische DGL mit der Itô-Formel lösen. Diese stochastische DGL lautet

$$dX(t) = \theta(\mu - X(t))dt + \sigma dB(t),$$

mit der Anfangsbedingung $X(0) \equiv a$. Die konstanten Parameter μ, σ und θ haben dabei folgende Bedeutungen: Während $\mu \in \mathbb{R}$ eine Art Gleichgewichtsniveau angibt, bestimmt $\theta > 0$, wie stark der Term $\theta(\mu - X(t))$ in Abhängigkeit vom Vorzeichen den Prozess in eine bestimmte Richtung zieht. $\sigma > 0$ bestimmt wieder den Einfluss des Zufalls, indem es die Brown'sche Bewegung skaliert. Ein stochastischer Prozess $(X(t))_t$, der die obige Gleichung löst, heißt *Ornstein-Uhlenbeck-Prozess* (siehe Uhlenbeck und Ornstein 1930).

Bevor wir uns an die Integraldarstellung der Lösung heranmachen, schauen wir uns an, wie man die Prozesse in Abhängigkeit von den Parametern durch MATLAB und Mathematica darstellen kann.

Mit MATLAB kann man einen Ornstein-Uhlenbeck-Prozess simulieren durch

```
mu=1; sigma=0.2; theta=0.3; a=0; deltat=0.1;
n=10/deltat;
X(1)=a;
for t=1:n
    X(t+1)=X(t)+theta*(mu-X(t))*deltat+sigma*sqrt(deltat)*randn;
end
plot(0:deltat:10,X)
```

oder mit dem Befehl hwv der *Financial Toolbox*:

```
mu=1; sigma=0.2; theta=0.3; a=0; deltat=0.1;
n=10/deltat;
oup=hwv(theta,mu,sigma);
[X,t]=simulate(oup,n,'DeltaTime',deltat);
plot(t,X)
```

hwv steht für *Hull-White/Vasicek Gaussian Diffusion model*. Das *Vasicek-Modell* wird im Finanzwesen genutzt, um die Entwicklung von Zinssätzen zu beschreiben. Es handelt sich hierbei um einen Ornstein-Uhlenbeck-Prozess.

Die Mathematica-Funktion OrnsteinUhlenbeckProcess liefert einen Ornstein-Uhlenbeck Prozess mit den angegebenen Parametern μ, σ, θ, a in dieser Reihenfolge:

```
oup1=RandomFunction[OrnsteinUhlenbeckProcess[1,0.2,0.3,0],{0,10,0.1}]
ListLinePlot[oup1,AxesLabel->{"t","x"}]
```

Das Ergebnis zeigt Abb. 9.9.

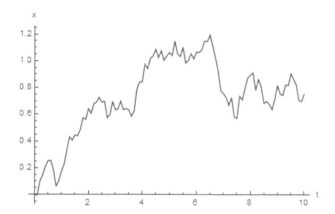

Abb. 9.9: Ornstein-Uhlenbeck-Prozess mit $\mu = 1$, $\sigma = 0.2$, $\theta = 0.3$, $a = 0$

Wird $\mu = -1$ gesetzt, bei unveränderten anderen Parametern, so sieht der Verlauf aus wie in Abb. 9.10.

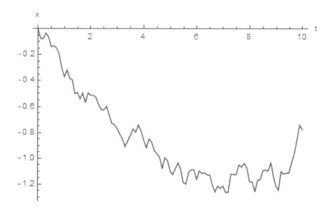

Abb. 9.10: Ornstein-Uhlenbeck-Prozess mit $\mu = -1$, $\sigma = 0.2$, $\theta = 0.3$, $a = 0$

Zur Bestimmung der Lösung der stochastischen DGL

$$dX(t) = \theta(\mu - X(t))dt + \sigma dB(t)$$

in Form einer Integraldarstellung verwenden wir zweifache Substitution. Wir verschieben zunächst und setzen

$$Y(t) := X(t) - \mu.$$

Dies führt uns auf die stochastische DGL

$$dY(t) = -\theta Y(t)dt + \sigma dB(t)$$

mit der Anfangsbedingung $Y(0) = a - \mu$. Mithilfe der zweiten Substitution

$$Z(t) := e^{\theta t} Y(t)$$

und der zugehörigen (unveränderten) Anfangsbedingung $Z(0) = a - \mu$ ergibt die Itô-Formel („Produktregel", siehe Bem. 9.2 mit $f(t,x) = e^{\theta t}x$ und $x = Y(t)$)

$$\begin{aligned} dZ(t) &= \theta e^{\theta t} Y(t)dt + e^{\theta t}dY(t) \\ &= \theta e^{\theta t} Y(t)dt + e^{\theta t}(-\theta Y(t)dt + \sigma dB(t)) \\ &= \sigma e^{\theta t}dB(t). \end{aligned}$$

Integration unter Berücksichtigung der Anfangsbedingung ergibt

$$Z(t) = Z(0) + \sigma \int_0^t e^{\theta s}dB(s) = a - \mu + \sigma \int_0^t e^{\theta s}dB(s).$$

Zweimalige Resubstitution liefert zunächst

$$Y(t) = e^{-\theta t}Z(t) = e^{-\theta t}(a - \mu) + \sigma e^{-\theta t}\int_0^t e^{\theta s}dB(s),$$

und dann durch geeignetes Zusammenfassen die Integraldarstellung der Lösung der Ornstein-Uhlenbeck Gleichung:

$$\begin{aligned} X(t) = Y(t) + \mu &= \mu + e^{-\theta t}(a - \mu) + \sigma e^{-\theta t}\int_0^t e^{\theta s}dB(s) \\ &= ae^{-\theta t} + \mu(1 - e^{-\theta t}) + \sigma \int_0^t e^{\theta(s-t)}dB(s). \end{aligned}$$

9.3.3 Aufgaben

Aufgabe 9.7. Ⓑ Sei $(B(t))_{t\geq 0}$ ein Standard-Wiener-Prozess. Beweisen Sie, dass der Prozess $(S(t))_{t\geq 0}$ mit

$$S(t) = ae^{-\frac{\sigma^2}{2}t + \sigma B(t)}$$

mit $S_0 = a$ ein zeitstetiges Martingal ist.

Aufgabe 9.8. Ⓑ Sei $(B(t))_{t \geq 0}$ ein Standard-Wiener-Prozess. Beweisen Sie, dass der Prozess $(X(t))_{t \geq 0}$ mit

$$X(t) = B(t)^2 - t$$

ein zeitstetiges Martingal ist.

Aufgabe 9.9. Ⓥ Sei $X(t) := \sin(B(t))$ für $t \geq 0$. Berechnen Sie mithilfe der Itô-Formel $dX(t)$ und integrieren Sie die entstandene stochastische Differentialgleichung.

Aufgabe 9.10. Ⓥ Zeigen Sie durch Anwendung der Formel

$$f(t,X(t)) - f(0,X(0)) = \int_0^t f_s(s,X(s))\,ds + \int_0^t f_x(s,X(s))\,dX(s)$$
$$+ \frac{1}{2}\int_0^t f_{xx}(s,X(s))\,d[X]_s$$

auf die Funktion f mit

$$f(t,x) := ae^{(r-\frac{1}{2}\sigma^2)t + \sigma x},$$

dass $S(t) = ae^{(r-\frac{1}{2}\sigma^2)t + \sigma B(t)}$ tatsächlich die Gleichung

$$S(t) = a + \int_0^t rS(s)\,ds + \int_0^t \sigma S(s)\,dB(s)$$

erfüllt.

Aufgabe 9.11. Ⓑ Bei einer Industrie-4.0-Aktie wurde über einen längeren Zeitraum die Kursentwicklung beobachtet, und aus den gewonnenen Daten über die stetigen Wochenrenditen folgende Werte von μ und σ geschätzt:

$$\mu = 0.023, \quad \sigma = 0.038$$

Derzeit liegt der Aktienkurs bei $97.00\,€$. Wie groß ist die Wahrscheinlichkeit, dass der Aktienkurs in zwei Wochen über $100\,€$ liegt?

Aufgabe 9.12. Ⓑ Die Aktie aus Aufg. 9.11 hat einen leichten Kurseinbruch erlitten, sodass sich in den letzten Wochen der Schätzwert von μ zu $\mu = -0.1$ geändert hat, der der Volatilität zu $\sigma = 0.065$. Besserung ist momentan nicht in Sicht. Mit welcher Wahrscheinlichkeit sinkt der Kurs der Aktie in den nächsten acht Wochen von $94.36\,€$ auf unter $90\,€$? Mit welcher Wahrscheinlichkeit sinkt der Kurs der Aktie in diesem Zeitraum sogar unter $70\,€$?

Aufgabe 9.13. Experimentieren Sie mit dem Programm aus Bsp. 9.9, indem Sie alle möglichen Parameter ändern, und sich den zugehörigen Kursverlauf ansehen.

Aufgabe 9.14. Ⓑ Zeigen Sie, dass der Prozess der Renditeentwicklung

$$L(0,t) = \mu t + \sigma B(t)$$

(*verallgemeinerter Wiener-Prozess mit Drift und Volatilität*, siehe Def. 3.30) im Falle $\mu = 0$ ein Martingal, im Falle $\mu \geq 0$ ein Sub-Martingal und im Falle $\mu \leq 0$ ein Super-Martingal ist.

Anhang A
Lösungen

A.1 Lösungen zu Kapitel 3

3.1 Die stochastische Matrix lautet

$$M = \begin{pmatrix} 0.2 & 0.3 & 0.1 & 0.4 \\ 0.1 & 0.7 & 0 & 0.2 \\ 0.1 & 0.1 & 0.4 & 0.4 \\ 0.5 & 0.3 & 0.1 & 0.1 \end{pmatrix}.$$

Es gilt

$$\vec{v}^{(0)} \cdot M^3 = \begin{pmatrix} 0.216 & 0.44 & 0.09 & 0.254 \end{pmatrix},$$
$$\vec{v}^{(0)} \cdot M^5 = \begin{pmatrix} 0.21664 & 0.4666 & 0.0791 & 0.23766 \end{pmatrix},$$
$$\vec{v}^{(0)} \cdot M^{10} = \begin{pmatrix} 0.215452 & 0.47474 & 0.0751302 & 0.234678 \end{pmatrix}.$$

Der Fixvektor ist

$$\vec{v}^{(F)} = \begin{pmatrix} 0.215385 & 0.475 & 0.075 & 0.234615 \end{pmatrix}.$$

T. Imkamp, S. Proß, *Einstieg in stochastische Prozesse*, https://doi.org/10.1007/978-3-662-66669-2_10

3.2

a)

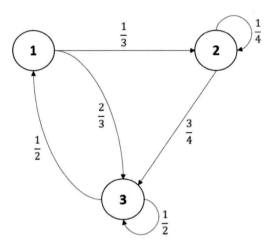

Abb. A.1: Übergangsdiagramm zu Aufg. 3.2

b)

$$P(X_1 = 1) = 1 - P(X_1 = 2) - P(X_1 = 3) = 1 - \frac{1}{4} - \frac{1}{4} = \frac{1}{2}$$

$$P(X_1 = 1, X_2 = 2, X_3 = 3) = P(X_1 = 1) \cdot p_{12} \cdot p_{23}$$

$$= \frac{1}{2} \cdot \frac{1}{3} \cdot \frac{3}{4} = \frac{1}{8}$$

c)

$$P(X_1 = 1, X_3 = 3) = P(X_1 = 1, X_2 = 2, X_3 = 3) + P(X_1 = 1, X_2 = 3, X_3 = 3)$$

$$= \frac{1}{8} + P(X_1 = 1) \cdot p_{13} \cdot p_{33}$$

$$= \frac{1}{8} + \frac{1}{2} \cdot \frac{2}{3} \cdot \frac{1}{2} = \frac{7}{24}$$

d)

$$\vec{v}^{(1)} = \vec{v}^{(0)} P = \left(\begin{array}{ccc} \frac{1}{8} & \frac{11}{48} & \frac{31}{48} \end{array} \right)$$

$$\vec{v}^{(2)} = \vec{v}^{(1)} P = \left(\begin{array}{ccc} \frac{31}{96} & \frac{19}{192} & \frac{37}{64} \end{array} \right)$$

$$\vec{v}^{(10)} = \vec{v}^{(0)} P^{10} = \left(\begin{array}{ccc} \frac{147950695}{509607936} & \frac{131511683}{1019215872} & \frac{591802799}{1019215872} \end{array} \right)$$

e)

$$\vec{v}^{(S)} \cdot P = \vec{v}^{(S)} \quad \text{und} \quad v_1^{(S)} + v_2^{(S)} + v_3^{(S)} = 1$$

$$\vec{v}^{(S)} = \left(\frac{9}{31} \ \frac{4}{31} \ \frac{18}{31} \right)$$

Lösung mit MATLAB:

```
% a)
P=[0 1/3 2/3; 0 1/4 3/4; 1/2 0 1/2];
mc=dtmc(P);
graphplot(mc,'LabelEdges',true);
% d)
v0=sym([1/2 1/4 1/4]);
v1=v0*P
v2=v1*P
v10=v0*P^(10)
% e)
Pm=[transpose(sym(P))-eye(3,3);1 1 1];
cm=[0;0;0;1];
v=(linsolve(Pm,cm))'
```

Lösung mit Mathematica:

```
v0={1/2,1/4,1/4}
P={{0,1/3,2/3},{0,1/4,3/4},{1/2,0,1/2}}
mc=DiscreteMarkovProcess[v0,P]
Graph[mc,EdgeLabels->{DirectedEdge[i_,j_]:>
    MarkovProcessProperties[mc,"TransitionMatrix"][[i,j]]}](*a*)
v0.P
v0.MatrixPower[P,2]
v0.MatrixPower[P,10](*d*)
vS=PDF[StationaryDistribution[mc],{1,2,3}](*e*)
```

3.3

a) Wenn die erste Spalte und Zeile jeweils den Standort Universität repräsentieren, die zweite den Siegfriedplatz, die dritte den Nordpark und die letzte die Schüco-Arena, dann sieht die Übergangsmatrix folgendermaßen aus:

$$M = \begin{pmatrix} 0.5 & 0.3 & 0.1 & 0.1 \\ 0.4 & 0.2 & 0.2 & 0.2 \\ 0.25 & 0.3 & 0.2 & 0.25 \\ 0.4 & 0.4 & 0.2 & 0 \end{pmatrix}.$$

b) Der Startvektor ist (in Zeilendarstellung)

$$\vec{v}^{(0)} = \left(0.25 \ 0.25 \ 0.25 \ 0.25 \right).$$

Daraus ergeben sich die Verteilungen nach drei Tagen bzw. einer Woche zu

$$\vec{v}^{(0)} \cdot M^3 = \left(0.417063 \ 0.285875 \ 0.15875 \ 0.138313 \right),$$

$$\vec{v}^{(0)} \cdot M^7 = \left(0.418078 \ 0.285312 \ 0.158193 \ 0.138418 \right).$$

An der Universität werden auch langfristig die meisten Räder abgestellt.

c) Der Realitätsbezug der Aufgabe ist sehr kritisch zu sehen, da z. B. in den Se-
mesterferien ein anderer Zulauf an der Universität zu erwarten ist, während eines Fußballspiels in der Schüco-Arena die Zahlen verändert sind, und auch der
Wochentag oder die Jahreszeit eine Rolle spielen werden (Naherholung im Nordpark, Party am Siegfriedplatz etc.). Angaben wie in der Aufgabe können allen-
falls das Fahrradkunden-Verhalten unter sonst gleichen Bedingungen und über
einen sehr kurzen Zeitraum näherungsweise beschreiben. Das Kundenverhalten
muss permanent neu beurteilt werden.

3.4 Lösung mit MATLAB bzw. Mathematica:

```
P=[0.5 0.4 0.1;0.1 0.6 0.3;0.2 0.1 0.7]
P^4
P^2*P^2
P*P^3
```

```
P={{0.5,0.4,0.1},{0.1,0.6,0.3},{0.2,0.1,0.7}}
MatrixForm[MatrixPower[P,4]]
MatrixForm[MatrixPower[P,2].MatrixPower[P,2]]
MatrixForm[MatrixPower[P,1].MatrixPower[P,3]]
```

Alle drei ausgegebenen Matrizen sehen so aus:

$$M = \begin{pmatrix} 0.2326 & 0.3834 & 0.384 \\ 0.2258 & 0.3454 & 0.4288 \\ 0.2482 & 0.3162 & 0.4356 \end{pmatrix}$$

3.5

a)

$$P = \begin{pmatrix} 0.3 & 0 & 0.65 & 0.05 \\ 0.25 & 0.75 & 0 & 0 \\ 0.1 & 0 & 0.9 & 0 \\ 0 & 0 & 0 & 1 \end{pmatrix}$$

Hierbei repräsentiert die erste Spalte und Zeile jeweils den Zustand *Krank (K)*,
die zweite den Zustand *Gesund (G)*, die dritte den Zustand *Wieder genesen (WG)*
und die vierte den Zustand *Verstorben (V)*.

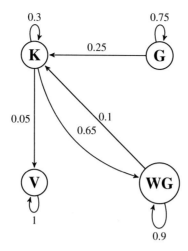

Abb. A.2: Übergangsdiagramm zu Aufg. 3.5

```
P=[0.3 0 0.65 0.05;0.25 0.75 0 0;0.1 0 0.9 0;0 0 0 1];
mc=dtmc(P,'StateNames',["K","G","WG","V"]);
graphplot(mc,'LabelEdges',true);
```

```
P={{0.3,0,0.65,0.05},{0.25,0.75,0,0},{0.1,0,0.9,0},{0,0,0,1}}
proc1=DiscreteMarkovProcess[1,P];
Graph[proc1,VertexLabels->{1->Placed["K",Center],2->Placed["G",Center],
    3->Placed["WG",Center],4->Placed["V",Center]},EdgeLabels->
    {DirectedEdge[i_,j_]:>MarkovProcessProperties[proc1,
    "TransitionMatrix"][[i,j]]}]
```

b)

```
P8=P^8
```

```
MatrixPower[P,8]//MatrixForm
```

$$P^8 = \begin{pmatrix} 0.1131 & 0 & 0.7848 & 0.1021 \\ 0.1444 & 0.1001 & 0.6823 & 0.0732 \\ 0.1207 & 0 & 0.8376 & 0.0417 \\ 0 & 0 & 0 & 1.0000 \end{pmatrix}$$

Nach acht Wochen sind von den anfangs Gesunden i) 10.01 % immer noch gesund, ii) 14.44 % krank und iii) 7.32 % verstorben.

c)

```
v0=[0 20000 0 0];
v5=v0*P^5
```

```
v0={0,20000,0,0}
v0.MatrixPower[P,5]
```

$$\vec{v}^{(5)} = \vec{v}^{(0)} \cdot P^5 = \begin{pmatrix} 3706 & 4746 & 10\,592 & 956 \end{pmatrix}$$

Nach fünf Wochen sind 3706 Personen krank, 4746 Personen gesund, 10 592 Personen wieder genesen und 956 Personen verstorben.

d)

```
[V,D]=eig(P')
```

```
Transpose[Eigenvectors[Transpose[P]]]// MatrixForm
Eigenvalues[Transpose[P]]
```

Der Fixvektor der Matrix P ist ein Eigenvektor zum Eigenwert 1 und lautet

$$\vec{v}^{(\infty)} = \begin{pmatrix} 0 & 0 & 0 & 1 \end{pmatrix}.$$

Alle Einwohner des Ortes werden auf lange Sicht an der Krankheit sterben.

e)   i)

$$Q = \begin{pmatrix} 0.25 & 0 & 0.75 \\ 0.25 & 0.75 & 0 \\ 0.1 & 0 & 0.9 \end{pmatrix}$$

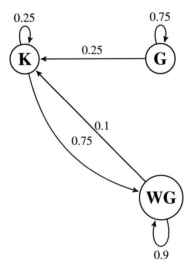

Abb. A.3: Übergangsdiagramm zu Aufg. 3.5 e)

```
Q=[0.25 0 0.75; 0.25 0.75 0; 0.1 0 0.9];
mc=dtmc(Q,'StateNames',["K","G","WG"]);
graphplot(mc,'LabelEdges',true);
```

```
Q={{0.25,0,0.75},{0.25,0.75,0},{0.1,0,0.9}};
proc2=DiscreteMarkovProcess[1,Q];
gr=Graph[proc2,VertexLabels->{1->Placed["K",Center],
    2->Placed["G",Center],3->Placed["WG",Center]},EdgeLabels->
    {DirectedEdge[i_,j_]:>MarkovProcessProperties[proc2,
    "TransitionMatrix"][[i,j]]}]
```

ii)

```
[VQ,DQ]=eig(Q')
v=1/sum(VQ(:,2))*VQ(:,2)
```

```
EV=Transpose[Eigenvectors[Transpose[Q]]]
Eigenvalues[Transpose[Q]]
v=EV[[All,1]]/Total[EV[[All,1]]]
```

Der Eigenvektor zum Eigenwert 1 muss derart angepasst werden, dass die Summe aller Vektorkoordinaten eins ergibt, um Schlüsse auf die langfristige Entwicklung der Krankheit in dem Ort ziehen zu können:

$$\vec{v} = \begin{pmatrix} 0.1176 & 0 & 0.8824 \end{pmatrix}.$$

iii)

```
vinf=20000*v
```

```
vinf=20000*v
```

$$\vec{v}^{(\infty)} = 20\,000 \cdot \vec{v} = \begin{pmatrix} 2353 & 0 & 17\,647 \end{pmatrix}.$$

Langfristig sind 2353 Kranke und 17 647 wieder Genesene zu erwarten.

3.6

a) $K_1 = \{1;2\}$, $K_2 = \{3;4\}$ und $K_3 = \{5;6;7\}$

b) K_1 und K_3 sind rekurrent und K_2 ist transient.

c) Für die Absorption in K_1 gilt mit $a_i = P(X_T = K_1 | X_0 = i)$:

$$a_3 = \frac{9}{14} \quad \text{und} \quad a_4 = \frac{4}{7}.$$

Für die Absorption in K_2 gilt mit $b_i = P(X_T = K_2 | X_0 = i)$:

$$b_3 = \frac{5}{14} \quad \text{und} \quad b_4 = \frac{3}{7}.$$

d) Es werden ausgehend von $X_0 = 3\frac{10}{7}$ Schritte erwartet, bis der Prozess in einer der absorbierenden Klassen endet.

3.7 Sei

$$b_i = P(X_T = 4 | X_0 = i)$$

die Wahrscheinlichkeit, ausgehend von Zustand i den absorbierenden Zustand 4 zu erreichen. Es ergibt sich folgendes lineares Gleichungssystem:

$$b_1 = \frac{2}{3}b_2 + \frac{1}{3}b_4$$
$$b_2 = \frac{1}{2}b_1 + \frac{1}{4}b_2 + \frac{1}{4}b_3$$
$$b_3 = 0$$
$$b_4 = 1$$

mit den Lösungen

$$b_1 = \frac{3}{5} \quad \text{und} \quad b_2 = \frac{2}{5}.$$

3.8 Sei

$$b_i = P(X_T = K_2 | X_0 = i)$$

die Wahrscheinlichkeit, ausgehend von Zustand i die absorbierende Klasse K_2 zu erreichen. Es ergibt sich folgendes lineares Gleichungssystem:

$$b_{K_1} = 0$$
$$b_{K_2} = 1$$
$$b_3 = \frac{1}{4}b_{K_1} + \frac{1}{4}b_4 + \frac{1}{2}b_{K_2}$$
$$b_4 = \frac{1}{2}b_3 + \frac{1}{2}b_{K_2}$$

mit den Lösungen

$$b_3 = \frac{5}{7} \quad \text{und} \quad b_4 = \frac{6}{7}.$$

3.9 Ausgehend von $X_0 = 2$ ergibt sich die Wahrscheinlichkeit $a_2 = \frac{5}{6}$ für einen Gewinn des Spiels. Es werden $t_2 = 5$ Spiel-Schritte erwartet.

3.10 Mit $t_1 = \frac{7}{2}$, $t_2 = 0$ und $t_3 = 5$ ergibt sich als Erstrückkehrzeit in den Zustand 2

$$r_2 = 1 + \frac{1}{2}t_2 + \frac{1}{2}t_3 = \frac{7}{2}.$$

3.11

a) Ja, da jeder Zustand von jedem anderen Zustand aus erreichbar ist, d. h. alle Zustände kommunizieren.

b) Ja, da z. B. $p_{11} = \frac{1}{2} > 0$ und die Markoff-Kette irreduzibel ist.

c) Da die Markoff-Kette irreduzibel und aperiodisch ist, ist die stationäre Verteilung eindeutig, und kann mithilfe des folgenden Gleichungssystems ermittelt werden:

$$\vec{v}^{(S)} \cdot P = \vec{v}^{(S)} \quad \text{und} \quad \sum_{i \in \mathcal{Z}} v_i^{(S)} = 1.$$

Es gilt mit

$$P = \begin{pmatrix} \frac{1}{2} & \frac{1}{2} & 0 \\ 0 & \frac{1}{4} & \frac{3}{4} \\ \frac{1}{3} & \frac{2}{3} & 0 \end{pmatrix}$$

$$\frac{1}{2}v_1^{(S)} + \frac{1}{3}v_3^{(S)} = v_1^{(S)}$$

$$\frac{1}{2}v_1^{(S)} + \frac{1}{4}v_2^{(S)} + \frac{2}{3}v_3^{(S)} = v_2^{(S)}$$

$$\frac{3}{4}v_2^{(S)} = v_3^{(S)}$$

$$v_1^{(S)} + v_2^{(S)} + v_3^{(S)} = 1.$$

Als Lösung ergibt sich

$$v_1^{(S)} = \frac{2}{9}, \ v_2^{(S)} = \frac{4}{9} \ \text{und} \ v_3^{(S)} = \frac{1}{3}.$$

d) Da die Markoff-Kette mit endlichem Zustandsraum irreduzibel und aperiodisch ist, ist die stationäre Verteilung auch die Grenzverteilung:

$$\vec{v}^{(\infty)} = \left(\frac{2}{9} \ \frac{4}{9} \ \frac{1}{3} \right).$$

3.12 Die Markoff-Kette ist irreduzibel, da alle Zustände miteinander kommunizieren. Zudem ist sie aperiodisch, da $p_{00} > 0$. Wir stellen die Gleichung für den Zustand 0 auf.

$$v_0^{(\infty)} = (1-p)v_0^{(\infty)} + (1-p)v_1^{(\infty)} \quad \Leftrightarrow \quad v_1^{(\infty)} = \frac{p}{1-p}v_0^{(\infty)}.$$

Für Zustand 1 ergibt sich

$$v_1^{(\infty)} = pv_0^{(\infty)} + (1-p)v_2^{(\infty)} = (1-p)v_1^{(\infty)} + (1-p)v_2^{(\infty)}$$

$$\Leftrightarrow \quad v_2^{(\infty)} = \frac{p}{1-p} v_1^{(\infty)} = \left(\frac{p}{1-p}\right)^2 v_0^{(\infty)}.$$

Allgemein gilt

$$v_i^{(\infty)} = \left(\frac{p}{1-p}\right)^i v_0^{(\infty)} \quad \forall i \in \{1;2;3;\dots\}.$$

Zusätzlich muss gelten

$$\sum_{i=0}^{\infty} v_i^{(\infty)} = 1$$

$$\sum_{i=0}^{\infty} \left(\frac{p}{1-p}\right)^i v_0^{(\infty)} = 1.$$

Hierbei handelt es sich um eine geometrische Reihe (siehe Abschn. 2.1.1). Da $\frac{1}{2} \leq$ $p < 1$, ist $\frac{p}{1-p} \geq 1$, und somit ist die Reihe $\sum_{i=0}^{\infty} \left(\frac{p}{1-p}\right)^i$ divergent. Somit existiert keine stationäre Verteilung und damit auch keine Grenzverteilung. Daraus können wir schließen, dass alle Zustände entweder transient oder null-rekurrent sind. Es gilt

$$\lim_{n \to \infty} p_{ij}^{(n)} = 0 \quad \forall i,j \in \mathscr{L}.$$

3.13 Die Markoff-Kette ist irreduzibel, da alle Zustände miteinander kommunizieren. Zudem ist sie aperiodisch, da z. B. $p_{00} > 0$. Wir stellen die Gleichung für den Zustand 0 auf:

$$v_0^{(\infty)} = (1-p)v_0^{(\infty)} + qv_1^{(\infty)} \quad \Leftrightarrow \quad v_1^{(\infty)} = \frac{p}{q} v_0^{(\infty)}.$$

Für Zustand 1 ergibt sich

$$v_1^{(\infty)} = pv_0^{(\infty)} + (1-p-q)v_1^{(\infty)} + qv_2^{(\infty)}$$

$$\Leftrightarrow \quad v_2^{(\infty)} = \frac{p+q}{q} v_1^{(\infty)} - \frac{p}{q} v_0^{(\infty)} = \frac{p+q}{q} v_1^{(\infty)} - v_1^{(\infty)} = \frac{p}{q} v_1^{(\infty)} = \left(\frac{p}{q}\right)^2 v_0^{(\infty)}$$

Allgemein gilt

$$v_i^{(\infty)} = \left(\frac{p}{q}\right)^i v_0^{(\infty)} \quad \forall i \in \{1;2;3;\dots\}.$$

Zusätzlich muss gelten

$$\sum_{i=0}^{\infty} v_i^{(\infty)} = 1$$

$$\sum_{i=0}^{\infty} \left(\frac{p}{q}\right)^i v_0^{(\infty)} = 1.$$

Hierbei handelt es sich um eine geometrische Reihe (siehe Abschn. 2.1.1). Da $0 < p < q$, ist $\frac{p}{q} < 1$, und wir erhalten

$$\frac{1}{1 - \frac{p}{q}} v_0^{(\infty)} = 1$$

$$v_0^{(\infty)} = \frac{q}{q - p}.$$

Für die weiteren Zustände ergibt sich die Grenzverteilung

$$v_i^{(\infty)} = \left(\frac{p}{q}\right)^i \left(\frac{q}{q - p}\right) \quad \forall i \in \{1; 2; 3; \dots\}.$$

Wir haben also eine eindeutige Grenzverteilung ermittelt. Daraus können wir schließen, dass alle Zustände positiv-rekurrent sind.

3.14

```
P=[1/2 1/2 0;0 1/4 3/4;1/3 2/3 0];
mc=dtmc(P);
graphplot(mc,'LabelEdges',true,'ColorNodes',true);
```

```
P:={{1/2,1/2,0},{0,1/4,3/4},{1/3,2/3,0}};
mc=DiscreteMarkovProcess[1,P]; (*1=Anfangszustand*)
Graph[mc,EdgeLabels->{DirectedEdge[i_,j_]:>
    MarkovProcessProperties[mc,"TransitionMatrix"][[i,j]]}]
```

a)

```
V=redistribute(mc,10,'X0',[1 0 0])
distplot(mc,V)
```

```
v0:={1,0,0};
Table[v0.MatrixPower[P,n],{n,0,10}]
```

b)

```
vS=asymptotics(mc)
```

```
PDF[StationaryDistribution[mc],{1,2,3}]
```

c)

```
isreducible(mc)
classify(mc)
```

```
MarkovProcessProperties[mc,"Irreducible"]
MarkovProcessProperties[mc,"CommunicatingClasses"]
```

d)

```
X=simulate(mc,10,'X0',[1 0 0]);
plot(0:10,X,'-o','Color','k','MarkerFaceColor','k')
yticks(1:3)
xlabel('n')
ylabel('X_n')
```

```
simu=RandomFunction[mc,{0,10}]
ListPlot[simu]
```

e)

```
X100=simulate(mc,10,'X0',[100 0 0]);
simplot(mc,X100);
```

```
f[n_]:=f[n]=RandomFunction[m1,{0,10}]
Table[ListPlot[f[n]],{n,1,100}]
```

3.15 Es gilt

$$E(X_1) = 0 \cdot \frac{1}{6} + 1 \cdot \frac{1}{2} + 2 \cdot \frac{1}{6} + 3 \cdot \frac{1}{12} + 4 \cdot \frac{1}{12} = \frac{17}{12} > 1.$$

Die Extinktionswahrscheinlichkeit ist daher die eindeutig bestimmte Lösung der Gleichung

$$\frac{1}{6} + \frac{1}{2}s + \frac{1}{6}s^2 + \frac{1}{12}s^3 + \frac{1}{12}s^4 = s$$

im Intervall $[0;1[$. MATLAB bzw. Mathematica liefert mit der Eingabe

```
fzero(@(s) 1/6-1/2*s+1/6*s^2+1/12*s^3+1/12*s^4,0)
```

```
Solve[1/6+1/2*s+1/6*s^2+1/12*s^3+1/12*s^4==s,s]
```

als numerische Lösung $s \approx 0.4026$.

3.16 Lösung im Video.

Endergebnis für die Aussterbewahrscheinlichkeit: $\sqrt{5} - 2 \approx 0.236$

3.17

```
clf
n=10000;
p=[0 0];
plot(p(1),p(2))
for t=0:n
    Z=randi(6);
```

```
    if ismember(Z,[1 2])
        pneu=p+[0 1];
    elseif Z==3
        pneu=p+[0 -1];
    elseif ismember(Z,[4 5])
        pneu=p+[1 0];
    else
        pneu=p+[-1 0];
    end
    hold on
    plot([p(1) pneu(1)],[p(2) pneu(2)],"Color","black")
    drawnow;
    p=pneu;
end
xlabel('x','Interpreter',"latex")
ylabel('y','Interpreter',"latex")
hold off
```

```
r:=Switch[RandomChoice[{1/3,1/6,1/6,1/3}->{1,2,3,4}],
1,{1,0},2,{-1,0},3,{0,-1},4,{0,1}]
randwalk[n_]:=NestList[#1+ r&,{0,0},n]
Show[Graphics[Line[randwalk[10000]]],Axes->True,
AspectRatio->Automatic]
```

Wenn alle Schritte gleich wahrscheinlich sind, bewegt sich das Teilchen eher in der Nähe um den Ausgangspunkt (0|0). Wenn die Schritte nach oben und rechts wahrscheinlicher sind, bewegt es sich tendenziell auch in diese Richtungen und entfernt sich mit zunehmender Schrittanzahl immer weiter vom Ausgangspunkt (siehe Abb. A.4).

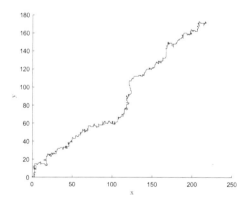

Abb. A.4: Random Walk mit unterschiedlichen Wahrscheinlichkeiten

3.18

a)

$$B = \begin{pmatrix} -2 & 2 & 0 \\ 0 & -1 & 1 \\ 2 & 2 & -4 \end{pmatrix}$$

b) Durch Lösung des linearen Gleichungssystems

$$\vec{v}^{(\infty)} \cdot B = \vec{0}$$

mit der Nebenbedingung

$$v_1^{(\infty)} + v_2^{(\infty)} + v_3^{(\infty)} = 1$$

erhalten wir

$$\vec{v}^{(\infty)} = \left(\tfrac{1}{6} \ \tfrac{2}{3} \ \tfrac{1}{6} \right)$$

als stationäre Verteilung. Wir können das lineare Gleichungssystem auch mit MATLAB oder Mathematica lösen:

```
B=[-2 2 0;
    0 -1 1;
    sym(2) 2 -4]';
Bs=[B; 1 1 1];
c=[0; 0; 0; 1];
vinf=linsolve(Bs,c)
```

```
v1={x,y,z}
B={{-2,2,0},{0,-1,1},{2,2,-4}};
Solve[{v1.B=={0,0,0},x+y+z==1},{x,y,z}]
```

3.19

a)

$$B = \begin{pmatrix} -3 & 1 & 2 & 0 \\ 0 & -1 & 1 & 0 \\ 0 & 2 & -4 & 2 \\ 3 & 0 & 0 & -3 \end{pmatrix}$$

b)

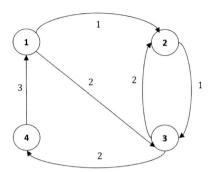

Abb. A.5: Übergangsratendiagramm zu Aufg. 3.19

c)

$$\vec{v}^{(\infty)} = \left(\begin{array}{cccc} \frac{2}{15} & \frac{8}{15} & \frac{1}{5} & \frac{2}{15} \end{array} \right)$$

3.20 Es gilt

$$P(t+\tau) = \left(\begin{array}{cc} e^{-t-\tau} & e^{-t-\tau}+1 \\ 1-e^{-t-\tau} & e^{t+\tau} \end{array} \right)$$

und

$$P(t) \cdot P(\tau) = \left(\begin{array}{cc} e^{-t}-e^{-\tau}+1 & e^{-t}\left(e^{-\tau}+1\right)+e^{\tau}\left(e^{-t}+1\right) \\ -e^{-\tau}\left(e^{-t}-1\right)-e^{t}\left(e^{-\tau}-1\right) & e^{t+\tau}-\left(e^{-t}-1\right)\left(e^{-\tau}+1\right) \end{array} \right).$$

Da $P(t+\tau) \neq P(t) \cdot P(\tau)$, gilt die Chapman-Kolmogorow-Gleichung. Somit kann es sich nicht um eine zeitstetige homogene Markoff-Kette handeln.

3.21

a) $P(T_1 > t) = P(X(t) = 0) = \frac{(\lambda t)^0}{0!} e^{-\lambda t} = e^{-\lambda t} \quad \forall t \geq 0.$

b) Sei D_i die Verweildauer im jetzigen Zustand i. Ein Zustandswechsel tritt ein, wenn entweder ein weiterer Kunde das Service-Center betritt (Zustand $i+1$), oder ein Kunde es verlässt, da seine Bedienung endet (Zustand $i-1$). Somit gilt

$$D_i = \min(A, B),$$

wobei $A \sim \text{EXP}(\lambda)$ und $B \sim \text{EXP}(\mu)$. Da A und B unabhängig sind, gilt für alle $t \geq 0$

$$P(D_i > t) = P(A > t \cap B > t) = P(A > t)P(B > t) = e^{-\lambda t}e^{-\mu t} = e^{-(\lambda+\mu)t}.$$

c) Im Service-Center befinden sich i Kunden. Die Wahrscheinlichkeit, dass ein wei-
    terer Kunde das Service-Center betritt beträgt $p_{i,i+1} = \frac{\lambda}{\lambda+\mu}$.

d)

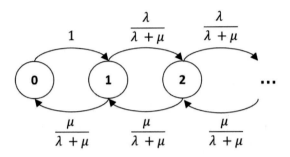

Abb. A.6: Übergangsdiagramm zu Aufg. 3.21

e) Es gilt $D_i \sim \mathrm{EXP}(\lambda_i)$ mit $\lambda_0 = \lambda$ und $\lambda_i = \lambda + \mu$.

f)

$$B = \begin{pmatrix} -\lambda & \lambda & 0 & 0\,0\ldots \\ \mu & -(\lambda+\mu) & \lambda & 0\,0\ldots \\ 0 & \mu & -(\lambda+\mu) & \lambda\,0\ldots \\ \vdots & \vdots & \vdots & \vdots\,\vdots \end{pmatrix}$$

g)

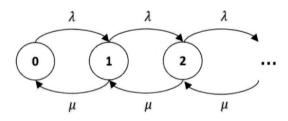

Abb. A.7: Übergangsratendiagramm zu Aufg. 3.21

h) Die stationäre Verteilung kann durch Lösen des linearen Gleichungssystems

$$\vec{v}^{(\infty)} \cdot B = \vec{0}$$

ermittelt werden. Aus der ersten Gleichung ergibt sich

$$-\lambda v_0^{(\infty)} + \mu v_1^{(\infty)} = 0 \quad \Leftrightarrow \quad \lambda v_0^{(\infty)} = \mu v_1^{(\infty)},$$

und aus der zweiten

$$\lambda v_0^{(\infty)} - (\lambda + \mu) v_1^{(\infty)} + \mu v_2^{(\infty)} = 0$$
$$\Leftrightarrow \lambda v_1^{(\infty)} = \underbrace{\lambda v_0^{(\infty)}}_{\mu v_1^{(\infty)}} - \mu v_1^{(\infty)} + \mu v_2^{(\infty)} = \mu v_2^{(\infty)},$$

usw. Allgemein gilt

$$\lambda v_i^{(\infty)} = \mu v_{i+1}^{(\infty)}$$

bzw.

$$v_{i+1}^{(\infty)} = \frac{\lambda}{\mu} v_i^{(\infty)} = \left(\frac{\lambda}{\mu}\right)^{i+1} v_0^{(\infty)}.$$

Die Normierungsbedingung $\sum_{i=0}^{n} v_i^{(\infty)} = 1$ liefert

$$\sum_{i=0}^{n} \left(\frac{\lambda}{\mu}\right)^i v_0^{(\infty)} = v_0^{(\infty)} \sum_{i=0}^{n} \left(\frac{\lambda}{\mu}\right)^i = 1.$$

Da $0 < \lambda < \mu$, gilt

$$\sum_{i=0}^{n} \left(\frac{\lambda}{\mu}\right)^i = \frac{1}{1 - \frac{\lambda}{\mu}} = \frac{\mu}{\mu - \lambda}$$

und damit

$$v_0^{(\infty)} = \frac{1}{\frac{\mu}{\mu - \lambda}} = \frac{\mu - \lambda}{\mu} = 1 - \frac{\lambda}{\mu}$$

und

$$v_i^{(\infty)} = \left(\frac{\lambda}{\mu}\right)^i \left(1 - \frac{\lambda}{\mu}\right).$$

i) i) Im stationären Zustand gilt:

$$P(X \leq 10) = \sum_{i=0}^{10} \left(\frac{\lambda}{\mu}\right)^i \left(1 - \frac{\lambda}{\mu}\right) = \frac{1}{6} \sum_{i=0}^{10} \left(\frac{5}{6}\right)^i = 0.8654$$

ii)

$$E(X) = \sum_{i=0}^{\infty} i v_i^{(\infty)} = \sum_{i=0}^{\infty} i \left(\frac{\lambda}{\mu}\right)^i \left(1 - \frac{\lambda}{\mu}\right)$$

$$= \left(1 - \frac{\lambda}{\mu}\right) \sum_{i=0}^{\infty} i \left(\frac{\lambda}{\mu}\right)^i = \left(1 - \frac{\lambda}{\mu}\right) \frac{\frac{\lambda}{\mu}}{\left(1 - \frac{\lambda}{\mu}\right)^2}$$

$$= \frac{\lambda}{\mu - \lambda} = \frac{20}{24 - 20} = 5$$

iii)

$$P(X \leq 8) = 0.95$$

$$P(X \leq 8) = \left(1 - \frac{\lambda}{\mu}\right) \sum_{i=0}^{8} \left(\frac{\lambda}{\mu}\right)^i = \left(1 - \frac{\lambda}{\mu}\right) \frac{1 - \left(\frac{\lambda}{\mu}\right)^{8+1}}{1 - \frac{\lambda}{\mu}}$$

$$1 - \left(\frac{\lambda}{\mu}\right)^9 = 0.95$$

$$\mu = \frac{\lambda}{\sqrt[9]{0.05}} = \frac{20}{\sqrt[9]{0.05}} = 27.90$$

Die Bedienrate müsste auf 27.90 Kunden pro Stunde erhöht werden.

3.22 Für die stationäre Verteilung ergibt sich mit $v_0^{(\infty)} = 0.2769$

$$\vec{v}^{(\infty)} = \left(0.2769\ 0.3876\ 0.2326\ 0.0775\ 0.0207\ 0.0041\ 0.0006\ 0.0000 \right).$$

3.23 Die Ausführung des Programms liefert den Output in Abb. A.8.

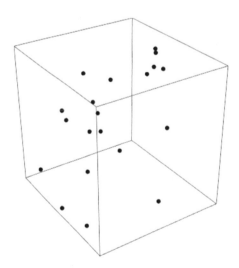

Abb. A.8: Output der Aufg. 3.23 in Mathematica

Hier werden zufällig blaugefärbte Punkte im Würfel $[0;1]^3$ verteilt (Die Funktion RandomReal[] liefert ja gleichverteilte Pseudozufallszahlen im Intervall $[0;1]$). Der ViewPoint liefert den Standort des Beobachters. Dabei kann die Trefferquote in einem bestimmten Teilgebiet als Poisson-Prozess modelliert werden.

3.24 Lösung im Video. Endergebnisse:

a) $P(X > 90) \approx 0.1214$

b) $P(X < 70)^7 \approx 0$

c) Anzahl der Tage ≈ 4.807

3.25

a) $P(X(0.5) \leq 2) = \sum_{k=0}^{2} \frac{(7 \cdot 0.5)^k}{k!} e^{-7 \cdot 0.5} \approx 0.3208$

b) $P\left(X\left(\frac{1}{6}\right) = 0\right) = e^{-7 \cdot \frac{1}{6}} \approx 0.3114$

c) $P\left(X\left(\frac{1}{3}\right) > 1\right) = 1 - \left(e^{-7 \cdot \frac{1}{3}} + 7 \cdot \frac{1}{3} e^{-7 \cdot \frac{1}{3}}\right) \approx 0.6768$

d) $E(D) = \frac{1}{7} \min \approx 8.6\,s$

e) $P\left(D > \frac{1}{6}\right) = 1 - \left(1 - e^{-7 \cdot \frac{1}{6}}\right) = 0.3114$

f) $E(X(1.5)) = \lambda \cdot 1.5 = 12 \quad \Leftrightarrow \quad \lambda = 8$

g) $E(D) = \frac{1}{8} \min = 7.5\,s$

3.26 Individuelle Lösungen. Beispiele für Compound-Poisson-Prozesse:

1. Die Anzahl von Erdbeben in einer bestimmten Region der Erde kann als zeitlicher Poisson-Prozess $X(t)$ modelliert werden. Der angerichtete finanzielle Schaden beim n-ten Erdbeben kann mithilfe unabhängiger Zufallsvariablen Z_n modelliert werden. Der Gesamtschaden in der Zeit t ist dann ein Compound-Poisson-Prozess $Y(t)$ mit

$$Y(t) = \sum_{n=1}^{X(t)} Z_n.$$

   Dasselbe gilt auch beim Auftreten von Versicherungsschäden bei Unfällen oder Massenunfällen.

2. In ökologischen Räuber-Beute-Systemen wird bei jeder Begegnung der beiden Spezies R (Räuber) und B (Beute) die Beutepopulation reduziert. Sei $X(t)$ der Poisson-Prozess, der die Anzahl der Begegnungen bis zur Zeit t modelliert. Bei der n-ten Begegnung wird die Beutepopulation um eine Größe b_n reduziert, wobei die Werte von b_n unabhängige Zufallsvariablen darstellen. Der gesamte Verlust der Beutepopulation während der Zeit t ist dann ein Compound-Poisson-Prozess $B(t)$ mit

$$B(t) = \sum_{n=1}^{X(t)} b_n.$$

Die zugehörige Vermehrung der Räuber-Population lässt sich ähnlich modellieren.

3.27

a) Die Ausgaben der Versicherung bis zum Zeitpunkt t können mit einem zusammengesetzten Poisson-Prozess modelliert werden. Es gilt

$$Y(t) = \sum_{n=1}^{X(t)} Z_n,$$

wobei $Y(t)$ die Gesamtausgaben der Versicherung in $[0;t]$ sind, $X(t)$ ist die Anzahl Versicherungsfälle in diesem Intervall und Z_n sind die Ausgaben für den Versicherungsfall n.

Die Anzahl Versicherungsfälle $X(t)$ ist Poisson-verteilt mit $\lambda = 5$, wenn die Zeit in Tagen gemessen wird. Die Ausgaben pro Versicherungsfall sind unabhängig und identisch verteilt mit

z	1000	10 000	100 000
$P(Z_n = z)$	0.9	0.09	0.01

b)

$$P(Y(1) \geq 12\,000) = 1 - P(Y(1) \leq 12\,000)$$

$$= 1 - \left(e^{-5} + \sum_{k=1}^{12} \frac{(5)^k}{k!} e^{-5} P\left(\sum_{n=1}^{k} Z_n \leq y \right) \right)$$

$$= 1 - \left(e^{-5} + \sum_{k=1}^{12} \frac{(5)^k}{k!} e^{-5} 0.9^k + 5 e^{-5} 0.09 \right.$$

$$\left. + \frac{5^2}{2!} e^{-5} 0.9 \cdot 0.09 + \frac{5^3}{3!} e^{-5} 0.9^2 \cdot 0.09 \right) \approx 0.3739$$

Das Versicherungsunternehmen hat mit einer Wahrscheinlichkeit von ungefähr 37 % an einem Tag Ausgaben von mehr als 12 000 €.

c) Erwartungswert für eine Woche:

$$E(Y(7)) = 5 \cdot 7 \cdot E(Z_1) = 5 \cdot 7 \cdot 2800 = 98\,000$$

mit

$$E(Z_1) = 1000 \cdot 0.9 + 10\,000 \cdot 0.09 + 100\,000 \cdot 0.1 = 2800.$$

Varianz für eine Woche:

$$\text{Var}(Y(7)) = \lambda\, t\, E\left(Z_1^2\right) = 5 \cdot 3 \cdot 102\,060\,000 = 3\,846\,500\,000$$

mit

$$E\left(Z_1^2\right) = 1000^2 \cdot 0.9 + 10\,000^2 \cdot 0.09 + 100\,000^2 \cdot 0.01 = 102\,060\,000$$

Standardabweichung für eine Woche:

$$\sqrt{\text{Var}(Y(7))} \approx 62\,020.16$$

Die Versicherung kann Ausgaben in der Höhe von $98\,000\,€$ pro Woche erwarten bei einer Standardabweichung von $62\,020.16\,€$.

d) Erwartungswert für ein Jahr (=365 Tage):

$$E(Y(365)) = 5 \cdot 365 \cdot E(Z_1) = 5 \cdot 365 \cdot 2800 = 5\,110\,000.$$

Erwartungsgemäß würden die Rücklagen der Versicherung für das kommende Jahr ausreichen, aber die Standardabweichung ist mit $\sqrt{\text{Var}(Y_{365})} \approx 447\,847.63\,€$ sehr hoch. Das Risiko, dass die Rücklagen von 5.3 Mio. Euro nicht ausreichen, ist deshalb relativ groß und die Versicherung sollte in Betracht ziehen für das kommende Jahr höhere Rücklagen zu bilden.

e)

$$P(Y(365) \leq y) = 0.95$$

$$P\left(\frac{Y(365) - \mu}{\sigma} \leq \frac{y - \mu}{\sigma}\right) = 0.95$$

$$\Phi\left(\frac{y - \mu}{\sigma}\right) = 0.95$$

$$\frac{y - \mu}{\sigma} = 1.6449$$

$$y = 1.6449\sigma + \mu$$

$$= 1.6449 \cdot 447\,847.63 + 5\,110\,000$$

$$= 5\,846\,664.57$$

Mit dieser Näherungsmethode ergeben sich Rücklagen in Höhe von ungefähr 5.84 Mio. Euro, die mit einer Wahrscheinlichkeit von 95 % nicht überschritten werden.

f)

$$P(\mu - k\sigma \leq Y_{365} \leq \mu + k\sigma) = 0.95$$

$$P\left(-k \leq \frac{Y_{365} - \mu}{\sigma} \leq k\right) = 0.95$$

$$2\Phi(k) - 1 = 0.95$$

$$\Phi(k) = 0.975$$

$$k = 1.96$$

Die Ausgaben für das kommende Jahr liegen zu 95 % in dem 1.96σ-Intervall um den Erwartungswert, d. h. es gilt

$$P(4\,232\,218.64 \leq Y_{365} \leq 5\,987\,781.36) = 0.95.$$

3.28 Führen Sie den Code zur Simulation zeitstetiger Markoff-Ketten in Abschn. 3.2.5 mit folgenden Eingaben aus:

```
B=[-3 1 2 0; 0 -1 1 0; 0 2 -4 2; 3 0 0 -3];
v0=[1 0 0 0];
T=30;
```

```
B={{-3,1,2,0},{0,-1,1,0},{0,2,-4,2},{3,0,0,-3}};
v0={1,0,0,0};
T=30;
```

3.29

```
%Eingaben
lambda=2;
mu=1;
N=10;
T=20;
%Simulation
X(1)=0; t(1)=0; n=1;
while t(end)<=T
    if (X(n)>0 & X(n)<N)
        te=exprnd([1/mu 1/lambda]);
        [d,i]=min(te);
        t(n+1)=t(n)+d;
        X(n+1)=X(n)+2*i-3;
    elseif X(n)==0
        t(n+1)=t(n)+exprnd(1/lambda);
        X(n+1)=1;
    else
        t(n+1)=t(n)+exprnd(1/mu);
        X(n+1)=N-1;
    end
    n=n+1;
end
%Darstellung der Simulationsergebnisse
stairs(t,X,'LineWidth',1,'Color','k')
xlabel('t')
ylabel('X(t)')
yticks(0:5:max(X))
xlim([0 t(end)])
```

```
lambda=2; mu=1; T=20; NI=10; (*Eingaben*)
GTPN[lambda_,mu_,T_,NI_]:=Module[{t,te,d,re,Zustand},
```

```
Zustand=0;t=0;re={{0,0}};B={{mu,lambda}};
While[t<=T,If[Zustand>0&&Zustand<NI,
    te=Table[RandomVariate[ExponentialDistribution[B[[1,i]]]],{i,1,2}];
    d=Min[te];
    t=t+d;
    Zustand=Zustand+2*Position[te,d][[1,1]]-3;,
    If[Zustand==0,     (*ELSE-Teil (Zustand=0)*)
    t=t+RandomVariate[ExponentialDistribution[lambda]];
    Zustand=1;,
    t=t+RandomVariate[ExponentialDistribution[mu]]; (*ELSE-Teil (Zustand=
        NI)*)
    Zustand=NI-1;];]
    AppendTo[re,{t,Zustand}];];re]
ListStepPlot[GTPN[lambda,mu,T,NI],Axes->True,AxesLabel->{"t","X(t)"}]
(*Darstellung des Simulationsergebnisses*)
```

3.30

a) Führen Sie den Code zur Simulation zusammengesetzter Poisson-Prozesse in Abschn. 3.2.5 mit folgenden Eingaben aus:

```
lambda=5;
T=365;
z=[1000 10000 100000];
p=[0.9 0.09 0.01];
```

```
lambda=5;
T=365;
p={0.9,0.09,0.01};
z={1000,10000,100000};
```

b)

```
%Eingaben
lambda=5;
T=365;
z=[1000 10000 100000];
p=[0.9 0.09 0.01];
N=1000;
%Simulation
cp=cumsum(p);
for k=1:N
    i=1;
    t(i,k)=0; Y(i,k)=0; Z(i,k)=0;
    while t(i,k)<T
        t(i+1,k)=t(i,k)+exprnd(1/lambda);
        Z(i+1,k)=z(find(rand<=cp,1,'first'));
        Y(i+1,k)=Y(i,k)+Z(i+1,k);
        i=i+1;
    end
    I(k)=i;
end
%Darstellung der Simulationsergebnisse
hold on
for k=1:N
    stairs(t(1:I(k),k),Y(1:I(k),k),'LineWidth',1)
end
xlabel('t')
ylabel('Y(t)')
xlim([0 max(t(end,:))])
title('Gesamtausgaben der Versicherung')
hold off
```

```
lambda=5;
T=365;
p={0.9,0.09,0.01};
z={1000,10000,100000};
N0=1000;
For[k= 1,k<=N0,k++,
    t[k,0]=0;
    Z[k,0]=0;
    Y[k,0]=0;
    t[k_,i_]:=t[k,i]=t[k,i-1]+
            RandomVariate[ExponentialDistribution[lambda]];
    Z[k_,i_]:=Z[k,i]=RandomChoice[p->z];
    Y[k_,i_]:=Y[k,i]=Y[k,i-1]+Z[k,i];]
    A[k_]:=ListStepPlot[Table[{t[k,j],Y[k,j]},{j,0,T}],
    AxesLabel->{"t","Y(t)"},
    PlotLabel->"Gesamtausgaben der Versicherung"]
```

Mit der Funktion Show lassen sich alle Graphen oder eine Auswahl in ein gemeinsames Koordinatensystem plotten.

c)

```
quantile(max(Y),0.95)
```

Mit Y als Liste:

```
Quantile[Max[Y],0.95]
```

3.31

a) $P(B(3) > 1) = 1 - \Phi\left(\frac{1}{\sqrt{3}}\right) = 0.2819$

b) $P(1 < B(3) < 3) = \Phi\left(\frac{3}{\sqrt{3}}\right) - \Phi\left(\frac{1}{\sqrt{3}}\right) = 0.2402$

c) Gesucht ist das 1 %-Quantil der N(0,3)-Verteilung: $b_{0.01} = -4.0294$

d) 2σ-Intervall: $(-2\sigma; 2\sigma) = (-3.4641; 3.4641)$

3.32

a) $P(5 < W(6) < 8) = \Phi\left(\frac{8-\mu\cdot 6}{\sigma\sqrt{6}}\right) - \Phi\left(\frac{5-\mu\cdot 6}{\sigma\sqrt{6}}\right) = 0.5414$

b) $E(W(6)) = \mu \cdot 6 = 6$

c) $V(W(6)) = \sigma^2 \cdot 6 = 3.84$

3.33

a)

```
mu=0.005; sigma=0.15; deltat=0.1; T=50; S0=100;
for i=1:1000
    S(:,i)=S0*exp(mu*(0:deltat:T)+sigma*stdWienerProzess(deltat,T));
end
```

(Für die erstellte Funktion `stdWienerProzess` siehe Abschn. 3.3.3.)

```
mu=0.005;
sigma=0.15;
deltat=0.1;
T=50;
S0=100;
For[i=1,i<=1000,i++,S[i_]:=
    S0*Exp[RandomFunction[WienerProcess[mu,sigma],{0,T,deltat}]]]
```

b)

```
plot(t,S(:,1:5))
xlabel('t')
ylabel('S(t)')
xlim([0 t(end)])
```

```
ListLinePlot[{S[1],S[2],S[3],S[4],S[5]},AxesLabel->{"t","S(t)"}]
```

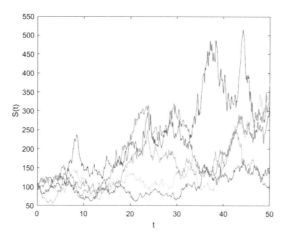

Abb. A.9: Fünf Pfade des geometrischen Wiener-Prozesses in Aufg. 3.33 diskretisiert mit der Schrittweite $\Delta t = 0.1$ auf $[0; 50]$

c)

```
q095=quantile(S(end,:),0.95) %Empirisches 0.95-Quantil
s095=S0*exp(mu*T+1.6449*sigma*sqrt(T)) %0.95-Quantil
```

```
q[i_]:=Extract[Flatten[Extract[S[i],2]],{501}](*Umwandeln in eine Liste,
    Wert fuer T=50 ist jeweils Nummer 501 der Liste*)
q095=Quantile[Table[q[i],{i,1,1000}], 0.95](*Empirisches 0.95-Quantil*)
s095=S0*Exp[mu*T+1.6449*sigma*Sqrt[T]](*0.95-Quantil*)
```

Als empirisches 0.95-Quantil ergibt sich auf Grundlage von 1000 Simulationsergebnissen beispielsweise $q_{0.95} = 733.93$. Theoretisch erhalten wir folgendes
Ergebnis

$$P(S(50) \leq s_{0.95}) = 0.95$$

$$P\left(S(0)e^{w(50)} \leq s_{0.95}\right) = 0.95$$

$$P\left(\frac{w(50) - \mu \cdot 50}{\sigma\sqrt{50}} \leq \frac{\ln\left(\frac{s_{0.95}}{S(0)}\right) - \mu \cdot 50}{\sigma\sqrt{50}}\right) = 0.95$$

$$\frac{\ln\left(\frac{s_{0.95}}{S(0)}\right) - \mu \cdot 50}{\sigma\sqrt{50}} = 1.6449$$

$$s_{0.95} = S(0)e^{1.6449\sigma\sqrt{50}+\mu\cdot50} = 734.99$$

3.34

a) Es gilt

$$\frac{S\left(\frac{1}{52}\right)}{S(0)} \sim LN\left(0.1 \cdot \frac{1}{52}, 0.15 \cdot \frac{1}{52}\right) = LN(0.0019, 0.0029).$$

Wir berechnen zunächst das 5 %-Quantil der $N(0.0019, 0.0029)$. Mit

$$\mu_w = 0.1 \cdot \frac{1}{52} = 0.0019 \quad \text{und} \quad \sigma_w^2 = 0.15 \cdot \frac{1}{52} = 0.0029$$

gilt

$$P\left(W\left(\frac{1}{52}\right) \leq w_{0.05}\right) = 0.05$$

$$P\left(\frac{W\left(\frac{1}{52}\right) - \mu_w}{\sigma_w} \leq \frac{w_{0.05} - \mu_w}{\sigma_w}\right) = 0.05$$

$$\frac{w_{0.05} - \mu_w}{\sigma_w} = -1.6449$$

$$w_{0.05} = \mu_w - 1.6449\sigma_w$$

$$= 0.0019 - 1.6449 \cdot \sqrt{0.0029}$$

$$= -0.0864$$

und damit ergibt sich das gesuchte Quantil

$$s_{0.05} = e^{w_{0.05}} = e^{-0.0864} = 0.9172.$$

Für den zugehörigen Kurs ergibt sich

$$S_{0.05} = S(0)e^{w_{0.05}} = 200 \cdot 0.9172 = 183.44.$$

Der Kurs 183.44 GE wird nach einem Jahr mit einer Wahrscheinlichkeit von 95 % nicht unterschritten.

b) Für die stetige Rendite nach einer Woche ergibt sich folgendes 3σ-Intervall

$$(\mu_w - 3\sigma_w; \mu_w + 3\sigma_w) = (0.0019 - 3 \cdot \sqrt{0.0029}; 0.0019 + 3 \cdot \sqrt{0.0029})$$
$$= (-0.1592; 0.1630)$$

und damit ergibt sich für den Aktienkurs

$$\left(200e^{-0.1592}; 200e^{0.1630}\right) = (170.56; 235.42).$$

Mit einer Wahrscheinlichkeit von 99.73 % liegt der Aktienkurs nach einem Jahr in dem Intervall $(170.56\,\text{GE}; 235.42\,\text{GE})$.

c) Es gilt

$$P\left(S\left(\frac{1}{52}\right) > 220\right) = P\left(200e^{W\left(\frac{1}{52}\right)} > 220\right)$$

$$= P\left(W\left(\frac{1}{52}\right) > \ln\left(\frac{220}{200}\right)\right)$$

$$= P\left(\frac{W\left(\frac{1}{52}\right) - \mu_w}{\sigma_w} > \frac{\ln\left(\frac{220}{200}\right) - \mu_w}{\sigma_w}\right)$$

$$= 1 - \Phi(1.7388) = 0.0410.$$

Ein Aktienkurs von über 220 GE wird nach einer Woche nur mit einer Wahrscheinlichkeit von 4.1 % erreicht.

d) Für Erwartungswert und Varianz des Aktienkurses nach einer Woche ergibt sich

$$E\left(S\left(\frac{1}{52}\right)\right) = S(0)e^{\mu_w + \frac{\sigma_w^2}{2}} = 200e^{0.0019 + \frac{0.0029}{2}} = 200.67$$

$$V\left(S\left(\frac{1}{52}\right)\right) = S(0)^2 e^{2\mu_w + \sigma_w^2}\left(e^{\sigma_w^2} - 1\right)$$

$$= 200^2 e^{2 \cdot 0.0019 + 0.0029}\left(e^{0.0029} - 1\right) = 116.33.$$

Nach einer Woche wird ein Kurs von 200.67 GE erwartet bei einer Standardabweichung von 10.79 GE.

e)

```
S0=200;
sigma2=0.15;
mu=0.1;
deltat=1/52;
T=1;
W=mu*(0:deltat:T)+sqrt(sigma2)*stdWienerProzess(deltat,T);
S=S0*exp(W);
bar(0:52,S)
```

```
xlabel('t in Wochen')
ylabel('S(t) in GE')
```

```
S0=200;
sigma2=0.15;
mu=0.1;
deltat=1/52;
T=1;
S=RandomFunction[GeometricBrownianMotionProcess[mu+(1/2)sigma2,
    Sqrt[sigma2],S0],{0,T,deltat}]
BarChart[S,AxesLabel->{"t in Wochen","S(t) in GE"}]
```

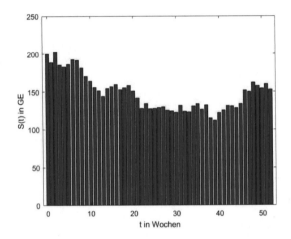

Abb. A.10: Ein Simulationsergebnis der Entwicklung des Aktienkurses über ein
           Jahr

A.2 Lösungen zu Kapitel 4

4.1 Lösung im Video.

4.2

a) Nach Voraussetzung gilt

$$E(X_{n+1}|Y_1,...,Y_n) \geq X_n.$$

Daher folgt

$$E(-X_{n+1}|Y_1,...,Y_n) = -E(X_{n+1}|Y_1,...,Y_n) \leq -X_n.$$

dies ist die Super-Martingal-Eigenschaft von $(-X_n)_{n\in\mathbb{N}}$.

b) Wegen $a,b > 0$ gilt nach Voraussetzung

$$E(aX_{n+1} + bZ_{n+1}|Y_1,...,Y_n) = aE(X_{n+1}|Y_1,...,Y_n) + bE(Z_{n+1}|Y_1,...,Y_n)$$

$$\leq aX_n + bZ_n.$$

4.3 $E(|X_n|) < \infty$ folgt aus $E(|X|) < \infty$, da

$$E(|X_n|) = E(|E(X|\mathscr{F}_n)|) \leq E(E(|X||\mathscr{F}_n)) = E(|X|) < \infty$$

(siehe hierzu Satz 2.9). Weiter gilt wegen $X_{n+1} = E(X|\mathscr{F}_{n+1})$

$$\begin{aligned}
E(X_{n+1}|\mathscr{F}_n) &= E(E(X|\mathscr{F}_{n+1})|\mathscr{F}_n) \\
&= E(X|\mathscr{F}_n) \quad \text{(Turmeigenschaft wegen der Isotonie)} \\
&= X_n,
\end{aligned}$$

was zu zeigen war.

4.4   Induktionsanfang: $k = 1$, dies ist die Definition des Martingals. Induktionsschritt: Sei für ein $k \in \mathbb{N}$ die Gleichung

$$E(X_{n+k}|\mathscr{F}_n) = X_n$$

gültig (Induktionsannahme). Dann gilt

$$\begin{aligned}
E(X_{n+k+1}|\mathscr{F}_n) &= E(E(X_{n+k+1}|\mathscr{F}_{n+k})|\mathscr{F}_n) \quad \text{(Turmeigenschaft wegen der Isotonie)} \\
&= E(X_{n+k}|\mathscr{F}_n) \quad \text{(Martingaleigenschaft)} \\
&= X_n \quad \text{(Induktionsannahme).}
\end{aligned}$$

Zur Turmeigenschaft siehe Satz 2.9.

4.5   Der Erwartungswert ist in jeder Runde konstant und lässt sich berechnen mit

$$\frac{18}{37} \cdot S - \frac{19}{37} \cdot S.$$

Somit gilt für n Runden

$$G = n\left(\frac{18}{37} \cdot S - \frac{19}{37} \cdot S\right) = -n \cdot S \cdot \frac{1}{37}.$$

Somit ist auch hier der Erwartungswert immer negativ.

A.3 Lösungen zu Kapitel 5

5.1 Individuelle Lösungen. Beispiele: Für $k = 1$ ein Bankschalter, für $k = 2$ zwei geöffnete Kassen im Supermarkt, Paketdienste mit einer größeren Anzahl von Fahrzeugen für ein bestimmtes Gebiet etc.

5.2 Mit

$$P(L = n) = \rho^n - \rho^{n+1} = (1 - \rho)\rho^n$$

und den Rechenregeln für geometrische Reihen (siehe Abschn. 2.1.1) gilt

$$
\begin{aligned}
V(L_Q) &= E(L_Q^2) - E(L_Q)^2 \\
&= \sum_{n=1}^{\infty} (n-1)^2 P(L = n) - \left(\frac{\rho^2}{1 - \rho} \right)^2 \\
&= \sum_{n=1}^{\infty} n^2 P(L = n) - 2 \sum_{n=1}^{\infty} n P(L = n) + \sum_{n=1}^{\infty} P(L = n) - \frac{\rho^4}{(1 - \rho)^2} \\
&= (1 - \rho) \sum_{n=1}^{\infty} n^2 \rho^n - 2(1 - \rho) \sum_{n=1}^{\infty} n \rho^n + (1 - \rho) \sum_{n=1}^{\infty} \rho^n - \frac{\rho^4}{(1 - \rho)^2} \\
&= \frac{\rho(\rho + 1)}{(1 - \rho)^2} - \frac{2\rho}{1 - \rho} + \rho - \frac{\rho^4}{(1 - \rho)^2} \\
&= \frac{\rho^2(1 + \rho - \rho^2)}{(1 - \rho)^2}.
\end{aligned}
$$

5.3 Es handelt sich hier um ein $M|M|1$-Warteschlangensystem mit einer mittleren Zwischenankunftszeit von sechs Kunden pro Stunde, also

$$\lambda = 6\mathrm{h}^{-1} = 0.1\,\mathrm{min}^{-1}.$$

a) Gesucht ist die mittlere Bedienungszeit $\frac{1}{\mu}$. Es soll gelten

$$\sum_{n=0}^{2} P(L = n) \geq 0.95.$$

Also folgt mit $P(L = n) = \rho^n - \rho^{n+1} = (1 - \rho)\rho^n$ (siehe Satz 5.1)

$$(1 - \rho) \sum_{n=0}^{2} \rho^n = (1 - \rho)(1 + \rho + \rho^2) \geq 0.95,$$

und daraus erhält man z. B. mit der MATLAB- bzw. Mathematica-Eingabe ($\rho = x$)

```
syms x
vpasolve((1-x)*(1+x+x^2)==0.95,x,[0 Inf])
```

```
Reduce[(1-x)*(1+x +x^2)>=0.95, x]
```

das Ergebnis
$$\rho \leq 0.3684.$$

Dann gilt
$$\frac{\lambda}{\mu} = \frac{0.1}{\mu} \leq 0.3684 \quad \Leftrightarrow \quad \frac{1}{\mu} \leq 3.684.$$

Somit müssen etwa 3.7 Minuten pro Person als mittlere Bedienungszeit eingehalten werden.

b) Gesucht ist die mittlere Bedienungszeit $\frac{1}{\mu}$. Es soll gelten

$$E(L_Q) = \frac{\rho^2}{1-\rho} \leq 1.$$

Diese Ungleichung lässt sich mit MATLAB bzw. Mathematica lösen:

```
syms x
vpasolve(x^2/(1-x)==1,x,[0 Inf])
```

```
Reduce[x^2<=1-x, x]
```

Wir erhalten als relevantes Ergebnis

$$\rho \leq \frac{\sqrt{5}-1}{2} \approx 0.618,$$

woraus folgt
$$\frac{1}{\mu} \leq 6.18,$$

also eine mittlere Bedienungszeit von 6.2 Minuten pro Person.

5.4 Lösung im Video. Ergebnisse:

a) $P(L=3) \approx 0.123$

b) $E(L_Q) \approx 0.4308$

c) $E(L) \approx 1.015$

5.5 Sei $s \leq n \leq k$, sonst existiert keine Warteschlange. Wir betrachten zunächst den Fall $\rho_s \neq 1$. Es gilt

$$E(L_Q) = \sum_{n=s}^{k} (n-s)P(L=n) \quad \text{(s Forderungen in der Bedienung, die anderen in der WS)}$$

$$= \frac{P(L=0)}{s!}\rho^s \sum_{n=s}^{k} (n-s)\frac{\rho^{n-s}}{s^{n-s}} \quad \text{(Satz 5.5)}$$

$$= \frac{P(L=0)}{s!} \rho^s \sum_{n=s}^{k} (n-s)\rho_s^{n-s}$$

$$= \frac{P(L=0)}{s!} \rho^s \sum_{n=0}^{k-s} n\rho_s^{n}$$

$$= \frac{P(L=0)}{s!} \rho^s \rho_s \sum_{n=1}^{k-s} n\rho_s^{n-1}$$

$$= \frac{P(L=0)}{s!} \rho^s \rho_s \frac{d}{d\rho_s} \sum_{n=0}^{k-s} n\rho_s^{n}$$

$$= \frac{P(L=0)}{s!} \rho^s \rho_s \frac{d}{d\rho_s} \frac{1-\rho_s^{k-s+1}}{1-\rho_s} \quad \text{(geometrische Reihe, siehe Abschn. 2.1.1)}$$

$$= \frac{P(L=0)}{s!} \rho^s \rho_s \frac{-(k-s+1)\rho_s^{k-s}(1-\rho_s)+1-\rho_s^{k-s+1}}{(1-\rho_s)^2} \quad \text{(Quotientenregel)}.$$

Das ist die Behauptung. Für $\rho_s = 1$ ergibt sich analog

$$E(L_Q) = \sum_{n=s}^{k} (n-s)P(L=n)$$

$$= \frac{P(L=0)}{s!} \rho^s \sum_{n=s}^{k} (n-s)\rho_s^{n-s}$$

$$= \frac{P(L=0)}{s!} \rho^s \sum_{n=s}^{k} (n-s)$$

$$= \frac{P(L=0)}{s!} \rho^s \frac{(k-s)(k-s+1)}{2}.$$

Für $E(L)$ ergibt sich

$$E(L) = \sum_{n=0}^{k} nP(L=n)$$

$$= \sum_{n=0}^{s-1} nP(L=n) + \sum_{n=s}^{k} nP(L=n)$$

$$= \sum_{n=0}^{s-1} nP(L=n) + \sum_{n=s}^{k} (n-s)P(L=n) + s\sum_{n=s}^{k} P(L=n)$$

$$= \sum_{n=0}^{s-1} nP(L=n) + \sum_{n=s}^{k} (n-s)P(L=n) + s\left(1 - \sum_{n=0}^{s-1} P(L=n)\right)$$

$$= \sum_{n=0}^{s-1} nP(L=n) - s\sum_{n=0}^{s-1} P(L=n) + E(L_Q) + s$$

$$= E(L_Q) + s + \sum_{n=0}^{s-1} (n-s)P(L=n)$$

$$= E(L_Q) + s + P(L=0) \sum_{n=0}^{s-1} \frac{n-s}{n!} \rho^n$$

$$= E(L_Q) + s - P(L=0) \sum_{n=0}^{s-1} \frac{s-n}{n!} \rho^n.$$

5.6 Lösung im Video. Ergebnisse:

a) Finanzieller Verlust: $16\,941.20\,€$

b) Finanzieller Verlust: $12\,247\,€$

5.7 Das Modell ist in Abb. A.11 dargestellt. Beim *Entity Queue*-Block muss bei *Capacity* 6 eingetragen werden. Zudem muss ein *Entity Output Switch* eingefügt werden, der unter *SimEvents* gefunden werden kann. Als *Seeds* wurden 12345 für den *Entity Generator* und 15624 für den *Entity Server* verwendet. Als *Stop Time* wurde 10 000 gewählt.

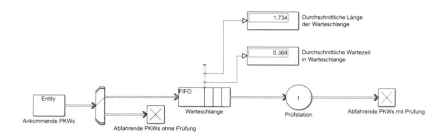

Abb. A.11: SIMULINK-Modell der $M|M|1|7$-Warteschlange in Bsp. 5.4 mit Simulationsergebnissen

Bei dieser Simulation standen durchschnittlich 1.734 Fahrzeuge in der Warteschlange.

5.8 Das Modell ist in Abb. A.12 dargestellt. Beim *Entity Queue*-Block muss bei *Capacity* 8 eingetragen werden. Zudem muss ein weiterer *Entity Server* eingefügt werden, um die zweite Prüfstation abzubilden. Als *Seeds* wurden 12345 für den *Entity Generator*, 21987 für *Prüfstation 1* und 98714 für *Prüfstation 2* verwendet. Als *Stop Time* wurde 10 000 gewählt.

Bei dieser Simulation standen durchschnittlich 0.9531 Fahrzeuge in der Warteschlange.

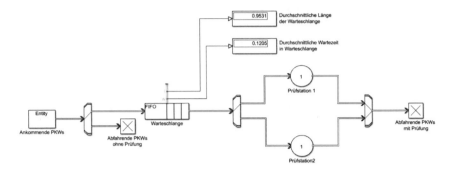

Abb. A.12: SIMULINK-Modell der $M|M|2|10$-Warteschlange in Bsp. 5.5 mit Simulationsergebnissen

A.4 Lösungen zu Kapitel 6

6.1 Es gilt
$$R(t) = \left(1 - p(1 - (1-p)^2)\right)\left(1 - p^2\right).$$
Daraus ergibt sich für

$$p = 0.1 : \ R(t) = 0.97119,$$
$$p = 0.05 : \ R(t) = 0.992637,$$
$$p = 0.01 : \ R(t) = 0.999701.$$

6.2 Lösung im Video.

6.3 Individuelle Lösungen.

A.5 Lösungen zu Kapitel 7

7.1 Individuelle Lösungen

7.2

a) Ergebnis nach der Eingabe des Codes in der Aufgabe:

$$0.333399.$$

Dies ist eine Approximation des Integrals

$$\int_0^1 x^2 dx = \frac{1}{3}.$$

b) Eingabe (für bessere Genauigkeit verwenden wir 100 000 Pseudozufallszahlen):

```
z=100000;
(3/z)*Sum[Cos[3*Random[]],{i,1,z}]
```

Ergebnis (z. B., verändert sich natürlich geringfügig mit jedem neuen Aufruf):

$$0.139968.$$

Analytische Überprüfung: Stammfunktion von cos ist sin, also:

$$\int_0^3 \cos x dx = \sin 3 - \sin 0 = \sin 3 \approx 0.14112.$$

c) Eingabe:

```
s=10000;
(1/s)*Sum[Exp[-Random[]^2],{i,1,s}]
```

Ergebnis (z. B., verändert sich natürlich geringfügig mit jedem neuen Aufruf):

$$0.743211.$$

Mathematica berechnet mit der Eingabe

```
N[Integrate[Exp[-x^2],{x,0,1}]]
```

den numerischen Wert 0.746824.

7.3 Sei

$$W(r \to r') = \frac{1}{2}\left(1 - \tanh\left(\frac{\Delta E}{2kT}\right)\right).$$

Dann gilt

$$W(r' \to r) = \frac{1}{2}\left(1 - \tanh\left(\frac{-\Delta E}{2kT}\right)\right).$$

Wir setzen zur Vereinfachung $x = \frac{\Delta E}{kT}$ und formen um:

$$\frac{1}{2}\left(1 - \tanh\left(\frac{\Delta E}{2kT}\right)\right) = \frac{1}{2}\left(1 - \tanh\left(\frac{x}{2}\right)\right)$$

$$= \frac{1}{2}\left(1 - \frac{\sinh\left(\frac{x}{2}\right)}{\cosh\left(\frac{x}{2}\right)}\right)$$

$$= \frac{1}{2}\left(1 - \frac{e^{\frac{x}{2}} - e^{-\frac{x}{2}}}{e^{\frac{x}{2}} + e^{-\frac{x}{2}}}\right)$$

$$= \frac{e^{-\frac{x}{2}}}{e^{\frac{x}{2}} + e^{-\frac{x}{2}}}$$

$$= \frac{e^{-x}}{1 + e^{-x}}.$$

Dabei wurde im letzten Schritt mit $e^{-\frac{x}{2}}$ erweitert. Somit gilt

$$\frac{W(r \to r')}{W(r' \to r)} = \frac{\frac{e^{-x}}{1+e^{-x}}}{\frac{e^x}{1+e^x}}$$

$$= \frac{e^{-x}(1 + e^x)}{e^x(1 + e^{-x})}$$

$$= \frac{e^{-x} + 1}{e^x + 1}$$

$$= \frac{\frac{1}{e^x} + 1}{e^x + 1} \quad \text{(erweitern mit } e^x\text{)}$$

$$= e^{-x} \quad \text{(gekürzt)}$$

$$= e^{-\frac{\Delta E}{kT}}.$$

7.4 Nach Aufg. 7.3 gilt

$$W(r \to r') = \frac{1}{2}\left(1 - \tanh\left(\frac{\Delta E}{2kT}\right)\right) = \frac{e^{-\frac{\Delta E}{kT}}}{1 + e^{-\frac{\Delta E}{kT}}}.$$

Somit ersetzen wir die Zeile

```
If[DeltaEdurchT[Gitterpunkt[[i1,i2]],SpinsummeNachbarn]<0||
Random[]<Exp[-DeltaEdurchT[Gitterpunkt[[i1,i2]],SpinsummeNachbarn]]
```

durch

```
If[DeltaEdurchT[Gitterpunkt[[i1,i2]],SpinsummeNachbarn]<0||
Random[]<Exp[-DeltaEdurchT[Gitterpunkt[[i1,i2]],SpinsummeNachbarn]]/
    (1+Exp[-DeltaEdurchT[Gitterpunkt[[i1,i2]],SpinsummeNachbarn]])
```

Im Ergebnis der Simulation ändert sich im Wesentlichen nichts.

7.5 Die periodischen Randbedingungen werden in IsingModellMetropolis durch die Programmzeilen

```
If[i2==L,oben=1,oben=i2+1];
If[i2==1,unten=L,unten=i2-1];
If[i1==L,rechts=1,rechts=i1+1];
If[i1==1,links=L,links=i1-1];
```

berücksichtigt. Mit der Funktion Mod lauten diese:

```
oben=If[Mod[i2+1,L]!=0,Mod[i2+1,L],20];
```

```
unten=If[Mod[i2-1,L]!=0,Mod[i2-1,L],20];
rechts=If[Mod[i1+1,L]!=0,Mod[i1+ 1,L],20];
links=If[Mod[i1-1,L]!=0,Mod[i1- 1,L],20];
```

Beachten Sie, dass Mod den Wert null erzeugen kann, daher die zusätzliche If-Anweisung.

7.6 Durch die Mehrfachauswahl der aktiven Kerne würde die Simulation im Mittel weniger als die Hälfte der Kerne zerfallen lassen. Die Anzahl der schwarzen Disks wäre also bei etlichen Zufallseinstellungen größer als die der roten.

7.7 Mit Mathematica kann das Ganze z. B. so aussehen:

```
f[n_]:=CountDistinct[RandomChoice[Table[i,{i,0,36}],37]]
N[Mean[Table[f[n],{n,1,100}]]]
```

Die Funktion CountDistinct gibt die Anzahl der verschiedenen Werte aus der Zufallsauswahl an. Die Werte f[1],...,f[100] liefern 100 von diesen Anzahlen. Mit Mean erhalten Sie in der Regel eine Zahl in der Größenordnung von $\frac{2}{3}$ von 37.

7.8 Eine Möglichkeit mit Mathematica :

```
g[n_]:=CountDistinct[RandomChoice[Table[i,{i,1,200}],225]]
N[Mean[Table[g[n],{n,1,100}]]]
```

Es ergibt sich in der Regel ein Wert in der Größenordnung von 135.

A.6 Lösungen zu Kapitel 8

8.1

a) Nur $T2$ ist aktiv.

b) $m(P1) = 1$, $m(P2) = 3$, $m(P3) = 3$, $m(P4) = 3$, $m(P5) = 2$, $m(P6) = 0$ und $m(P7) = 2$

c) $T2$ und $T3$ sind aktiv.

d) $m(P1) = 1$, $m(P2) = 3$, $m(P3) = 3$, $m(P4) = 2$, $m(P5) = 0$, $m(P6) = 1$ und $m(P7) = 2$

8.2

a)

$$\mathscr{F} = \begin{pmatrix} 2 & 0 & 0 & 0 \\ 3 & 1 & 0 & 0 \\ 0 & 0 & 2 & 0 \\ 0 & 0 & 0 & 3 \\ 0 & 0 & 0 & 0 \end{pmatrix}, \mathscr{G} = \begin{pmatrix} 0 & 0 & 3 & 0 \\ 0 & 0 & 0 & 5 \\ 5 & 0 & 0 & 0 \\ 1 & 2 & 0 & 0 \\ 0 & 0 & 0 & 1 \end{pmatrix}, \mathscr{H} = \begin{pmatrix} -2 & 0 & 3 & 0 \\ -3 & -1 & 0 & 5 \\ 5 & 0 & -2 & 0 \\ 1 & 2 & 0 & -3 \\ 0 & 0 & 0 & 1 \end{pmatrix}$$

$$^t\vec{m}_0 = (7\ 10\ 4\ 1\ 0).$$

b)

$$\vec{m}_0 - \mathscr{F} \cdot \vec{e}_1 \geq \vec{0}$$

$$\begin{pmatrix} 7 \\ 10 \\ 4 \\ 1 \\ 0 \end{pmatrix} - \begin{pmatrix} 2 & 0 & 0 & 0 \\ 3 & 1 & 0 & 0 \\ 0 & 0 & 2 & 0 \\ 0 & 0 & 0 & 3 \\ 0 & 0 & 0 & 0 \end{pmatrix} \cdot \begin{pmatrix} 1 \\ 0 \\ 0 \\ 0 \end{pmatrix} \geq \begin{pmatrix} 0 \\ 0 \\ 0 \\ 0 \\ 0 \end{pmatrix}$$

$$\begin{pmatrix} 5 \\ 7 \\ 4 \\ 1 \\ 0 \end{pmatrix} \geq \begin{pmatrix} 0 \\ 0 \\ 0 \\ 0 \\ 0 \end{pmatrix}$$

c)

$$\vec{m}_1 = \vec{m}_0 + \mathscr{H} \cdot \vec{f}$$

$$\vec{m}_1 = \begin{pmatrix} 7 \\ 10 \\ 4 \\ 1 \\ 0 \end{pmatrix} + \begin{pmatrix} -2 & 0 & 3 & 0 \\ -3 & -1 & 0 & 5 \\ 5 & 0 & -2 & 0 \\ 1 & 2 & 0 & -3 \\ 0 & 0 & 0 & 1 \end{pmatrix} \cdot \begin{pmatrix} 1 \\ 0 \\ 0 \\ 0 \end{pmatrix}$$

$$= \begin{pmatrix} 7 \\ 10 \\ 4 \\ 1 \\ 0 \end{pmatrix} + \begin{pmatrix} -2 \\ -3 \\ 5 \\ 1 \\ 0 \end{pmatrix} = \begin{pmatrix} 5 \\ 7 \\ 9 \\ 2 \\ 0 \end{pmatrix}$$

8.3

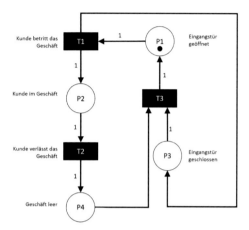

8.4

a) siehe Programme auf der Springer-Seite zu diesem Buch

b)

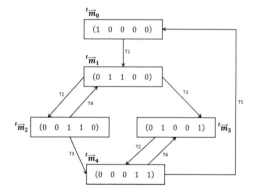

c)

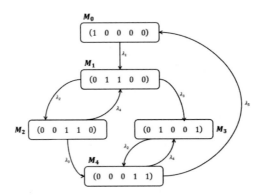

d) Die Lösung des linearen Gleichungssystems

$$\vec{v}^{(\infty)} \cdot B = \vec{0}$$

mit

$$
B = \begin{pmatrix}
-\lambda_1 & \lambda_1 & 0 & 0 & 0 \\
0 & -\lambda_2-\lambda_3 & \lambda_2 & \lambda_3 & 0 \\
0 & \lambda_4 & -\lambda_4-\lambda_3 & 0 & \lambda_3 \\
0 & 0 & 0 & -\lambda_2 & \lambda_2 \\
\lambda_5 & 0 & 0 & \lambda_4 & -\lambda_4-\lambda_5
\end{pmatrix}
= \begin{pmatrix}
-1 & 1 & 0 & 0 & 0 \\
0 & -1.5 & 1 & 0.5 & 0 \\
0 & 1 & -1.5 & 0 & 0.5 \\
0 & 0 & 0 & -1 & 1 \\
2 & 0 & 0 & 1 & -3
\end{pmatrix}
$$

ergibt die stationäre Verteilung

$$\vec{v}^{(\infty)} = \begin{pmatrix} 0.2 \ 0.2 \ 0.2 \ 0.2 \ 0.2 \end{pmatrix}$$

(mit MATLAB ermittelt).

e)

$$\overline{m}_1 = 0.2, \ \overline{m}_2 = 0.4, \ \overline{m}_3 = 0.4, \ \overline{m}_4 = 0.4, \ \overline{m}_5 = 0.4$$

f)

$$\overline{f}_1 = 0.2, \ \overline{f}_2 = 0.4, \ \overline{f}_3 = 0.2, \ \overline{f}_4 = 0.4, \ \overline{f}_5 = 0.4$$

g)

$$r_1 = 0.2, \ r_2 = 0.\overline{3}, \ r_3 = 0.1\overline{3}, \ r_4 = 0.2, \ r_5 = 0.1\overline{3}$$

h)

$$P(T2 \text{ feuert als nächstes in } M_1) = \frac{\lambda_2}{\lambda_2 + \lambda_3} = \frac{1}{1 + 0.5} = \frac{2}{3}$$

8.5

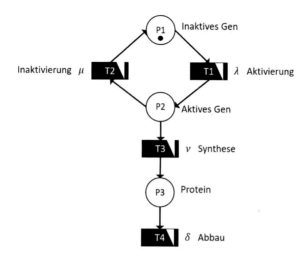

8.6 Das stochastische Petri-Netz-Modell des $M|M|1|7$-Warteschlangensystems aus Bsp. 5.4 ist in Abb. A.13 dargestellt und das des $M|M|2|10$-Warteschlangensystems aus Bsp. 5.5 in Abb. A.14.

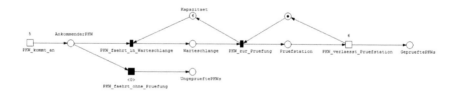

Abb. A.13: Stochastisches Petri-Netz-Modell des $M|M|1|7$-Warteschlangensystems aus Bsp. 5.4

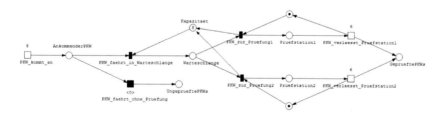

Abb. A.14: Stochastisches Petri-Netz-Modell des $M|M|2|10$-Warteschlangensystems aus Bsp. 5.5

Hierbei ist zu beachten, dass beide Warteschlangen keine unendliche Kapazität wie in Bsp. 8.11 haben. Ein ankommender PKW reiht sich nur in die Warteschlange ein, wenn weniger als 6 bzw. 8 PKWs bereits anstehen. Sonst fährt er wieder. Dieser Sachverhalt kann mithilfe einer *Immediate Transition* modelliert werden. *Immediate Transitions* haben höchste Priorität und keine Verzögerung. Die Transition *PKW_faehrt_in_Warteschlange* ist eine *Immediate Transition* und hat somit Priorität vor der Transition *PKW_faehrt_ohne_Pruefung*. Bei letzterer handelt es sich um eine „normale" deterministische Transition mit der Verzögerung 0. Falls also die maximale Warteschlangenlänge noch nicht erreicht ist (=der Platz *Kapazität* hat noch Token), dann wird immer die Transition *PKW_faehrt_in_Warteschlange* ausgeführt. Die Transition *PKW_faehrt_ohne_Pruefung* wird also nur ausgeführt, falls die maximale Kapazität der Warteschlange erreicht ist (=der Platz *Kapazität* hat keine Token).

Um die Kennzahlen zu ermitteln, exportieren Sie die Daten als CSV-Datei, importieren diese wie beschrieben in MATLAB und speichern sie als Matrix mit dem Namen *WSMM17* bzw. *WSMM210*.

Spalte 4 der Matrix *WSMM17* enthält die Tokenentwicklung des Platzes *Pruefstation* und Spalte 6 die des Platzes *Warteschlange*.

```
lambda=5;
mu=6;
%Durchschnittliche Laenge der Warteschlange
LQ=mean(WSMM17(:,6))
%Auslastung der Pruefstation
a=mean(WSMM17(:,4))
%Durchschnittliche Zeit in der Warteschlange
WQ=LQ/lambda
%Durchschnittliche Zeit in der KFZ-Pruefstelle
W=WQ+1/mu
%Durchschnittliche Anzahl Fahrzeuge in der KFZ-Pruefstelle
L=lambda*W
```

Spalte 4 und 5 der Matrix *WSMM210* enthält die Tokenentwicklungen der Plätze *Pruefstation1* und *Pruefstation2* und Spalte 7 die des Platzes *Warteschlange*.

```
lambda=8;
mu=6;
%Durchschnittliche Laenge der Warteschlange
LQ=mean(WSMM210(:,7))
%Auslastung der Pruefstation 1 und 2
a1=mean(WSMM210(:,4))
a2=mean(WSMM210(:,5))
%Durchschnittliche Zeit in der Warteschlange
WQ=LQ/lambda
%Durchschnittliche Zeit in der KFZ-Pruefstelle
W=WQ+1/mu
%Durchschnittliche Anzahl Fahrzeuge in der KFZ-Pruefstelle
L=lambda*W
```

Es ergeben sich Näherungswerte für die in Bsp. 5.4 und 5.5 ermittelten theoretischen Werte.

A.7 Lösungen zu Kapitel 9

9.1 Lösung im Video.

9.2 Es gilt

$$P(B_t \in A) = \frac{1}{\sqrt{2\pi t}} \int_A e^{-\frac{x^2}{2t}} dx.$$

die gesuchte Wahrscheinlichkeit ist demnach mit $t = 4$ und $A = [-2; 2]$

$$1 - \frac{1}{\sqrt{8\pi}} \int_{-2}^{2} e^{-\frac{x^2}{8}} dx \approx 0.3173.$$

9.3 Mit der allgemeinen Formel

$$P(B_{t_1} \in A_1, B_{t_2} \in A_2, ..., B_{t_n} \in A_n) =$$

$$\frac{1}{\sqrt{2\pi t_1}} \cdots \frac{1}{\sqrt{2\pi(t_n - t_{n-1})}} \int_{A_1} \int_{A_2} ... \int_{A_n} e^{-\frac{x_1^2}{2t_1}} e^{-\frac{(x_2-x_1)^2}{2(t_2-t_1)}} ... e^{-\frac{(x_n-x_{n-1})^2}{2(t_n-t_{n-1})}} dx_n...dx_2dx_1$$

erhalten wir mit $t_1 = 1$, $t_2 - t_1 = 1$ und $t_3 - t_2 = 1$ mit den angegebenen Intervallen

$$P(B_1 \in A_1, B_2 \in A_2, B_3 \in A_3) =$$

$$\frac{1}{\sqrt{2\pi}} \frac{1}{\sqrt{2\pi}} \frac{1}{\sqrt{2\pi}} \int_{-1.7}^{-1} \int_{-0.6}^{-0.3} \int_{1.4}^{1.9} e^{-\frac{x_1^2}{2}} e^{-\frac{(x_2-x_1)^2}{2}} e^{-\frac{(x_3-x_2)^2}{2}} dx_3dx_2dx_1 \approx 0.000216.$$

Das schwierige Dreifachintegral lässt man am besten MATLAB oder Mathematica berechnen:

```
t1=1; t2=2; t3=3;
f=@(x1,x2,x3)exp(-x1.^2/(2*t1)).*exp(-(x2-x1).^2/(2*(t2-t1))).*...
      exp(-(x3-x2).^2/(2*(t3-t2)));
P=1/sqrt(2*pi*t1)*1/sqrt(2*pi*(t2-t1))*1/sqrt(2*pi*(t3-t2))*...
      integral3(f,-1.7,-1,-0.6,-0.3,1.4,1.9)
```

```
N[(1/Sqrt[2*Pi])*(1/Sqrt[2*Pi*(2-1)])*(1/Sqrt[2*Pi*(3-2)])
      *Integrate[1/(E^(0.5*x^2)*E^(0.5*(y-x)^2)
      *E^(0.5*(z-y)^2)),{x,-1.7,-1},{y,-0.6,-0.3},{z,1.4,1.9}]]
```

9.4 Gesucht ist die Verdopplungszeit des Aktienwerts von $1000\,€$. Der Wertzuwachs soll also nach einer gesuchten Anzahl n von Tagen $1000\,€$ betragen und errechnet sich wegen $X_i = X_1 = 1\ \forall i \in \{1; 2; 3; ...; n\}$ mittels der Formel

$$G(n) = \sum_{i=1}^{n} X_i(M_i - M_{i-1}) = \sum_{i=1}^{n} \left(1.01^i \cdot 1000\,€ - 1.01^{i-1} \cdot 1000\,€\right).$$

Wir müssen somit die Gleichung

$$\sum_{i=1}^{n} \left(1.01^i - 1.01^{i-1} \right) = 1$$

lösen. Wegen

$$\sum_{i=1}^{n} \left(1.01^i - 1.01^{i-1} \right) = 1.01^n - 1.01^0 = 1.01^n - 1$$

lautet die zu lösende Gleichung $1.01^n = 2$. Durch Logarithmieren erhält man die Lösung $n = \frac{\ln 2}{\ln 1.01} \approx 69.66$. Nach knapp 70 Tagen hat sich das Kapital von $1000\,€$ verdoppelt.

Die gleiche Lösung liefert in diesem Fall wegen des exponentiellen Wachstums natürlich auch die direkte Verwendung der Zinseszinsformel:

$$1000\,€ \cdot 1.01^n = 2000\,€$$

9.5 Sei

$$\{\tau = n\} \in \mathscr{F}_n \ \forall n \in \mathbb{N}_0.$$

Für beliebige natürliche Zahlen $k \leq n$ gilt

$$\{\tau = k\} \in \mathscr{F}_k \subset \mathscr{F}_n$$

(Filtrationseigenschaft). Also ist

$$\{\tau \leq n\} = \bigcup_{k=0}^{n} \{\tau = k\} \in \mathscr{F}_n$$

($\mathscr{F}_n$ ist eine σ-Algebra!).

Sei nun

$$\{\tau \leq n\} \in \mathscr{F}_n \ \forall n \in \mathbb{N}_0.$$

Für $n \geq 1$ gilt wegen

$$\{\tau \leq n-1\} \cup \{\tau = n\} = \{\tau \leq n\}$$

die Beziehung

$$\{\tau = n\} = \{\tau \leq n\} \setminus \{\tau \leq n-1\},$$

und wegen $\{\tau \leq n\} \in \mathscr{F}_n$ und $\{\tau \leq n\} \in \mathscr{F}_{n-1} \subset \mathscr{F}_n$ folgt sofort für die Differenzmenge

$$\{\tau = n\} \cup \{\tau \leq n\} \setminus \{\tau \leq n-1\} \in \mathscr{F}_n.$$

Für $n = 0$ gilt trivialerweise $\{\tau = n\} = \{\tau \leq n\}$.

9.6 Die Behauptung folgt aus

$$\{\tau_1 + \tau_2 \leq n\} = \bigcup_{k=0}^{n} (\{\tau_1 = k\} \cap \{\tau_2 \leq n - k\}) \in \mathscr{F}_n.$$

9.7 Es gilt $E(|S(t)|) < \infty$. Mit

$$\mathscr{F}_s = \sigma(B(r)|r \leq s)$$

folgt, da $S(t)$ ein Markoff-Prozess ist,

$$
\begin{aligned}
E(S(t)|\mathscr{F}_s) &= E(S(t)|S(s)) \qquad \text{(Markoff-Eigenschaft)} \\
&= E\left(ae^{-\frac{\sigma^2}{2}t + \sigma B(t)} \big| S(s) \right) \\
&= ae^{-\frac{\sigma^2}{2}t} E\left(e^{\sigma B(t)} \big| S(s) \right) \\
&= ae^{-\frac{\sigma^2}{2}t} E\left(e^{\sigma(B(t) - B(s))} e^{\sigma B(s)} \big| S(s) \right) \\
&= ae^{-\frac{\sigma^2}{2}t + \sigma B(s)} E\left(e^{\sigma(B(t) - B(s))} \big| S(s) \right) \\
&= ae^{-\frac{\sigma^2}{2}t + \sigma B(s)} e^{\frac{\sigma^2}{2}(t-s)} \\
&= ae^{-\frac{\sigma^2}{2}s + \sigma B(s)}.
\end{aligned}
$$

Dies ist die Martingal-Eigenschaft.

9.8 Es gilt $E(|B(t)^2 - t|) < \infty$ und

$$
\begin{aligned}
E(B(t)^2 - t|B(s)) &= E((B(t) - B(s) + B(s))^2 - t|B(s)) \\
&= E((B(t) - B(s))^2 + 2B(s)(B(t) - B(s)) + B(s)^2 - t|B(s)) \\
&= E((B(t) - B(s))^2) + 2E(B(s)(B(t) - B(s))|B(s)) + E(B(s)^2|B(s)) - t \\
&\qquad \qquad \qquad \qquad \qquad \qquad \qquad \qquad \qquad \text{(Unabhängigkeit)} \\
&= E((B(t) - B(s))^2) + 2B(s)E((B(t) - B(s))|B(s)) + B(s)^2 - t \\
&= E((B(t) - B(s))^2) + 2B(s) \cdot 0 + B(s)^2 - t \\
&= t - s + B(s)^2 - t \\
&= B(s)^2 - s.
\end{aligned}
$$

Dies ist die Martingal-Eigenschaft.

9.9 Lösung im Video.

9.10 Lösung im Video.

9.11 Wir gehen mit den angegebenen Werten $\mu = 0.023$ und $\sigma = 0.038$ davon aus, dass $L(0,2)$ eine $N(2 \cdot 0.023, 2 \cdot 0.001444)$-Verteilung besitzt, also eine $N(0.046, 0.002888)$. Somit erhalten wir

$$
\begin{aligned}
P(S(2) > 100\text{\euro}) &= P(97\text{\euro} \cdot e^{L(0,2)} > 100\text{\euro}) \\
&= P\left(L(0,2) > \ln\left(\frac{100}{97}\right)\right) \\
&= P(L(0,2) > 0.0304592) \\
&= 1 - P(L(0,2) \le 0.0304592) \\
&= 1 - \Phi\left(\frac{0.0304592 - 0.046}{\sqrt{0.002888}}\right) \\
&= 1 - \Phi(-0.289184) \approx 0.6138.
\end{aligned}
$$

Somit beträgt die gesuchte Wahrscheinlichkeit über 61 %.

9.12 Hier liegt wegen $\mu = -0.1$ und $\sigma = 0.065$ eine $N(8 \cdot (-0.1), 8 \cdot 0.065^2)$-Verteilung für $L(0,8)$ vor, also $N(-0.8, 0.0338)$. Somit erhalten wir für die gesuchte Wahrscheinlichkeit

$$
\begin{aligned}
P(S(8) < 90\text{\euro}) &= P\left(94.36\text{\euro} \cdot e^{L(0,8)} < 90\text{\euro}\right) \\
&= P\left(L(0,8) < \ln\left(\frac{90}{94.36}\right)\right) \\
&= P(L(0,8) < -0.0473076) \\
&= \Phi\left(\frac{-0.0473076 - (-0.8)}{\sqrt{0.0338}}\right) \\
&= 1 - \Phi(4.09411) \approx 0.999979.
\end{aligned}
$$

Die Wahrscheinlichkeit, dass der Aktienkurs im betrachteten Zeitraum unter 70 € sinkt, beträgt schon 99.68 %, wie sich analog ergibt, wenn Sie in der Rechnung 90 € durch 70 € ersetzen. Dies ist also schon so gut wie sicher!

9.13 Individuelle Lösungen.

9.14 Für $s \le t$ und $\mathscr{F}_s = \sigma(B(r) | r \le s)$ gilt

$$
\begin{aligned}
E(L(0,t) | \mathscr{F}_s) &= E(\mu t + \sigma B(t) | \mathscr{F}_s) \\
&= \mu t + \sigma E(B(t) | \mathscr{F}_s) \\
&= \mu t + \sigma B(s).
\end{aligned}
$$

Im Fall $\mu = 0$ gilt

$$
\mu t + \sigma B(s) = \mu s + \sigma B(s) = (\sigma B(s))
$$

(Martingal).

Im Fall $\mu \geq 0$ folgt wegen $s \leq t$ sofort $\mu s \leq \mu t$ und damit

$$\mu t + \sigma B(s) \geq \mu s + \sigma B(s)$$

(Sub-Martingal).

Im Fall $\mu \leq 0$ gilt entsprechend

$$\mu t + \sigma B(s) \leq \mu s + \sigma B(s)$$

(Super-Martingal).

Literaturverzeichnis

Bachmann, B. u. a. (2014). *Petri-Netz-Formalismen und Lösungsansätze für allge-meine Konfliktsituationen bei Feuerprozessen in Petri-Netz-Modellen*. Bd. 2. For-schungsreihe des Fachbereichs Ingenieurwissenschaften und Mathematik.

Basieux, P. (2012). *Roulette - Glück und Geschick*. Springer Berlin Heidelberg.

Baumgarten, B. (1997). *Petri-Netze: Grundlagen und Anwendungen*. Spektrum Akademischer Verlag.

Bause, F. und P. Kritzinger (Nov. 2002). *Stochastic Petri Nets - An Introduction to the Theory*. Techniche Universität Dortmund.

Beichelt, F. (1997). *Stochastische Prozesse für Ingenieure*. Springer Fachmedien Wiesbaden.

Binder, K. und D. W. Heermann (1992). *Monte Carlo Simulation in Statistical Phy-sics: An Introduction*. Springer Berlin Heidelberg.

Cottin, C. und S. Döhler (2013). *Risikoanalyse: Modellierung, Beurteilung und Ma-nagement von Risiken mit Praxisbeispielen*. Studienbücher Wirtschaftsmathema-tik. Springer Fachmedien Wiesbaden.

David, R., H. Alla und H. L. Alla (2005). *Discrete, Continuous, and Hybrid Petri Nets*. Springer.

Einstein, A. (1905). "Über die von der molekularkinetischen Theorie der Wärme geforderte Bewegung von in ruhenden Flüssigkeiten suspendierten Teilchen". In: *Annalen der Physik* 4.

Fahrmeir, L. u. a. (2016). *Statistik: Der Weg zur Datenanalyse*. Springer-Lehrbuch. Springer Berlin Heidelberg.

Feynman, R. (1948). "Space-time approach to non-relativistic quantum mechanics". In: *Reviews of modern physics* 20.2, S. 367–387.

Gänssler, P. und W. Stute (2013). *Wahrscheinlichkeitstheorie*. Springer Berlin Hei-delberg.

Goss, P. J. E. und J. Peccoud (1998). "Quantitative modeling of stochastic systems in molecular biology by using stochastic Petri nets". In: *Proceedings of the National Academy of Sciences* 95.12, S. 6750–6755.

Heiner, M., M. Herajy u. a. (2012). "Snoopy–a unifying Petri net tool". In: *Inter-national Conference on Application and Theory of Petri Nets and Concurrency*. Springer, S. 398–407.

Heiner, M., M. Schwarick und J.-T. Wegener (2015). "Charlie–an extensible Petri net analysis tool". In: *International Conference on Applications and Theory of Petri Nets and Concurrency*. Springer, S. 200–211.

Heller, D. u. a. (1978). *Stochastische Systeme. Markoff-Ketten, Stochastische Pro-zesse, Warteschlangen*. Walter de Gruyter.

Heuser, H. (2009). *Gewöhnliche Differentialgleichungen: Einführung in Lehre und Gebrauch*. Vieweg+Teubner Verlag.

Imkamp, T. und S. Proß (2019). *Differentialgleichungen für Einsteiger: Grundlagen und Anwendungen mit vielen Übungen, Lösungen und Videos*. Springer Berlin Heidelberg.

T. Imkamp, S. Proß, *Einstieg in stochastische Prozesse*,
https://doi.org/10.1007/978-3-662-66669-2

Imkamp, T. und S. Proß (2021). *Einstieg in die Stochastik: Grundlagen und Anwendungen mit vielen Übungen, Lösungen und Videos*. Springer Berlin Heidelberg.

Kaas, R. u. a. (2008). *Modern Actuarial Risk Theory: Using R*. Springer Berlin Heidelberg.

Kiencke, U. (2006). *Ereignisdiskrete Systeme: Modellierung und Steuerung verteilter Systeme*. Oldenbourg.

Klenke, A. (2020). *Wahrscheinlichkeitstheorie*. Masterclass. Springer Berlin Heidelberg.

Koken, C. (2016). *Roulette: Computersimulation & Wahrscheinlichkeitsanalyse von Spiel und Strategien*. De Gruyter.

Little, J. D. (1961). "A proof for the queuing formula: $L = \lambda W$". In: *Operations research* 9.3, S. 383–387.

Metropolis, N. u. a. (1953). "Equation of State Calculations by Fast Computing Machines". In: *The Journal of Chemical Physics* 21.6, S. 1087–1091.

Norris, J. R. (1998). *Markov Chains*. Cambridge Series in Statistical and Probabilistic Mathematics. Cambridge University Press.

Papula, L. (2015). *Mathematik für Ingenieure und Naturwissenschaftler Band 2: Ein Lehr- und Arbeitsbuch für das Grundstudium*. Springer Fachmedien Wiesbaden.

– (2018). *Mathematik für Ingenieure und Naturwissenschaftler Band 1: Ein Lehr- und Arbeitsbuch für das Grundstudium*. Springer Fachmedien Wiesbaden.

Petri, C. A. (1962). "Kommunikation mit Automaten". Diss. Rheinisch-Westfälisches Institut für Instrumentelle Mathematik, Bonn.

Priese, L. und H. Wimmel (2008). *Petri-Netze*. Springer Berlin Heidelberg.

Proß, S. (2013). "Hybrid modeling and optimization of biological processes". Diss. Universität Bielefeld.

– (Sep. 2014a). "Diskrete Modellierung und Optimierung praxisrelevanter Prozesse mit Petri-Netzen". In: *AMMO - Berichte aus Forschung und Technologietransfer* 4.

– (2014b). "Diskrete Modellierung und Optimierung praxisrelevanter Prozesse mit Petri-Netzen". Masterarbeit. FH Bielefeld.

Proß, S. und T. Imkamp (2018). *Brückenkurs Mathematik für den Studieneinstieg: Grundlagen, Beispiele, Übungsaufgaben*. Springer Berlin Heidelberg.

Reed, M. und B. Simon (1975). *Methods of Modern Mathematical Physics II: Fourier Analysis, Self-Adjointness*. Methods of Modern Mathematical Physics. Elsevier Science.

Roepstorff, G. (2013). *Pfadintegrale in der Quantenphysik*. Vieweg+Teubner Verlag.

Rutherford, E., H. Geiger und H. Bateman (1910). "LXXVI. The probability variations in the distribution of α particles". In: *The London, Edinburgh, and Dublin Philosophical Magazine and Journal of Science* 20.118, S. 698–707.

Simon, B. (2005). *Functional Integration and Quantum Physics*. AMS Chelsea Publishing Series. AMS Chelsea Pub., American Mathematical Society.

Stauffer, D. und A. Aharony (1995). *Perkolationstheorie: eine Einführung*. VCH.

Sykes, M. F. und J. W. Essam (1963). "Some Exact Critical Percolation Probabilities for Bond and Site Problems in Two Dimensions". In: *Physical Rev. Lett.* 10.1, S. 3–4.

Uhlenbeck, George E und Leonard S Ornstein (1930). "On the theory of the Brownian motion". In: *Physical review* 36.5, S. 823.

Waldmann, K. H. und W. E. Helm (2016). *Simulation stochastischer Systeme: Eine anwendungsorientierte Einführung*. Springer Berlin Heidelberg.

Waldmann, K. H. und U. M. Stocker (2012). *Stochastische Modelle: Eine anwendungsorientierte Einführung*. Springer Berlin Heidelberg.

Weizsäcker, H. von und G. Winkler (1990). *Stochastic Integrals: An Introduction*. Vieweg+Teubner Verlag.

Sachverzeichnis

Ableitung, 20
Ableitungsfunktion, 20
Ableitungsregeln, 21
absorbierend, 57
Absorptionswahrscheinlichkeit, 58, 60
aktuell feuerbar, 253, 257
aktueller Konflikt, 254
Anfangsverteilung, 105
aperiodisch, 66

Bedienungszeit, 179
Bernoulli-Kette, 33
Betrag, 13
Bienaymé'sche Gleichung, 31
Binomialverteilung, 33
Black-Scholes-Modell, 298
Blackwell-Girshick-Gleichung, 127
Borel'sche
    σ-Algebra, 26
    Menge, 26
Brown'sche Bewegung, 93, 143
    geometrische, 295
    Standard-, 148
Brown'scher Pfad, 147

Chapman-Kolmogorow-Gleichung, 51, 107
charakteristische Funktion, 23
charakteristisches Polynom, 18
Charlie, 263
Compound-Poisson-Prozess, 126

delay (Transitionen), 252
Determinante, 17
Dichtefunktion, 35
differenzierbar, 20
Differenzmenge, 11
Differenzregel, 21

Diffusionsgleichung, 274, 282
Diffusionskonstante, 274
Doob-Lévy-Martingal, 174
Drift, 150, 152, 295

Econometrics Toolbox, 55, 85
Eigenvektor, 18
Eigenwert, 18
Einheitsvektoren, 13
Elementarintegral, 23, 286, 288
Elementarprozess, 287, 288
Ereignis, 25
    asymptotisches, 225
    terminales, 225
Erreichbarkeit, 55
Erreichbarkeitsgraph, 261
Ersteintrittszeit, 62
Erstrückkehrzeit, 64
    erwartete, 65
Erwartungswert, 30
    bedingter, 31, 32
erzeugende Funktion, 26
Event, 121
Exponentialreihe, 9
Exponentialverteilung, 35, 37
Extinktionswahrscheinlichkeit, 81

Faktorregel, 21
feuerbar (Transitionen), 248
feuern (Transitionen), 243
Feuerratenfunktion, 256
Feuerungsmoment, 253, 257
Feynman-Kac-Formel, 281
Filtration, 168
    natürliche, 169
Financial Toolbox, 157, 304
Fixvektor, 49

© Der/die Autor(en), exklusiv lizenziert an Springer-Verlag GmbH, DE, ein Teil von
Springer Nature 2023
T. Imkamp, S. Proß, *Einstieg in stochastische Prozesse*,
https://doi.org/10.1007/978-3-662-66669-2

Formel von Bayes, 27
Formel von Wald, 127

Galton-Watson-Prozess, 80
Gauß'sche Dichtefunktion, 35
Geburts- und Todesprozess, 114
Geburtsrate, 115
Gedächtnislosigkeit, 37, 256
genereller Konflikt, 247
geometrische Reihe, 8
Glauber-Funktion, 238
Grenzmatrix, 46, 49, 106
Grenzverteilung, 45, 49, 107, 111

Halbwertszeit, 233
homogen, 103

importance sampling, 229
Indikatorfunktion, 23
Input-Plätze, 241
Input-Transitionen, 241
Integral
    bestimmtes, 22
    Riemann-, 22
    Stieltjes-, 22
Integrand, 22
Integrationsgrenze, 22
Integrationsvariable, 22
Integrator, 23
integrierbar, 22
Intervall, 11
    abgeschlossenes, 12
    halboffenes, 12
    offenes, 12
Inverse, 17
irreduzibel, 56
Irreversibilität, 73
Irrfahrt, 3, 40
Ising-Modell, 227
Itô-Exponential, 293
Itô-Formel, 290
    für Itô-Prozesse, 291
Itô-Integral, 290
Itô-Prozess, 291

kanonische Zustandssumme, 228
kanonisches Ensemble, 227
Kantenbewertungsfunktion, 248
Kendall-Notation, 180
Kette
    endliche, 41
    unendliche, 41
Kettenregel, 21
Kolmogorow-Axiome, 25

Kommunikation, 55
Komplementmenge, 11
Konflikt
    aktueller, 254
    genereller, 247
Konfliktlösung
    globale, 249
    lokale, 249

Lévy-Prozesse, 148
Langevin-Gleichung, 284
Laufindex, 8
logarithmische Normalverteilung, 36

Magnetisierung, 227
Markoff-Eigenschaft, 102
Markoff-Kette, 3, 39
    homogene, 46
    zeitdiskrete, 46
    zeitstetige, 103, 263
Markov-Kette, 3
Markow-Kette, 3
Martingal, 163
    Sub-, 165
    Super-, 165
Matrix, 14
    quadratische, 15
    spaltenstochastische, 44
Matrix-Vektor-Produkt, 16
Matrizenprodukt, 15
Menge
    leere, 10
Menge der Inputs, 242
Menge der Outputs, 242
Metropolis-Funktion, 229
mittlere Feuerungsfrequenz, 266
Monte-Carlo
    -Integration, 237
    -Simulationen, 215

Nebenläufigkeit, 239
nicht aktiv, 242
Nichtdeterminismus, 239
Normalverteilung, 35
    logarithmische, 36
Normierung, 13
Null-Eins-Gesetz (Kolmogorow), 225
Nullvektor, 14

Ornstein-Uhlenbeck-Prozess, 304
Output-Plätze, 241
Output-Transitionen, 241

Parameterraum, 1, 2

Periode, 66
periodisch, 66
Periodizität, 65
Perkolation, 221
Perkolationscluster, 223
Perkolationsschwelle, 223
Petri-Netz, 239, 241
    markiertes, 240
    stochastisches, 255
    zeitbehaftetes, 252
Petri-Netz-Markierung, 240
Pfad, 4
Pfadintegral, 278, 280
Phasenübergang, 222
Platz, 239
Platzmarkierung, 240
Poisson'scher Grenzwertsatz, 34
Poisson-Prozess
    homogener, 122
    inhomogener, 123
    zusammengesetzter, 126
Poisson-Verteilung, 33, 34
Potenzmenge, 11
Potenzregel, 21
Produktregel, 21
Produktzeichen, 9

Quotientenregel, 21

Random Walk, 3
    dreidimensionaler, 218
    eindimensionaler, 40, 42, 47, 52, 56, 90,
        143, 271
    mit absorbierenden Barrieren, 53, 62
    mit reflektierender Barriere, 69
    selbstmeidender, 219
    symmetrischer, 92
    zweidimensionaler, 91
Ratenmatrix, 110
Realisierung, 4
reflektierend, 57
Reihe, 8
    geometrische, 8
rekurrent, 57
    null-, 68
    positiv-, 68
Reliability, 207
Rendite, 151
    stetige, 151
Reproduktionsrate, 77
Riemann-Integral, 22
Rückkehrwahrscheinlichkeit, 57
    n-Schritt, 56

Satz von Bayes, 27
SAW, 219
Schnittmenge, 10
Self-avoiding walk, 219
σ-Algebra, 25
σ-Regeln, 36
σ-Algebra
    terminale-, 225
SimEvents, 200
SIS-Modell, 76, 119
Snoopy, 258
spaltenstochastische Matrix, 44
Spaltenvektoren, 17
Standardabweichung, 30
Standardnormalverteilung, 35
stationär, 107
stationäre Verteilung, 45, 50
stationäre Zuwächse, 146
Steiner'sche Formel, 30
stetig differenzierbar, 21
stetige Verteilung, 35
Stieltjes-Integral, 22
stochastische
    Kette, 41
    Matrix, 44
stochastische Abhängigkeit, 28
stochastische Analysis, 271
Stochastische Unabhängigkeit, 29
stochastischer Prozess, 1
    diskreter, 41
    diskreter Zustandsraum, 2
    stetiger Zustandsraum, 2
    zeitdiskreter, 2
    zeitstetiger, 2
stochastisches Integral
    diskretes, 283
stochastisches Petri-Netz, 255, 256
Stoppzeit, 287
    strikte, 287
Submartingal, 165
Summenregel, 21
Summenzeichen, 7
Supermartingal, 165

Teilmenge, 10
terminale-σ-Algebra, 225
Thermodynamischer Zeitpfeil, 73
Todesrate, 115
Token, 239
totale Wahrscheinlichkeit, 27
totales Differential, 21
transient, 57
Transition, 239
    aktive, 242

freigeschaltete, 248
Treppenfunktion, 23

unabhängige Zuwächse, 121

Varianz, 30
Variation, 24
  beschränkte, 24
  lokal beschränkte, 24
Vasicek-Modell, 304
Vektor, 12
Vereinigungsmenge, 10
Verkehrsintensität, 181
Verteilung, 26
  diskrete, 33
  stetige, 35
Verweildauer, 114
Verzweigungsprozesse, 80, 94
Verzögerung (Transitionen), 252
Verzögerungsfunktion, 252
Volatilität, 150, 152, 295

Wahrscheinlichkeit, 25
  bedingte, 27
Wahrscheinlichkeitsdichte, 35
Wahrscheinlichkeitsmaß, 25
Wahrscheinlichkeitsraum, 26
Wahrscheinlichkeitsverteilung, 26
Warteschlangendisziplin, 179
Warteschlangensysteme, 177
Weiss'scher Bezirk, 227
Wiener-Prozess, 143, 148

geometrischer, 152, 295
  verallgemeinerter, 150, 308
Wärmeleitungsgleichung, 274

Zeilenvektoren, 17
zeitbehaftetes Petri-Netz, 252
zentraler Grenzwertsatz, 38
Zerfallsgesetz, 233
Zufallsfeld, 2
Zufallsvariable, 28
  abhängige, 29
  numerische, 28
  Poisson-verteilte, 34
Zustand
  absorbierender, 45
Zustandsraum, 1, 41
Zustandsverteilung, 105
Zuverlässigkeit, 207, 208
Zuverlässigkeitsschaltbild, 209
Zuverlässigkeitstheorie, 207
Zwischenankunftszeiten, 178
Zwischeneintrittszeit, 124
Zählprozess, 121

Übergangsdiagramm, 43
Übergangsmatrix, 43, 103
Übergangsrate, 109
  bedingte, 109
  unbedingte, 109
Übergangsratendiagramm, 111
Übergangswahrscheinlichkeit, 42, 103
  n-Schritt-, 51

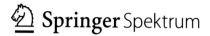

LEHRBUCH

Thorsten Imkamp
Sabrina Proß

Einstieg in die Stochastik

Grundlagen und Anwendungen mit vielen
Übungen, Lösungen und Videos

Springer Spektrum

Jetzt bestellen:
link.springer.com/978-3-662-63765-4

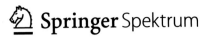

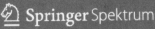

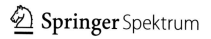

LEHRBUCH

Thorsten Imkamp
Sabrina Proß

Differential-gleichungen für Einsteiger

Grundlagen und Anwendungen mit
vielen Übungen, Lösungen und Videos

Springer Spektrum

Printed in the United States
by Baker & Taylor Publisher Services